新编计算机类本科规划教材

Visual FoxPro 程序设计教程

（第2版）

刘瑞新　汪远征　编著

電子工業出版社

Publishing House of Electronics Industry

北京・BEIJING

内 容 简 介

本书以程序结构为主线，全面介绍Visual FoxPro编程基础、Visual FoxPro编程工具与编程步骤、赋值与输入/输出、选择结构程序设计、循环结构程序设计、数组、自定义属性与自定义方法、表单集与多重表单、菜单与工具栏、数据表、数据库与多表操作、查询与视图、关系数据库标准语言SQL、报表等，涵盖了《全国计算机等级考试二级考试大纲（Visual FoxPro程序设计）》的内容。

本书每章都配有上机实训内容。本书还提供电子课件和详细习题解答，请登录华信教育资源网（http://www.hxedu.com.cn），注册后免费下载。

本书适合作为高等院校的教材，也适合作为全国计算机等级考试Visual FoxPro程序设计二级考试培训教材。

图书在版编目（CIP）数据

Visual FoxPro程序设计教程/刘瑞新，汪远征编著．—2版．—北京：电子工业出版社，2010.4
（新编计算机类本科规划教材）
ISBN 978-7-121-10550-0

Ⅰ.V…　Ⅱ.①刘…②汪…　Ⅲ. ①关系数据库—数据库管理系统，Visual FoxPro—程序设计—高等学校—教材　Ⅳ. TP311.138

中国版本图书馆CIP数据核字（2010）第048539号

策划编辑：冉　哲
责任编辑：冉　哲
印　　刷：北京智力达印刷有限公司
装　　订：北京中新伟业印刷有限公司
出版发行：电子工业出版社
　　　　　北京市海淀区万寿路173信箱　邮编　100036
开　　本：787×1 092　1/16　印张：21.75　字数：556.8千字
印　　次：2010年4月第1次印刷
印　　数：4 000册　　定价：32.00元

凡所购买电子工业出版社图书有缺损问题，请向购买书店调换。若书店售缺，请与本社发行部联系，联系及邮购电话：（010）88254888。

质量投诉请发邮件至zlts@phei.com.cn，盗版侵权举报请发邮件至dbqq@phei.com.cn。

服务热线：（010）88258888。

前　言

本书作者凭借扎实的理论基础和丰富的教学经验，大胆进行了教学改革，成功地把 Visual FoxPro 按照程序设计的方法来讲授，于 1999 年编著了《Visual FoxPro 6.0 中文版教程》（ISBN 7-5053-5433-7）。该书以 Visual FoxPro 6.0 中文版为语言背景，是国内第一本以程序结构为主线来编写的 Visual FoxPro 教程，把可视化控件分散到各章节中介绍。把程序结构与控件有机地结合在一起讲授，既缩短了教学内容的篇幅和课时，又有利于把介绍的控件马上应用到程序结构中，提高了学习效率，更使学生尽早建立起程序设计的概念。在具体内容的介绍和例题的安排上，本书采用了案例教学方式，即先给出实现的目标和结果，然后再讲解实现的过程和方法。

以程序结构为主线来编写教材，目的是使学生能够站在程序设计的高度学习，而不是局限于某种语言。通过学习，学生不但可以学会程序设计的基本知识、设计思想和方法，还能够学会可视化程序设计的通用方法与步骤，可很容易地过渡到其他语言（如 Visual Basic、C#、Delphi 等）。Visual FoxPro 的数据库概念和方法被贯穿在程序设计的方法中，这样就把程序设计与数据库的应用结合在了一起。

为使原书更加完善，作者对内容做了一些调整和充实，使之更加符合当前高等院校对 Visual FoxPro 课程教学的新要求。在编写过程中，仍然以程序设计为主线，把难点分散到各章节中，对重点、难点分析透彻，注重知识内容的连贯性，取材深浅适宜。本书内容包括 Visual FoxPro 编程基础、Visual FoxPro 编程工具与编程步骤、赋值与输入/输出、选择结构程序设计、循环结构程序设计、数组、自定义属性与自定义方法、表单集与多重表单、菜单与工具栏、数据表、数据库与多表操作、查询与视图、关系数据库标准语言 SQL、报表等。

为方便学生备考全国计算机等级考试，本书涵盖了《全国计算机等级考试二级考试大纲（Visual FoxPro 程序设计）》的内容。在内容和课时上，本书都更加符合教学要求。

本书注重“案例式”教学在 Visual FoxPro 教法中的应用，每个章节均以具有代表性、实用性、趣味性的实例贯穿其中，使学生学会分析问题和解决问题的能力，掌握 Windows 环境中的可视化编程技术。每章均附有典型习题。

为方便学生上机练习和编程训练，每章的最后增加了上机实训内容，并在华信教育资源网（http://www.hxedu.com.cn）上免费提供电子课件的详细习题解答。另外，还增加了程序开发实例，为将来学生做课程设计和毕业设计提供参考。学生可以通过上机实训和习题，加深对知识的理解和对程序设计方法的掌握。

本书由刘瑞新、汪远征编著，参加编写的作者还有张鸣、张歌凌、张辉、宫德龙、李慧、郭晓燕、孙艳峰、李莹、刘三军、刘克纯、彭守旺、彭春芳、翟丽娟。作为教学改革的组成部分，书中难免存在错误和不当之处，欢迎读者提出宝贵意见和建议。

编　者

目　录

第1章　Visual FoxPro 基础

在日常生活和工作中，我们每天都要接触大量的信息，如学生成绩、人事档案、工资报表、货物清单等，其中包含各种各样的数据。面对如此众多的数据，需要借助于计算机的数据库技术，把数据保存到数据库中，以便快速找到需要的数据。

Visual FoxPro 6.0（简称 VFP 6.0）是由 Microsoft 公司推出的数据库系统。VFP 6.0 将面向对象的程序设计技术与关系型数据库系统有机地结合在一起，是功能强大的可视化程序设计的关系数据库系统。

数据库是数据库应用系统的核心。本章将从数据库的基本概念入手，介绍 VFP 6.0 的一些入门知识。

1.1　数据库的基本概念

数据库是按一定方式把相关数据组织、存储在计算机中的数据集合。数据库中不仅存放数据，而且存放数据之间的联系。

1.1.1　数据与数据处理

1. 数据

数据是指存储在某一种媒体上的能够识别的物理符号。数据的概念有两个方面的含义。

① 描述事物特性的数据内容。

② 存储在媒体上的数据形式。数据形式可以是多样的，例如，“2010 年 6 月 23 日”是一个数据，它可以表示为“2010-6-23”、“06/23/2010”等形式。

数据的概念在数据处理领域已经大大地拓宽了，不仅包括由各种文字或字符组成的文本形式的数据，而且包括图形、图像、动画、影像、声音等多媒体数据。

2. 数据处理

数据处理是指将数据转换成信息的过程。广义地讲，处理包括对数据的收集、存储、加工、分类、计算、检索、传输等一系列活动。狭义地讲，处理是指对所输入的数据进行加工整理。

数据处理的目的是从大量的现有数据中，根据事物之间的联系，通过分析归纳、演绎推导等手段，得到所需要的有价值的信息。例如，通过商店的进货量和销售量，就可以知道库存量，从而为进货提供依据。

1.1.2　数据模型

数据库系统研究的对象是现实世界中的客观事物，以及这些事物之间的相互联系。但这些事物及其联系不能以它们在现实世界中的形式进入计算机，因此必须对客观事物及其联系进行转换抽象，使其以便于计算机表示的形式进入计算机。

数据模型是指数据库的组织形式，它决定了数据库中数据之间联系的表达方式，即把计算机中表示客观事物及其联系的数据和结构称为数据模型。

根据组织方式的不同，目前常用的数据模型有 3 种，即层次数据模型、网状数据模型和关系数据模型。

1. 层次数据模型

层次数据模型的结构是树状结构，树的节点是实体，树的枝是联系，从上到下为一对多的联系，如图 1-1（a）所示。每个实体由“根”开始，沿着不同的分支放在不同的层次上。如果不再向下分支，则此分支中最后的节点称为“叶”。这方面的例子有家谱、企事业单位中各部门机构之间的联系等。图 1-1（b）所示为某系的机构设置层次数据模型，“根”节点是系，“叶”节点是各位教师。

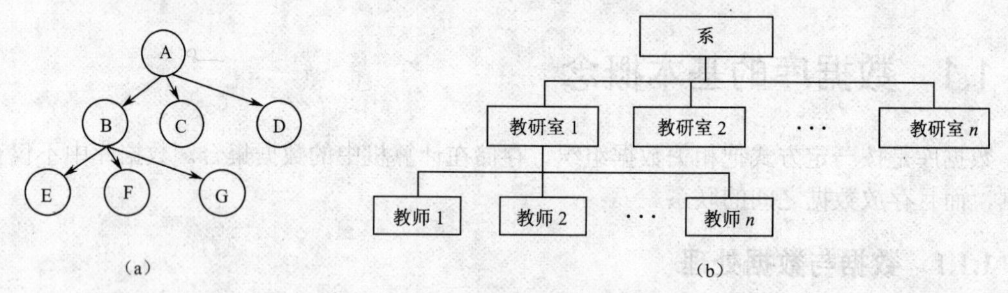

图 1-1　树状结构与层次数据模型

支持层次数据模型的数据库管理系统称为层次数据库管理系统，其中的数据库称为层次数据库。

2. 网状数据模型

用网状结构表示实体及其之间联系的模型称为网状数据模型。在网状数据模型中，每个节点代表一个实体，并且允许节点有多于一个的“父”节点，如图 1-2（a）所示。这样，网状数据模型代表了多对多的联系类型，例如，同事、同学、朋友、亲戚之间的联系。图 1-2（b）所示为某系、教研室、课程、教师、学生等之间的联系。

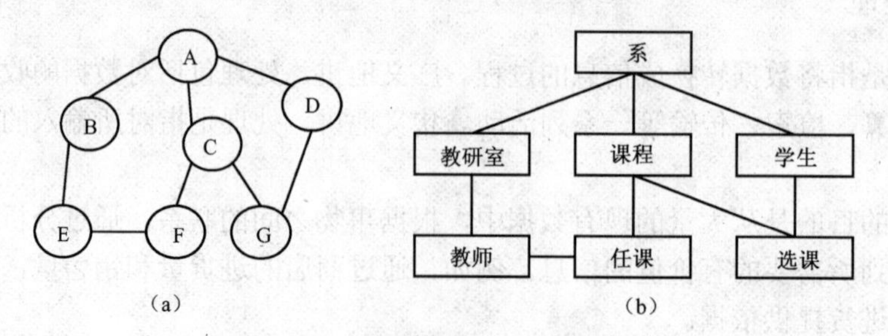

图 1-2　网状结构与网状数据模型

支持网状数据模型的数据库管理系统称为网状数据库管理系统，其中的数据库称为网状数据库。

3. 关系数据模型

关系数据模型是以数学理论为基础构造的数据模型，它用二维表格来表示实体集中的实体之间的联系。在关系数据模型中，操作的对象和结果都是二维表（即关系），表格之间通过相同的栏目建立联系。

关系数据模型具有很强的数据表示能力和坚实的数学理论基础，而且结构单一，数据操作方便，最容易被用户所接受。以关系数据模型建立的关系数据库是目前应用最广泛的数据库，例如，学生成绩管理、工资管理等。

1.1.3 数据库系统的特点

数据库是以一定的组织方式存储在一起的，能为多个用户共享的，独立于应用程序的，相互关联的数据集合。数据库系统的主要特点如下。

① 数据的共享性：数据库中的数据能为多个用户服务。

② 数据的独立性：用户的应用程序与数据的逻辑组织及物理存储方式无关。

③ 数据的完整性：数据库中的数据在操作和维护过程中保持正确无误。

④ 数据的集中性：数据库中的数据冗余（重复）少。

1.1.4 关系数据库

自 20 世纪 80 年代以来推出的数据库管理系统，绝大多数是基于关系数据模型的，Visual FoxPro 就是一种关系数据库管理系统。

1. 关系数据库的基本概念

一个关系数据库由若干个数据表组成，每个数据表又由若干个记录组成，而每个记录由若干个按字段属性分类的数据项组成。例如，表 1-1 的学生基本情况表就是一个数据表。

表 1-1　学生基本情况表

学号	姓名	性别	出生日期	班级	成绩
20070203	张娟	女	1990 年 6 月 21 日	经管 09	491
20070502	王凯	男	1989 年 9 月 25 日	物流 09	523
20070603	李健壮	男	1990 年 12 月 19 日	计算机 09	487
20070604	赵丽敏	女	1989 年 3 月 26 日	计算机 09	498
20070123	刘蓓	女	1989 年 11 月 8 日	财会 09	519
20071526	陈蓉	女	1990 年 7 月 21 日	国际贸易 09	552

（1）表名

每一个表有一个名字，即表名。

在关系数据库中，每一个数据表都具有相对的独立性，这个独立性的唯一标志就是数据表的名字，称为数据表文件名。

（2）记录

表格中的每一行在关系中称为一个记录（即表格中栏目名下的行），例如，姓名为“张红雨”的学生所在行的所有数据就构成了一个记录。

（3）字段

表格中的每一列在关系中称为一个字段（或属性），每个字段都要有一个字段名，它对应表格中的栏目名。例如，“学号”、“姓名”等都是属性。属性的取值范围称为域。

记录中的一个字段的取值，称为字段值。字段值随着每一记录的不同而变化。

在现实世界中，由于存在同名现象，如姓名、单位名等，因此人们普遍采用在原来关系中增加一个编号字段的方法，如身份证号、学号等，来确保其唯一性。

2. 对关系数据库的要求

现实生活中的二维表格多种多样，不是所有二维表格都能够被当做“关系”存放到数据库中。也就是说，在关系模型中对“关系”有一定的规范化要求，包括下面 4 项内容。

① 关系中的每个属性（列）必须是不可分割的数据单元。例如，图 1-3（a）所示的复合表不符合要求，不能直接作为关系，应将它改为图 1-3（b）所示的二维表。

<table>
<tr><td rowspan="2">姓名</td><td colspan="3">成绩</td></tr>
<tr><td>语文</td><td>数学</td><td>外语</td></tr>
<tr><td></td><td></td><td></td><td></td></tr>
</table>

（a）

姓名	语文	数学	外语

（b）

图 1-3　复合表与关系表

② 同一关系中不应有完全相同的属性名，即在同一个表格中不能出现相同的列（字段）。

③ 关系中不应有完全相同的元组，即在同一个表格中不能出现相同的行（记录）。

④ 元组（记录）和属性名（字段）与次序无关，即交换两行或两列的位置不影响数据的实际含义。

1.2 VFP 的发展和特点

随着计算机技术的发展，计算机的应用已从原来单纯的科学计算逐渐扩大到事务处理领域。为了有效地使用事务处理过程中保存在计算机系统中的大量数据，必须采用一整套严密合理的数据处理方法，即数据管理。数据管理随着计算机技术的发展和管理的需要也发生了重大的变化。

1.2.1 Fox 系列数据库的发展

20 世纪 70 年代后期，数据库理论的研究已取得一定的成果。随着 IBM-PC 及其兼容机的逐步普及，1982 年，美国 Ashton-Tate 公司推出了面向 8 位微机的 dBASEⅡ关系数据库管理系统。随着 16 位微机的出现，Ashton-Tate 公司于 1984 年 6 月推出了更新版本 dBASE Ⅲ。但是，dBASE Ⅲ存在速度慢、不带编译器、人机界面差、命令和函数有限等缺点。

美国 Fox 公司于 1984 年推出了与 dBASE 完全兼容的 FoxBASE，其速度远远高于 dBASE，并且第一次引入了编译器。1986 年，该公司推出了与 dBASE Ⅲ Plus 兼容的 FoxBASE+。1987 年 7 月，推出了 FoxBASE+2.0，其最高版本是 1988 年 7 月推出的 FoxBASE+2.1。这两大产品不仅速度超越其前期产品，而且还扩充了对开发者极有用的语言，并提供了良好的界面和较为丰富的工具。

1989 年，FoxPro 1.0 正式推出，它是 FoxBASE+2.1 的升级换代产品。FoxPro 采用友好的图形界面，并首次引入基于 DOS 环境的窗口技术——面向字符的窗口 COM。用户使用的界面也不再是圆点提示符，而是与圆点提示符下命令等效的菜单系统。FoxPro 支持鼠标，操作方便，是一个与 dBASE、FoxBASE 全兼容的伪编译型集成环境式的数据库开发环境。

1991 年 7 月推出 FoxPro 2.0，由于使用了 Rushmore 查询优化技术、先进的关系查询与报表技术，以及第四代语言（4GL，the Fourth Generation Language）工具，FoxPro 2.0 的性能大幅度地提高了。它面向对象与事件，能充分使用扩展内存，是一个真正的 32 位产品。

1992 年，Microsoft 公司收购 Fox 公司，并推出了 FoxPro 2.5。

1995 年 9 月，Microsoft 公司推出 Visual FoxPro 3.0，它集 Wizards 技术和 Rushmore 技术于一体，是关系数据库方面最重要的产品。

1998 年推出了 Visual FoxPro 6.0，包含结构化和可视化程序设计，支持 C/S 与网络数据库开发。同时，也为数据库初学者提供了一个容易入门的教学平台。

后来微软公司相继发布了 Visual FoxPro 7.0（2001 年）、8.0（2003 年）、9.0（2004 年）等版本。

1.2.2 VFP 的特点

Visual FoxPro（以下简称 VFP）是一个 32 位的数据库开发系统，可运行于 Windows 操作系统。它既具有 Visual 系列功能强大、直观易用、面向对象等优点，又兼具 Windows 和 FoxPro 的长处。其主要特点如下。

① VFP 采用功能强大的自含命令式开发语言，不借助其他语言就能独立地开发数据库应用系统。

② VFP 在支持标准 XBase 传统的面向结构的编程方式的同时，提供了完全的面向对象编程（OOP）能力。

③ 提供了向导、生成器和设计器 3 种工具，这 3 种工具都使用图形交互界面，使用户能够简单而又快捷地完成数据操作任务。

④ VFP 提供的表单设计器，可以使用户不编程或使用很少的代码来实现友好的交互式应用程序界面，并可对界面进行控制。

⑤ VFP 提供的项目管理器可以使用户集中地管理数据、文档、类库、源代码等各种资源。

⑥ VFP 可作为开发强大的客户-服务器（Client/Server）应用程序的前台。VFP 既支持高层次的对服务器数据的浏览，又提供了对本地服务器语法的直接访问，这种直接访问为用户开发灵活的客户-服务器应用程序提供了坚实的基础。

⑦ VFP 的主窗口与许多其他 Microsoft 产品（如 Word、Excel 等）趋于一致，使得用户容易操作，系统功能更易于发挥。

⑧ VFP 可以同其他 Microsoft 软件共享数据，例如，用户可用自动 OLE 来包含其他软件（如 Excel、Word）中的对象并在 VFP 中使用这些软件。

1.3 VFP 的启动和退出

VFP 6.0 是 Windows 平台上的应用程序，Windows 窗口的所有操作方法对它都适用。

1.3.1 启动 VFP

单击 Windows 任务栏上的“开始”按钮开始，从“开始”菜单中选择“程序”项，从其子菜单中单击“Microsoft Visual FoxPro 6.0”命令，进入 VFP 6.0 后，将显示图 1-4 所示的对话框。对话框中有 5 个单选项和 1 个复选框。

图 1-4 启动 VFP

5 个单选项的内容和功能如下。

- 打开新的组件管理库，管理 Visual FoxPro 组件。
- 查找示例程序用以找出编程所需的相应解决方法：打开示例程序窗口。示例程序可以帮助用户学习使用 VFP。通过研究每个示例，可以看到示例是如何运行的，了解如何用代码来实现这些示例，并把示例中的一些特性应用到用户的应用程序中。
- 创建新的应用程序：打开“程序”窗口，创建新的应用程序。
- 打开一个已存在的项目：显示“打开”项目对话框。
- 关闭此屏：关闭此对话框，进入 VFP 的主窗口。

如果选中了“以后不再显示此屏”复选框，在以后启动 VFP 后将直接进入 VFP 的主窗口。初学者应选择“关闭此屏”项，然后在 VFP 的主窗口中操作。

1.3.2 退出 VFP

下列方法中的任何一种，都可以用来退出 VFP 6.0 系统：

- 在命令窗口中输入 QUIT，再按〈Enter〉键。
- 单击系统窗口右上角的“关闭”按钮。
- 选择菜单命令“文件”→“退出”。
- 同时按〈Alt〉+〈F4〉组合键。

1.4 VFP 的主窗口

关闭图 1-4 所示的对话框后，进入 VFP 主窗口，如图 1-5 所示。VFP 的主窗口具有标准的 Windows 风格。除了在窗口的上边有标题栏、控制菜单图标、最小化按钮、最大化按钮和关闭按钮外，还包括菜单栏、工具栏、主窗口、命令窗口和状态栏。

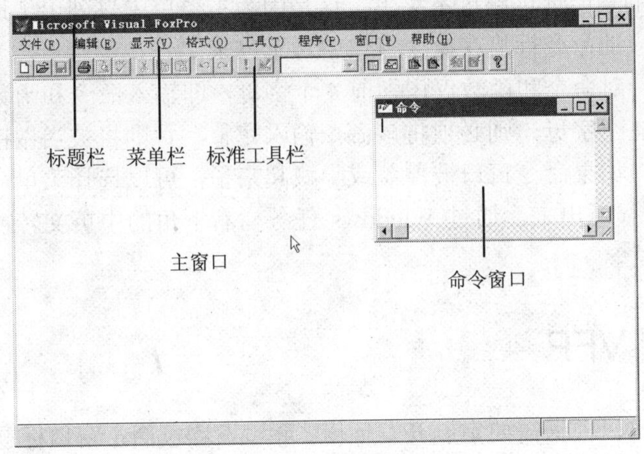

图 1-5 VFP 的主窗口

（1）标题栏

标题栏的最左边是窗口控制图标，单击该图标，将弹出控制菜单，从中可以进行窗口的移动、最大化、最小化、恢复和关闭操作。

控制按钮的右边是应用程序名称“Microsoft Visual FoxPro”。

标题栏的最右边依次是最小化、最大化或恢复、关闭按钮。

（2）菜单栏

在主窗口的最上一行是菜单栏，通过它可以完成绝大部分的操作。单击菜单项将弹出下拉菜单，选择相应的命令就可实现相应的功能或操作。在默认情况下，菜单栏中有 8 个菜单项。随着用户操作的不同，菜单项会有相应的改变。

（3）工具栏

工具栏上的按钮对应于最常使用的菜单命令，所以使用工具栏可以加快某些任务的执行。将鼠标指针移到某个按钮上停一会儿，就会出现该按钮的说明文字。

工具栏可以显示为窗口形式。只要将鼠标指针指向工具栏中按钮之外的地方，然后把工具栏“拖”（按下鼠标左键，同时移动鼠标）下来即可。可以将工具栏四处拖动，放在主窗口中的任何位置。

（4）命令窗口

在 VFP 6.0 中，菜单中的命令也可以通过在命令窗口中输入命令来执行。命令窗口是一个可编辑的窗口，就像其他文本窗口一样，可在命令窗口中进行插入、删除、块复制等操作，也可通过光标或滚动条在整个命令窗口中上下移动。

在命令窗口中常用的操作如下。

- 在按〈Enter〉键执行命令之前，按〈Esc〉键删除文本。
- 将光标移到以前命令行的任意位置按〈Enter〉键重新执行此命令。
- 选择要重新处理的代码块，然后按〈Enter〉键。
- 若要分割很长的命令，可以在需要分割位置的空格后接分号，然后按〈Enter〉键。
- 可在命令窗口中或向其他编辑窗口移动文本，方法是，选择需要的文本，并将其拖动到需要的位置。
- 可在命令窗口中或向其他编辑窗口复制文本，而无须使用“编辑”菜单中的命令。方法是，选择需要复制的文本，按住〈Ctrl〉键不放，将其拖动到需要的位置。

VFP 命令提供的功能远远超过主菜单，这是因为主菜单中只列出了最常用的功能。在选择菜单命令时，对应的命令行将在命令窗口中显示出来。

在 VFP 6.0 中，对命令和函数仅识别前 4 个字母，即输入命令和函数只需输入前 4 个字母。一旦输入多于 4 个字母，则必须将该命令输入完整，否则将被当做错误命令。

在操作过程中，如果命令窗口被覆盖或隐藏起来了，可以选择菜单命令“窗口”→“命令窗口”，使之重新显示出来。通过 Windows 任务栏右下角的中英文转换按钮，可以切换中文或英文的输入方式。

1.5 配置 VFP

安装 VFP 后，可以根据需要定制开发环境。环境设置包括主窗口标题、默认目录、项目、编辑器、调试器及表单工具选项、临时文件存储、拖放字段对应的控件和其他选项。用户既可以用交互式，也可以用编程的方法配置 VFP，甚至可以使 VFP 启动时调用用户自建的配置文件。

1.5.1 配置 VFP 工具栏

VFP 6.0 中可定制的工具栏，见表 1-2。

表 1-2 VFP 6.0 中可定制的工具栏

工　　具	相关的工具栏	命　　令
数据库设计器	数据库	CREATE DATABASE
表单设计器	表单控件、表单设计器、调色板、布局	CREATE FORM
打印预览	打印预览	
查询设计器	查询设计器	CREATE QUERY
报表设计器	报表控件、报表设计器、调色板、布局	CREATE REPORT

1. 激活及关闭工具栏

在默认情况下，只有标准工具栏可见。当使用一个 VFP 设计器工具（如表单设计器）时，该设计器将显示使用它工作时常用的工具栏。可以在需要时激活一个工具栏。

要激活一个工具栏，可以运行相应的工具，或者选择菜单命令“显示”→“工具栏”，打开“工具栏”对话框。在“工具栏”对话框中，选中需要激活的工具栏前面的复选框，如图 1-6 所示。

要关闭某工具栏，可以直接单击该工具栏上的“关闭”按钮☒，或者选择菜单命令“显示”→“工具栏”，在“工具栏”对话框中，清除需要关闭工具栏前面的复选框选中状态☒，使之变为空白。

2. 修改现有 VFP 工具栏

创建自定义工具栏最简单的方法就是修改 VFP 提供的工具栏。修改 VFP 工具栏的操作步骤如下（见图 1-7）。

① 选择菜单命令“显示”→“工具栏”，打开“工具栏”对话框。

② 在“工具栏”对话框中，选择需要定制的工具栏并单击“定制”按钮，打开“定制

工具栏”对话框。

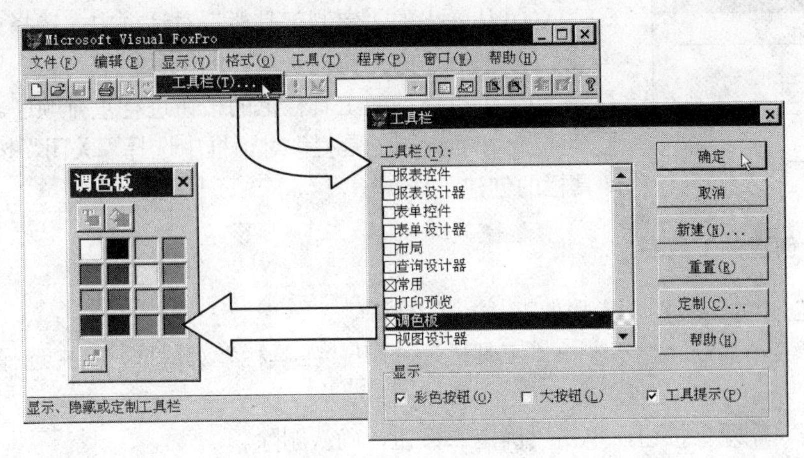

图 1-6 激活工具栏

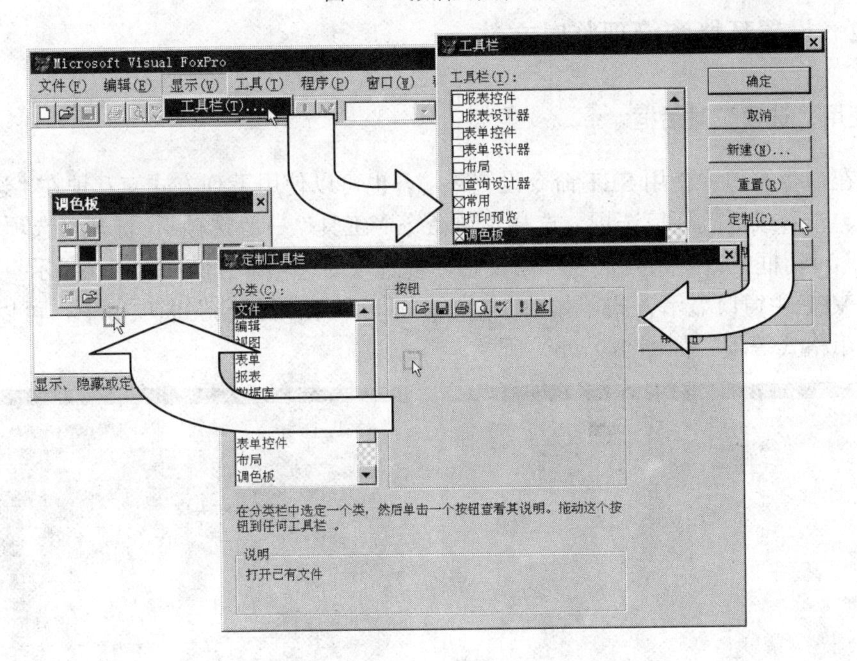

图 1-7 把按钮拖离工具栏

③ 在“定制工具栏”对话框中选择合适的分类，然后把所需的按钮拖到工具栏上。

④ 在“定制工具栏”对话框中选择“关闭”按钮，结束工具栏的定制工作。

更改 VFP 工具栏之后，还可以通过“工具栏”对话框中的“重置”按钮，把它恢复为原来的配置。

3. 从现有工具栏创建新工具栏

可以创建由其他工具栏中的按钮组成的全新工具栏。创建 VFP 新工具栏的步骤如下。

① 选择菜单命令“显示”→“工具栏”，打开“工具栏”对话框。

② 单击“新建”按钮，打开“新工具栏”对话框。

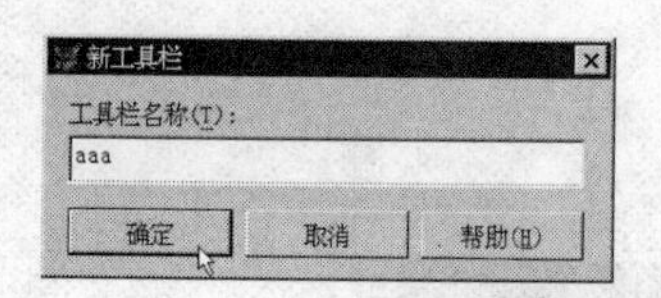

图 1-8 “新工具栏”对话框

③ 在“新工具栏”对话框中命名新工具栏，如图 1-8 所示。

④ 从弹出的“定制工具栏”对话框中，选择一个类别。

⑤ 把所需的按钮拖到新建的工具栏上。

⑥ 可以拖动新工具栏上的按钮进行重排顺序。

⑦ 在“定制工具栏”对话框中选择“关闭”按钮，结束工具栏的创建工作。

4. 删除创建的工具栏

要删除创建的工具栏，步骤如下。

① 选择菜单命令“显示”→“工具栏”，打开“工具栏”对话框，从中选择欲删除的工具栏。

② 单击“删除”按钮，单击“确定”按钮，确认删除。

注意：不能删除 VFP 系统提供的工具栏。

1.5.2 设置环境和管理临时文件

1. 使用“选项”对话框

可以在命令窗口中使用 SET 命令设置环境，也可以使用下列方式交互地在“选项”对话框中设置、查看或更改环境选项。选择菜单命令“工具”→“选项”，打开“选项”对话框。在“选项”对话框中有一系列代表不同类别环境选项的选项卡。例如，在“显示”选项卡中，可以设置 VFP 主窗口显示方式，如图 1-9（a）所示；在“区域”选项卡中，可以设置日期格式、货币格式等项，如图 1-9（b）所示。

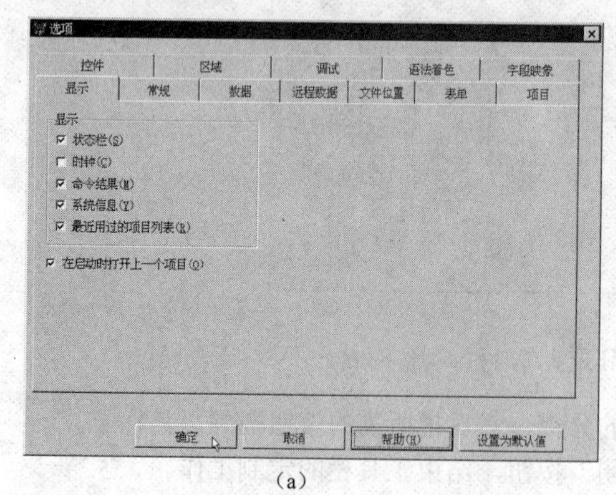

（a）

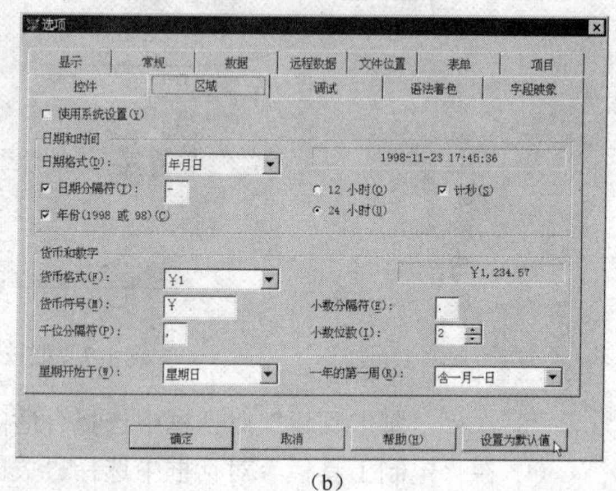

（b）

图 1-9 “选项”对话框

2. 保存设置

可以把在“选项”对话框中所做的设置，保存为在当前工作期有效或者作为 VFP 的默认（永久）设置。

（1）把设置保存为仅在当前工作期内有效

在“选项”对话框中更改设置，然后单击“确定”按钮，所做的设置将一直作用到退出

VFP（或再次更改它们）为止。

（2）把当前设置保存为默认设置

在“选项”对话框中更改设置，然后单击“设置为默认值”按钮，再单击“确定”按钮，系统将把该设置存储在 Windows 注册表中。

执行 SET 命令或在启动 VFP 时指定一个配置文件，可以忽略默认设置。

3. 管理临时文件

在 VFP 中的许多操作都将产生临时文件。例如，进行编辑、索引、排序操作时，都会产生临时文件，文本编辑期间也会产生正在编辑的文件的临时副本。

如果不为临时文件指定其他存放位置，VFP 将在 Windows 保存临时文件的目录中创建临时文件。

指定临时文件位置的步骤如下。

① 选择菜单命令“工具”→“选项”，在“选项”对话框中选择“文件位置”选项卡。

② 输入临时文件的存放位置，如图 1-10 所示。

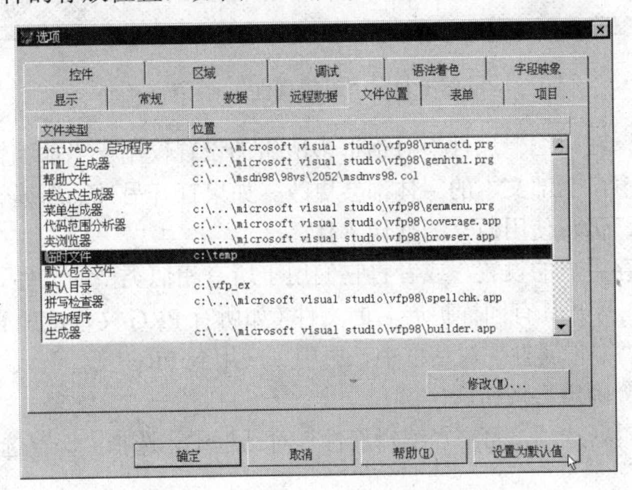

图 1-10　输入临时文件的存放位置

③ 若要永久保存所做的更改，可以单击“设置为默认值”按钮。

④ 单击“确定”按钮。

1.5.3　设置编辑器选项

在“编辑属性”对话框中，可以配置 VFP 编辑器，使之按用户希望的方式显示文本。例如，可以设置字体与文本对齐，还可以设置缩进、换行、自动备份文件等其他特性，使编辑器更易于使用。

要显示“编辑属性”对话框，首先需要打开一个编辑器窗口。使用下列方法之一，可以打开编辑器窗口。

- 在项目管理器中选择一个程序或文本文件，然后单击“新建”按钮；或者双击现有程序或文本文件的名称。
- 在命令窗口中输入 MODIFY COMMAND、MODIFY FILE 或 MODIFY MEMO 命令。
- 选择菜单命令“文件”→“新建”，然后指定文件类型为“程序”或“文本文件”；或者选择菜单命令“文件”→“打开”，然后选择程序或文本文件名称。

- 在表单设计器中双击一个表单或控件。

在编辑器窗口的任意位置上右击，显示快捷菜单，然后选择“属性”命令，将打开“编辑属性”对话框，如图 1-11 所示。

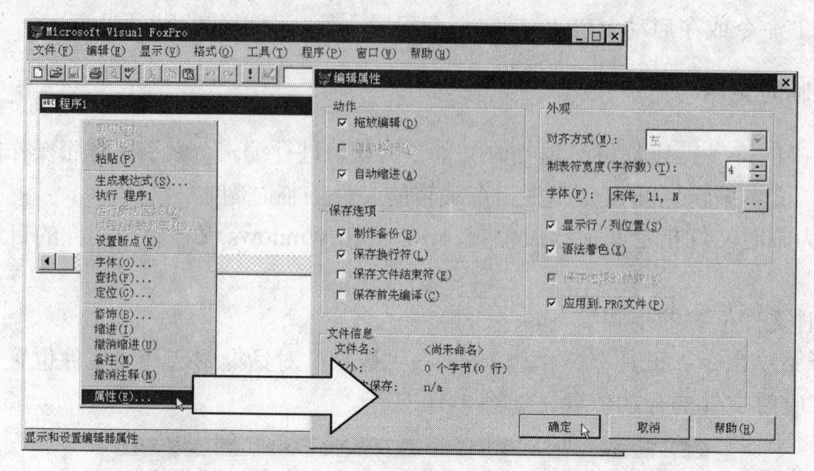

图 1-11 “编辑属性”对话框

在默认情况下，在“编辑属性”对话框中所做的设置仅用于当前编辑窗口。例如，如果更改字体，则当前窗口全部文本的字体都会更改。如果打开另外一个编辑窗口或关闭当前窗口再重新打开一次，仍将使用原来的默认字体。

可以永久地保存用户的设置，或者将它们用于所有相似类型的文件。如果选择对相似文件类型应用选项，在打开具有同样扩展名的文件（如所有.PRG 文件或所有表单设计器的方法程序代码）时，在“编辑属性”对话框中，选中“应用到.PRG 文件”或“应用到.TXT 文件”复选框，然后单击“确定”按钮。

要永久保存编辑器选项，可在“编辑属性”对话框中，选择“保存选择的参数”复选框，单击“确定”按钮。

还可以在编辑器中设置关键字、注释及其他程序元素专用的颜色和字体。

1.5.4 恢复 VFP 环境

如果希望关闭所有操作，恢复 VFP 启动时的状态，可在命令窗口中或在退出 VFP 之前最后调用的程序中，按下列顺序运行命令：

```
CLEAR   ALL
CLOSE   ALL
CLEAR   PROGRAM
```

说明事项如下。

① CLEAR ALL 命令从内存中移去所有对象，按顺序关闭所有私有数据工作期及其中的临时表。

② 在 CLEAR ALL 命令正确执行后，CLOSE ALL 命令关闭 VFP 默认数据工作期，即数据工作期 1 中的所有数据库、表及临时表。

③ CLEAR PROGRAM 命令清除最近执行程序的程序缓冲区。CLEAR PROGRAM 命令

迫使 VFP 从磁盘而不是从程序缓冲区中读取文件。

④ 如果事务正在执行，应在执行 CLEAR ALL 命令、CLOSE ALL 命令及 CLEAR PROGRAM 命令之前对每一层事务使用 END TRANSACTION 命令。

⑤ 如果在缓冲式更新的过程中进行清理，应在执行 CLEAR ALL 命令、CLOSE ALL 命令及 CLEAR PROGRAM 命令之前，对每一个有缓冲式更新的临时表调用 TABLEUPDATE( ) 或 TABLEREVERT( )函数。

1.6 VFP 的帮助和联机文档

使用 VFP 帮助系统，可以快速查询到有关 VFP 设计工具和程序语言的信息。

1. 获得帮助

如果对某个窗口或对话框的功能不清楚，只要按〈F1〉键，就可以显示关于该窗口或对话框的上下文相关的帮助信息。

选择菜单命令“帮助”→“Microsoft Visual FoxPro 帮助主题”，可以得到 VFP 联机帮助的内容概述。要查找有关特定术语或主题的帮助信息，可以选择“索引”选项卡。

2. 联机文档

在任何一个对话框中单击“帮助”按钮或按〈F1〉键，或者选择菜单命令“开始”→“程序”→“Microsoft Developer Network”→“MSDN Library Visual Studio 6.0”，都将打开联机文档，如图 1-12 所示。

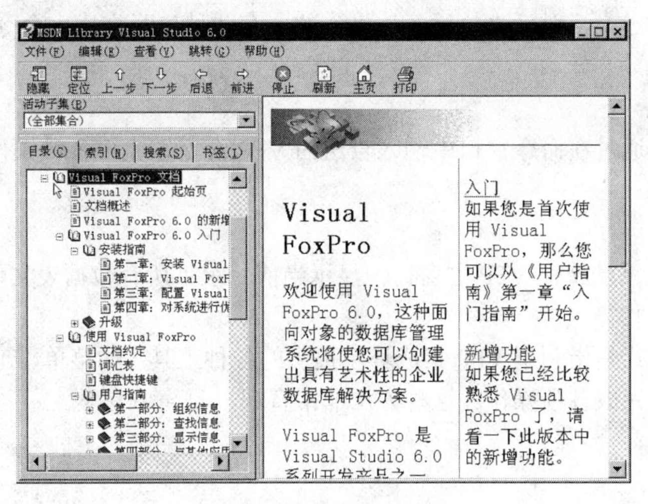

图 1-12 联机文档

在联机文档中包含了非常详细的帮助内容，如安装指南、用户指南、开发指南、语言参考等。在语言参考中有 VFP 全部的语句和函数。读者应该学会通过联机文档学习 VFP。在本教材中为了节省篇幅，有些语句和函数没有给出语法和说明，读者可以使用联机文档自己查看。

联机文档是一个分为 3 个窗格的帮助窗口。顶端的窗格为工具栏，左侧的窗格为定位窗格，右侧的窗格则显示主题内容，此窗格拥有完整的浏览器功能。定位窗格包含有“目录”、“索引”、“搜索”和“书签”选项卡。单击目录、索引或书签列表中的主题，即可浏览联机文档中的各种信息。“搜索”选项卡可用于查找出现在任何主题中的所有单词或短语。单击主题中带有下划线的文字，即可查阅与该主题有关的其他内容。

- 单击有下划线的彩色字，可链接到另一个主题、网页、其他主题的列表或者某个应用程序。
- 先单击出现在主题开始处的带有下划线的“请参阅”超链接，然后再单击要浏览的主题，即可选择含有相关内容的其他主题。
- 选中某个词或短语使其突出显示，然后按〈F1〉键，即可查看“索引”中是否有包含该词或短语的主题。
- 搜索主题时可使用布尔操作符来优化搜索。
- 如果正在主题窗格中浏览网页上的内容，可使用工具栏上的“停止”按钮或“刷新”按钮来中断下载或刷新网页的内容。

3．获得示例

为了演示其程序设计技术，VFP 提供了一系列有关应用程序、数据库和文件的示例。有关详细内容，用户可从 VFP 的“帮助”菜单中选择“示例应用程序”命令进行查阅。

1.7　VFP 的工作方式

VFP 的工作方式分为交互方式和程序方式两种。

1．交互方式

交互方式是通过人机对话来执行各项操作的。有两种交互方式：命令方式和可视化操作方式。

（1）命令方式

命令方式是指通过在命令窗口中输入合法的 VFP 命令来完成各种操作，例如，在命令窗口中输入命令：

```
DIR
```

按〈Enter〉键后，系统将在 VFP 主窗口中显示当前目录下所有数据表文件（.dbf）的列表。

（2）可视化操作方式

可视化操作方式是指利用 VFP 集成环境提供的各种工具（如菜单、工具栏、设计器、生成器、向导等）来完成各项操作。这种方法非常直观，且简单易学。

2．程序方式

VFP 的最有力的功能需要通过程序方式来实现。通过把 VFP 的合法命令组织、编写成命令文件（程序），或利用 VFP 提供的各种程序生成工具（表单设计器、菜单设计器、报表设计器等）来设计程序，然后执行程序，完成特定的操作任务。

3．最简单的操作命令

在进一步说明之前，对语法格式中使用的一些符号做出以下约定：

[ ] —— 任选项约定符，表示其中内容可选可不选；

〈 〉—— 必选项约定符，表示其中内容由用户输入，必须选择；

{|} —— 选择项约定符，表示其中多项内容选择一项。

（1）输出命令

? 命令是最简单的输出命令。?命令计算并在 VFP 主窗口中显示各表达式的值，命令格式为：

?[〈表达式列表〉]

说明：若表达式多于一项，则各表达式之间要用逗号隔开，显示时，各表达式值之间空一格。? 命令示例如图 1-13 所示。

图 1-13 非格式输出

（2）清屏命令

CLEAR 命令用来清除 VFP 主窗口中的任何输出内容，命令格式为：

CLEAR

1.8 实训 1

实训目的

- 熟悉 VFP 的集成开发环境。
- 掌握配置 VFP 集成开发环境的方法。
- 掌握 VFP 联机帮助的使用方法。
- 掌握最简单的操作命令。

实训内容

- VFP 的启动及退出。
- 配置 VFP。
- 使用 VFP 帮助和联机文档。
- 简单操作。

实训步骤

1．启动、退出 VFP

① 进入 Windows 操作系统（Windows 98/2000/XP），从“开始”菜单中选择“Microsoft Visual FoxPro 6.0”命令，进入 VFP 6.0。

② 如果系统显示如图 1-14 所示的对话框，可选中“以后不再显示此屏”复选框，以便以后启动 VFP 后直接进入主窗口。然后单击“关闭此屏”按钮，关闭该对话框，进入 VFP

的主窗口，如图 1-14 右图所示。

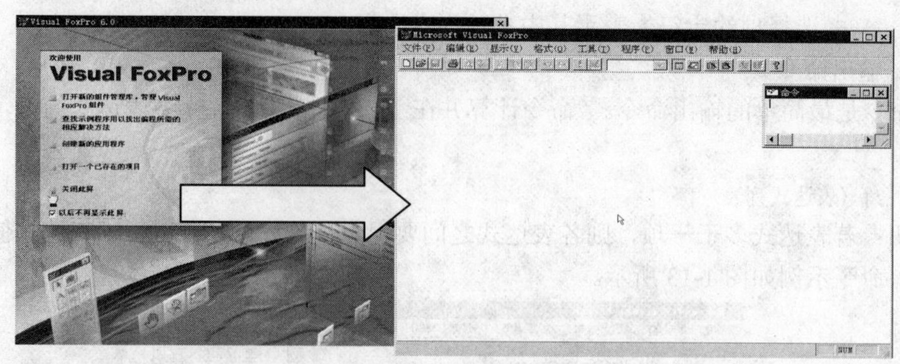

图 1-14　启动 VFP

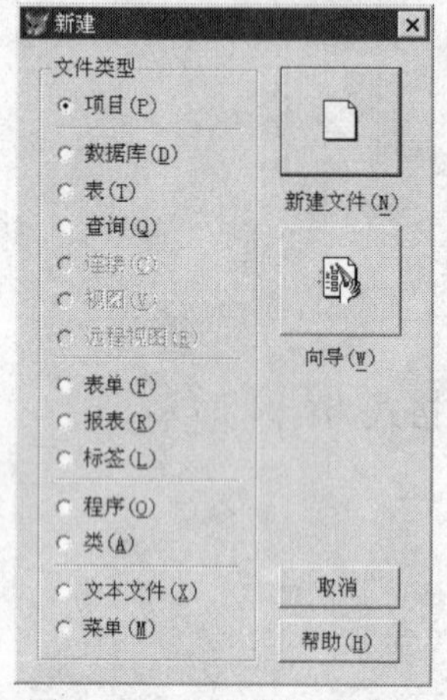

图 1-15　“新建”对话框

③ 选择菜单命令“文件”→“新建”，或在工具栏中单击“新建”按钮，打开“新建”对话框（见图 1-15），注意观察该对话框中的内容，然后单击“取消”按钮（本实验的目的仅为熟悉界面）。

④ 选择菜单命令“文件”→“打开”，或在工具栏中单击“打开”按钮，可以打开已有的文件。

⑤ 在命令窗口中输入操作命令。

⑥ 练习用下面的方法退出 VFP 6.0 系统。

a）在命令窗口中输入 QUIT，再按〈Enter〉键。

b）单击系统窗口右上角的“关闭”按钮。

c）选择菜单命令“文件”→“退出”。

d）按〈Alt〉+〈F4〉组合键。

2．配置 VFP

① 选择菜单命令“工具”→“选项”，打开“选项”对话框，如图 1-16（a）所示。

② 在“文件位置”选项卡中，选中“默认目录”项，单击“修改”按钮，如图 1-16（a）所示，在打开的“修改文件位置”对话框中，修改存放用户文件的默认文件夹（如 D:\）。

③ 在“区域”选项卡中，将日期格式修改为“年月日”，如图 1-16（b）所示。

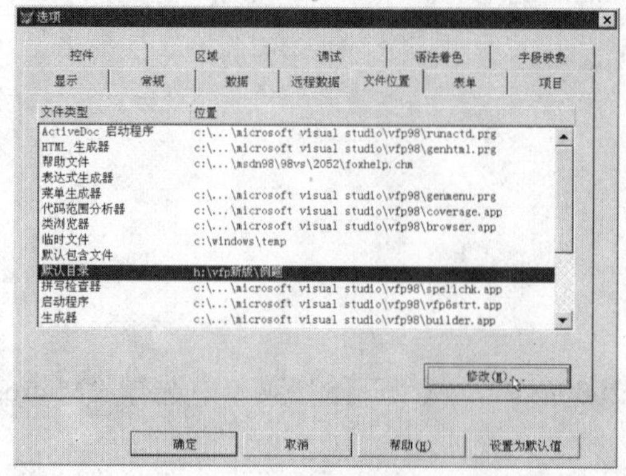

（a）

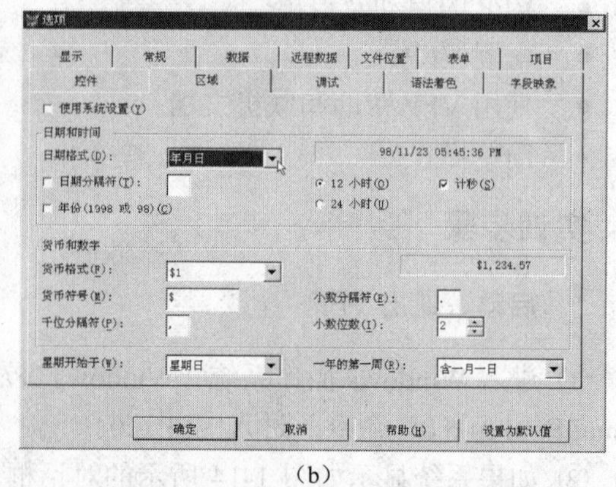

（b）

图 1-16 “选项”对话框

④ 在“选项”对话框中更改设置后，单击“设置为默认值”按钮，再单击“确定”按钮，系统将把此设置存储在 Windows 注册表中。

3. 使用 VFP 帮助和联机文档

① 从任何一个对话框中单击“帮助”按钮或按〈F1〉键，或者选择菜单命令“开始”→“程序”→“Microsoft Developer Network”→“MSDN Library Visual Studio 6.0”，都能打开联机文档，如图 1-17 所示。

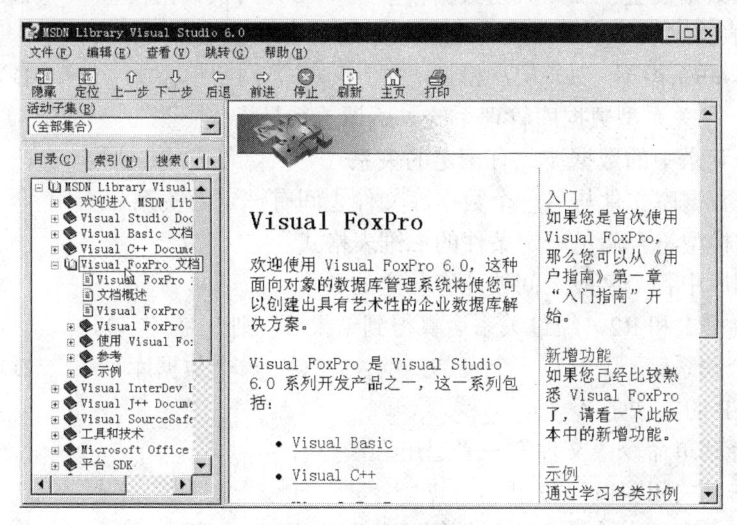

图 1-17　联机文档

② 在左边的定位窗格中，分别选择“目录”、“索引”、“搜索”及“书签”选项卡。

③ 单击目录、索引或书签列表中的主题，可浏览 Library 中的各种信息。在“搜索”选项卡中输入单词或短语，可查找有关主题。单击主题中带有下划线的文字，即可查阅与该主题有关的其他内容。

4. 简单命令的操作

① 在命令窗口中输入命令：

```
DIR
```

按〈Enter〉键后，系统将在 VFP 主窗口中显示默认文件夹中所有数据表文件（.dbf）的列表。

② 在命令窗口中输入命令：

```
a = 3      ↵
b = 2      ↵
? a * b    ↵
```

其中，“↵”表示按〈Enter〉键。系统将在 VFP 主窗口中显示计算结果为 6。

③ 在命令窗口中输入命令：

```
clear      ↵
```

系统将清除 VFP 主窗口中的所有输出内容。

习题 1

一、选择题

1. VFP 支持的数据模型是（　）。

A）层次数据模型　B）关系数据模型　C）网状数据模型　D）树状数据模型

2. 用二维表格来表示实体与实体之间联系的数据模型称为（　）。

A）实体-联系模型　B）层次模型　C）网状模型　D）关系模型

3. VFP 是一种关系型数据库管理系统。所谓关系是指（　）。

A）各个记录中的数据彼此有一定的关系

B）一个数据库文件与另一个数据库文件之间有一定的关系

C）数据模型符合满足一定条件的二维表格式

D）数据库中各个字段之间彼此有一定的关系

4. 设有关系 R1 和 R2，经过关系运算得到结果 S，则 S 是（　）。

A）一个关系　B）一个表单　C）一个数据库　D）一个数组

5. 退出 VFP 的方法是（　）。

A）选择菜单命令“文件”→“退出”

B）单击“关闭窗口”按钮

C）在命令窗口中输入 QUIT 命令，然后按〈Enter〉键

D）以上方法都可以

6. 显示与隐藏命令窗口的操作方法是（　）。

A）单击标准工具栏上的“命令窗口”按钮

B）通过选择菜单命令“窗口”→“命令窗口”来切换

C）直接按〈Ctrl〉+〈F2〉组合键或〈Ctrl〉+〈F4〉组合键

D）以上方法都可以

7. 下述关于工具栏的叙述，错误的是（　）。

A）可以创建用户自己的工具栏　B）可以修改系统提供的工具栏

C）可以删除用户创建的工具栏　D）可以删除系统提供的工具栏

8. 在“选项”对话框的“文件位置”选项卡中可以设置（　）。

A）表单的默认大小　B）默认目录

C）日期和时间的显示格式　D）程序代码的颜色

二、填空题

1. VFP 6.0 是一个____位的数据库管理系统。

2. 数据模型不仅表示反映事物本身的数据，而且表示__________。

3. 安装完 VFP 之后，系统自动使用默认值来设置环境。要定制自己的系统环境，应选择__________菜单下的__________命令。

4. 在“选项”对话框中，要设置日期和时间的显示格式，应当选择__________选项卡。

第 2 章　Visual FoxPro 编程基础

Visual FoxPro 将过程化程序设计与面向对象程序设计结合在一起，可以创建功能强大、灵活多变的应用程序。VFP 提供了多种数据类型，可以将这些数据类型的数据存储在表、数组、变量或者其他数据容器中。还可以使用各种表达式，以及丰富的函数和各种命令，来发挥和开发 VFP 的更多功能。

本章主要讲述 Visual FoxPro 编程的基础知识（数据类型、常量变量、表达式、函数），以及可视化编程的基本概念，最后简要介绍 VFP 的控件和对象。

2.1　VFP 6.0 语言基础

2.1.1　数据和数据类型

数据是程序的必要组成部分，是程序处理的对象，也是运算产生的结果。在高级语言中，广泛使用“数据类型”这一概念。数据类型体现了数据结构的特点。

1. 数据的分类

可以从不同的角度对数据进行分类。VFP 的数据类型分为两大类：基本数据类型和只可用于字段的数据类型。

2. 基本数据类型

VFP 的基本数据类型既可用于字段变量，又可用于常量、内存变量、表达式，见表 2-1。

表 2-1　Visual FoxPro 的基本数据类型

类　型	代　码	长度（字节）或格式	表示范围或说明
数值型（Numeric）	N	8	$-0.9\,999\,999\,999\times10^{19}$～$0.9\,999\,999\,999\times10^{20}$
货币型（Currency）	Y	8	−922 337 203 685 477.5807～922 337 203 685 477.5807
字符型（Character）	C	每个字符 1 个字节	由字母（汉字）、数字、空格等任意 ASCII 码字符组成，最多 255 个字符
日期型（Date）	D	yyyymmdd	公元 0001 年 1 月 1 日～公元 9999 年 12 月 31 日
日期时间型（DateTime）	T	yyyymmddhhmmss	省略日期值时，系统自动加上 1999 年 12 月 31 日；省略时间值时，则自动加上午夜零点
逻辑型（Logical）	L	1	只有真（.T.）和假（.F.）两种值

3. 数据表中字段的数据类型

只能用于数据表中字段的数据类型，见表 2-2。

表 2-2　Visual FoxPro 数据表中字段的数据类型

类　　型	代　　码	长度（字节）或格式	表示范围或说明
双精度型（Double）	B	8	$\pm 4.940\ 656\ 458\ 412\ 47 \times 10^{-324} \sim \pm 8.988\ 465\ 674\ 311\ 5 \times 10^{307}$
浮点型（Float）	F	8	与数值型相同
整型（Integer）	I	4	−2 147 483 647～2 147 483 647
通用型（General）	G	10	用于存储 OLE 对象，包含对 OLE 对象的引用。OLE 对象的具体内容可以是一个电子表格、一个字处理器的文本、一张图片等
备注型（Memo）	M	10	系统将备注内容存放在一个相对独立的文件中，该文件的扩展名为.dbt。由于没有备注型的变量，所以要处理备注型字段，需首先转换成字符型变量，然后使用字符型函数进行处理
字符型（二进制）	C	8	用于存储任意不经过代码页修改而维护的字符数据
备注型（二进制）	M	10	用于存储任意不经过代码页修改而维护的备注型数据

2.1.2　常量与变量

在程序的运行过程中，需要处理的数据存放在内存储器中。始终保持不变的数据称为“常量”，存放可变数据的存储器单元称为“变量”，其中的数据称为变量的值。

1. 常量

常量是一个具体的数据项，在整个操作过程中，其值保持不变。VFP 定义了以下类型的常量。

（1）数值型常量

数值型常量即常数，用来表示一个数量的大小。数值型常量可以表示为定点形式，也可以表示为浮点形式。

定点形式举例：

18　　　　102.35　　　　−0.6

浮点形式举例：

1.23E2（表示 1.23×10^{2}）　　　　−3.21E−2（表示-3.21×10^{-2}）

其中，E 不区分大、小写，为半角字符（以后如果不做特别说明，均表示使用半角符号。全角符号值只允许出现在字符型数据中）。

（2）字符型常量

字符型常量即字符串。凡是使用 VFP 允许的定界符（单引号、双引号或方括号）引导的符号都视为字符串。定界符必须成对出现。字符中已包含某一定界符时，可采用其他定界符引导，例如：

"X="　　　　'学生成绩表'　　　　[学号]

定界符仅仅起到说明数据类型的作用，不是数据的一部分。如果定界符之间不出现任何字符（包括空格），则称为“空串”，可写为：""（两个双引号）、''（两个单引号）或[]。

（3）逻辑型常量

逻辑型常量只有“逻辑真”和“逻辑假”两个值，凡是可由这两种情况表示的数据均可采用逻辑常量，例如，男与女、及格与不及格等。

逻辑常量用“.”作为定界符，用.T.、.t.、.Y.、.y.表示逻辑真，用.F.、.f.、.N.、.n.表示逻辑假。

（4）日期型常量

日期型常量必须用一对花括号“{”和“}”作为定界符，花括号中包含用分隔符“/”分隔的年、月、日三部分内容，其格式分为严格格式和传统格式两种。

- 传统格式：{mm/dd/yy}。系统默认的格式为美国日期格式“月/日/年”，其中月、日、年各为两位数字。该格式的日期型常量受命令语句 SET DATE TO 和 SET CENTURY 设置的影响，不同的设置，VFP 会做出不同的解释。例如，{10/08/05}可以被解释为 2005 年 10 月 8 日、2005 年 8 月 10 日、2010 年 8 月 5 日等。
- 严格格式：{^yyyy-mm-dd}。其中，花括号中第一个字符必须是“^”，年份必须是 4 位，年、月、日的顺序不能颠倒。用该格式的日期常量可以表示一个确切的日期，不受命令语句 SET DATE TO 和 SET CENTURY 设置的影响。

（5）日期时间型常量

日期时间型常量包括日期和时间两部分内容，格式为：{〈日期〉,〈时间〉}。

日期部分与日期型常量类似，时间格式为：“hh[:mm[:ss]][a|p]”，其中，hh 表示时（系统默认为 12）、mm 表示分（系统默认为 0）、ss 表示秒（系统默认为 0）、a 表示上午（系统默认）、p 表示下午。时间也可以使用 24 小时制。

日期时间型常量也有传统与严格两种格式。例如，严格格式的日期时间型常量{^2010-10-05 10:32:05am}，其中 am 表示上午。空的日期时间型常量值表示为{:}。

6）货币型常量

货币型常量的书写格式与数值型常量类似，但要加上一个前置符$，如$123.456。

货币型数据不能使用浮点法表示，最多保留 4 位小数，多余小数采用四舍五入法截取。

2. 变量

在高级语言中，利用变量可以对多个数据进行相同的操作，以简化计算和设计。例如，将一个工人工作的小时数加起来，再乘以每小时工作应付的工资标准，便可知道一个工人应得的报酬。如果对每个工人都进行这样的操作，就非常麻烦。可以将这些信息保存在变量中，并对变量进行操作，通过运行程序来实现数据的更新。

VFP 有 3 种形式的变量：内存变量、数组变量和字段变量。内存变量是存放单个数据的内存单元；数组变量是存放多个数据的内存单元组；字段变量则是存放在数据表中的数据项。本节所讨论的变量仅指内存变量。

（1）变量的命名

每个变量都有一个名称，叫做变量名。VFP 通过相应的变量名来使用变量。

变量名的命名规则如下：

① 以字母、数字及下划线组成，中文版 VFP 可以使用汉字作为变量名；

② 以字母或下划线开始，中文版 VFP 可以以汉字开始；

③ 长度为 1～128 个字符，每个汉字占 2 个字符；

④ 不能使用 VFP 的保留字。

如果当前数据表中有同名的字段变量，则访问内存变量时，必须在变量名前加上前缀“M.”或“M->”（减号、大于号），否则系统将访问同名的字段变量。

例如：

Student_no	Name	x	姓名	合法的变量名
7Name	IF	A[b]5	89X	不合法的变量名

（2）变量的类型

变量的类型由其存放的数据的值的类型决定。在 VFP 中，有 7 种类型的内存变量。

- 数值型（N）：存放数值型数据。当数值的位数大于或等于数值型数据的最大宽度 20 位时，用浮点形式表示，例如，12345678901234567890 表示为 1.2345678901234E+19。
- 字符型（C）：又称为字符串变量，用于存放字符型数据。
- 逻辑型（L）：存放逻辑型数据。只能存放真（.T.、.t.、.Y.、.y.）或假（.F.、.f.、.N.、.n.）两种逻辑值。
- 日期型（D）：存放日期。
- 日期时间型（T）：同时存放日期和时间。
- 货币型（Y）：存放货币型数据。
- 对象型（O）：存放对象型数据。

建立变量时不必指定变量的类型。在内存变量中存放什么类型的数据，该变量就具有什么类型。可以通过赋值命令随时建立、修改变量的类型和值。

（3）变量的作用域

命令窗口定义的变量在本次 VFP 运行期间都可以使用，直到使用 CLEAR MEMORY 命令或 RELEASE 命令将其清除。但如果是在程序中定义的变量，情况就有所不同了。一般来说，变量的作用域包括定义它的程序以及该程序所调用的子程序范围。也就是说，在某个过程代码中，定义的变量只能在该过程以及该过程所调用的过程中使用。

在 VFP 中，可以使用 LOCAL、PRIVATE 和 PUBLIC 命令强制规定变量的作用范围。

① 用 LOCAL 命令创建的变量只能在创建它们的过程中使用和修改，不能被更高层或更低层的过程访问，因此被称为局部变量。

② 用 PRIVATE 命令创建的变量称为私有变量。它用于定义当前过程中的变量，并将以前过程中定义的同名变量保存起来，在当前过程中使用私有变量而不影响这些同名变量的原始值。系统默认定义的变量都属于私有变量。私有变量可以被当前过程及所调用的过程使用。

③ PUBLIC 命令用于定义全局变量。在本次 VFP 运行期间，所有过程及程序都可以使用这些全局变量。在命令窗口中定义的变量都属于全局变量。

2.1.3 表达式与运算符

常量、变量及其数据类型构成了处理数据的基础，而对数据的处理最终要通过操作符、函数和命令来实现。

运算是对数据进行加工的过程。描述各种不同运算的符号称为运算符，运算符是联系数据的纽带。参与运算的数据称为操作数。

表达式用来表示某个求值规则，它由运算符和配对的圆括号将常量、变量、函数、对象等操作数以合理的形式组合而成。

表达式可用来执行运算、操作字符或测试数据，每个表达式都产生唯一的值。表达式的类型由运算符的类型决定。在 VFP 中有 5 类运算符和表达式：算术运算符和算术表达式、字符串运算符和字符串表达式、日期运算符和日期表达式、关系运算符和关系表达式、逻辑运算符和逻辑表达式。本章先介绍前 3 类，后两类将在第 5 章中详细介绍。

1. 算术运算符与算术表达式

算术表达式也称为数值型表达式，由算术运算符、数值型常量、变量、函数和圆括号组成，其运算结果为一数值。例如，15 * 2 +(10−7)/ 3 的运算结果为 31.00。

算术表达式的格式为：

〈数值 1〉〈算术运算符 1〉〈数值 2〉[〈算术运算符 2〉〈数值 3〉…]

VFP 提供的算术运算符见表 2-3。在这 6 种算术运算符中，除了取负运算符“−”是单目运算符，其他均为双目运算符。加（+）、减（−）、乘（*）、除（/）、取负（−）、乘方（^或**）运算的含义与数学中的基本相同。

表 2-3　算术运算符

运　算　符	名　　称	说　　明
+	加	同数学中的加法，例如，5+3
−	减	同数学中的减法，例如，5−3
*	乘	同数学中的乘法，例如，5*3
/	除	同数学中的除法，例如，5/3
^ 或**	乘方	同数学中的乘方，例如，5^3 表示 5^3
%	求余	5 % 3 表示 5 除以 3 所得的余数，结果为 2

算术运算符的优先级从高到低依次为：“( )”→“^”或“**”→“*”和“/”→“%”→“+”和“−”。

算术表达式与数学中的表达式写法有所区别，在书写表达式时应当特别注意。

① 每个符号占 1 格，所有符号都必须一个一个地并排写在同一横线上，不能在右上角写方次，也不能使用下标。例如，5^3 要写成 5^3，x_1+x_2 要写成 x1+x2。

② 原来在数学表达式中省略的内容必须重新写上。例如，$3x$ 要写成 3 * x。

③ 所有括号都用小括号( )，括号必须配对。例如，$2[x+3(y+z)]$必须写成 2 * (x+3* (y+z))。

④ 需要把数学表达式中的某些符号，改成 VFP 中可以表示的符号。例如，要把 $2\pi r$ 改为 2 * pi * r。

【例 2-1】把下列数学表达式改写为等价的 VFP 算术表达式。

$x^2+\frac{3xy}{2-y}$　　改写为：x^2+3*x*y/(2−y)

$\frac{1+\frac{y}{x}}{1-\frac{y}{x}}$　　改写为：(1+y/x)/(1−y/x)

2. 字符串运算符与字符串表达式

字符串表达式由字符串常量、字符串变量、字符串函数和字符串运算符组成。它可以是一个简单的字符串常量，也可以是若干个字符串常量或字符串变量的组合。字符串表达式的值为字符串。

VFP 提供的字符串运算符有两个（其运算级别相同），见表 2-4。

表 2-4　字符串运算符

运　算　符	名　　称	说　　明
+	连接	将字符型数据进行连接
–	空格移位连接	两个字符型数据连接时，将前一数据尾部的空格移到后面数据的尾部

字符串表达式的格式为：

〈字符串 1〉〈字符串运算符 1〉〈字符串 2〉[〈字符串运算符 2〉〈字符串 3〉…]

【例 2-2】字符串表达式示例。

```
"ab12" + "34xy"                    连接后结果为："ab1234xy"
"欢迎来到" – "计算机世界"           连接后结果为："欢迎来到计算机世界"
"abc   12" + "defh   " + "   345   "   连接后结果为："abc   12defh345   "
"ABC   "–" DEFG"                   连接后结果为："ABCDEFG   "
```

【例 2-3】在字符串中嵌入引号示例。

如果需要在字符串中嵌入引号，则将字符串用另一种引号括起来即可。

```
a = '"'                                       字符串变量 a 的值为一双引号"
b = "She said: " + a + "I am a student." + a   连接后 b 的值为：She said: "I am a student."
```

3. 日期时间运算符与日期时间表达式

日期型表达式由算术运算符（“+”和“–”）、算术表达式、日期型常量、日期型变量和函数组成。日期型数据是一种特殊的数值型数据，它们之间只能进行加“+”、减“–”运算。有下面 3 种情况。

（1）两个日期型数据相减

两个日期型数据可以相减，结果是一个数值型数据（两个日期相差的天数）。例如：

```
{^2010/11/18}–{^2010/11/08}        && 结果为数值型数据：10
```

（2）日期型数据加数值型数据

一个表示天数的数值型数据可以加到日期型数据中，其结果仍然为一个日期型数据（向后推算日期）。例如：

```
{^2010/11/08} + 10                 && 结果为日期型数据：{^2010/11/18}
```

（3）日期型数据减数值型数据

一个表示天数的数值型数据可以从日期型数据中减掉它，其结果仍然为一个日期型数据（向前推算日期）。例如：

```
{^2010/11/18} – 10                 && 结果为日期型数据：{^2010/11/08}
```

VFP 将无效的日期处理成空日期。

4. 类与对象运算符

类与对象运算符专门用于实现面向对象的程序设计。这类运算符有两种，见表 2-5。

表 2-5　类与对象运算符

运　算　符	名　　称	说　　明
.	点运算符	确定对象与类的关系，以及属性、事件和方法与其对象的从属关系
::	作用域运算符	用于在子类中调用父类的方法

5. 名表达式

（1）VFP 中使用的名

在 VFP 中，许多命令和函数需要提供一个名。可以在 VFP 中使用的名有：

表/.dbf 的文件名	表/.dbf 的别名	表/.dbf 的字段名
索引文件名	文件名	内存变量和数组名
窗口名	菜单名	表单名
对象名	属性名	

等等。

（2）定义名的原则

在 VFP 中定义一个名时，应遵循以下原则。

① 只能由字母、数字和下划线字符组成。

② 以字母或下划线开头。

③ 长度为 1～128 个字符，但自由表中的字段名、索引标记名最多为 10 个字符。文件名应符合操作系统的规定。

④ 不能使用 VFP 的保留字。

名不是变量或字段，但是可以定义一个名表达式，以代替同名的变量或字段的值。

名表达式为 VFP 的命令和函数提供了灵活性。将名存放到变量或数组元素中，就可以在命令或函数中用变量来代替该名，只要将存放一个名的变量或数组元素用一对括号括起来即可。

【例 2-4】名表达式示例。

```
x = "name"                                  &&  将字段名 name 存放在变量 x 中
REPLACE   (x)   WITH   "Liuli"              &&  用"Liuli"替换字段 name 中的值
```

在使用 REPLACE 命令时，名表达式（x）将用字段名代替变量。这种方法称为间接引用。

2.1.4　函数

函数是一种特定的运算，在程序中要使用一个函数时，只要给出函数名并给出一个或多个参数，就能得到它的函数值。

1. 函数的分类

VFP 的函数有两种，即系统函数和用户定义函数。

- 系统函数：由 VFP 提供的内部函数，用户可以随时调用。
- 用户定义函数：由用户根据需要自行编写。

VFP 提供的系统函数有 380 多个，主要分为数值函数、字符处理函数、表和数据库函数、日期时间函数、类型转换函数、测试函数、菜单函数、窗口函数、数组函数、SQL 查询函数、位运算函数、对象特征函数、文件管理函数和系统调用函数 14 类。附录 A 中列出了常用的系统函数。读者可以通过查阅“帮助”窗口中的“语言参考”了解函数参数的类型、函数返回值的类型以及函数的使用方法。

2. 常用函数

VFP 提供了大量的系统函数供编程人员使用，下面列出常用的一些函数。

（1）常用的数值函数

常用的数值函数，见表 2-6。

表 2-6　常用的数值函数

函 数 名	功　能	例子与结果	
ABS(<N>)	*N* 的绝对值	ABS(3)，ABS(–7.8)	3，7.8
SQRT(<N>)	*N* 的平方根	SQRT(2)	1.41
EXP(<N>)	e^N 的值	EXP(1)，EXP(–2)	2.72，0.14
INT(<N>)	*N* 的整数部分	INT(3.6)，INT(–2.14)	3，–2
COS(<N>)，SIN (<N>)	*N* 弧度的余弦、正弦值	COS(90/180*PI())，SIN(90/180*PI())	0.00，1.00
TAN (<N>)	*N* 弧度的正切值	TAN(45/180*PI())	1.00
MAX(<*1>,<*2> [,…])	系列值较大者	MAX(2,3,–5,0)，MAX("A","C","B")	3，C
MIN(<*1>,<*2> [,…])	系列值较小者	MIN("男","女")，MIN({^2002-01-24,},{2001-10-01})	男，10/01/01
PI()	圆周率	PI()	3.14
MOD(<N1>,<N2>)	N1 和 N2 相除后的余数	MOD(5,3)，MOD(–10,3)	2，2
ROUND(<N1>,<N2>)	N1 保留 N2 位小数	ROUND(12.647,2)，ROUND(12.647,–1)	12.65，10
RAND()	(0,1)的随机数	RAND()	

说明：

① MAX 和 MIN 函数中的参数可以是同种类型的多个参数。

② ROUND 函数按四舍五入保留指定位数的小数。

③ 在 MOD 函数中，如果被除数与除数的符号相同，则返回值是两数相除的余数；如果符号不同，则返回值是相除的余数加上除数，符号与除数相同。

（2）常用的字符串函数

常用的字符串函数，见表 2-7。

表 2-7　常用的字符串函数

函 数 名	功　能	例子与结果	
SUBSTR(<C1>,<N1>[,<N2>])	取 C1 中从 N1 开始长度为 N2 的子串，省略 N2 取到最后	SUBSTR("ABC",2,1)	B
LEFT(<C>,<N>)	从 C 左开始取长度为 *N* 的子串	LEFT("ABC",2)	AB
RIGHT(<C>,<N>)	从 C 右开始取长度为 *N* 的子串	RIGHT("ABC",2)	BC
LEN(<C>)	求 C 的长度	LEN("ABC"),LEN("函数")	3,4
LTRIM(<C>)	删除 C 左侧空格	"ab"+LTRIM("□□cd")	abcd
RTRIM(<C>)	删除 C 右侧空格	RTRIM ("ab□□")+ "cd"	abcd
SPACE(<N>)	生成 *N* 个空格	'a'+SPACE(2)+'b'	a□□b

说明：□表示空格。

（3）常用的日期函数

常用的日期函数，见表 2-8。

表 2-8　常用的日期函数

函　数　名	功　　能	例子与结果	
DATE()	系统当前日期	DATE()	
TIME()	系统当前时间	TIME()	
DATETIME()	系统当前日期和时间	DATETIME()	
YEAR(表达式)	取日期表达式的年份值	YEAR({^2002-11-09})	2002

（4）常用的类型转换函数

常用的类型转换函数，见表 2-9。

表 2-9　常用的类型转换函数

函　数　名	功　　能	例子与结果	
VAL(<C>)	C 型数据转换成 N 型数据	VAL("23.7")，VAL("2+3")	23.70，2.00
STR(<N1>[,<N2>[,<N3>]])	N1 转换成小数位数为 N3，长度为 N2 的 C 型数据	"π="+STR(3.141593,7,3)	π=□□ 3.142
CHR(<N>)	ASCII 码值为 *N* 的字符	CHR(65)，CHR(98)	A，b
CTOD(<C>)	C 型数据转换成 D 型数据	CTOD("^2002/10/12")	2002/10/12

说明：

① VAL 函数转换字符时，仅转换符合数值常量格式的部分。

② STR 函数的 N2 包括小数点和负号；如果 N3 过大，则首先保证整数部分，再考虑小数部分。

（5）常用的测试函数

常用的测试函数，见表 2-10。

表 2-10　常用的测试函数

函　数　名	功　　能
EOF(工作区号 ∣ 表别名)	测试指定表文件中的记录指针是否指向文件尾
BOF(工作区号 ∣ 表别名)	测试指定表文件中的记录指针是否指向文件首
RECNO(工作区号 ∣ 表别名)	返回指定表文件中当前记录的记录号
RECCOUNT(工作区号 ∣ 表别名)	返回指定表文件中的记录个数
DELETED(工作区号 ∣ 表别名)	测试指定表文件中当前记录是否有删除标记

2.2　可视化编程的基本概念

传统的编程方法采用的是面向过程、按顺序进行的机制，其缺点是程序员始终要关心什么时候发生什么事情，处理 Windows 环境下的事件驱动方式工作量太大。VFP 采用的是面向对象、事件驱动编程机制，程序员只需编写响应用户动作的程序，例如，移动鼠标、单击事件等，而不必考虑按精确次序执行的每个步骤，编写代码相对较少。另外，VFP 提供的多种“控件”可以快速创建强大的应用程序，而不需要涉及不必要的细节。

2.2.1 对象、属性和方法

1. 对象

可以把对象（Object）想象成日常生活中的各种物体，例如，一只气球、一本书、一把椅子、一台计算机等都是对象。

以计算机来说，计算机本身是一个对象，而计算机又可以分解为主板、CPU、内存、外设等部件，这些部件又都分别是对象，因此计算机对象可以说是由多个“子”对象组成的，即计算机是一个容器（Container）对象。

与计算机的概念类似，在可视化编程中，对象是应用程序的基本元素，常见的对象有表单、文本框、列表框等。在程序设计过程中，这些对象是程序的主角。

从可视化编程的角度来看，对象是一个具有属性（数据）和方法（行为方式）的实体。一个对象建立以后，其操作通过与该对象有关的属性、事件和方法来描述。

2. 属性

每个对象都有其特征，在计算机程序语言中叫做属性（Property）。例如小孩玩的气球，与它相关的属性有直径、颜色、状态（充气或未充气）等，还有一些不可见的性质，如使用寿命等。记录这些属性数据的地方就叫做属性栏。属性栏中记录的属性数据叫做属性值。当然，所有气球都具有这些属性，同时这些属性也会因气球的不同而不同。

在可视化编程中，每一种对象都有一组特定的属性。常见的属性有标题（Caption）、名称（Name）、背景色（BackColor）、字体大小（FontSize）、是否可见（Visible）等。通过修改或设置某些属性，便能有效地控制对象的外观和操作。

对象属性的设置一般有两条途径。

① 要在程序设计时设置对象的属性，需要使用属性窗口。只要在属性窗口中选中要修改的属性，然后在输入框中输入新的值即可。这种方法的特点是简单明了，每当选择一个属性时，在属性窗口的下部就显示该属性的一个简短提示，缺点是不能设置所有所需的属性。

② 要在程序运行中更改对象的属性，可以使用 VFP 的赋值语句，在代码中通过编程来设置，格式为：

表单名.对象名.属性名 = 属性值

3. 方法

对象中除了属性之外，还包含了一些控制对象的动作或功能。以气球为例，假设气球这个对象有 3 个动作，分别是充气（用氢气充满气球）、放气（排出气球中的气体）、上升（放手让气球飞走）。这 3 个动作都是气球这个对象所提供的功能，用程序设计术语来说，就是对象所提供的方法（Method）。

VFP 的方法用于完成某种特定功能。VFP 的方法也属于对象的内部函数，例如，添加对象（AddObject）方法、绘制矩形（Box）方法、释放表单（Release）方法等。方法被“封装”在对象之中，不同的对象具有不同的内部方法。VFP 提供了百余个内部方法，供不同的对象调用。

2.2.2 事件与程序

1. 事件

对于对象而言，事件（Event）就是发生在该对象上的事情。例如，一个吹大的气球，用针扎它一下，该对象就会进行放气动作，那么“针扎”就是一个事件。

VFP 中提供了许多对象，让用户利用它们来设计应用程序。例如，按钮就是一个对象。在按钮对象上最常发生的事就是被“按一下”，这个“按一下”就是按钮对象的一个事件。在按钮上面用鼠标按一下，在 Windows 环境下称为“单击”，于是我们说按钮会有一个单击（Click）事件。

除了单击事件，VFP 中还有双击（DblClick）事件、装载（Load）事件、鼠标移动（MouseMove）事件等。不同的对象能够识别不同的事件，就像老师可以批评学生，却不能去批评桌椅一样，因为桌椅不能识别“批评”这种事件的发生。

2. 事件过程

当在对象上发生了某个事件后，我们必须想办法处理这个事件，而处理的步骤就是事件过程（Event Procedure）。以气球为例，发生了“针扎”事件后，我们可能进行修补或丢弃。无论修补还是丢弃，都是针对“针扎”事件的处理步骤，也就是事件过程。

事件过程是针对事件而来的，而事件过程中的处理步骤在 VFP 程序设计中就是所谓的程序代码。换句话说，VFP 程序设计者的主要工作，就是为对象编写事件过程中的程序代码。

在每一个 VFP 提供的对象上面，都已经设定了该对象可能发生的事件，而每一个事件都会有一个对应的空事件过程（也就是还没有规定如何处理该事件的空程序）。在写程序时，并不需要把对象所有的事件过程填满，只要填入需要的部分就可以了。当对象发生了某一事件，而该事件所对应的事件过程中没有程序代码（也就是没有规定处理步骤）时，表明程序对该事件“不予理会”，也就是不处理该事件，这样不会对程序造成影响，VFP 会将事件交由预先设定的处理方式来做，只是在 VFP 程序中看不到而已。

3. 事件驱动程序设计

写完程序后开始执行时，程序会先等待某个事件的发生，然后再去执行处理此事件的事件过程。事件过程要经过事件的触发才会被执行，这种动作模式就称为事件驱动程序设计（Event Driven Programming Model），也就是说，由事件控制整个程序的执行流程。

当事件过程处理完某一事件后，程序就会进入等待状态，直到下一个事件发生为止。简单地说，VFP 程序的执行步骤为：

① 等待事件的发生；

② 事件发生时，执行其对应的事件过程；

③ 重复步骤①。

如此周而复始地执行，直到程序结束，这就是事件驱动程序设计。

4. 事件与方法的程序调用

事件过程的代码可以由事件的激发而调用，也可以在运行中由程序调用，而方法的代码只能在运行中由程序调用。

在程序中调用事件代码的格式为：

表单名.对象名.事件名

在程序中调用对象方法的格式为：

[[〈变量名〉] =]〈表单名〉.〈对象名〉.〈方法名〉()

2.3 VFP 的控件与对象

能够在可视环境下，以最快的速度和最高的效率开发具有良好用户界面的应用程序，这是 VFP 的最大特点，其实就是利用 VFP 所提供的图形构件快速构造应用程序的输入/输出屏幕界面。

控件（Control）是某种图形构件的统称，例如，标签控件、文本框控件、列表框控件等，构造应用程序界面的具体方法就是利用控件创建对象。

2.3.1 常用控件

VFP 的常用控件有 21 个，每个控件用“表单控件”工具栏中的一个图形按钮表示，例如：

表示标签（Label）控件，通过它可以创建一个标签对象，用于保存不希望用户改动的文本，如复选框上面或图形下面的标题。

表示文本框（Text Box）控件，可以创建用于单行数据输入的文本框对象，用户可以在其中输入或更改单行文本。

其他常用控件将在以后各章节中讲述。

2.3.2 内部对象

VFP 还提供了一些内部对象，如表单对象、表单集对象、页对象和工具栏对象等。内部对象一般是可以直接被使用的，但某些对象要在建立某对象之后才能被使用。例如，分隔符（Separator）对象可以直接加到一个工具栏（ToolBar）对象中当间隔；页（Page）对象只有在建立一个页框（PageFrame）对象之后才能使用，列（Column）对象和列表头（Header）对象都需要在建立一个表格（Grid）对象之后才能被使用。

2.3.3 表单对象

表单（Form）是应用程序的用户界面，也是进行程序设计的基础。各种图形、图像、数据等都是通过表单或表单中的对象显示出来的，因此表单是一个容器对象。

在 FoxPro 的早期版本中，表单被称为屏幕（Screen）。

1. 表单的结构

VFP 的表单具有和 Windows 应用程序的窗口界面相同的结构特征。一个典型的表单具有图标、标题、最小化按钮、最大化按钮、关闭按钮、移动栏、表单体及其周围的边框，如图 2-1 所示，其中除了表单体之外的所有特征都可以部分或全部从表单中删除。例如，可以创建一个没有标题的表单，如图 2-2 所示。

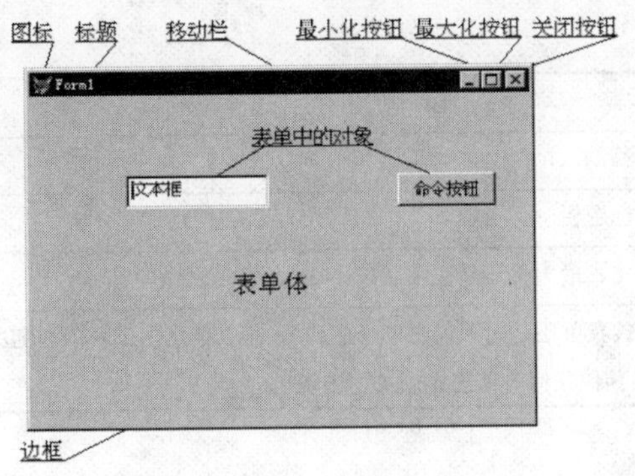

图 2-1　表单的结构

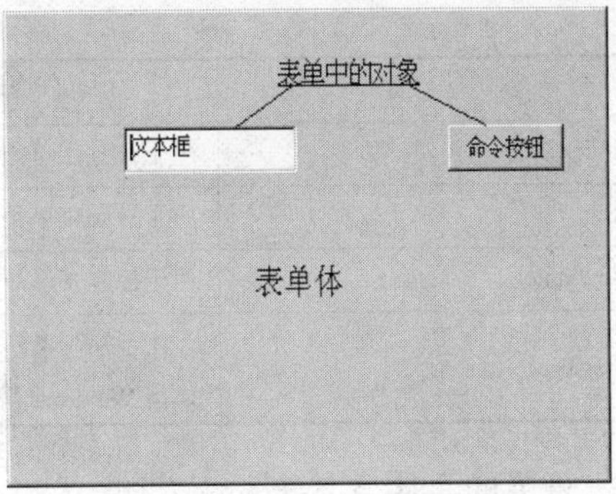

图 2-2　没有标题的表单

表单的移动栏用来将表单移动到屏幕的任何位置，如图 2-3 所示。表单的可调边框用来在程序设计或运行时调整表单的大小，如图 2-4 所示。

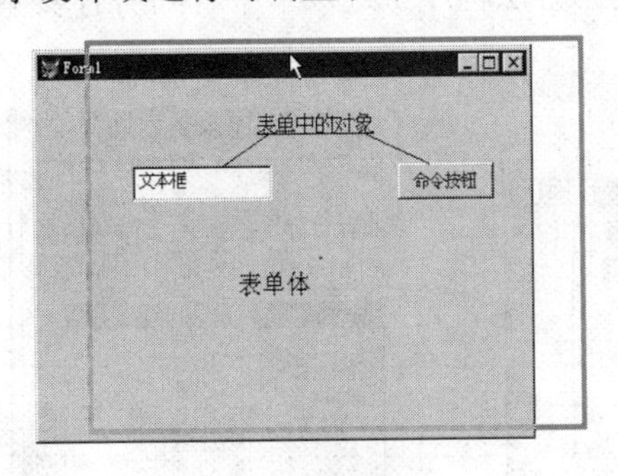

图 2-3　表单的移动

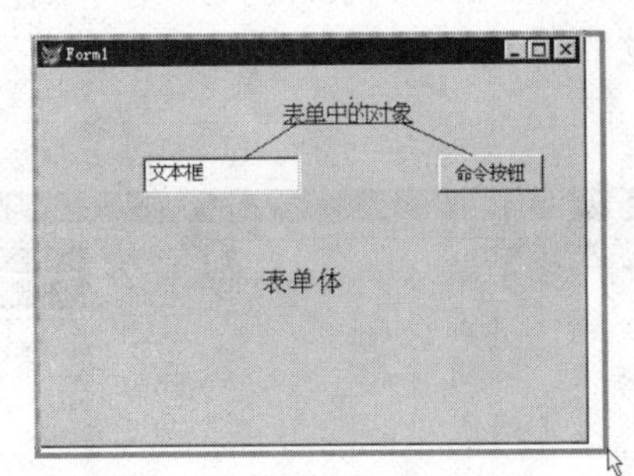

图 2-4　调整表单的大小

单击图标可以打开表单的控制菜单。控制菜单中的选项与标题栏中的相应按钮功能相同。

表单体是表单的主体部分，用来容纳应用程序所必需的任何控件。本书下文所述在表单上画控件等操作，均指在表单体中的操作。

2. 表单的属性

VFP 中表单的属性就是表单的结构特征。通过修改表单的属性，可以改变表单的内在或外在特征。常用的表单属性见表 2-11。

表 2-11　VFP 中常用的表单属性

属　性　名	作　　用
AutoCenter	用于控制表单初始化时是否总是位于 VFP 窗口或其父表单的中央
BackColor	用于确定表单的背景颜色
BorderStyle	用于控制表单是否有边框：系统（可调）、单线、双线
Caption	表单的标题
Closable	用于控制表单的标题栏中的关闭按钮是否能用
ControlBox	用于控制表单的标题栏中是否有控制按钮
MaxButton	用于控制表单的标题栏中是否有最大化按钮
MinButton	用于控制表单的标题栏中是否有最小化按钮

续表

属 性 名	作 用
Movable	用于控制表单是否可移动
TitleBar	用于控制表单是否有标题栏
WindowState	用于控制表单是最小化、最大化还是正常状态
WindowType	用于控制表单是模式表单还是无模式表单（默认）。若表单是模式表单，则用户在访问 Windows 屏幕中其他任何对象前必须关闭该表单

3. 表单的事件与方法

实际上，如果不是编写一个非常复杂的应用程序，经常使用的表单事件与方法只有较少的一部分，很多事件与方法很少使用。在代码窗口的“过程”下拉列表框中，可以看到所有表单事件与方法的列表，也可以在“属性”窗口的“方法程序”选项卡中看到所有表单事件与方法的列表，如图 2-5 所示。

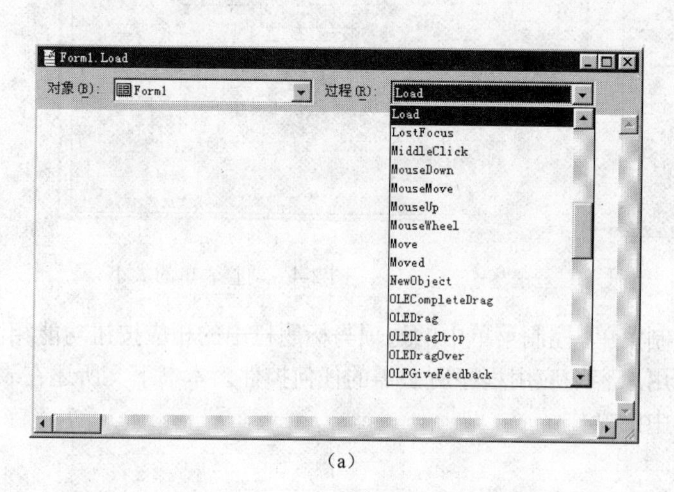

（a）

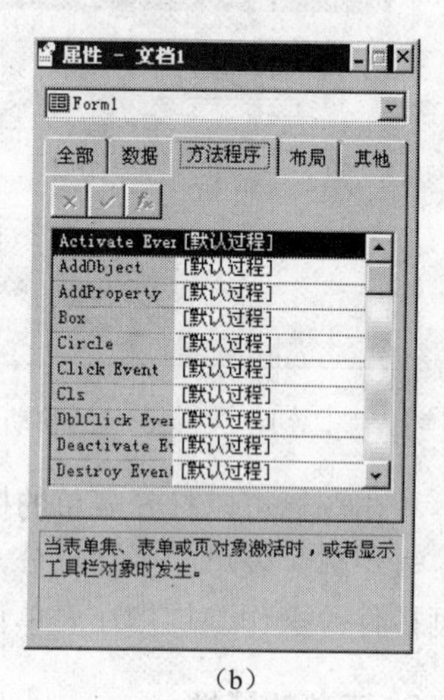

（b）

图 2-5 表单的事件与方法列表

VFP 中最常用的表单事件见表 2-12。

表 2-12 VFP 中常用的表单事件

事 件	含 义	说 明
Load 事件	当表单被装入内存时发生	事件被激发的顺序为 Load，Init，Activate
Init 事件	当表单被初始化时发生	
Activate 事件	当表单被激活时发生	
Destroy 事件	当表单被释放时发生	事件被激发的顺序为 Unload，Destroy
Unload 事件	当表单被关闭时发生	
Resize 事件	当用户或程序改变表单的大小时发生	

VFP 中常用的表单方法见表 2-13。

表 2-13　VFP 中常用的表单方法

方　法	含　义
Hide 方法	隐藏表单
Show 方法	显示表单
Release 方法	释放表单
Refresh 方法	刷新表单

2.3.4　对象的引用

1. 对象的包容层次

根据 VFP 中的对象所基于的类的性质，可以将它们分为两类：容器类对象和控件类对象。

- 容器类对象：可以包含其他对象，并且允许访问这些对象，如表单集、表单、表格等。
- 控件类对象：只能包含在容器类对象之中，而不能包含其他对象，如命令按钮、复选框等。

每种容器类对象所能包含的对象见表 2-14。

表 2-14　容器类对象所能包含的对象

容　器	可以包含的对象
命令按钮组	命令按钮
容器	任意控件
自定义	任意控件、页框、容器、自定义对象
表单集	表单、工具栏
表单	页框、任意控件、容器或自定义对象
表格列	标头对象以及除了表单集、表单、工具栏、计时器和其他列对象以外的任意对象
表格	表格列
选项按钮组	选项按钮
页框	页面
页面	任意控件、容器和自定义对象
工具栏	任意控件、页框和容器

当一个容器包含一个对象时，称该对象是容器的子对象，而容器称为该对象的父对象。所以，容器类对象可以作为其他对象的父对象，例如，一个表单作为容器，是放在其上的复选框的父对象。控件类对象可以包含在容器中，但不能作为其他对象的父对象，例如，复选框不能包含其他任何对象。

2. 对象的引用

作为应用程序的用户界面，表单可以包含许多对象，而这些对象又有可能具有互相包含的层次关系。要引用一个对象，需要知道它相对于容器层次的关系。例如，要在表单集中处理一个表单的控件，需要引用表单集、表单和控件。

在容器层次中引用对象就像给 VFP 提供这个对象的地址。例如，当您给一个外乡人描述一幢房子的位置时，需要根据其距离远近，指明这幢房子所在的城市、街道，甚至这幢房子的门牌号码，否则将引起混乱。

（1）绝对引用

通过提供对象的完整容器层次来引用对象称为绝对引用。

图 2-6 显示了一种可能的容器嵌套方式。

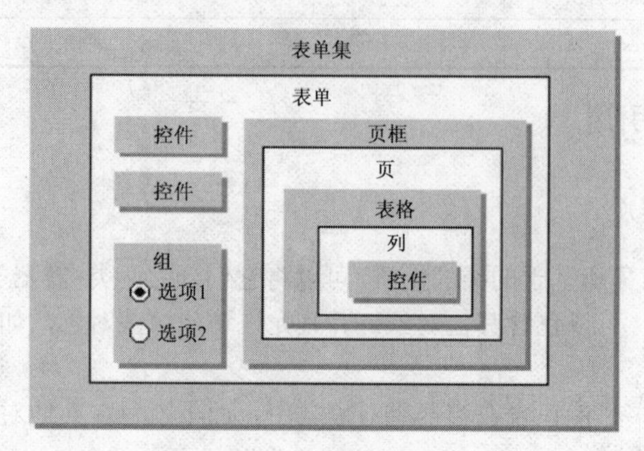

图 2-6　嵌套容器

【例 2-5】绝对引用示例。

要使表单中的控件无效，需要提供以下地址：

```
Formset.Form.PageFrame.Page.Grid.Column.Control.Enabled = .F.
```

应用程序对象（_VFP）的 ActiveForm 属性允许在不知道表单名的情况下处理活动的表单。

【例 2-6】改变活动表单的背景颜色，而不考虑其所属的表单集。

```
_VFP.ActiveForm.BackColor = RGB(230,150,255)
```

【例 2-7】利用 ActiveControl 属性处理活动表单的活动控件。

```
Name1 = _VFP.ActiveForm.ActiveControl.Name
```

（2）相对引用

在容器层次中引用对象时，可以通过快捷方式指明所要处理的对象，即相对引用。

【例2-8】相对引用示例。将本表单集的名为 Frm1 的表单中的 Cmd1 对象的标题（Caption）属性设置为“取消”。

```
THISFORMSET.Frm1.Cmd1.Caption = "取消"
```

此引用可以出现在该表单集的任意表单中的任意对象的事件或方法程序代码中。

【例 2-9】将本表单的名为 Cmd1 对象的标题（Caption）属性设置为“取消”。

```
THISFORM.Cmd1.Caption = "取消"
```

此引用可以出现在该 Cmd1 所在表单中的任意对象的事件或方法程序代码中。

【例 2-10】对于需要改变标题的控件，将本对象的标题（Caption）属性设置为“取消”。

```
THIS.Caption = "取消"
```

此引用可以出现在该对象事件或方法程序代码中。

【例 2-11】将本对象的父对象的背景色设置为暗红色。

```
THIS.Parent.BackColor = RGB(192,0,0)
```

此引用可以出现在该对象事件或方法程序代码中。

表 2-15 列出了一些属性和关键字，使用这些属性和关键字可以更方便地从对象层次中引用对象。其中，THIS、THISFORM 和 THISFORMSET 只能在方法程序或事件过程中使用。

表 2-15　引用对象的属性和关键字

属性或关键字	引　用
ActiveControl	当前活动表单中具有焦点的控件
ActiveForm	当前活动表单
ActivePage	当前活动表单中的活动页
Parent	该对象的直接容器
THIS	该对象
THISFORM	包含该对象的表单
THISFORMSET	包含该对象的表单集

2.4　实训 2

实训目的

- 了解 VFP 的数据类型、常量、变量、系统函数和表达式。
- 掌握在 VFP 的命令窗口中输入表达式并求值的方法。
- 掌握简单的 VFP 常用函数的使用方法。

实训内容

- VFP 的 6 种类型变量。
- 求 VFP 表达式的值。
- 常用的函数。

实训步骤

1．VFP 的 6 种类型变量

① 启动 VFP，在命令窗口中依次输入下面的命令，并按〈Enter〉键，如图 2-7 所示，观察数值型变量及其值：

```
a = 3.1415926        ↵
b = –4.51E–2         ↵
? a, b               ↵
```

② 在命令窗口中输入以下命令，如图 2-8 所示，观察字符型变量及其值：

```
d = '数据库应用'      ↵
e = [Visual FoxPro]  ↵
f = "单价：'245.78'"  ↵
? d, e, f            ↵
? d                  ↵
? e                  ↵
? f                  ↵
? d                  ↵
```

③ 在命令窗口中输入以下命令，观察逻辑型变量及其值：

```
g = .F.        ↵
h = .T.        ↵
? g, h         ↵
```

图 2-7　数值型变量及其值　　　　图 2-8　字符型变量及其值

④ 在命令窗口中输入以下命令，观察日期型变量及其值：

```
i = {^2009-6-25}        ↵
? i                     ↵
```

⑤ 在命令窗口中输入以下命令，观察日期时间型变量及其值：

```
j = {^2009-6-28 10: 00:00am}        ↵
? j                                 ↵
```

⑥ 在命令窗口中输入以下命令，观察货币型变量及其值：

```
k = $123.45678        ↵
? k                   ↵
```

2．VFP 的表达式与值

① 在命令窗口中输入以下命令，观察算术表达式及其值：

```
? 50 * 2 + ( 70 – 6 ) / 8        ↵
```

② 在命令窗口中输入以下命令，观察字符串表达式及其值：

```
? "123   45" + "abcd   " + "   xyz   "        ↵
? "计算机     " – "世界"                        ↵
```

③ 在命令窗口中输入以下命令，观察日期时间表达式及其值：

```
? {^2009/12/19} – {^2009/10/19}        ↵
? {^2009/10/19} + 10                   ↵
? {^2009/10/19} – 10                   ↵
```

本实验的结果如图 2-9 所示。

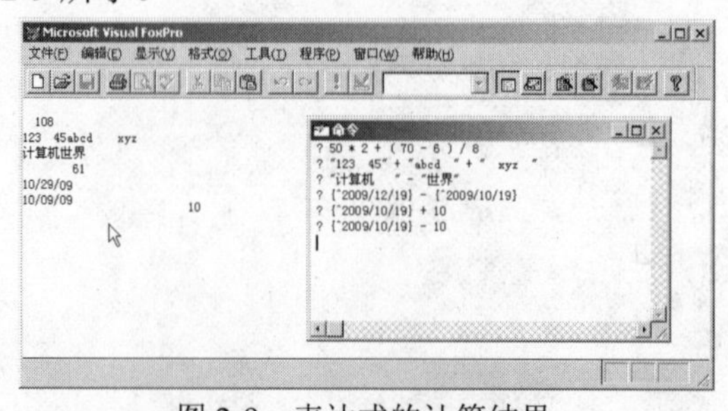

图 2-9　表达式的计算结果

3．常用函数

① 在命令窗口中输入以下命令，观察数值函数的计算结果：

```
? SIN(0.70710678), COS(3.1415926/4), SQRT(14)                                   ↵
? ABS(–25.4), INT(8.3), INT(–8.3), ROUND(12.647,2), ROUND(12.647, –1)        ↵
? EXP(5), LOG(20)                                                                ↵
```

② 在命令窗口中输入以下命令，观察字符串函数的计算结果。

```
ctest1 = "Visual FoxPro 6 is DataBase Management system"                        ↵
```

下述代码将 ctest1 中的 system 换成 System：

```
ctest2 = LEFT(ctest1,39) + UPPER(substr(ctest1,40,1)) + RIGHT(ctest1,5)        ↵
? ctest1, ctest2      ↵
? ctest1      ↵
? ctest2      ↵
```

③ 在命令窗口中输入以下命令，观察日期函数的计算结果。

下述代码给出当前时间的年、月、日和星期几：

```
? YEAR(DATE())      ↵
? MONTH(DATE())     ↵
? DAY(DATE())       ↵
? DOW(DATE())       ↵
```

④ 在命令窗口中输入以下命令，观察类型转换函数的计算结果。

下述代码同样可将 ctest1 中的 system 换成 System：

```
ctest3 = LEFT(ctest1,39) + CHR(ASC(SUBSTR(ctest1,40,1))-32) + RIGHT(ctest1,5)   ↵
```

下述代码以字符串的形式显示两个月后的年、月、日：

```
yy = YEAR(DATE())       ↵
mm = MONTH(DATE())      ↵
dd = DAY(DATE())        ↵
? STR(yy) + "年" + ALLTRIM(STR(MOD(mm+2,12))) + "月" + ALLTRIM(STR(dd)) + "日"   ↵
```

实验结果如图 2-10 所示。

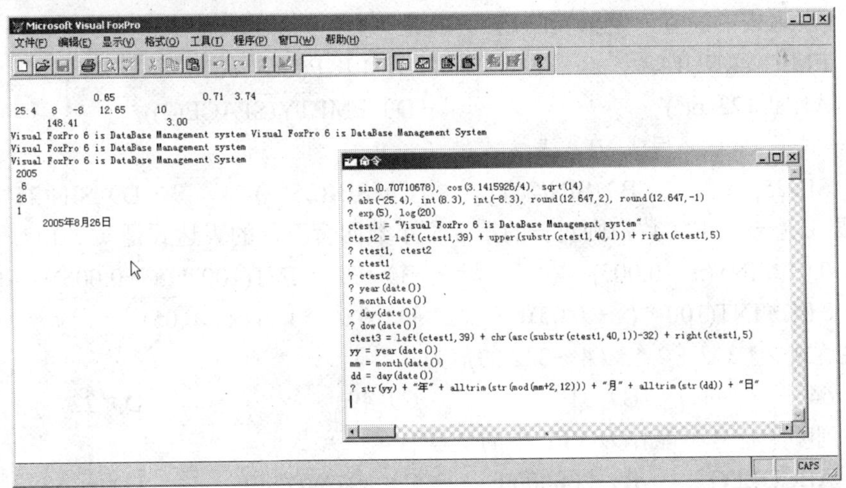

图 2-10　常用函数实验结果

习题 2

一、选择题

1. 将内存变量定义为全局变量的 VFP 命令是（　）。

A）LOCAL　B）PRIVATE　C）PUBLIC　D）GLOBAL

2. 下列函数中，函数值为字符型的是（　）。

A）DATE()　B）TIME()　C）YEAR()　D）DATETIME()

3. 在下面的数据类型中，默认值为.F.的是（　）。

A）数值型　B）字符型　C）逻辑型　D）日期型

4. 设有下列赋值语句：

```
X = {^2005-10-01 08:00:00 AM}
Y = .F.
Z = 123.45
M = $123.45
N = '123.45'
```

依次执行上述命令后，内存变量 X、Y、Z、M、N、Z 的数据类型分别是（　）。

A）D、L、N、Y、C　B）D、L、N、M、C

C）T、L、N、M、C　D）T、L、N、Y、C

5. 下列日期型常量中，正确表示的是（　）。

A）{"2010-01-01"}−10　B）{^2010-01-01}

C）{2010-01-01}　D）{[2010-01-01]}

6. 下列表达式中，不正确表示的是（　）。

A）{^2010-01-01 10:10:10 AM}−7　B）{^2010-01-01} – DATE()

C）{^2010-01-01} + DATE()　D）[^2010-01-01] + 1000

7. 下列表达式中，值为逻辑真的是（　）。

A）EMPTY(.NULL)　B）LIKE('acd','ac?')

C）AT('a','123abc')　D）EMPTY(SPACE(2))

8. 数学式子 sin25° 写成 VFP 表达式是（　）。

A）SIN25　B）SIN(25)　C）SIN(25°)　D）SIN(25*PI()/180)

9. 如果 *x* 是一个正实数，则对 *x* 的第 3 位小数四舍五入的表达式是（　）。

A）0.01 * INT(x + 0.005)　B）0.01 * INT(100 * (x + 0.005))

C）0.01 * INT(100 * (x + 0.05))　D）0.01 * INT(x + 0.05)

10. 表达式 2 * 3^2 + 2 * 8 / 4 + 3^2 的值为（　）。

A）64　B）31　C）49　D）22

11. 下列哪个符号不能作为 VFP 中的变量名（　）。

A）ABCDEFG　B）P000000　C）89TWDDFF　D）xyz

12. 下列符号中，哪一个是 VFP 中的合法变量名（　）。

A）AB7　　B）7AB　　C）IF　　D）A[B]7

13. 下列函数值为数值的是（　）。

A）BOF　　B）CTOD("01/02/06")

C）AT("计算机","全国计算机等级考试")　　D）SUBSTR(DTOC(DATE(),7))

14. 同时给内存变量 a1 和 a2 赋值的正确命令是（　）。

A）a1, a2 = 0　　B）a1 = 0, a2 = 0

C）STORE 0 TO a1, a2　　D）STORE 0, 0 TO a1, a2

二、填空题

1. LEFT("123456789",LEN("数据库"))的计算结果是__________。
2. 表达式 VAL(SUBS("奔腾 586",5,1))* LEN("Visual FoxPro")的值是__________。
3. ROUND(123.4567,3)的值是_____。
4. $\sqrt{s(s-a)(s-b)(s-c)}$ 的 VFP 表达式是______________。
5. VFP 表达式 a / (b + c / (d + e / SQRT(f)))的数学表达式是_______。
6. 设 A = 7，B = 3，C = 4，则表达式 A % 3 +B^3 / C 和 A / 2 * 3 / 2 的值分别是_______和_________。
7. 在没有特别声明的情况下，VFP 6.0 程序中变量的作用域是_________。
8. 现实世界中的每一个事物都是一个对象，对象所具有的固有特征称为_________。
9. 对象的__________就是对象可以执行的动作或它的行为。
10. 在可视化编程语言中，对象是代码和数据的集合，它可以是___________，也可以是________等。属性用于描述对象的一组特征，方法为对象实施一些动作，对象的动作则常常要_________，而触发事件又可以修改属性。
11. VFP 中的容器类对象包括_________。

第 3 章　Visual FoxPro 的编程工具与编程步骤

VFP 不但支持标准的过程化程序设计，而且在语言上进行了扩展，提供了面向对象程序设计的强大功能。

面向对象的程序设计方法与编程技术不同于标准的过程化程序设计。面向对象的程序设计，不再是单纯地从代码的第一行一直编写到最后一行，而是考虑如何创建对象，面向可视的“对象”考虑如何响应用户的动作，利用对象来简化程序设计。也就是说，只需要建立若干“对象”以及相关的微小程序，这些微小程序可以由用户启动的事件来激发。为了实现这种可视化编程，VFP 提供了一系列可视化编程工具：表设计器、表单设计器、报表设计器、查询设计器等。

3.1　项目管理器

在 VFP 中，项目管理器是按一定的顺序和逻辑关系对应用系统的文件进行有效组织的工具，它可以用最简单、可视化的方法对数据库和数据表进行管理。在应用程序开发过程中，可以有效地组织数据库、数据表、表单、菜单、类、程序和其他文件。项目文件实际上是数据、程序、文档及 VFP 对象的集合，利用项目管理器可以提高软件开发和维护的效率。

3.1.1　项目文件的建立和项目管理器界面

1. 项目文件的建立

建立项目管理器就是建立项目文件。建立新项目的步骤如下。

① 选择菜单命令“文件”→“新建”，或者单击标准工具栏上的“新建”按钮，打开“新建”对话框，如图 3-1 所示。

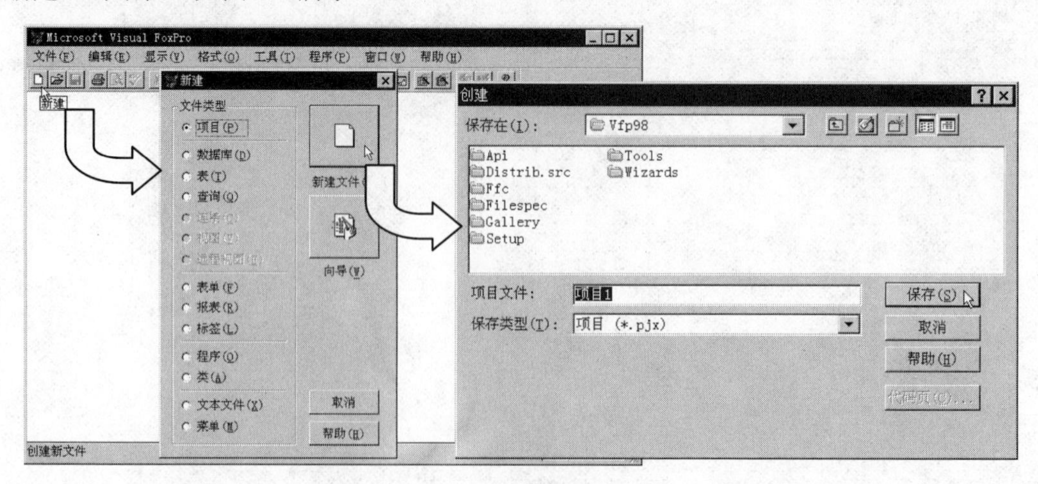

图 3-1　建立项目文件

② 在“新建”对话框中，选中“项目”单选项，单击“新建文件”按钮，将打开“创

建”对话框。

③ 在“创建”对话框中，输入新项目的名称，如“项目 1”（首次系统默认值为“项目 1”）。在“保存在”下拉列表框中选择保存新项目的文件夹，如 d:\vfp98，然后单击“保存”按钮，如图 3-1 所示。

④ 此时进入项目管理器，如图 3-2 所示，这时空的“项目 1”项目文件已建成。

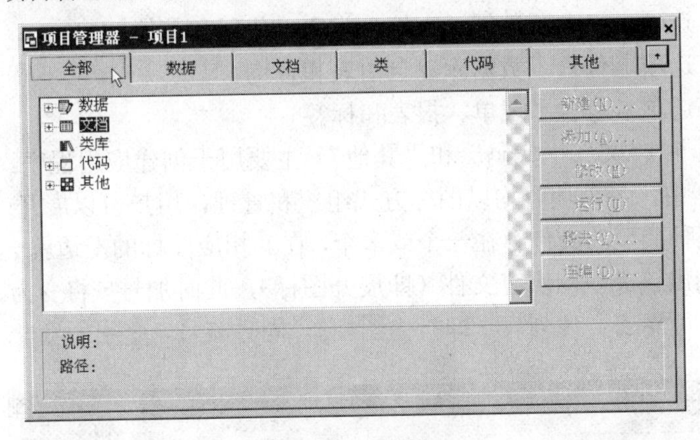

图 3-2　项目管理器

2. 打开项目管理器

可以随时打开项目文件。打开已有项目的步骤如下。

① 选择菜单命令“文件”→“打开”，或者单击标准工具栏上的“打开”按钮，将显示“打开”对话框，如图 3-3 所示。

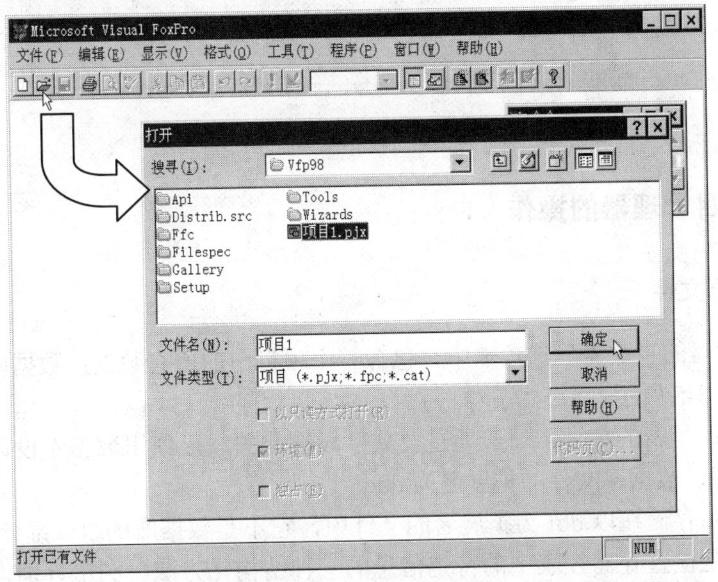

图 3-3　打开项目管理器

② 在“打开”对话框中，VFP 当前默认的文件夹为 Vfp98，所以显示此文件夹中的内容。选择“文件类型”为“项目”，输入或选择已有项目的名称。

③ 单击“确定”按钮。

打开项目文件后将显示项目管理器，这时就可以用项目管理器来组织和管理文件了。

3. 项目管理器界面

项目管理器为数据提供了一个组织良好的分层结构视图。要处理项目中某一特定类型的文件或对象，可以选择相应的选项卡。这些选项卡分别为“全部”、“数据”、“文档”、“类”、“代码”和“其他”。

- “全部”选项卡包含了数据、文档、类库、代码和其他。
- “数据”选项卡包含了数据库、自由表和查询。
- “文档”选项卡包含了表单、报表和标签。
- 其余选项卡（“类”、“代码”和“其他”）主要用于创建应用程序。

在项目管理器中，各个项目均以图标方式组织和管理，用户可以展开或折叠某一类型文件的图标。如果某种类型的文件存在一个或多个，在其相应图标的左边就会出现一个加号⊞，单击加号⊞可以列出该类型的所有文件（即展开图标），此时加号⊞将变为减号⊟，如图 3-4 所示；单击减号⊟可隐去文件列表（即折叠图标），同时减号⊟变回加号⊞。

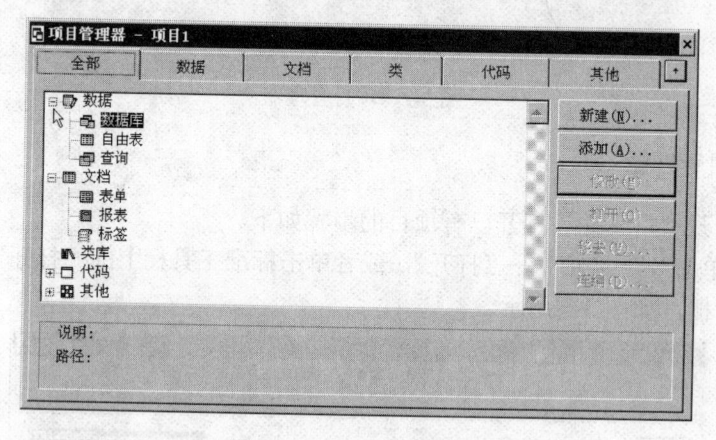

图 3-4　项目管理器界面

3.1.2　项目管理器的操作

1. 查找数据文件

在项目管理器的“数据”选项卡中，包含一个项目中的所有数据：数据库、自由表、查询和视图，如图 3-5 所示。

- 数据库：是表的集合，一般通过公共字段彼此关联。使用数据库设计器可以创建一个数据库，数据库文件的扩展名为.dbc。
- 自由表：存储在以.dbf 为扩展名的文件中，它不是数据库的组成部分。
- 查询：是检查存储在表中的特定信息的一种结构化方法。利用查询设计器，可以设置查询的格式，该查询将按照输入的规则从表中提取记录，查询带.qpr 扩展名的文件。视图是一种特殊的查询，通过更改由查询返回的记录，可以用视图访问远程数据或更新数据源。视图只能存在于数据库中，它不是独立的文件。

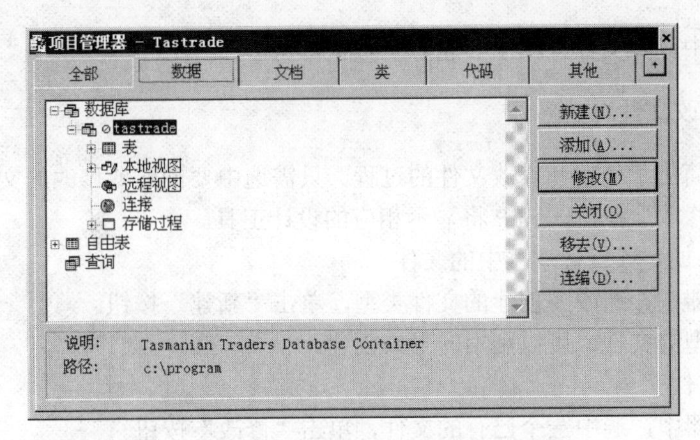

图 3-5　项目管理器中的“数据”选项卡

2. 查找表单和报表文件

在项目管理器的“文档”选项卡中，包含了处理数据时所用的全部文档，即输入和查看数据所用的表单，以及打印表和查询结果所用的报表及标签，如图 3-6 所示。

- 表单：用于显示和编辑表的内容。
- 报表：是一种文件，指明 VFP 如何设置查询来从表中提取结果，以及如何将结果打印出来。
- 标签：是打印在专用纸上的带有特殊格式的报表。

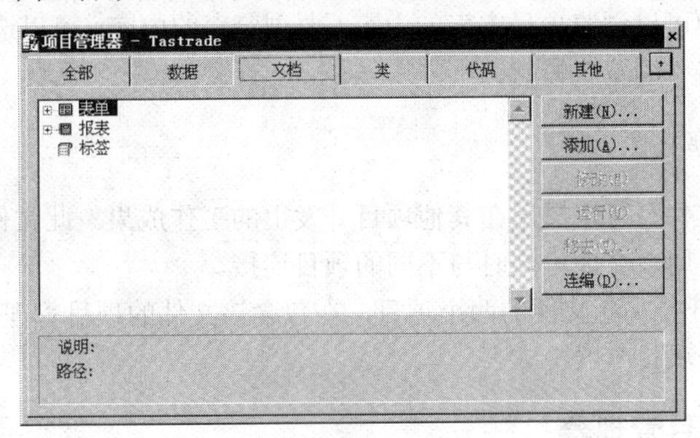

图 3-6　项目管理器中的“文档”选项卡

3. 添加或移去文件

要想使用项目管理器，必须在其中添加已有的文件或者用它来创建新的文件。例如，要把一些已有的扩展名为.dbf 的表添加到项目中，只需在“数据”选项卡中选择“自由表”，然后用“添加”按钮把它们添加到项目中即可。

（1）在项目中加入文件

在项目管理器中，选择要添加项的类型，单击“添加”按钮，在“打开”对话框中，选择要添加的文件名，然后单击“确定”按钮。

（2）从项目中移去文件

在项目管理器中，选中要移去的内容，单击“移去”按钮，在提示框中单击“移去”按钮。

要从计算机中删除文件，单击“删除”按钮即可。

4. 创建和修改文件

项目管理器简化了创建和修改文件的过程。只需选中要创建或修改的文件类型，然后单击“新建”或“修改”按钮，VFP 将显示相应的设计工具。

（1）创建添加到项目管理器中的文件

在项目管理器中，选中要创建的文件类型，单击“新建”按钮。

对于某些类型的文件，可以利用向导来创建。

（2）修改文件

在项目管理器中，选中一个已有的文件，单击“修改”按钮。

例如，要修改一个表，先选中表的名称，然后单击“修改”按钮，该表便显示在表设计器中。

（3）为文件添加说明

创建或添加新的文件时，可以为文件加上说明。文件被选中后，说明将显示在项目管理器的底部。

方法是，在项目管理器中选中文件，选择菜单命令“项目”→“编辑说明”，在“说明”对话框中输入文件的说明，单击“确定”按钮。

5. 查看表中的数据

在项目管理器中可以浏览项目中表的内容。要浏览表的内容，可以选择“数据”选项卡，选中一个表后，单击“浏览”按钮。

6. 在项目间共享文件

共享其他项目文件，可以重用在其他项目开发上的工作成果。此文件并未复制，项目只存储了对该文件的引用。文件可同时与不同的项目连接。

在 VFP 中，打开要共享文件的两个项目，在包含该文件的项目管理器中，选中该文件，拖动该文件到另一个项目容器中。

3.1.3 定制项目管理器

1. 改变显示外观

项目管理器通常显示为一个独立的窗口。可以将它移动位置、改变尺寸，或者折叠起来，只显示选项卡。

（1）移动项目管理器

将鼠标指针指向标题栏，然后将项目管理器拖到屏幕上的其他位置。

（2）改变项目管理器窗口的大小

将鼠标指针指向项目管理器窗口的顶端、底端、两边或角上，拖动鼠标，即可扩大或缩小它的尺寸。

（3）折叠项目管理器

单击右上角的上箭头↑。在折叠情况下将只显示选项卡，如图 3-7 所示。单击右上角的下箭头，可以将项目管理器还原为通常大小。

图 3-7 折叠项目管理器

2. 拖开选项卡

折叠项目管理器之后，可以拖开选项卡，该选项卡成为浮动状态，根据需要重新安排位置。拖下某一选项卡之后，它可以在 VFP 的主窗口中独立移动。

拖开某一选项卡的方法是，折叠项目管理器，选中一个选项卡，将它拖离项目管理器，如图 3-8 所示。

当选项卡处于浮动状态时，在选项卡中右击，弹出快捷菜单，从中可以使用“项目”菜单中的选项，如图 3-9 所示。

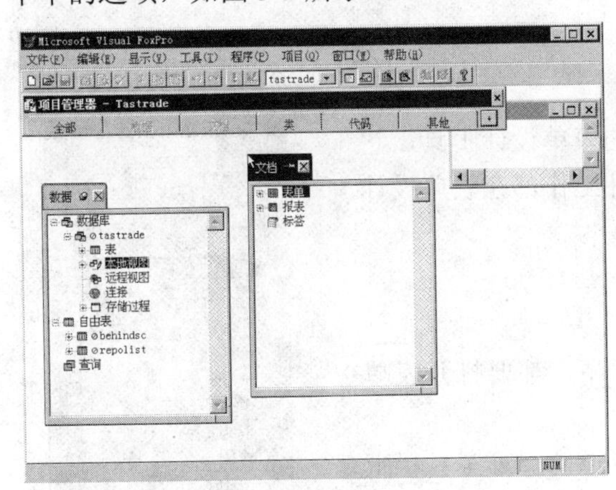

图 3-8 浮动选项卡

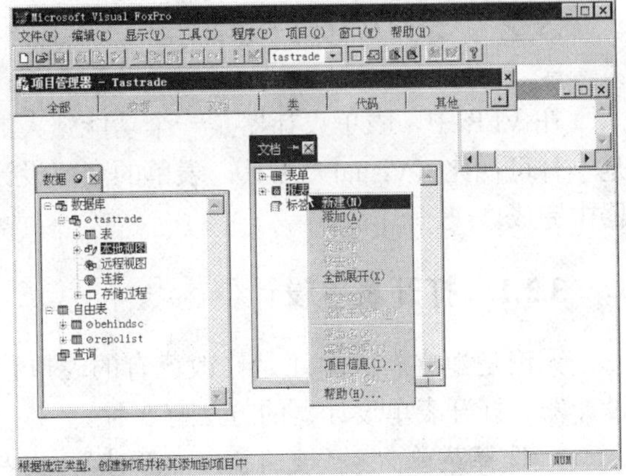

图 3-9 浮动选项卡中的快捷菜单

3. 项目管理器中的选项卡

（1）使选项卡始终显示在屏幕的最上层

如果想使选项卡始终显示在屏幕的最上层，可以单击选项卡上的图钉图标，使该图钉图标变为，该选项卡就会一直保留在其他 VFP 窗口的上面。可以使多个选项卡都处于“顶层显示”的状态。再次单击图钉图标，可以取消选项卡的“顶层显示”设置。

（2）还原选项卡

要还原选项卡，可以单击选项卡上的“关闭”按钮，或者将选项卡拖回项目管理器。

（3）停放项目管理器

停放项目管理器，可以使它像工具栏一样显示在 VFP 主窗口的顶部。

停放项目管理器的最简单的办法是，直接将项目管理器拖到 VFP 主窗口的顶部。

停放项目管理器后，它就变成窗口工具栏区域的一部分。项目管理器处于停放状态时，不能将其展开，但是可以单击每个选项卡来进行相应的操作。对于停放的项目管理器，同样可以从中拖开选项卡，如图 3-10 所示。

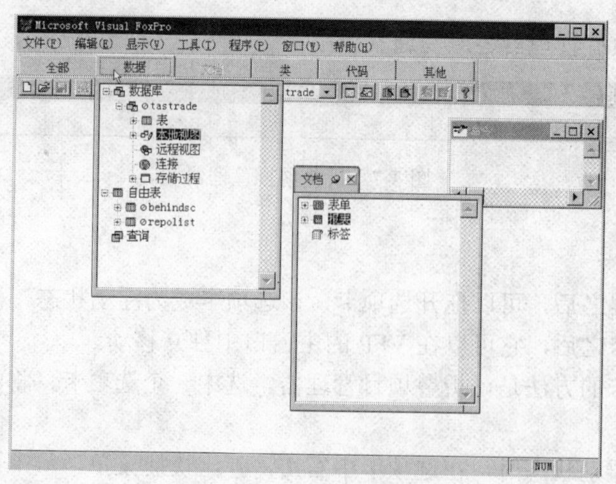

图 3-10　停放项目管理器

3.2　表单设计器

在 VFP 中，表单设计器是一个功能强大的表单设计工具，它是一种可视化（Visual）工具，表单的全部设计工作都在表单设计器中完成。

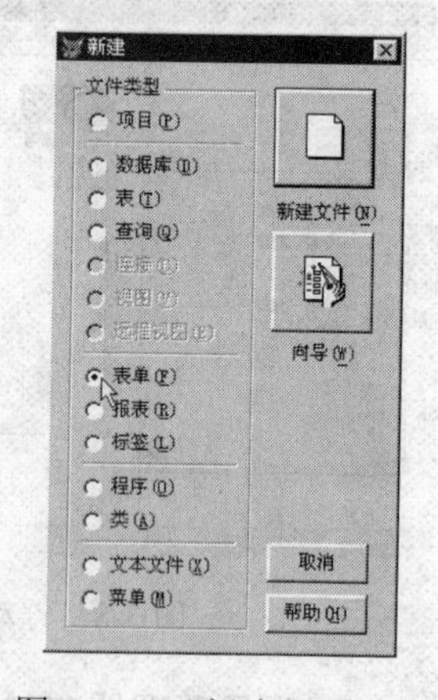

图 3-11　“新建”对话框

3.2.1　打开表单设计器

无论是建立新表单还是修改已有的表单程序，都要打开表单设计器。打开表单设计器的方法有 3 种。

- 选择菜单命令“文件”→“新建”，或者单击标准工具栏上的“新建”按钮，弹出“新建”对话框，选中“表单”项，然后单击“新建文件”按钮，如图 3-11 所示。
- 在命令窗口中使用 CREATE FORM 命令。

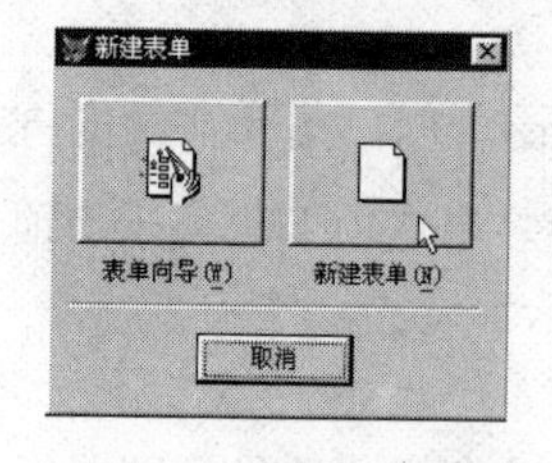

图 3-12　“新建表单”对话框

- 在项目管理器的“文档”选项卡中，选中“表单”项，再单击“新建”按钮。
- 在弹出的“新建表单”对话框中，单击“新建表单”按钮，如图 3-12 所示。

通过上述任何一种方法，都可以打开表单设计器，开始设计新表单。

进入表单设计器时的初始画面，如图 3-13 所示。

表单设计器中包含一个新创建的表单或者待修改的表单，可以在其上添加和修改控件。可以在表单设计器内移动表单或改变其大小。

3.2.2　“表单设计器”工具栏

1. 从快捷菜单中启动“表单设计器”工具栏

如果窗口中没有出现“表单设计器”工具栏，可在标准工具栏上右击，从显示的快捷菜单中选中“表单设计器”项，如图 3-14 所示，“表单设计器”工具栏就会出现在屏幕上。

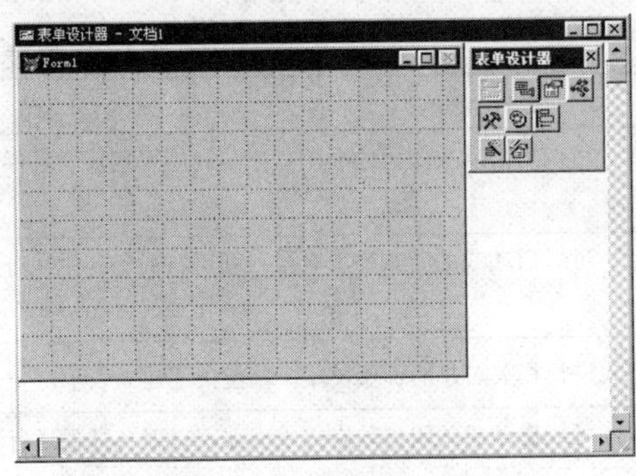

图 3-13 “表单设计器”窗口

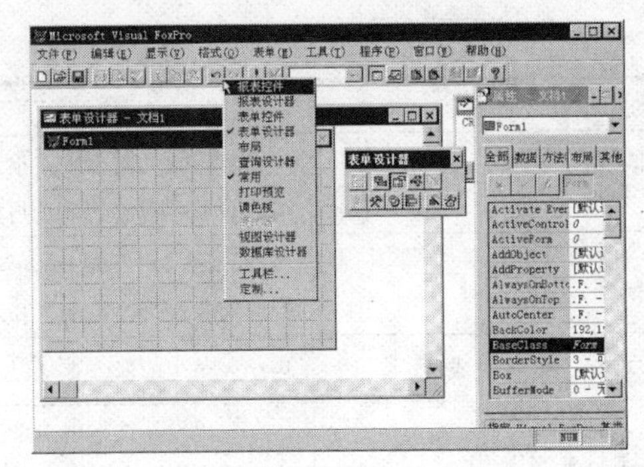

图 3-14 从快捷菜单中启动“表单设计器”工具栏

2. 从“工具栏”对话框启动“表单设计器”工具栏

选择菜单命令“显示”→“工具栏”，在弹出的“工具栏”对话框中，选中“表单设计器”项，然后单击“确定”按钮，如图 3-15 所示，可以得到“表单设计器”工具栏。

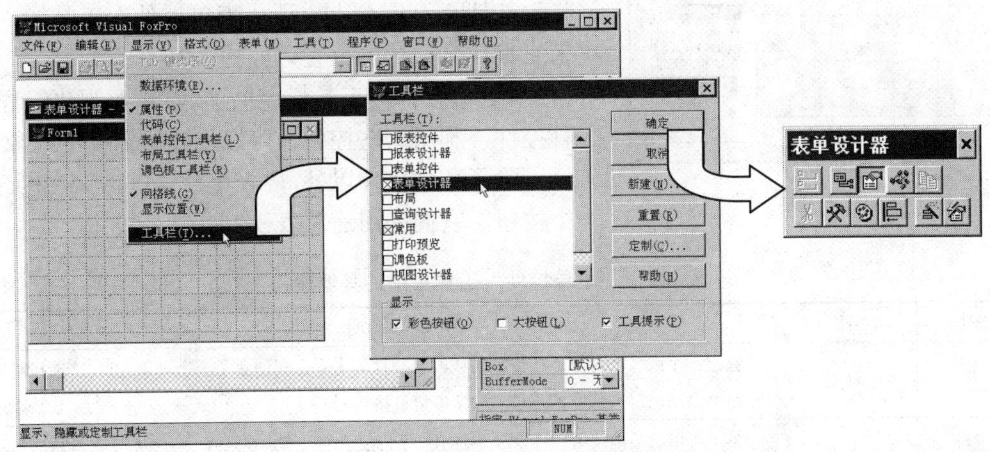

图 3-15 从“工具栏”对话框中启动“表单设计器”工具栏

3. 表单设计器中的工具按钮

“表单设计器”工具栏中包含设计表单时的所有工具。把鼠标指针移到工具栏的某按钮上，就会出现该工具按钮的名称。

“表单设计器”工具栏中各个工具按钮的功能说明，见表 3-1。

表 3-1 “表单设计器”工具栏中的工具按钮

图标	名 称	说 明
	设置〈Tab〉键次序	在表单设计过程中，单击此按钮，可以显示当按动〈Tab〉键时，光标在表单的各控件上移动的顺序。按〈Shift〉键并单击鼠标左键可以重新设置光标移动的顺序
	数据环境	在表单设计过程中，单击此按钮，可以结合用户界面同时设计一个依附的数据环境
	属性窗口	在表单设计过程中，单击此按钮，可以启动或关闭属性窗口，以便在属性窗口中查看和修改各个控件的属性
	代码窗口	在表单设计过程中，单击此按钮，可以启动或关闭代码窗口，以便在代码窗口中编辑各对象的方法及事件代码
	表单控件工具栏	在表单设计过程中，单击此按钮，可以启动或关闭表单控件工具栏，以便于利用各控件进行用户界面的设计

续表

图标	名　称	说　明
	调色板工具栏	在表单设计过程中，单击此按钮，可以启动或关闭调色板工具栏。利用调色板工具栏，可以设置各对象的前景与背景颜色
	布局工具栏	在表单设计过程中，单击此按钮，可以启动或关闭布局工具栏。利用布局工具栏，可以针对对象进行位置配置和对齐设置
	表单生成器	启动表单生成器，直接以填表的方式进行相关对象的各项设置，以便快速建立表单
	自动格式	在表单设计过程中，单击此按钮，可以启动或关闭自动格式生成器，以对各控件进行格式设置

图 3-16　启动“表单控件”工具栏

3.2.3　“表单控件”工具栏

单击“表单设计器”工具栏上的“表单控件工具栏”按钮，屏幕上出现“表单控件”工具栏，可以把它拖放到适当的位置，如图 3-16 所示。

“表单控件”工具栏提供了 VFP 可视化编程的各种控件，利用这些控件，可以创建所需要的对象。

除了各种控件以外，“表单控件”工具栏中还有几个按钮，它们的用途见表 3-2。

表 3-2　“表单控件”工具栏中的其他按钮

图标	名称	说明
	选定对象	选定一个或多个对象，以便移动或改变控件的大小。在创建了一个对象之后，“选择对象”按钮被自动选定，除非按下了“按钮锁定”按钮
	查看类	单击可以激活，使用户可以选择显示一个已注册的类库。在选择一个类后，工具栏只显示选定类库中类的按钮
	生成器锁定	生成器锁定方式可以自动显示生成器，为任何添加到表单上的控件打开一个生成器
	按钮锁定	按钮锁定方式可以添加多个同种类型的控件，而不需要多次按此控件的按钮

3.2.4　属性窗口

设计时，一般在属性窗口中修改或设置属性。

单击“表单设计器”工具栏中的“属性窗口”按钮，可以打开属性窗口。也可以从右键快捷菜单中选取“属性”项，打开属性窗口，如图 3-17 所示。

属性窗口中包含了选定对象（表单或控件）的属性、事件和方法列表。可以在设计或编程时对这些属性值进行设置或更改。

1.“对象”下拉列表框

单击右端的向下箭头，可以看到当前表单（或表单集）及其所包含的全部对象的列表。可以从列表中选择要更改属性的表单或对象。

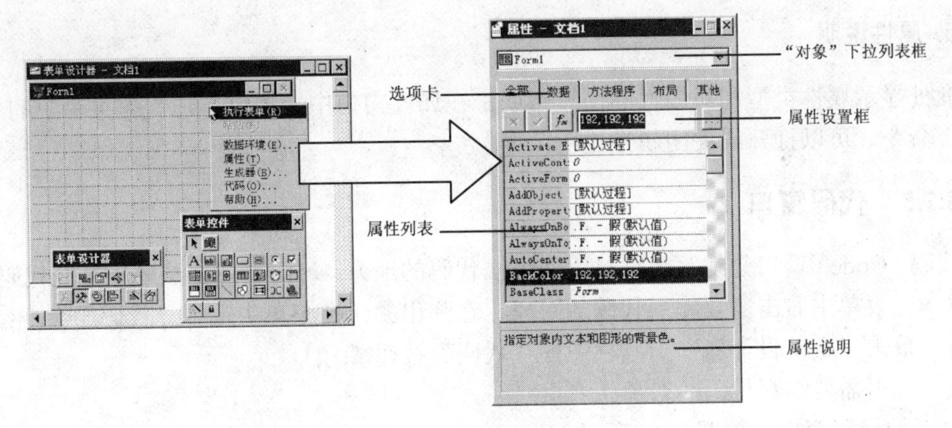

图 3-17　属性窗口

2. 选项卡

在选项卡中，按分类方式显示所选对象的属性、事件和方法。

- “全部”选项卡：显示全部属性、事件和方法。
- “数据”选项卡：显示所选对象有关数据方面的属性。
- “方法程序”选项卡：显示方法和事件。
- “布局”选项卡：显示所有的布局属性。
- “其他”选项卡：显示其他属性和用户自定义的属性。

3. 属性设置框

在属性设置框中，可以更改属性列表中选定的属性值。

如果选定的属性具有预定义的设置值，则在右边出现一个向下箭头。如果属性设置需要指定一个文件名或一种颜色，则在右边出现...按钮。单击“接受”按钮✓，确认对此属性的更改；单击“取消”按钮×，取消更改，恢复以前的值。有些属性（例如背景色）后显示一个...按钮，表示允许从对话框中设置属性。单击“函数”按钮fx，打开表达式生成器。

属性可以设置为原义值或者由函数、表达式返回的值。

4. 属性列表

在属性列表中，显示所有可在设计时更改的属性和它们的当前值。

对于具有预定值的属性，在属性列表中，双击属性名，可以遍历所有可选项；对于具有两个预定值的属性，在属性列表中，双击属性名，可在两者间切换。选择任何属性并按〈F1〉键，可得到此属性的帮助信息。对于以表达式作为设置的属性，它的前面具有等号“=”。只读的属性、事件和方法以斜体显示。

在属性窗口中以上各项之外的位置右击，将弹出快捷菜单，如图 3-18 所示。通过相应的选择，可以改变属性窗口的外观。

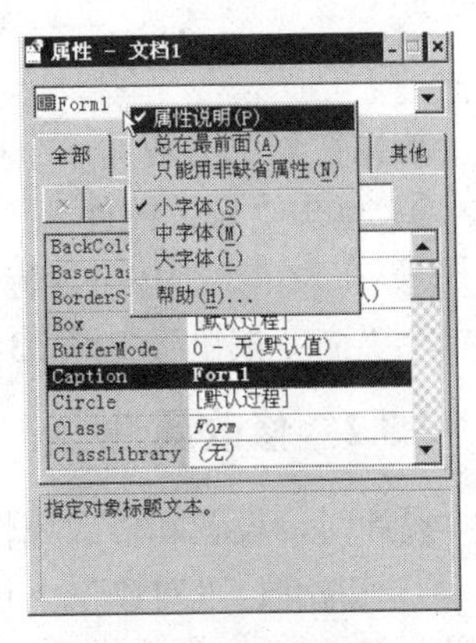

图 3-18　属性窗口的快捷菜单

5. 属性说明

此处显示属性类型和对属性的简短帮助。在属性窗口中，通过单击快捷菜单中的“属性帮助”命令，可以打开或关闭属性说明。

3.2.5 代码窗口

代码（Code）窗口是编写事件过程和方法代码的地方。可用下述方法之一打开代码窗口：

- 在表单中右击需要编写代码的对象，在弹出的快捷菜单中选择“代码”命令；
- 单击“表单设计器”工具栏中的“代码”按钮；
- 双击需要编写代码的对象。

打开的代码窗口，如图 3-19 所示。

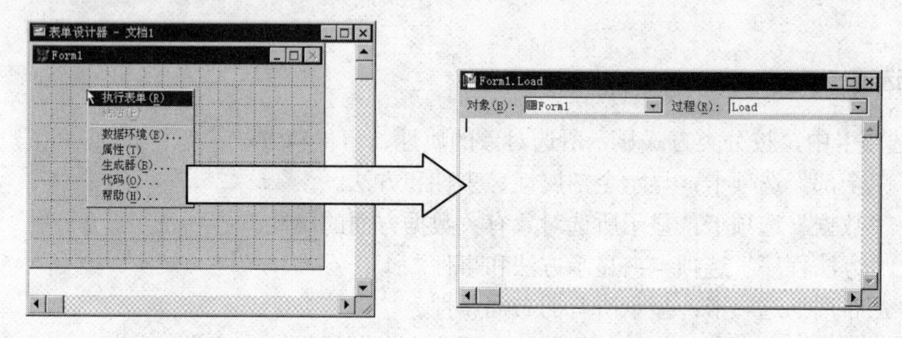

图 3-19　打开代码窗口

3.3 VFP 编程步骤

VFP 可视化编程的一般步骤如下。

① 建立应用程序的用户界面。主要是建立表单，并在表单上安排应用程序所需的各种对象（由控件创建）。

② 设置各对象（表单及控件）的属性。

③ 编写方法及事件过程代码。

当然，也可以边建立对象，边设置属性、编写方法及事件过程代码。下面通过建立一个最简单的表单，来介绍可视化编程的基本步骤和表单设计器的使用。

3.3.1 添加控件

首先在表单上增加一个控件。

① 单击“表单控件”工具栏中的“命令按钮”。

② 在表单上，按下鼠标左键并拖动鼠标的十字指针，画出一个矩形框，松开左键，即增加一个“命令按钮”，如图 3-20 所示。按钮内自动标有“Command1”，序号将自动增加。

3.3.2 修改属性

设计时，设置和修改属性一般都在属性窗口中进行。

① 初始时，“对象”下拉列表框中显示的对象名是 Form1。在“全部”选项卡中找到标题属性 Caption，将其值改为“示例表单”（原值为 Form1）；找到表单名属性 Name，将其值

改为 Test（原值为 Form1）。如图 3-21 所示。

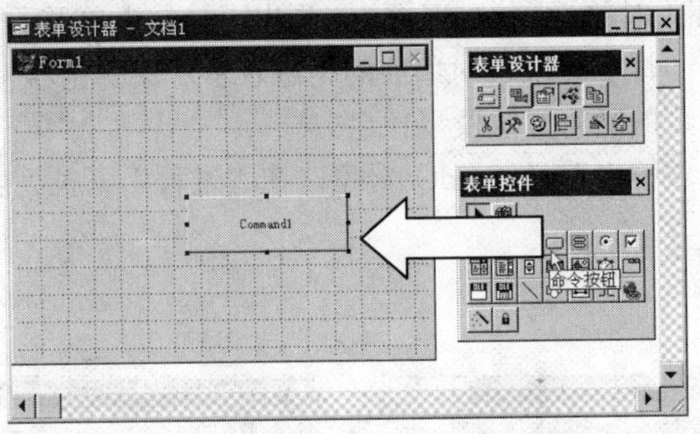

图 3-20　在表单上增加一个“命令按钮”控件

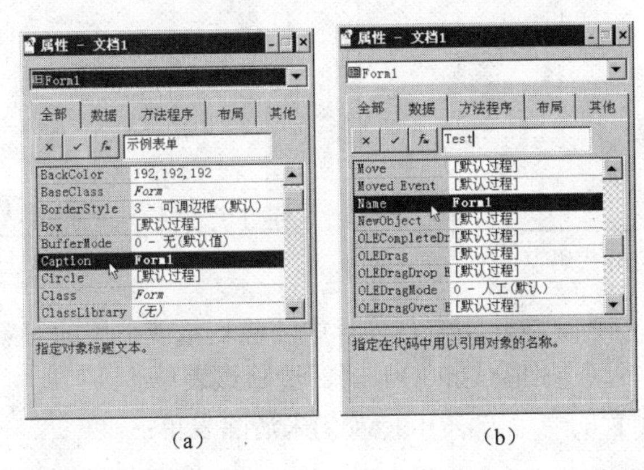

（a）　　（b）

图 3-21　修改表单 Form1 的 Caption 属性和 Name 属性

② 在表单上单击命令按钮 Command1，或在“对象”下拉列表框中选择对象 Command1，将其标题属性 Caption 改为“关闭”（原值为 Command1）；将其名属性 Name 改为 CmdQ（原值为 Command1）。如图 3-22 所示。

修改后的表单，如图 3-23 所示。

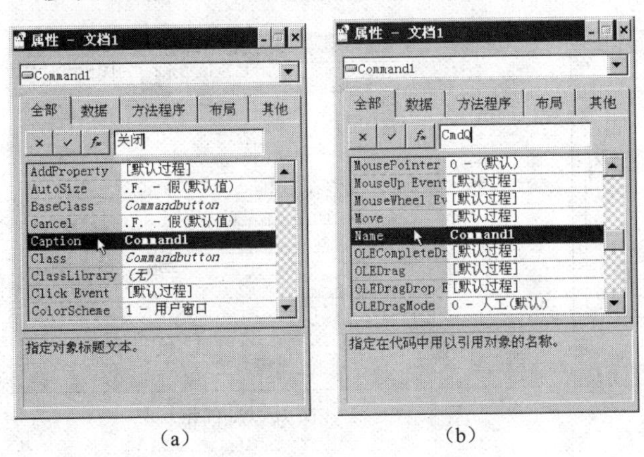

（a）　　（b）

图 3-22　修改命令按钮 Command1 的 Caption 属性和 Name 属性

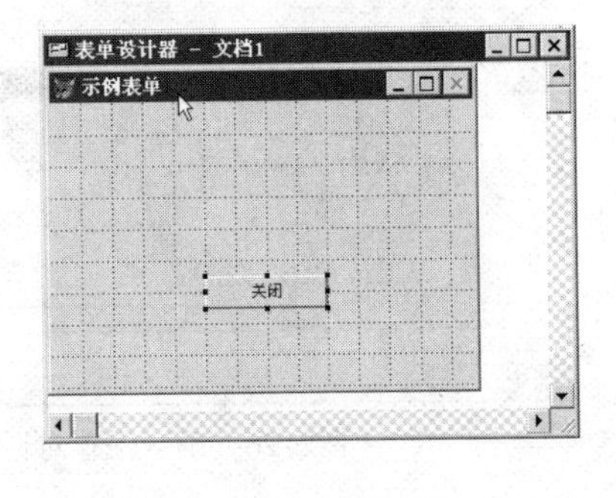

图 3-23　修改后的表单页面

3.3.3　编写代码

编写代码就是为对象编写事件过程或方法。编写代码的操作步骤如下。

① 在编写代码前，首先要打开代码窗口。双击表单或表单中的对象，即可打开代码窗口。

② 在代码窗口中的“对象”下拉列表框中，列出了当前表单及所包含的所有对象名 Test、CmdQ，如图 3-24 所示，其中 CmdQ 对象前的缩进表示对象的包容关系。在“过程”下拉列表框中，列出了所选对象的所有方法及事件名。

在“对象”下拉列表框中选择 CmdQ 对象，在“过程”下拉列表框中选择 Click，并在代码窗口中输入代码：

```
Release  ThisForm
```

如图 3-25 所示。

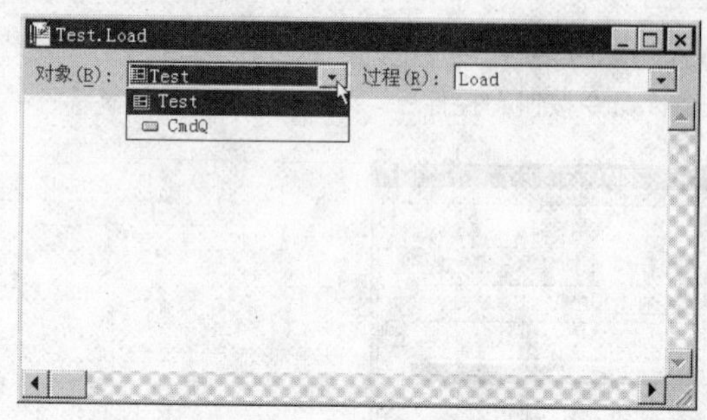

图 3-24　打开代码窗口

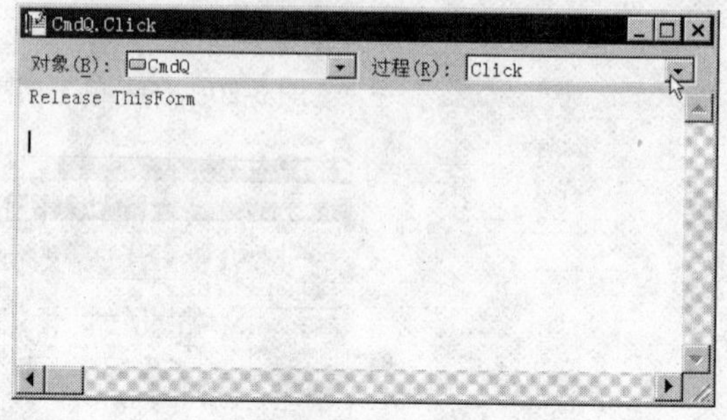

图 3-25　输入代码

其中，Release 是 VFP 命令，用来从内存中清除变量或引用的对象。上述代码表示的含义为：当单击（Click）命令按钮（CmdQ）时，清除该表单。

也可以调用 VFP 预置的表单方法 Release( )来清除表单：

```
ThisForm.Release( )
```

③ 单击代码窗口右上角的“关闭”按钮☒，关闭代码窗口。然后，单击“表单设计器”窗口右上角的“关闭”按钮☒，关闭表单设计器。此时，系统提示是否保存所做的改变，如图 3-26 所示。

④ 选择“是”，打开“另存为”对话框，如图 3-27 所示。输入表单文件名，如 ex1，系统将以表单文件 ex1.scx 存盘。

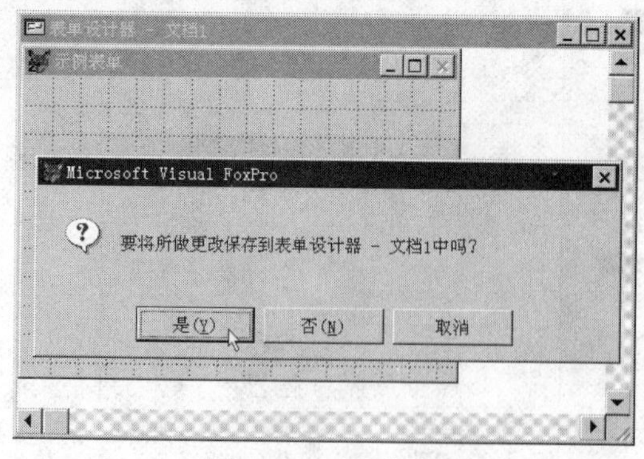

图 3-26　确认保存对话框

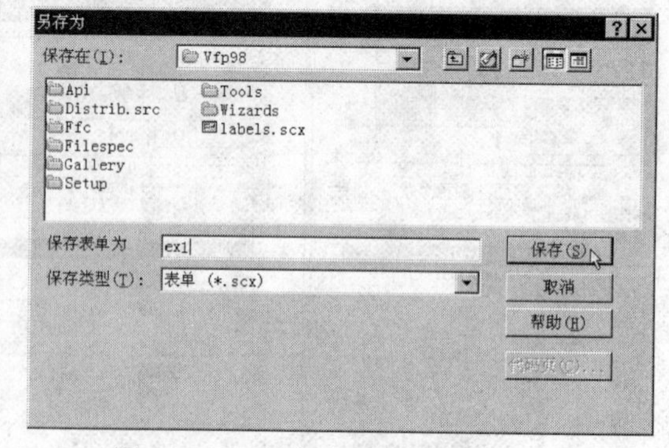

图 3-27　“另存为”对话框

3.3.4　运行表单

运行表单的方法有下面 3 种：

- 在命令窗口中输入 DO FORM〈表单名〉；

● 在程序代码中使用命令 DO FORM〈表单名〉；

● 在未退出表单设计器时，单击标准工具栏中的“运行”按钮![]，如图 3-28 所示。

这里，只编写了有一行代码的“程序”，它具有标准的 Windows 风格：图标、标题、最小化按钮、最大化按钮、关闭按钮、移动栏、表单体及其周围的边框。

最后单击“关闭”按钮。如果是用上述第 3 种方法运行表单的，此时将返回表单设计器，否则返回 VFP 主屏幕。

3.3.5 修改表单

下面修改刚才创建的表单 ex1，使之具有一个快捷访问键〈Q〉键（见图 3-29），即当按〈Alt〉+〈Q〉组合键或只按〈Q〉键时，可关闭表单。

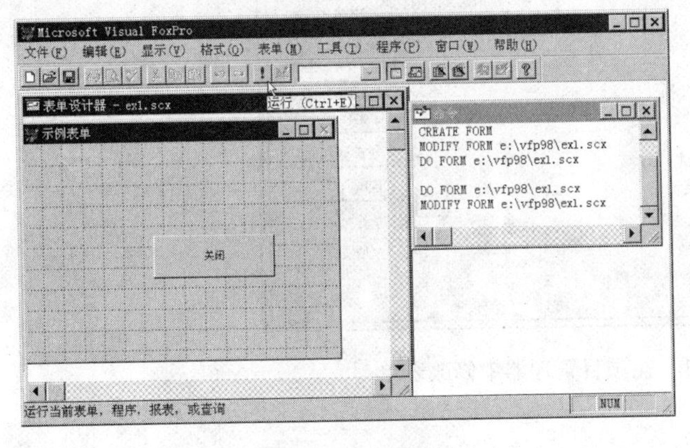

图 3-28 运行表单

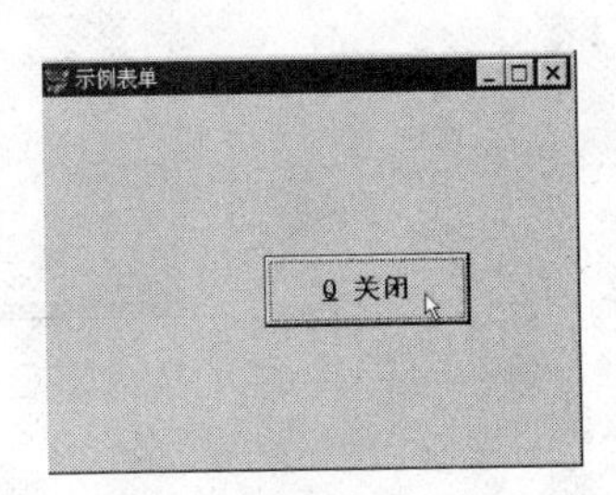

图 3-29 具有访问键的命令按钮

修改一个表单有 3 种方法。

● 选择菜单命令“文件”→“打开”，或单击工具栏上的“打开”按钮![]，将弹出“打开”对话框。在“打开”对话框的“文件类型”下拉列表框中选择“表单（*.scx）”，然后在列出的表单文件中选择所要的表单名 ex1，如图 3-30 所示，然后单击“确定”按钮。

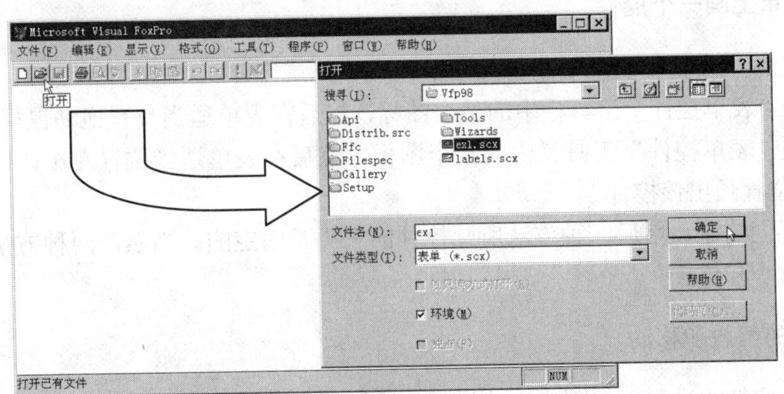

图 3-30 打开表单

● 在命令窗口中使用命令 MODIFY FORM〈表单名〉。

● 在项目管理器中选择所要修改的表单名称，然后单击“修改”按钮，如图 3-31 所示。

上述方法均可再次进入表单设计器。修改表单 ex1 的步骤如下。

① 如果属性窗口处在关闭状态，则打开属性窗口。

② 在“对象”下拉列表框中选择对象 CmdQ，在“布局”选项卡中选择 Caption 属性，将其值改为“\<Q 关闭”。

其中，“\<Q”表示设置访问键 Q。

③ 在“布局”选项卡中选择 FontBold（粗体字）属性，将其值改为.T.，将 FontSize（字体大小）属性值改为 14。

④ 单击标准工具栏上的“运行”按钮!，运行表单。屏幕显示图 3-29 所示的表单。

按〈Q〉键，将关闭表单，返回表单设计器。

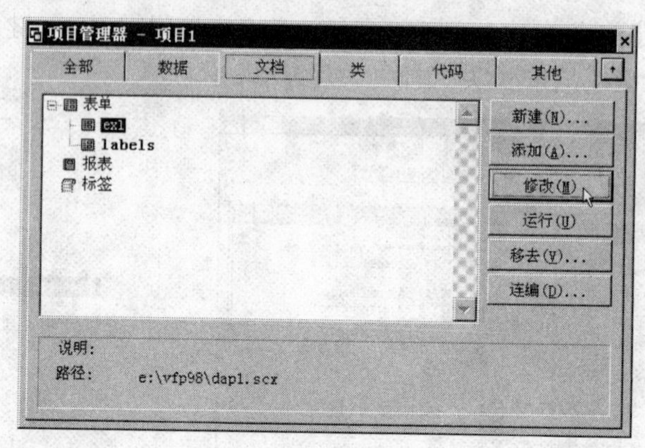

图 3-31　在项目管理器中修改表单

3.4　控件的画法

在设计用户界面时，要在表单上利用 VFP 提供的可视化控件画出各种所需要的对象。为了与在表单运行时由程序添加的对象相区别，我们把由控件创建的对象仍称为控件，并且把由控件创建对象的过程称为“画控件”。下面介绍控件的画法。

1．在表单上画一个控件

在表单上画一个控件有以下两种方法：

- 单击“表单控件”工具栏中的某个图标，然后在表单适当位置拖动鼠标，画出控件；
- 单击“表单控件”工具栏中的某个图标，然后在表单适当位置左击，即可在表单的相应位置画出该控件。

与前者不同的是，用后一种方法所画控件的大小是固定的。当然，两种方法画出的控件都可以改变大小和位置。

2．控件的缩放和移动

在上述画控件的过程中，刚画完的控件，边框上有 8 个黑色小方块，表明该控件是“活动”的，如图 3-32 所示。活动控件也称“当前控件”，对控件的所有操作都是针对活动控件进行的。

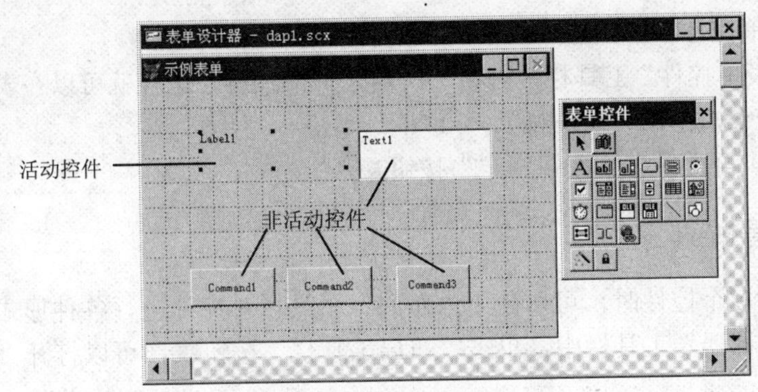

图 3-32　活动控件与非活动控件

当表单上有多个控件时，一般只有一个控件是活动的（除非进行了多重选定）。当要对一个非活动的控件进行指定的操作时，必须将其变为活动控件。单击非活动控件（鼠标指针指向其内部），可以使该控件成为活动控件；单击活动控件的外部，则可以使该控件变为非活动控件。

用鼠标拖动活动控件边框上的小方块，可以使控件在相应的方向放大与缩小。按〈Shift〉键，用左右方向键可以调整控件的宽度，用上下方向键可以调整控件的高度。

当控件为活动控件时，用键盘的方向键可以使控件向相应的方向移动。也可以把鼠标指针指向控件内部，拖动控件到表单的任何位置。

除了以上方法，还可以通过修改某些属性，来改变控件的大小与位置。有 4 种属性与表单及控件的大小和方向有关，即 Width、Height、Top 和 Left。其中（Left , Top）是表单或控件左上角的坐标，Width 是其宽度，Height 是其高度。坐标的原点在 Windows 窗口或表单的左上角，单位由 ScaleMode 属性确定。在属性窗口的“Layout”栏中可以找到这些属性。

3. 控件的复制与删除

可以对控件进行复制与删除操作。常用下面 3 种方法。

（1）使用快捷键

使用快捷键复制控件的步骤如下。

① 选中所要操作的控件，使其成为活动控件。

② 按〈Ctrl〉+〈C〉组合键，将该控件复制到 Windows 的剪贴板中。

③ 按〈Ctrl〉+〈V〉组合键，在表单中得到该控件的复件。

对于活动控件，只需按〈Delete〉键即可删除该控件。

（2）通过编辑菜单

选择菜单命令“编辑”→“复制”和“编辑”→“粘贴”，或使用工具栏上的相应按钮，可以对控件进行复制操作。

选择菜单命令“编辑”→“剪切”，可以删除该控件。

（3）使用快捷菜单

右击要操作的控件，打开快捷菜单，在快捷菜单中选取需要的项，可以快速对控件进行复制和删除操作。

4. 在表单上画多个同类控件

如果需要在表单上画出多个同类的控件，可以利用“按钮锁定”功能。操作步骤如下。

① 在“表单控件”工具栏中，单击“按钮锁定”按钮。

② 单击“表单控件”工具栏中的某个所需控件的图标，这时就可以在表单上连续画出控件（不必每画一个，单击一次图标）。

③ 画完后，再次单击“按钮锁定”按钮。

5．布局工具栏

当表单上有多个控件时，可以使用“布局”工具栏对控件进行各种形式的对齐操作。

在“表单设计器”工具栏中，单击“布局工具栏”按钮，可以打开“布局”工具栏，如图 3-33 所示。

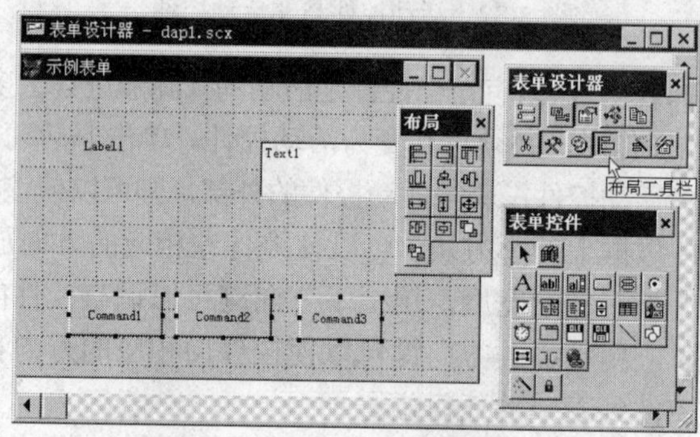

图 3-33　打开“布局”工具栏

要注意，只有在选定多个控件时，“布局”工具栏中的按钮才处于可用状态。

（1）多重选定

多重选定是指同时选定一组控件。多重选定控件后才可调整其相互之间的位置。

进行多重选定时，先按〈Shift〉键，再单击所要选择的控件。也可以直接用鼠标在表单上画一个矩形，凡是与此矩形相交的控件均被选定，如图 3-34 所示。

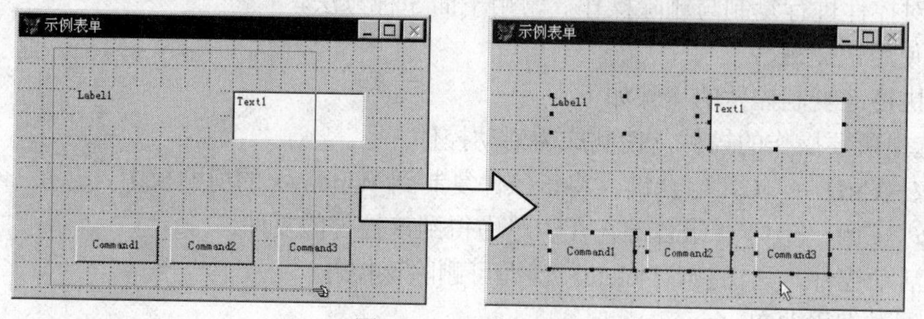

图 3-34　多重选定

（2）布局按钮介绍

“布局”工具栏有以下 13 个工具按钮。

左边对齐：被选中的控件靠左边对齐。

右边对齐：被选中的控件靠右边对齐。

顶边对齐：被选中的控件靠顶端对齐。

底边对齐：被选中的控件靠底端对齐。

垂直居中对齐：被选中的控件按其垂直的中心对齐。

水平居中对齐：被选中的控件按其水平的中心对齐。

相同宽度：被选中的控件按最宽的控件设置相同的宽度。

相同高度：被选中的控件按最高的控件设置相同的高度。

相同大小：被选中的控件设置相同的大小。

水平居中：被选中的控件按表单的水平中心线对齐。

垂直居中：被选中的控件按表单的垂直中心线对齐。

置前：被选中的控件设置为前景显示。

置后：被选中的控件设置为背景显示。

3.5 实训 3

实训目的

- 初步练习 VFP 编程工具的使用。
- 掌握可视化编程的方法和步骤。
- 掌握控件的画法。

实训内容

设计一个简单的表单程序，如图 3-35 所示。表单运行时，若单击“显示”按钮，文本框中将显示“欢迎学习 VFP 6”，单击“清除”按钮，则清除文本框中的内容。

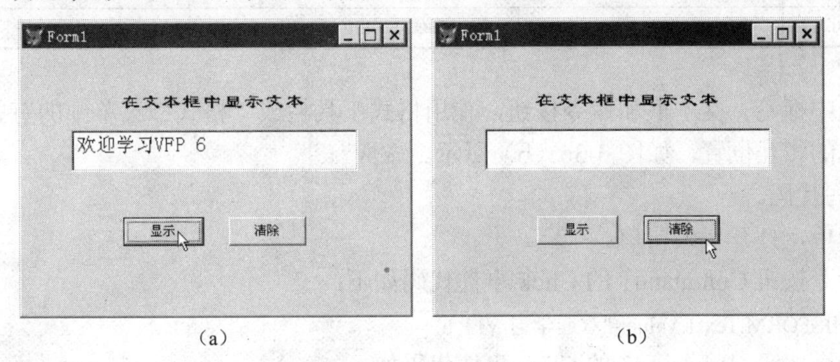

(a) (b)

图 3-35 在文本框中显示文本

实训步骤

① 建立应用程序用户界面。

选择菜单命令“文件”→“新建”，或直接单击标准工具栏上的“新建”按钮，打开“新建”对话框。在“新建”对话框中选择“表单”单选按钮并单击“新建文件”按钮，打开表单设计器，开始设计新表单。

在表单中添加一个标签 Label1，一个文本框 Text1 和两个命令按钮 Command1、Command2，如图 3-36（a）所示。

② 设置对象属性。

在属性窗口中修改（设置）对象的属性，属性值的设置参见表 3-3。

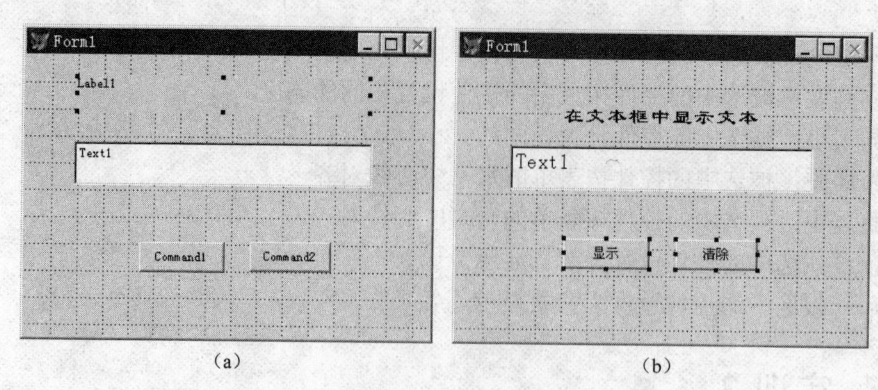

图 3-36 建立程序界面并设置对象属性

表 3-3 属性值的设置

对 象	属 性	属 性 值	说 明
Label1	AutoSize	.T. – 真	自动适应文本大小
	Caption	在文本框中显示文本	标签的内容
	FontName	隶书	字体名称
	FontSize	14	字体大小
Text1	FontSize	14	字体大小
Command1	Caption	显示	
Command2	Caption	清除	

分别选中标签、文本框和命令按钮，使用格式工具栏或“格式”菜单中的有关选项，调整控件之间的相互位置，如图 3-36（b）所示。

③ 编写代码。

双击表单，打开代码窗口。

编写命令按钮 Command1 的 Click 事件代码如下：

```
THISFORM.Text1.Value="欢迎学习 VFP 6"
```

编写命令按钮 Command2 的 Click 事件代码如下：

```
THISFORM.Text1.Value=""
```

④ 保存并运行表单。

单击运行按钮 ![!]，将表单保存为“实验 1.scx”。表单运行结果如图 3-35 所示。

习题 3

一、选择题

1. 在 VFP 中，表单（Form）是指（ ）。

   A）数据库中各个表的清单　　B）一个表中各个记录的清单

   C）数据库查询的列表　　D）窗口界面

2. 能够将表单的 Visible 属性设置为.T.，并使之成为活动对象的方法是（ ）。

   A）Hide　　B）Show　　C）Release　　D）SetFocus

3. 在 VFP 中，运行表单 MyForm.scx 的命令是（　）。

A）DO MyForm　　B）RUN MyForm

C）DO FORM MyForm　　D）DO FROM MyForm

4. 在 VFP 中，为了从内存中释放（清除）表单，可以将表单中退出按钮的 Click 事件代码设置为（　）。

A）THISFORM.Refresh　　B）THISFORM.Delete

C）THISFORM.Hide　　D）THISFORM.Release

5. 下列关于属性、方法和事件的叙述中，错误的是（　）。

A）属性用于描述对象的状态，方法用于表示对象的行为

B）基于同一个类产生的两个对象可以分别设置自己的属性值

C）事件代码可以像方法一样被显式调用

D）在新建一个表单时，可以添加新的属性、方法和事件

二、填空题

1. VFP 为数据提供的一个组织良好的分层结构视图是__________。若要处理项目中某一特定类型的文件或对象，可以选择相应的__________。

2. 在项目管理器中，各个项目均以图标方式组织和管理，用户可以__________某一类型文件的图标。

3. 折叠项目管理器的方法是单击__________，在折叠情况下只显示选项卡。单击__________，可以将项目管理器还原为通常大小。

4. 如果屏幕上没有出现“表单设计器”工具栏，可以右击标准工具栏的任意位置，从弹出的快捷菜单中选择__________，“表单设计器”工具栏就会出现在屏幕上。

5. 单击“表单设计器”工具栏上的__________，屏幕会出现“表单控件”工具栏，可以把它拖放到适当的位置。

6. 向表单中添加控件的方法是，选定表单控件工具栏中某一控件，然后再__________，便可添加一个控件。

7. 如果想在表单上添加多个同类型的控件，可以在选定控件按钮后，单击__________按钮，然后在表单的不同位置单击，就可以添加多个同类型的控件。

8. 利用__________工具栏中的按钮，可以对选定的控件进行居中、对齐等多种操作。

第4章　赋值与输入、输出

计算机可以接收数据和处理数据，并将处理完的数据以完整有效的方式提供给用户。一个计算机程序通常可分为3个部分，即输入、处理和输出。VFP的输入/输出有着十分丰富的内容和形式，它提供了多种手段，并可通过各种控件实现输入/输出操作，使输入/输出灵活多样、方便直观。

4.1　赋值语句

在程序中要使用变量，必须在使用之前为变量设定一个初值。

使用赋值语句，可以将指定的值赋给内存变量或对象的某个属性，其一般格式为：

STORE 〈表达式〉 TO 〈名称列表〉

或

〈名称〉=〈表达式〉

以下事项需要注意。

①〈表达式〉可以是算术表达式、字符串表达式、日期表达式、关系表达式或逻辑表达式。首先计算〈表达式〉的值，然后将值赋给变量或对象的属性。

②〈名称〉是内存变量名或属性名，〈名称列表〉是多个〈名称〉的列表，各〈名称〉之间用逗号分隔。

③ STORE可以给多个变量或属性赋值，赋值号“=”只能给一个变量或属性赋值。例如：

```
STORE   2 * 3   TO   x, y, z
THISFORM.Caption = "学生成绩管理软件"
```

④ 如果对日期型内存变量赋值，当〈表达式〉为日期型常量时，必须用花括号“{ }”括起来并在前面加上一个符号“^”；当〈表达式〉为字符串时，必须用转换函数CTOD( )将其换为日期型。例如：

```
today = {^2010/11/10}
today = CTOD("12/08/2010")
```

⑤ 内存变量的类型由〈表达式〉的类型决定，而属性的类型必须与表达式的类型一致。

⑥ 赋值号的左边只能是变量名，不能是表达式。例如，x+y=z是不合法的。

⑦ 不要将赋值号与数学中的等号混淆。x=2应读做“将数值2赋给变量x”或“使变量x的值等于2”，可以理解为$x \Leftarrow 2$。下面两个语句的作用是不同的：

```
x = y
y = x
```

⑧ 当一条语句较长时，在代码编辑窗口中阅读程序时不便查看。这时，可以使用续行功能，用分号“;”将较长的语句分为两行或多行。例如：

```
THISFORM.Label1.Caption = "计算机可以接受数据和处理数据，" + ;
        "并可将处理完的数据以完整有效的方式提供给用户。"
```

注意，作为续行符的分号只能出现在行尾。

4.2 常用的简单语句

下面介绍几种命令语句，它们是程序结构中常用的基本语句，用于描述简单的动作。

4.2.1 程序注释语句

为了提高程序的可读性，通常应在程序的适当位置加上一些注释。注释语句就是用来在程序中包含注释的。VFP 提供行首和行尾两种注释语句。

1. 行首注释

如果要在程序中注释行信息，可以使用行首注释语句，其语法格式为：

NOTE [注释内容]

或

*** [注释内容]**

其中，[注释内容]是要包括的任何注释文本。程序运行时，不执行以 NOTE 或*开头的行。

2. 行尾注释

如果要在命令语句的尾部加注释信息，应该使用行尾注释语句，其语法格式为：

&& [〈注释内容〉]

注意，不能在命令语句行中用于续行的分号后面加入&&和注释内容。

【例 4-1】注释语句使用示例。

```
NOTE  该程序计算圆面积
r = 10                                  &&  r 为圆半径
pi = 3.1415926                          &&  pi 为圆周率
s = pi * r ^ 2                          &&  计算圆面积的值
THISFORM.Label1.Caption = s             &&  将结果显示在标签上
```

4.2.2 程序暂停语句

WAIT 语句用来暂停程序的执行并显示提示信息，按任意键或单击鼠标后继续执行程序。其语法格式为：

WAIT [〈提示信息〉] [TO 〈内存变量〉] [WINDOW [AT 行,列]] [TIMEOUT n]

注意事项如下。

① 〈提示信息〉指定要显示的自定义信息。若省略，则显示默认的信息。

② TO〈内存变量〉将按下的键以字符形式保存到变量或数组元素中。若〈内存变量〉不存在，则创建一个。若按键是不可打印字符或单击鼠标，则内存变量中存储空字符串。

③ WINDOW [AT 行,列]指定显示的信息窗口在屏幕上的位置。若省略[AT 行,列]，则显示在屏幕的右上角。

④ TIMEOUT n 指定自动等待键盘或鼠标输入的秒数，必须放在语句的最后。

【例 4-2】WAIT 语句使用示例。

在命令窗口中输入下面的代码，运行后将显示暂停提示信息。

```
WAIT  "暂停 10 秒"  WINDOW  AT  16, 20  TIMEOUT  10
```

运行结果如图 4-1 所示。

图 4-1　WAIT 语句的使用示例

4.2.3　程序结束语句

在 VFP 中，要终止表单的运行，可以使用 RELEASE 语句或 Release 方法。

RELEASE 语句的格式为：

RELEASE THISFORM

Release 方法的格式为：

THISFORM | THISFORMSET Release

RELEASE 语句或 Release 方法都不会激发 QueryUnload 事件，而是直接激发 Unload 事件从内存中释放表单或表单集。

4.3　数据输出

VFP 中常用标签（Label）控件和对话框来作为输出文本信息的工具。

4.3.1　使用标签实现数据输出

1. 标签的外观

Label 控件显示的文本信息不能被直接修改。Label 所显示的内容由标题（Caption）属性控制，该属性可以在设计时通过属性窗口设置，也可以在运行时用代码赋值。

在默认情况下，标题（Caption）是 Label 控件中唯一的可见部分。如果把 BorderStyle（边框样式）属性设置为 1（可以在设计时进行），那么 Label 就有了一个边框。还可以通过设置 Label 的 BackColor、ForeColor 和 FontName 等属性，改变 Label 的外观。

【例 4-3】显示立体字。

分析：在表单上画一个 Label 控件 Label1，修改其属性值后，复制该标签，然后适当调整各标签的位置和颜色，从而产生立体效果。设计步骤如下。

① 建立应用程序用户界面。

新建表单，在表单上增加一个标签控件 Label1 和一个命令按钮 Command1，如图 4-2 所示。

② 设置对象属性。

各控件的属性设置见表 4-1。设置属性后，效果如图 4-3 所示。

表 4-1　属性设置

对　象	属　性	属 性 值	说　明
Label1	Caption	Visual FoxPro 程序设计	标签的内容
	AutoSize	.T. –真	自动适应大小
	FontSize	26	字体的大小
	BackStyle	0–透明	背景类型
	FontName	隶书	设置字体
	ForeColor	0,0,160	字体颜色为蓝色
Command1	Caption	\<C　关闭	按钮的标题

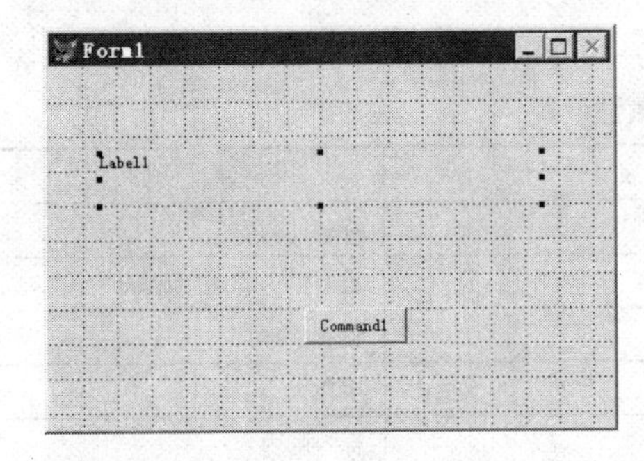

图 4-2　添加控件

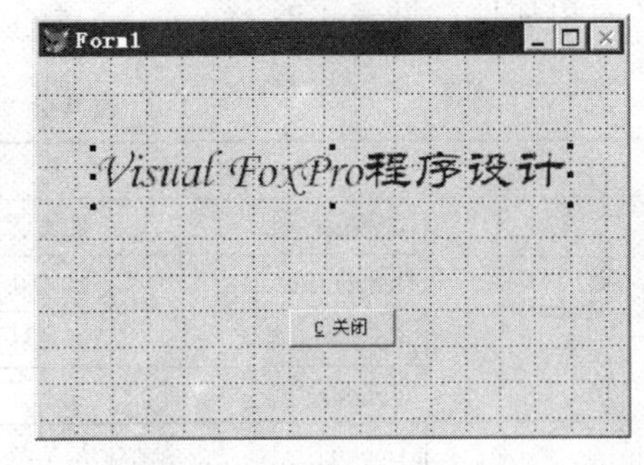

图 4-3　设置控件属性

选中 Label1 后，单击标准工具栏上的“复制”按钮（或按<Ctrl>+<C>键），再单击“粘贴”按钮（或按<Ctrl>+<V>键），将 Label1 复制一个副本 Label2。将 Label2 的前景色（ForeColor）属性改为 255,255,255（白色），适当调整两个标签的相对位置，效果如图 4-4 所示。

③ 编写程序代码。

编写命令按钮 Command1 的 Click 事件代码，以便关闭表单退出程序：

```
THISFORM.Release
```

④ 运行程序。

单击标准工具栏上的“运行”按钮运行程序，效果如图 4-5 所示。

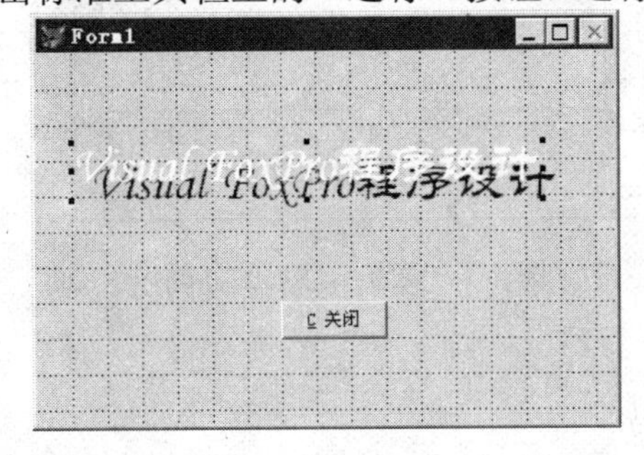

图 4-4　复制 Label1

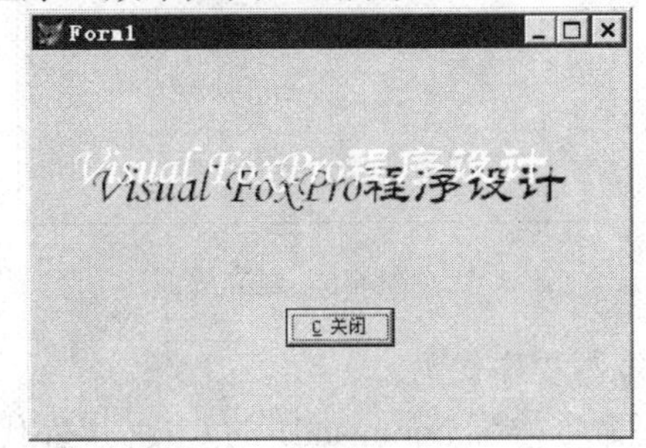

图 4-5　程序运行结果

单击表单上的“关闭”按钮，关闭表单。

2. 使标签适应内容

对于一个较长的或在运行时可能变化的标题，Label 提供了两种属性 AutoSize 和 WordWrap，用来改变控件尺寸以适应较长或较短的标题。为使控件能够自动调整以适应其内容多少的变化，必须将 AutoSize 属性设置为.T.。这样，控件可水平或垂直扩充以适应 Caption 属性内容。为使 Caption 属性的内容自动换行，应将 WordWrap 属性设置为.T.。

【例 4-4】使用标签处理多行信息输出，运行时通过代码来改变输出的内容。

设计步骤如下。

① 建立应用程序用户界面。

新建表单，进入表单设计器，在表单上添加一个命令按钮 Command1、两个标签 Label1 和 Label2，如图 4-6 所示。

② 设置对象属性。

修改对象属性，见表 4-2。

表 4-2 属性设置

对　象	属　性	属 性 值	说　明
Label1	Caption	朋友	标签的内容
	Alignment	2-中央	标签的内容居中显示
	FontName	黑体	设置字体
	FontSize	20	字体大小
Label2	Caption	周华健	标签的内容
	BorderStyle	1-固定单线	有边框的标签
	BackColor	255,255,255	标签的背景改为白色
	FontSize	12	字体大小
	WordWrap	.T. -真	文本换行
Command1	Caption	显示歌词	按钮的标题

设置属性后的界面如图 4-7 所示。

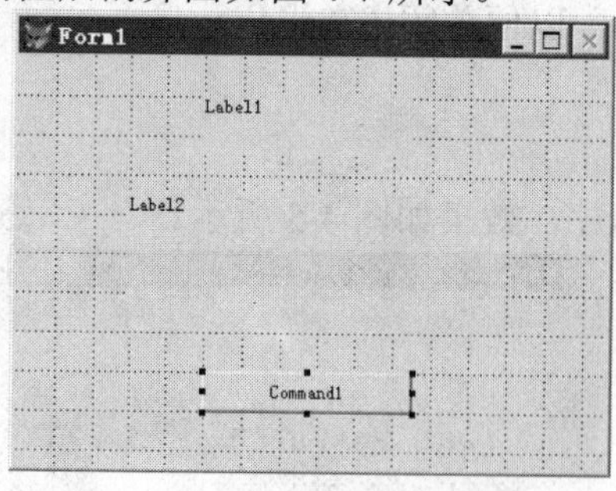

图 4-6　建立界面

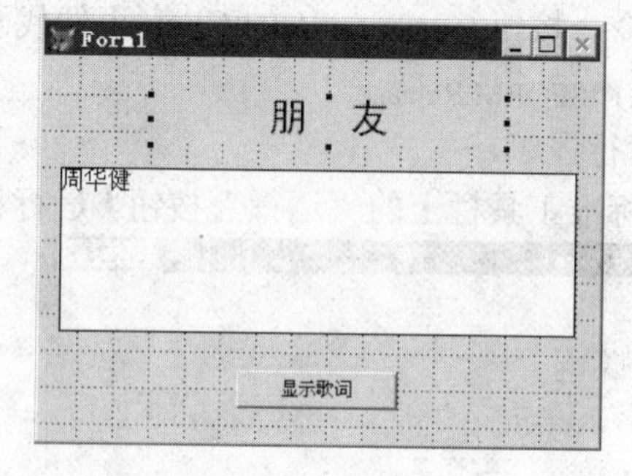

图 4-7　设置属性后的界面

③ 编写程序代码。

编写命令按钮 Command1 的 Click 事件代码：

```
THISFORM.Label1.Caption="朋友 - 周华健"
THISFORM.Label2.Caption="风也过雨也走 有过泪有过错 还记得坚持什么" + CHR(13)+;
    "真爱过才会懂 会寂寞会回首 朋友一生一起走 那些日子不再有" + CHR(13) +;
```

"一句话一辈子 一生情一杯酒 朋友不曾孤单过 一声朋友你会懂…"

注意，一个语句的长度不能超过 254 个字符。

④ 运行程序。

单击标准工具栏上的“运行”按钮!运行程序，显示如图 4-8（a）所示；单击表单上的“显示歌词”按钮，显示如图 4-8（b）所示。

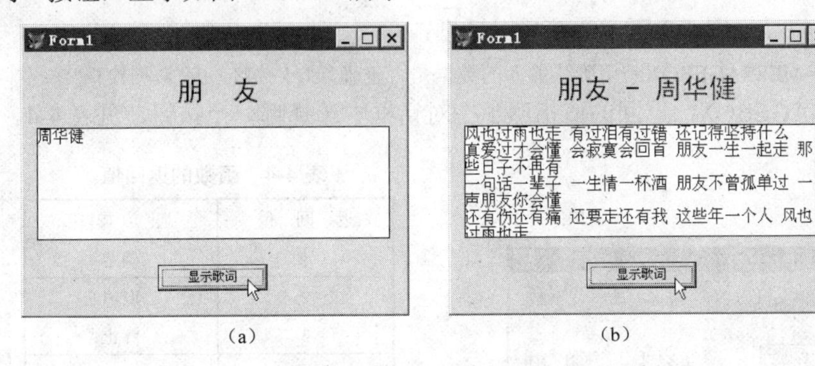

图 4-8 程序运行结果

4.3.2 使用对话框实现数据输出

对话框是用户与应用程序之间交换信息的最佳途径之一。使用对话框函数，可以得到 VFP 的内部对话框，这种方法具有简单快捷的特点。

MESSAGEBOX 函数在对话框中显示信息，等待用户单击按钮，并返回一个整数以表明用户单击了哪个按钮。其语法格式为：

[〈变量名〉] = MESSAGEBOX(〈信息内容〉[,〈对话框类型〉[,〈对话框标题〉]])

以下是一些需要说明的事项。

①〈对话框类型〉指定对话框中出现的按钮和图标，一般有 3 个参数，这 3 个参数值可以相加以达到所需要的样式，其取值和含义见表 4-3。

表 4-3 各参数取值和含义

参　数	值	说　明
参数 1-出现按钮	0	确定按钮
	1	确定和取消按钮
	2	终止、重试和忽略按钮
	3	是、否和取消按钮
	4	是和否按钮
	5	重试和取消按钮
参数 2-图标类型	16	停止图标
	32	问号“?”图标
	48	感叹号“!”图标
	64	信息图标
参数 3-默认按钮	0	指定默认按钮为第一个按钮
	256	指定默认按钮为第二个按钮
	512	指定默认按钮为第三个按钮

②〈信息内容〉指定在对话框中出现的文本。在〈信息内容〉中使用硬回车符“CHR(13)”，可以使文本换行。对话框的高度和宽度随着〈信息内容〉的增加而增大，最多可有1024个字符。

③〈对话框标题〉指定对话框的标题。若省略此项，系统会给出默认的标题 Microsoft Visual FoxPro。

下述代码将显示图4-9所示的信息对话框：

```
msg = MESSAGEBOX ("请确认输入的数据是否正确！", 3 + 48 + 0, "数据检查")
```

④ MESSAGEBOX( )返回的值指明了在对话框中选择哪一个按钮，见表4-4。

表4-4　函数的返回值

返　回　值	选 定 按 钮
1	确定
2	取消
3	终止
4	重试
5	忽略
6	是
7	否

图4-9　信息对话框

⑤ 如果省略了某些可选项，则必须加入相应的逗号分隔符。

⑥ 省略〈变量名〉，将忽略返回值。

在程序运行过程中，有时需要显示一些简单的信息，如警告或错误等。可以利用“信息对话框”来显示这些内容。当用户接收到信息后，可以单击按钮来关闭对话框，并返回单击的按钮值。

【例4-5】假设某储户到银行提取存款 x 元，试问银行出纳员应如何付款，才能使得各种票额钞票总张数最少。

分析：可以从最大的票额（100元）开始，算出所需的张数，然后在剩下的部分算出较小票额的张数，直到最小票额（1元）。

设计步骤如下。

① 建立应用程序用户界面。

新建表单，进入表单设计器，增加一个命令按钮 Command1、两个标签 Label1 和 Label2、一个文本框 Text1。

② 设置对象属性。

设置对象属性，见表4-5。

表4-5　属性设置

对　　象	属　　性	属 性 值	说　　明
Text1	Value	0	文本框的内容
Command1	Caption	最佳付款方案	按钮标题
	Default	.T.–真	表单的默认按钮

其他属性设置如图4-10所示。

③ 编写程序代码。

编写命令按钮 Command1 的 Click 事件代码：

```
x =VAL( THISFORM.Text1.Value)
y1 = INT(x / 100)                          &&  计算 100 元票张数
x = x – 100 * y1                           &&  求余额
y2 = INT(x / 50)                           &&  计算 50 元票张数
x = x – 50 * y2                            &&  求余额
y3 = INT(X/20)                             &&  计算 20 元票张数
x = x – 20 * y3                            &&  求余额
y4 = INT(x / 10)                           &&  计算 10 元票张数
x = x – 10 * y4                            &&  求余额
y5 = INT(x / 5)                            &&  计算 5 元票张数
x = x – 5 * y5                             &&  求余额
y6 = INT(x / 2)                            &&  计算 2 元票张数
x = x – 2 * y6                             &&  求余额
y7 = x                                     &&  计算 1 元票张数
a = "============================" + CHR(13)
a = a + STR(y1,3) + "张  百元票, " + STR(y2,3) + "张  50 元票" + CHR(13)
a = a + STR(y3,3) + "张  20 元票, " + STR(y4,3) + "张   10 元票" + CHR(13)
a = a + STR(y5,3) + "张   5 元票, " + STR(y6,3) + "张   2 元票" + CHR(13)
a = a + STR(y7,3) + "张   1 元票  "+ CHR(13)
a = a + "============================" + CHR(13)
a = a + "共计     " + THISFORM.Text1.Value + "元"
MESSAGEBOX(a,0,"取款")                      &&  利用对话框输出结果
THISFORM.Text1.SetFocus                    &&  设置焦点
```

运行程序，输入取款金额，单击命令按钮，将弹出如图 4-11 所示的对话框。

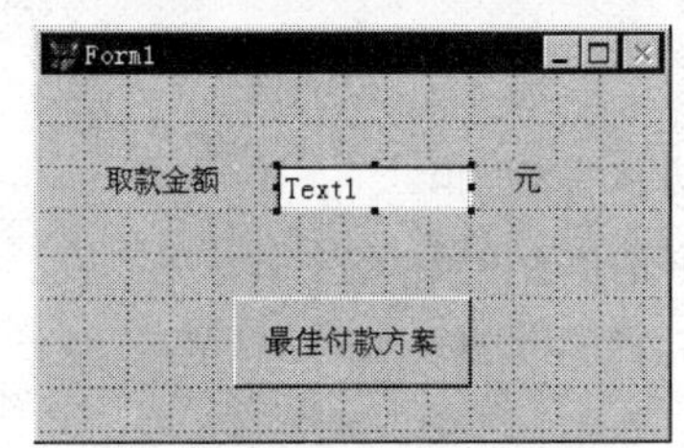

图 4-10 建立程序界面

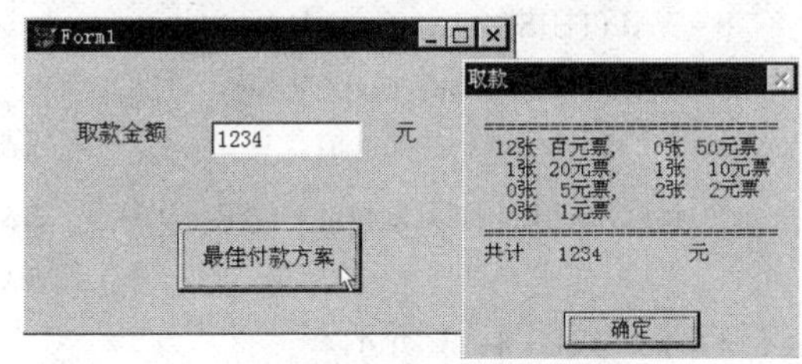

图 4-11 程序运行结果

4.4 数据输入

一个程序如果没有输入操作，就会缺乏灵活性。允许用户输入文本信息的最直接的方法是使用文本框。

4.4.1 使用文本框

文本框（TextBox）可以用来向程序输入各种类型的数据，也可以用来作为数据的输出。

文本框中显示的文本是受 Value 属性控制的。Value 属性可以用以下 3 种方式设置：

- 设计时，在属性窗口中进行设置。
- 编程时，通过代码设置。
- 运行时，由用户输入。

通过读 Value 属性，能在运行时检索文本框的当前内容。

要用文本框显示不希望用户更改的文本，可以把文本框的 ReadOnly 属性设置为.T.，或将文本框的 Enabled 属性设为.F.。

【例 4-6】在文本框中输入长、宽、高，求长方体的表面积，并输出。

分析：设长方体的长、宽、高分别为 a、b、c，表面积为 s，则

$$s = 2(ab + bc + ca)$$

设计步骤如下。

① 设计程序界面。

新建表单，进入表单设计器，在表单中增加一个命令按钮 Command1，两个标签 Label1、Label2，3 个文本框 Text1、Text2、Text3。

② 设置控件属性。

修改对象属性，见表 4-6。设置属性后的表单如图 4-12 所示。

表 4-6 属性设置

对　　象	属　性	属 性 值	说　明
Label1	Caption	请依次输入长、宽、高：	标签的标题
Command1	Caption	长方体的表面积 =	按钮的标题
Label2	Caption	0	标签的标题
Text1～Text3	Value	0	文本的初值为 0

③ 编写程序代码。

写出 Command1 的 Click 事件代码：

```
a = VAL(THISFORM.Text1.Value)              && VAL( )函数将字符型数据转换为数值型数据
b = VAL(THISFORM.Text2.Value)
c = VAL(THISFORM.Text3.Value)
s = 2 * (a * b + b * c + c * a)            && 计算长方体的表面积
THISFORM.Label2.Caption = STR(s,9,3)       && 将表面积的值输出到标签上
                                           && STR()将数值型数据转换为字符型
```

运行程序，如图 4-13 所示。

图 4-12 设计用户界面

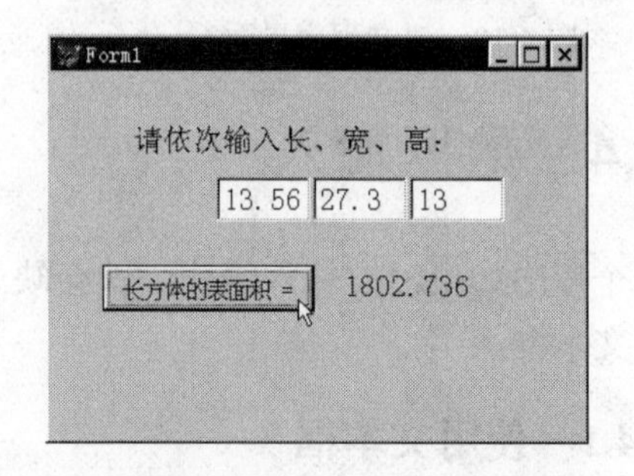

图 4-13 求长方体的表面积

【例 4-7】交换两个变量中的数据，如图 4-14 所示。

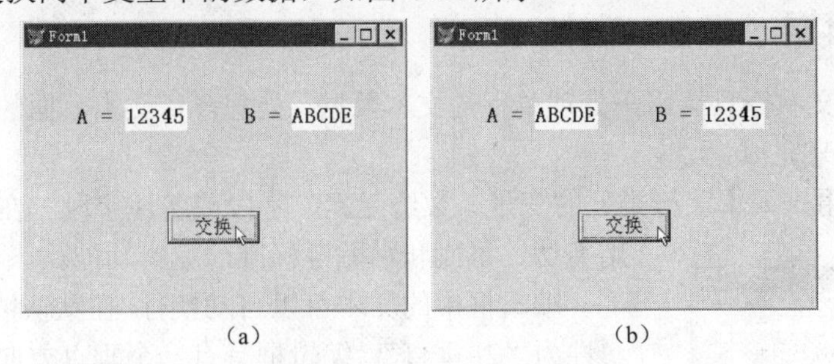

（a）　　　　　　　　（b）

图 4-14　交换两个变量中的数据

分析：将两个不同的变量设想为两个瓶子 A、B，其中分别装有不同的液体，要交换瓶子中的液体，可以这样来做：另取一个瓶子 C，先将瓶 A 中的液体倒入瓶 C 中，再将瓶 B 中的液体倒入瓶 A 中，最后将瓶 C 中的液体倒入瓶 B 中即可。

设计步骤如下。

① 建立应用程序用户界面。

新建表单，进入表单设计器，增加一个命令按钮 Command1、4 个标签 Label1～Label4，如图 4-15（a）所示。

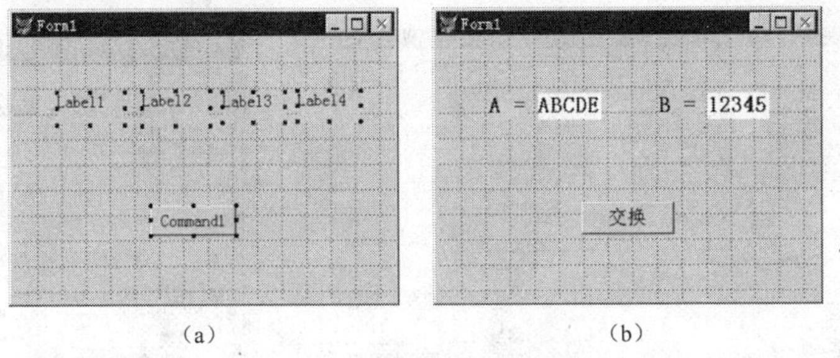

（a）　　　　　　　　（b）

图 4-15　建立界面与设置属性

② 设置对象属性。

对象属性的设置见表 4-7，设置结果如图 4-15（b）所示。

③ 编写程序代码。

编写命令按钮 Command1 的 Click 事件代码：

```
t = THISFORM.Label2.Caption
THISFORM.Label2.Caption = THISFORM.Label4.Caption
THISFORM.Label4.Caption = t
```

运行程序，单击“交换”按钮，可以看到两个白框中的数据交换了。

表 4-7　属性设置

对　象	属　性	属 性 值	说　明
Label1	Caption	A =	标签的内容
Label3	Caption	B =	标签的内容
Label2	Caption	ABCDE	标签的内容
	BackColor	（白色）	标签的背景色
Label4	Caption	12345	标签的内容
	BackColor	（白色）	标签的背景色
Command1	Caption	交换	按钮的标题

4.4.2 编辑框

在 VFP 中，文本框只能用来处理单行的文本数据。处理多行文本数据的工作要由编辑框（EditBox）控件来完成。

编辑框可以用来编辑字符类型的变量、数组元素、字段或备注字段。在编辑框中可以使用剪切、复制和粘贴等标准的编辑功能。

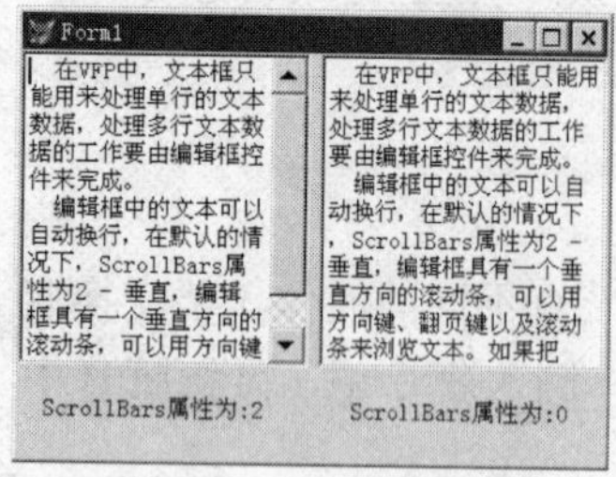

图 4-16 编辑框的垂直滚动条

编辑框中的文本可以自动换行。在默认情况下，ScrollBars 属性为“2-垂直”，编辑框具有一个垂直方向的滚动条，可以用方向键、翻页键及滚动条来浏览文本，如图 4-16 左侧所示。如果把 ScrollBars 属性设为“0-无”，编辑框就像一个多行的文本框，没有滚动条，但是仍然可以用方向键和翻页键来浏览文本，如图 4-16 所示右侧所示。

【例 4-8】设计一个文本文件的编辑器，可以新建或打开文件，并能在编辑后保存该文件，如图 4-17 和图 4-18 所示。

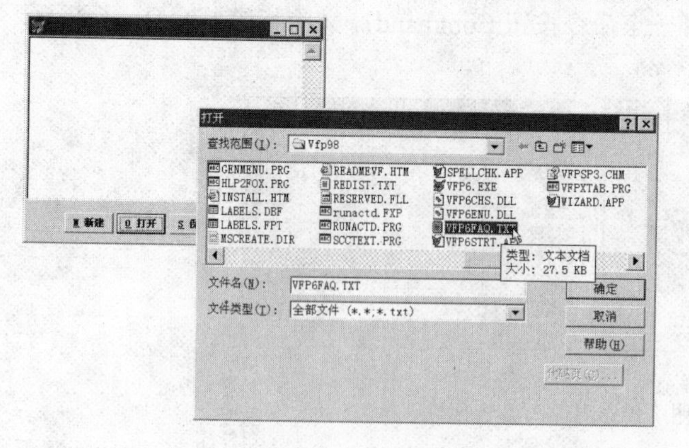

图 4-17 打开文件

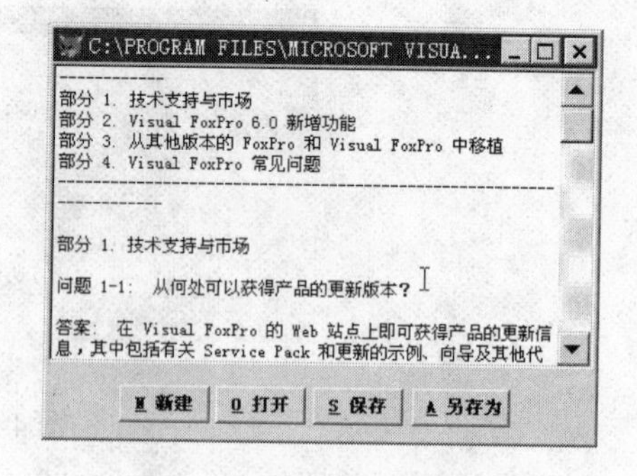

图 4-18 编辑并保存文件

设计步骤如下。

① 建立应用程序用户界面。

新建表单，进入表单设计器，增加一个编辑框控件 Edit1 和 4 个命令按钮 Command1～Command4。

② 对象属性设置见表 4-8，结果如图 4-19 所示。

表 4-8 属性设置

对 象	属 性	属 性 值	说 明
Command1	Caption	\<N 新建	按钮的标题
Command2	Caption	\<O 打开	按钮的标题
Command3	Caption	\<S 保存	按钮的标题
Command4	Caption	\<C 另存为	按钮的标题

③ 编写程序代码。

编写表单的 Activate 事件代码：

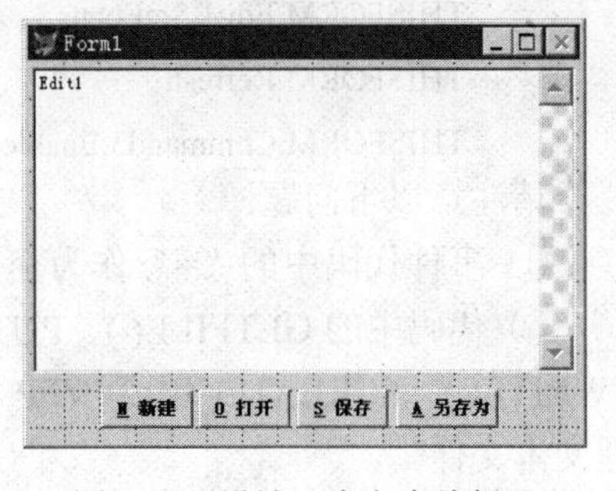

图 4-19　设计一个文本编辑器

```
WITH THIS.Edit1
    .Top = 0
    .Left = 0
    .Width = THIS.Width
ENDWITH
SET EXACT ON
THIS.Caption = "未命名"
THIS.Edit1.SetFocus
```

编写 Command1 的 Click 事件代码：

```
THISFORM.Edit1.Value = ""
THISFORM.Refresh
THISFORM.Caption = "未命名"
THISFORM.Edit1.SetFocus
THISFORM.Command2.Enabled = .T.
THISFORM.Command3.Enabled = .F.
THISFORM.Command4.Enabled = .T.
```

编写 Command2 的 Click 事件代码：

```
cfile = GETFILE("")
nhandle = FOPEN(cfile)
nend = FSEEK(nhandle,0,2)
= FSEEK(nhandle,0,0)
THISFORM.Edit1.Value = FREAD(nhandle,nend)
THISFORM.Caption = cfile
= FCLOSE(nhandle)
THISFORM.Edit1.SetFocus
THISFORM.Refresh
THISFORM.Command3.Enabled = .T.
```

编写 Command3 的 Click 事件代码：

```
cFile = THISFORM.Caption
nhandle = FOPEN(cfile,1)
= FWRITE(nhandle,THISFORM.Edit1.Value)
= FCLOSE(nhandle)
THISFORM.Refresh
THISFORM.Edit1.SetFocus
```

编写 Command4 的 Click 事件代码：

```
cfile = PUTFILE("")
nhandle = FCREATE(cfile,0)
cc =FWRITE(nhandle,THISFORM.Edit1.Value)
```

```
= FCLOSE(nhandle)
THISFORM.Edit1.SetFocus
THISFORM.Refresh
THISFORM.Command3.Enabled = .T.
```

请注意以下问题。

① 事件代码中的“=”作为空操作符使用。

② 代码中的GETFILE( )、PUTFILE( )、FOPEN( )、FSEEK( )、FCLOSE( )、FREAD( )、FWRITE( )、FCREATE( )均为VFP特有的低级文件操作函数。利用这些函数，可以方便地处理文本文件。

上例的事件代码中用到的一些低级文件操作函数，见表4-9。

表4-9 低级文件操作函数

函数名与格式	功 能
GETFILE([〈c1〉])	显示“打开”对话框，如图4-20所示，供用户选定一个文件并返回文件名，其中〈c1〉用于指定文件的扩展名
PUTFILE([〈c1〉])	显示“另存为”对话框，如图4-21所示，供用户指定一个文件名并返回文件名，其中〈c1〉用于指定文件的扩展名
FOPEN(〈文件名〉)	打开指定文件，返回文件句柄（控制号）
FCREATE(〈文件名〉)	建立一个新文件，返回文件句柄（控制号）
FCLOSE(〈文件句柄〉)	将文件缓冲区的内容写入〈文件句柄〉所指定的文件中，并关闭该文件
FREAD(〈文件句柄〉,〈字节数〉)	从〈文件句柄〉所指定的文件中读取指定〈字节数〉的字符数据
FWRITE(〈文件句柄〉,〈c表达式〉)	把〈c表达式〉表示的数据写入〈文件句柄〉所指定的文件中
FSEEK(〈文件句柄〉,〈移动字节数〉[,〈n〉])	在〈文件句柄〉所指定的打开的文件中移动文件指针。其中n表示移动的方式或方向：$n=0$，向文件首移动；$n=1$，进行相对位置移动；$n=2$，向文件尾移动

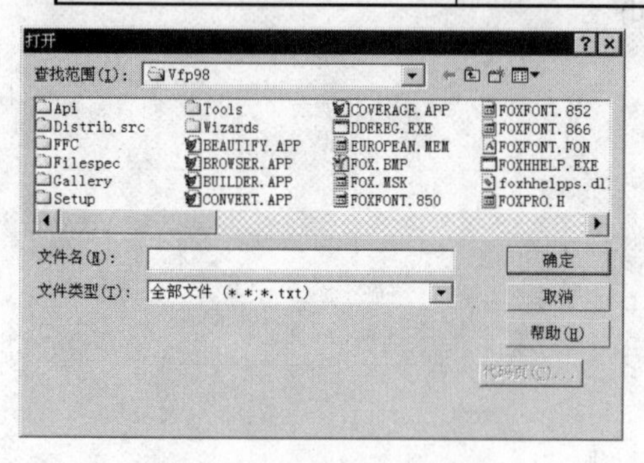

图4-20 “打开”对话框

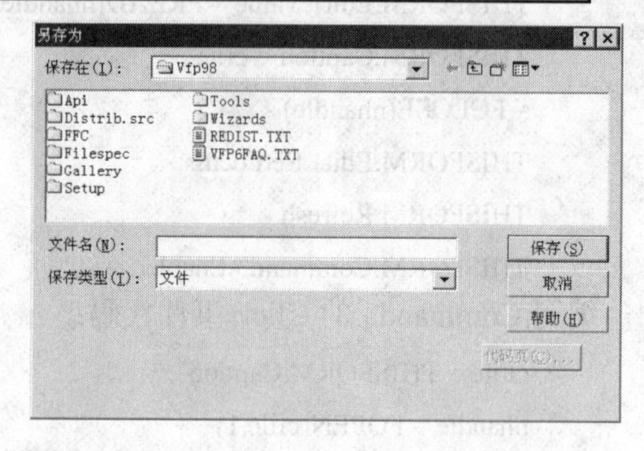

图4-21 “另存为”对话框

4.4.3 焦点与〈Tab〉键序

1. 焦点

焦点（Focus）就是光标。当对象具有焦点时才能响应用户的输入，因此焦点也是对象接收用户鼠标单击或键盘输入的能力。在Windows环境中，同一时间只有一个窗口、一个表单或一个控件具有这种能力。具有焦点的对象通常会以突出显示标题或标题栏的方式来表示。

只有当文本框具有焦点时，用户输入的数据才会出现在文本框中。

仅当控件的 Visible 和 Enabled 属性被设置为.T.时，控件才能接收焦点。某些控件不具有焦点，如标签、框架、计时器等。

当控件接收焦点时，会引发 GotFocus 事件；当控件失去焦点时，会引发 LostFocus 事件。

可以用 SetFocus 方法在代码中设置焦点。例如，编写表单的 Activate 事件代码，其中调用 SetFocus 方法，使得程序开始时光标（焦点）位于输入框 Text1 中：

```
THIS.Text1.SetFocus
```

另外，在 Command1 控件的 Click 事件代码中调用 SetFocus 方法，可以使光标重新回到输入框 Text1 中：

```
THISFORM.Text1.SetFocus
```

在程序运行的时候，用户可以按下列方法之一改变焦点：

- 用鼠标单击对象；
- 按〈Tab〉键或〈Shift〉+〈Tab〉组合键，在当前表单的各对象之间巡回移动焦点；
- 按热键选择对象。

2.〈Tab〉键序

TabIndex 属性决定控件接收焦点的顺序，TabStop 属性则决定焦点是否能够停在该控件上。

当在表单上画出第 1 个控件时，VFP 分配给该控件的 TabIndex 属性默认值为 0，第 2 个控件的 TabIndex 属性默认值为 1，第 3 个控件的 TabIndex 属性默认值为 2，其余类推。当用户在程序运行中按〈Tab〉键时，焦点将根据 TabIndex 属性值所指定的焦点移动顺序移到下一个控件上。通过改变控件的 TabIndex 属性值，可以改变默认的焦点移动顺序。

如果控件的 TabStop 属性设置为.F.，则在运行中按〈Tab〉键选择控件时，将跳过该控件，并按焦点移动顺序把焦点移到下一个控件上。

4.5 形状、容器和图像控件

4.5.1 形状控件

形状（Shape）控件可以在表单中产生圆、椭圆以及圆角或方角的矩形。在本章中，只利用“形状”对程序的界面做一定的修饰。

【例 4-9】利用形状控件修饰例 4-4 的表单，如图 4-22 所示。

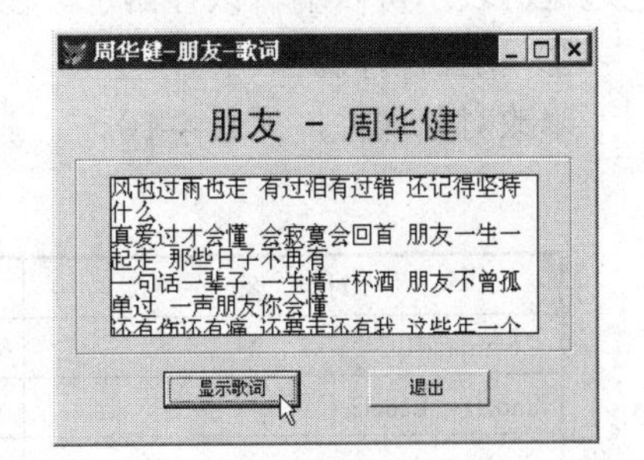

图 4-22 使用形状控件

在例 4-4 的基础上进行设计，步骤如下。

① 在例 4-4 的表单中画上一个形状控件 Shape1，如图 4-23（a）所示。

② 把 Shape1 的 SpecialEffect 属性修改为“0-三维”，然后选择菜单命令“格式”→“置后”，将其置于原有控件的后边，如图 4-23（b）所示。适当调整各控件的位置，即完成对原有表单的修饰。

③ 在表单上增加一个 “退出” 按钮，其单击事件代码为：THISFORM.Release。

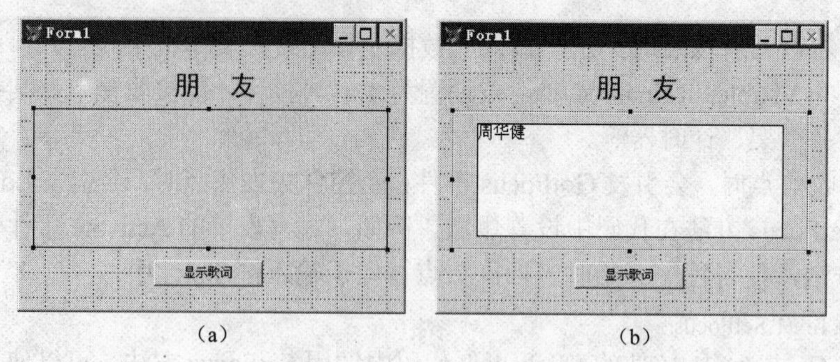

（a）（b）

图 4-23 增加一个“形状”

4.5.2 容器控件

容器（Container）控件具有封装性，而且外形更具立体感，所以通常使用容器控件对程序界面进行修饰。

容器的封装性是指，像表单一样，可以在容器（Container）控件上面加上一些其他控件。这些控件跟随容器移动，其 Top 和 Left 属性都是相对于容器而言的，与表单无关。

【例 4-10】 编写程序，输出指定范围内的 3 个随机数，范围在文本框中输入。

分析：随机函数 RAND( )可以返回一个（0, 1）区间中的随机小数，那么，RAND * a 可以返回（0, *a*）区间中的随机实数（带小数）。

若 *n*，*m* 均为整数，则表达式 INT((m +1-n) * RAND( )) + n 的值是闭区间[*n*, *m*]中的一个随机整数。

设计步骤如下。

① 设计程序界面。

新建表单，进入表单设计器，在表单中增加一个容器控件 Container1、一个命令按钮 Command1 和 3 个标签 Label1～Label3。

右击 Container1，在弹出的快捷菜单中选择“编辑”命令，Container1 控件的周围出现浅色边框，表示可以编辑该容器了。在其中增加两个文本框 Text1、Text2 和一些标签。

② 设置控件属性。

修改对象属性，见表 4-10。

表 4-10 属性设置

对　　象	属　　性	属 性 值	说　　明
Command1	Caption	生成随机数	按钮的标题
Label1～Label3	Caption		标签的标题为空
Container1	SpecialEffect	0-凸起	
Container1.Text1、Container1.Text2	Text	0、1	

设置属性后的表单如图 4-24 所示。

③ 编写程序代码。

```
THISFORM.Container1.Text1.SetFocus                    &&  设置焦点位置
n = VAL(THISFORM.Container1.Text1.Value)
m = VAL(THISFORM.Container1.Text2.Value)
   THISFORM.Label1.Caption = STR(INT((m + 1 – n) * RAND()) + n,4)
```

```
THISFORM.Label2.Caption = STR(INT((m + 1 – n) * RAND()) + n,4)
THISFORM.Label3.Caption = STR(INT((m + 1 – n) * RAND()) + n,4)
```

运行程序，在文本框中输入范围值后，单击“生成随机数”按钮，可以不断生成指定范围之内的随机整数，如图 4-25 所示。

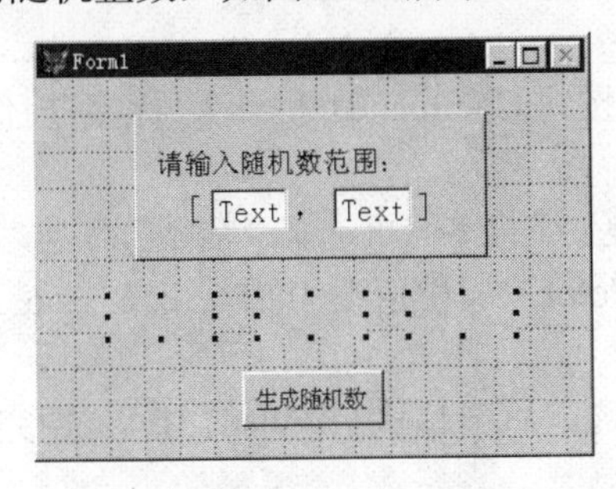

图 4-24　设计用户界面

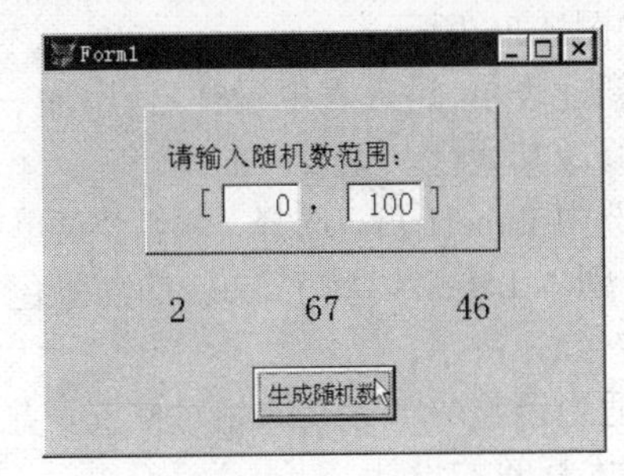

图 4-25　生成随机数

4.5.3　图像控件

图像（Image）控件允许在表单中添加图片（.bmp 文件或.ico 文件）。图像控件和其他控件一样，具有一整套的属性、事件和方法程序，因此，在运行时可以动态地更改它。用户可以用单击、双击或其他方式来交互地使用图像。

图像控件的一些主要属性，见表 4-11。

表 4-11　图像控件的主要属性

属　性	说　明
Picture	要显示的图片（.bmp 文件或 .ico 文件）
BorderStyle	决定图像是否具有可见的边框
BackStyle	决定图像的背景是否透明
Stretch	如果 Stretch 设置为“0–剪裁”，那么超出图像控件范围的那一部分图像将不显示；如果 Stretch 设置为“1–恒定比例”，图像控件将保留图片的原有比例，并在图像控件中显示最大可能的图片；如果 Stretch 设置为“2–伸展”，表示将图片调整到正好与图像控件的高度和宽度匹配

例如，可在上面例子中使用图像来修饰表单。

4.6　实训 4

实训目的

- 掌握 VFP 中赋值和数据输入/输出的方法。
- 掌握程序调试的一般方法和步骤。

实训内容

- 数据的输出。
- 数据的输入。
- 使用对话框实现数据的输出。

实训步骤

1．数据的输出

设计艺术的标签。可以设计两种形式的艺术标签：一种是投影式标签，另一种是立体式标签，如图 4-26 所示。

① 新建表单，进入表单设计器，添加一个命令按钮 Command1 和一个“标签”控件 Label1。

② 修改其属性，见表 4-12。

③ 选中 Label1 后，选择“编辑”菜单中的“复制”命令，再选择“粘贴”命令，将 Label1 复制一个副本 Label2。将 Label2 的前景色（ForeColor）属性值改为 256, 256, 256（白色），如图 4-27（a）所示。

④ 适当调整两个标签的相对位置，并经多重选定后一起移至表单的中间，便完成了第 1 种形式艺术标签的设计。

⑤ 再选中 Label2，另外复制 3 个副本 Label4（白色）、Label5（灰色）和 Label6（红色），如图 4-27（b）所示。

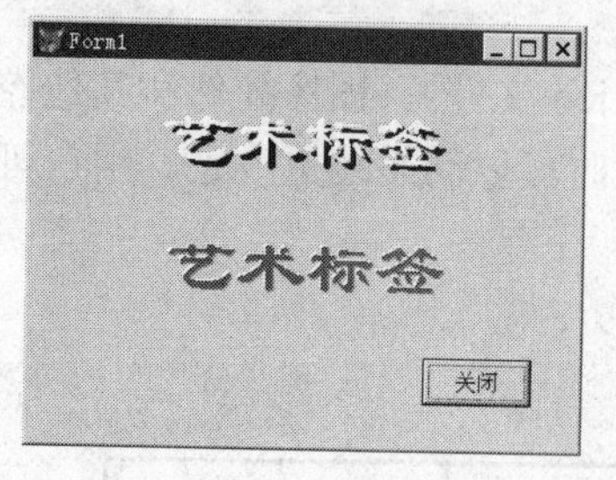

图 4-26　两种形式的立体标签

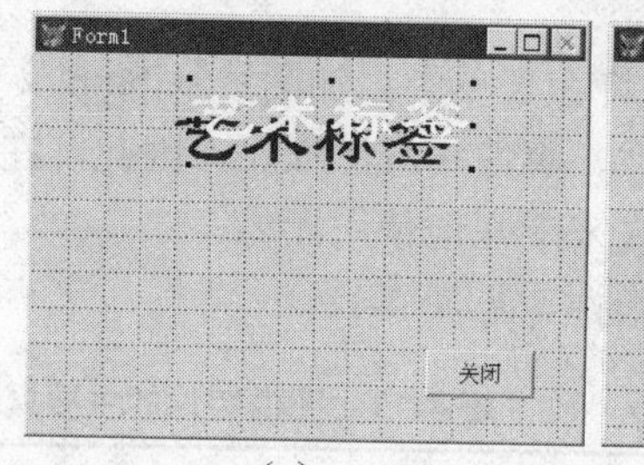

（a）

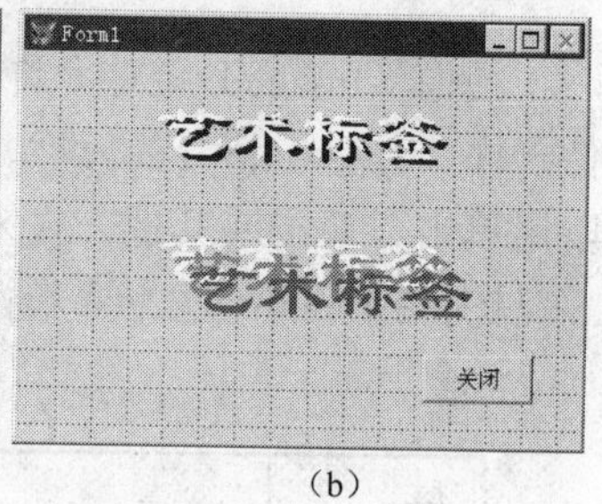

（b）

图 4-27　设计立体标签

表 4-12　属性设置

对　象	属　性	属 性 值	说　明
Command1	Caption	关闭	按钮的标题
Label1	Caption	艺术标签	标签的内容
	AutoSize	.T. – 真	自动适应大小
	FontSize	40	字体的大小
	BackStyle	0 – 透明	背景类型
	FontName	隶书	设置字体
	FontColor	0,0,160	字体颜色为蓝色

⑥ 适当调整 3 个标签的相对位置，便完成了第 2 种形式艺术标签的设计。

⑦ 编写命令按钮 Command1 的 Click 事件代码，以便关闭表单退出程序。代码如下：

```
THISFORM.Release
```

⑧ 运行程序，结果如图 4-26 所示。

2．数据的输入

在文本框中输入弧度值，将弧度换算为角度值（度、分、秒）的形式，然后输出。例如，弧度值为 1.474 919 573，化为角度的方法如下。

① 先将弧度值变成十进制数角度值，1.474 919 573×(180/π) = 84.506 666 65。

② 去掉整数部分 84，余 0.506 666 65。

③ 0.506 666 65×60 = 30.399 999。

④ 去掉 30，余 0.399 999。

⑤ 0.399 999×60 = 23.999 94 ≈ 24"

⑥ 最后将 84、30、24 拼接成 84° 30' 24"形式。

设计步骤如下。

① 建立应用程序用户界面。

新建表单，进入表单设计器，在表单中添加两个标签 Label1、Label2，一个文本框 Text1 和一个命令按钮 Command1，如图 4-28（a）所示。

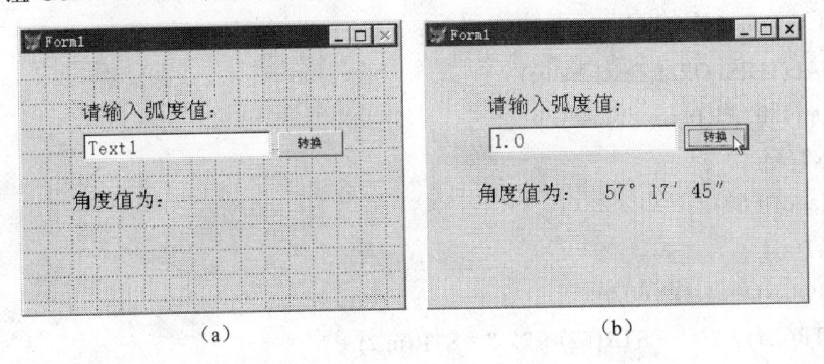

（a）　　（b）

图 4-28　表单界面与程序运行结果

② 设置对象属性，见表 4-13。

表 4-13　属性设置

对　象	属　性	属 性 值	说　明
Command1	Caption	转换	按钮的标题
Label1	Caption	请输入弧度值：	
	FontSize	16	
	AutoSize	True	自动大小
Label2	Caption	角度值为：	
	FontSize	16	
	AutoSize	True	自动大小
Text1	FontSize	14	
	Value		

③ 编写代码。

由分析可写出 Command1 的 Click 事件代码：

```
x = VAL(THISFORM.Text1.Value)
a = x * (180 / PI())
d = INT(A)
a1 = (a – d) * 60
f = INT(a1)
m = ROUND((a1 – f) * 60,0)
```

```
y = STR(d,4) + "°" + STR(f,2) + "′ " + STR(m,2) + "″ "   && "°"、"′"、"″"为全角符号
THISFORM.Label2.Caption = "角度值为：" + y
```

④ 保存表单为“实验 4_1.scx”。

⑤ 运行表单，如图 4-28（b）所示。

3. 使用对话框实现数据的输出

将上面实验改为利用对话框输出结果。

① 修改应用程序用户界面。

进入表单设计器后，将表单“实验 4_1.scx”另存为“实验 4_2.scx”，将表单中的标签 Label2 删去，如图 4-29（a）所示。

② 修改 Command1 的 Click 事件代码为：

```
x = VAL(THISFORM.Text1.Value)
a = x * (180 / PI())
d = INT(A)
a1 = (a–d) * 60
f = INT(a1)
m = ROUND((a1–f) * 60,0)
y = STR(d,4) + "° " + STR(f,2) + "′ " + STR(m,2) + "″ "
a = "角度值为：" + y
= MESSAGEBOX(a,0,"转换弧度值")
```

③ 运行表单，结果如图 4-29（b）所示。

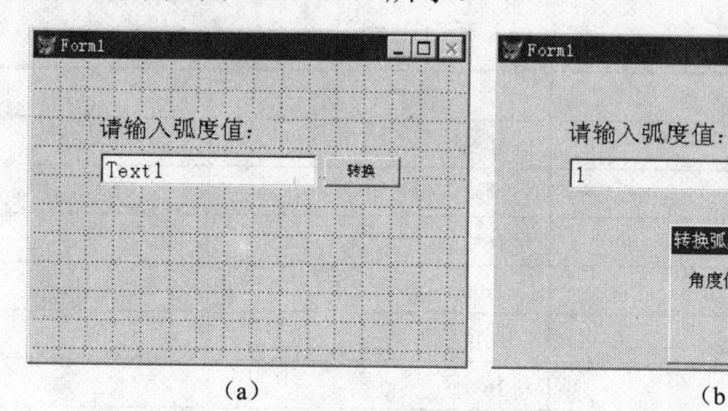

（a）　　（b）

图 4-29　表单界面与程序运行结果

习题 4

一、选择题

1. 下列哪组语句可以将变量 a、b 的值互换（　）。

A）a=b
　　b=a

B）a=(a+b)/2
　　b=(a–b)/2

C）a=a+b

D）a=c

b=a-b　　　　　　　　　　c=b

a=a-b　　　　　　　　　　b=a

2. 结构化程序设计的3种基本结构是（　）。

A）选择结构、循环结构和嵌套结构　　B）顺序结构、选择结构和循环结构

C）选择结构、循环结构和模块结构　　D）顺序结构、递归结构和循环结构

3. &&可以标记注释的开始，&&的位置是（　）。

A）必须在一行的开始　　B）必须在一行的结尾

C）可以在一行的任意位置　　D）必须在一行的中间

4. 在表单MyForm的事件代码中，改变表单中控件Cmd1的Caption属性的正确命令是（　）。

A）MyForm.Cmd1.Caption = '最后一个'

B）THIS.Cmd1.Caption = '最后一个'

C）THISFORM.Caption = '最后一个'

D）THISFORMSET.Cmd1.Caption = '最后一个'

5. 在表单MyForm的一个控件的事件代码中，将该表单的背景色改为绿色的命令是（　）。

A）MyForm.BackColor = RGB(0, 255, 0)

B）THIS.Parent.BackColor = RGB(0, 255, 0)

C）THISFORM.BackColor = RGB(0, 255, 0)

D）THIS.BackColor = RGB(0, 255, 0)

二、填空题

1. 要在表单MyForm中添加一个按钮Command1，单击按钮会做出某种操作，那么程序员必须编写的事件过程名字是______。

2. 在上题中，如果表单运行时单击Command1按钮，表单的底色改为蓝色，则该Click事件过程中的命令是_____。

3. 编辑框控件与文本框控件最大的区别是，在编辑框中可以输入和编辑_____文本，而在文本框中只能输入和编辑_____文本。

三、编程题

1. 向一个RC串联电路充电，电容上的电压为：$U = U_0 \cdot (1 - e^{-\frac{t}{RC}})$

式中，U_0为直流电源的电压。已知$R = 500\text{k}\Omega$，$C = 10\mu\text{F}$，求在$t = 1\text{s}$时U/U_0的值。

2. 在上题中使用对话框函数MESSAGEBOX()输出转换结果。

3. 利用文本框输入圆的半径，计算圆面积。

4. 设计大小写转换程序。在文本框中输入文本串，单击“大写”按钮，文本中的英文字母变为大写；单击“小写”按钮，文本中的英文字母变为小写。

5. 班上集体购买课外读物。在文本框中输入3种书的单价、购买数量，计算并输出花费的总金额。

6. 在文本框中输入小时、分、秒，换算成总秒数，然后输出。

第 5 章　选择结构程序设计

选择结构是计算机科学用来描述自然界和社会生活中分支现象的重要手段。其特点是，根据所给的条件为真（即条件成立）与否，从不同分支中选择执行某一分支的相应操作，并且任何情况下总有“无论分支多寡，必择其一；纵然分支众多，仅选其一”的特性。

本章首先介绍选择结构程序设计中要使用的条件表达式，然后介绍分支结构的语句和程序设计方法，最后讲解有关控件的使用方法。

5.1　条件表达式

在条件语句中作为判断依据的表达式称为条件表达式，条件表达式的取值为逻辑值真（.T.、.t.）或假（.F.、.f.）。

根据条件的复杂程度，条件表达式可以分为关系表达式和逻辑表达式。

5.1.1　关系运算符与关系表达式

关系表达式是指用关系运算符将两个表达式连接起来构成的式子（例如，a + b > 0）。关系运算符又称为比较运算符，用来对两个表达式的值进行比较，比较的结果是一个逻辑值（.T. 或 .F.），这个结果就是关系表达式的值。

VFP 提供的关系运算符有 8 种，见表 5-1。

表 5-1　关系运算符

运 算 符	名　　称	例　　子	说明（例子的值）
<	小于	3 < 4	值为.T.
<=	小于或等于	4 <= 3	值为.F.
>	大于	0 > 1	值为.F.
>=	大于或等于	"aa" >= "ab"	值为.F.
=	等于		
<>、#、!=	不等于		
$	包含于	"Fox" $ "FoxPro"	值为.T.
==	等同于		

需要说明以下事项。

① 关系运算符两侧的值或表达式的类型应一致。

② 数学不等式 $a \leqslant x \leqslant b$，不能写成 a <= x <= b。

③ 字符型数据按其 ASCII 码值进行比较。在比较两个字符串时，首先比较两个字符串的第一个字符，其中 ASCII 码值较大的字符所在的字符串大。如果第一个字符相同，则比较第二个，依次类推。

④ == 表示“等同于”，用于精确匹配。例如，使用条件 UPPER(NAME) = "SMITH"进行查找，将找出 SMITHSON、SMITHERS 和 SMITH 的记录，而用==（等同于）可得到精确

匹配 SMITH 的记录。

⑤ 关系运算符两边的表达式只能是数值型、字符串型、日期型，不能是逻辑型的表达式或值。

5.1.2 逻辑运算符与逻辑表达式

对于较为复杂的条件，必须使用逻辑表达式。逻辑表达式是指用逻辑运算符连接若干关系表达式或逻辑值而构成的式子。例如，不等式 $a \leqslant x \leqslant b$ 可以表示为 a <= x AND x <= b。逻辑表达式的值是一个逻辑值。

VFP 提供的逻辑运算符有 3 种，见表 5-2。

表 5-2 逻辑运算符

运 算 符	名 称	例 子	说明（例子的值）
AND	与	(4 > 5) AND (3 < 4)	值为.F.。两个表达式的值均为真，结果才为真，否则为假
OR	或	(4 > 5) OR (3 < 4)	值为.T.。两个表达式中只要有一个值为真，结果就为真。只有两个表达式的值均为假，结果才为假
NOT	非	NOT (1 > 0)	值为.F.。由真变假或由假变真，进行取“反”操作

逻辑运算符的运算规则，见表 5-3。

表 5-3 逻辑运算真值表

a	b	a AND b	a OR b	NOT a
.T.	.T.	.T.	.T.	.F.
.T.	.F.	.F.	.T.	.F.
.F.	.T.	.F.	.T.	.T.
.F.	.F.	.F.	.F.	.T.

注意，在 VFP 的早期版本中，逻辑运算符的两边必须使用点号，例如：.AND.、.OR.、.NOT.。在新版本中，两者可以通用。

5.1.3 运算符的优先顺序

在一个表达式中进行多种操作时，VFP 会按一定的顺序进行求值，这个顺序就是运算符的优先顺序。运算符的优先顺序，见表 5-4。

表 5-4 运算符的优先顺序

优先顺序	运算符类型	运 算 符	运算符类型	运 算 符
1	算术运算符	^（指数运算）	字符串运算符	+、–（字符串连接）
2		–（负数）		
3		*、/（乘法和除法）		
4		%（求模运算）		
5		+、–（加法和减法）		
6	关系运算符	=、<>、<、>、<=、>=、$、==		

续表

优先顺序	运算符类型	运算符	运算符类型	运算符
7	逻辑运算符	NOT		
8		AND		
9		OR		

需要说明以下问题。

① 同级运算按照从左到右的顺序进行计算。

② 可以用括号改变优先顺序，强令表达式的某些部分优先运算。

③ 括号内的运算总是优先于括号外的运算。在括号内，运算符的优先顺序不变。

【例 5-1】 写出 VFP 表达式 2 + 3 > 1 + 4 AND NOT 6 < 8 的值。

在计算前，先要看清表达式中有哪些运算符，再根据运算符的优先级进行计算。本例中应按下面的步骤进行计算。

① 算术运算　　5 > 5　AND　NOT 6 < 8

② 关系运算　　.F.　AND　NOT .T.

③ 非运算　　.F.　AND　.F.

④ 结果　　.F.

【例 5-2】 根据所给条件，写出 VFP 逻辑表达式。

① 一元二次方程 $ax^2 + bx + c = 0$ 有实根的条件为：$a \neq 0$，且 $b^2-4ac \geqslant 0$。

② 闰年的条件是，年份（year）能被 4 整除但不能被 100 整除，或者能被 400 整除。

分析如下。

① 一元二次方程 $ax^2 + bx + c = 0$ 有实根的条件有两个，即 $a \neq 0$ 和 $b^2-4ac \geqslant 0$。

$a \neq 0$ 用 VFP 表达式表示为 a <> 0；$b^2-4ac \geqslant 0$ 用 VFP 表达式表示为 b^2 – 4 * a * c >= 0。两者是逻辑“与”的关系，用 AND 连接这两个式子，结果为：

a <> 0 AND b^2 – 4 * a * c >= 0

② 设变量 y 表示年份。被某个数整除，可以用数值运算符%或 INT( )函数来实现。

能被 4 整除，但不能被 100 整除的表达式为 y % 4 = 0 AND y % 100 <> 0；能被 400 整除的表达式为 y % 400 = 0。两者取“或”，即得到判断闰年的逻辑表达式：

(y % 4 = 0 AND y % 100 <> 0) OR (y % 400 = 0)

用 INT( )函数表示为：

(INT(y / 4) = y / 4 AND INT(y / 100) <> y / 100) OR (INT(y / 400) = y / 400)

5.2 条件选择语句

在 VFP 中，实现分支结构的语句有两个，一是单条件选择语句 IF，二是多条件选择语句 DO CASE。这些语句又称为条件语句，条件语句的功能是根据表达式的值有条件地执行一组语句。

5.2.1 单条件选择语句 IF

单条件选择语句 IF 实现的是最常用的双分支选择，其特点是，根据所给定的选择条件（条件表达式）的值是否为真，来执行相应的分支。

1. 语法结构

实现单条件选择结构的语句是 IF 语句，其语法格式为：

```
IF 〈条件〉
   [〈语句组 1〉]
[ELSE
   [〈语句组 2〉]]
ENDIF
```

说明事项如下。

① IF、ELSE、ENDIF 必须各占一行。每一个 IF 都必须有一个 ENDIF 与之相对应，即 IF 和 ENDIF 必须成对出现。ELSE 子句是可选的。

②〈条件〉可以是条件表达式或逻辑常量，根据〈条件〉的逻辑值，进行判断。

③ 如果〈条件〉为真（.T.），就执行〈语句组 1〉。如果〈条件〉为假（.F.），若有 ELSE 子句，则执行 ELSE 部分的〈语句组 2〉；若无 ELSE 子句，则直接转到 ENDIF 之后的语句继续执行。

④〈语句组 1〉和〈语句组 2〉中还可以包含 IF 语句，称为 IF 语句的嵌套。要注意，每次嵌套中的 IF 语句必须与 ENDIF 成对出现。

【例 5-3】 输入 x，计算 y 的值。其中，

$$y=\begin{cases}\sqrt{x+2} & x\geq 0\\ -3x+1 & x<0\end{cases}$$

这是一个分段函数，它表示当 $x\geqslant 0$ 时，用公式 $y=\sqrt{x+2}$ 来计算 y 的值；当 $x<0$ 时，用公式 $y=-3x+1$ 来计算 y 的值。在选择条件时，既可以把 $x\geqslant 0$ 作为条件，也可以把 $x<0$ 作为条件。本例用 $x\geqslant 0$ 作为选择条件。

设计步骤如下。

① 建立应用程序用户界面及设置对象属性，其中 Text2 的 ReadOnly=.T.，如图 5-1 所示。

② 编写程序代码。

编写命令按钮 Command1 的单击（Click）事件代码为：

```
x = VAL(THISFORM.Text1.Value)
IF   x >= 0                              && 判断 x 的值
  y = SQRT(x+2)                          && 条件 x >= 0 为真时执行的操作
ELSE
  y = –3*x+1                             && 条件 x >= 0 为假时执行的操作
ENDIF
THISFORM.Text2.Value = STR(y,10,2)       && 将计算得到的 y 值显示在 Text2 中
THISFORM.Text1.SetFocus                  && 使 Text1 获得焦点
```

运行程序，结果如图 5-2 所示。

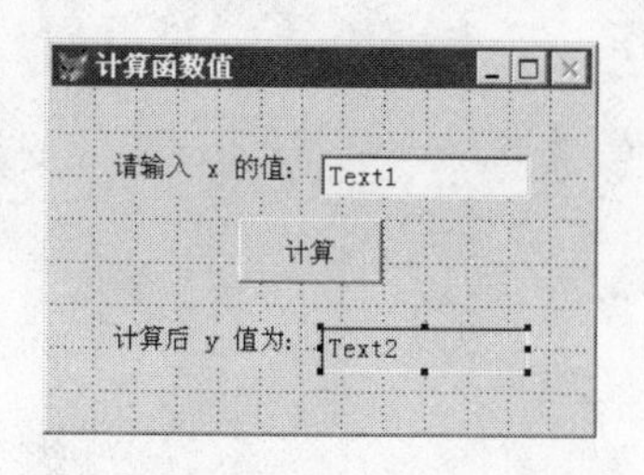

图 5-1　建立用户界面并设置属性

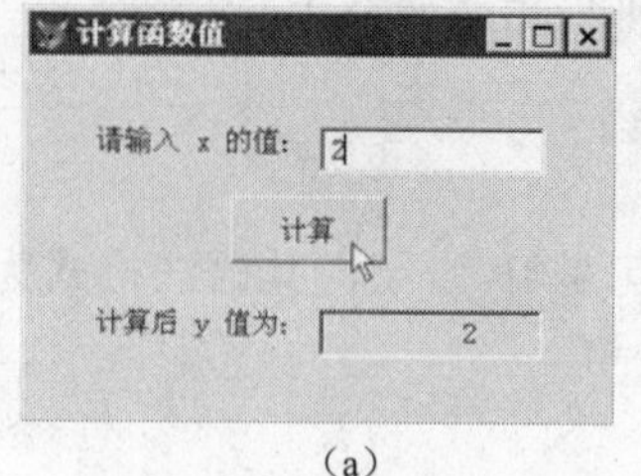

(a)

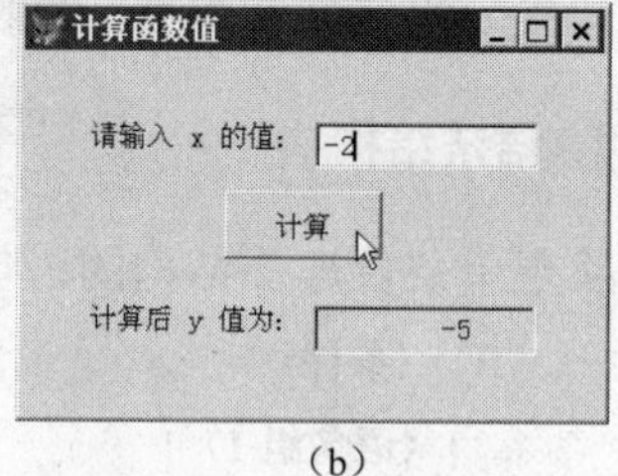

(b)

图 5-2　运行结果

【例 5-4】设计一个验证口令的表单，输入口令时文本框中只显示相同个数的“*”号，如图 5-3 所示。

设计步骤如下。

① 建立应用程序用户界面。

新建表单，进入表单设计器，增加一个容器控件 Container1、一个标签控件 Label1 和一个命令按钮 Command1。选中容器控件 Container1，在其中增加一个标签 Label1 和一个文本框 Text1。

② 设置对象属性，见表 5-5，如图 5-4 所示。

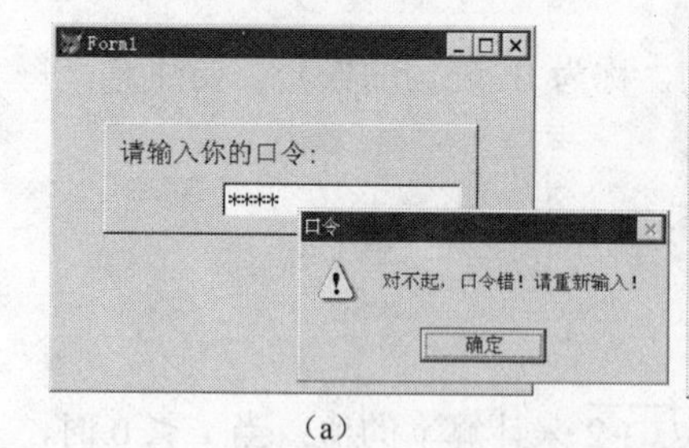

(a)

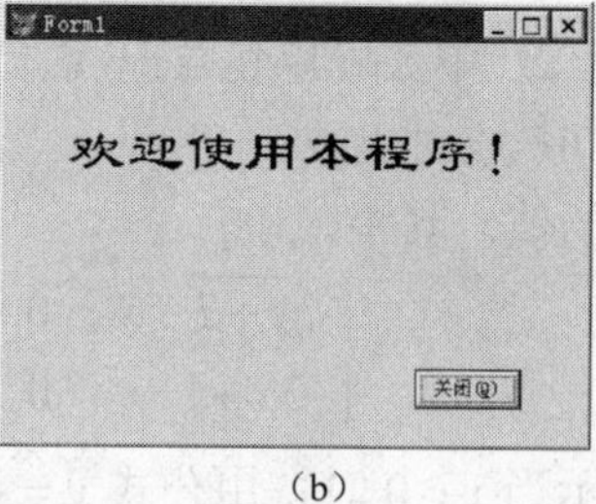

(b)

图 5-3　检查口令

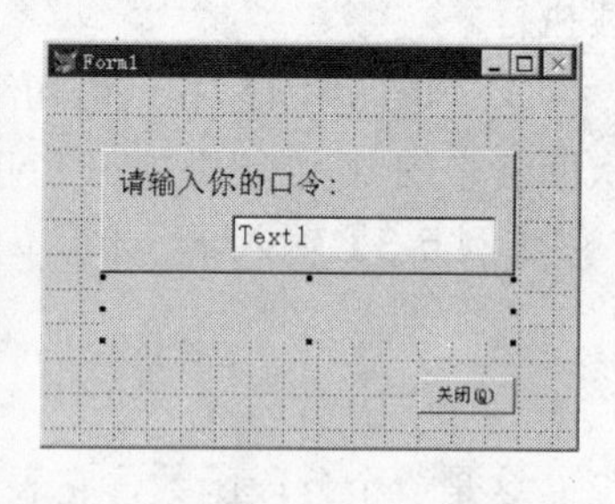

图 5-4　建立界面及设置属性

表 5-5　属性设置

对　　象	属　　性	属 性 值	说　　明
Command1	Caption	关闭(\<Q)	按钮的标题
Label1	Caption		标签的内容
Container1.Text1	Alignment	0 - 左	文本对齐方式
	PasswordChar	*	只显示设定的符号“*”
	Value		文本初值为空字符串
Container1.Label1	Caption	请输入你的口令:	容器控件中的标签

③ 编写程序代码。

编写关闭按钮 Command1 的 Click 事件代码:

```
THISFORM.Release
```

编写 Text1 的 Valid 事件代码:

```
THISFORM.Command1.TabStop = .F.
a = LOWER(THIS.Value)
IF a= "abcd "
```

```
    THISFORM.Label1.Top = THIS.Parent.Top
    THISFORM.Label1.Caption="欢迎使用本程序！"
    THISFORM.Command1.TabStop = .T.
    THIS.Parent.Visible = .F.
  ELSE
    MESSAGEBOX("对不起，口令错！请重新输入！",48,"口令")
    THIS.SelStart=0
    THIS.SelLength=LEN(RTRIM(THIS.Value))
  ENDIF
```

说明事项如下。

① PasswordChar 属性可以使文本框在接收输入的字符时只显示设定的符号“*”，而不显示输入的内容。本例中的口令字为字符串“abcd”，可以改为其他口令字。

② 文本框 Text1 的 Valid 事件当光标离开文本框时发生。

③ 这里的 TabStop 属性为假（.F.），表示光标不能停留；为真（.T.），则可以停留。

④ 函数 LOWER（字符表达式）将字符表达式中所有大写字母转换成小写字母。

2. 使用 IIF 函数

还可以使用 IIF 函数来实现一些比较简单的选择结构。IIF 函数的语法结构为：

IIF(〈条件〉,〈真部分〉,〈假部分〉)

说明事项如下。

①〈条件〉可以是条件表达式或逻辑常量；〈真部分〉是当条件为真时函数返回的值，可以是任何表达式；〈假部分〉是当条件为假时函数返回的值，可以是任何表达式。

② 语句 y = IIF(〈条件〉,〈真部分〉,〈假部分〉)相当于：

```
IF  〈条件〉
  y = 〈真部分〉
ELSE
  y = 〈假部分〉
ENDIF
```

【例 5-5】编写程序，任意输入一个整数，判定该整数的奇偶性。

判断某整数的奇偶性，就是检查该数是否能被 2 整除。若能被 2 整除，则该数为偶数，否则为奇数。被 2 整除，可以利用%运算来完成，也可以利用 INT( )函数来实现。INT( )的功能是求某数的整数部分，如果某数被 2 除后的值与该数除以 2 后的整数部分相同，即 INT(x / 2) = x/2，则表示该数为偶数，否则为奇数。

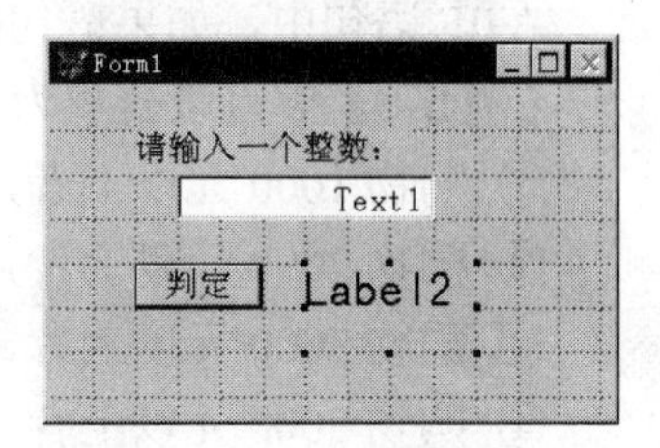

图 5-5　用户界面

设计步骤如下。

① 建立应用程序用户界面，如图 5-5 所示。

② 设置对象属性。

设置对象属性，见表 5-6。

表 5-6 属性设置

对　象	属　性	属 性 值	说　明
Command1	Caption	判定	按钮的标题
	Default	.T.	默认按钮
Text1	Value	0	赋初值为 0
Label1	Caption	请输入一个整数:	
Label2	Caption		
	FontName	黑体	字体名称
	FontSize	20	字体大小

其他属性的设置参见图 5-5。

③ 编写程序代码。

编写命令按钮 Command1 的单击（Click）事件代码：

```
x = THISFORM.Text1.Value
y = IIF(x % 2=0,"偶数","奇数")                    && 用 IIF 函数判断
THISFORM.Label2.ForeColor = RGB(255,0,0)          && 前景色为红色
THISFORM.Label2.Caption = y
THISFORM.Text1.SetFocus
```

编写文本框 Text1 的 GotFocus 事件代码：

```
THISFORM.Text1.SelStart = 0
THISFORM.Text1.SelLength = LEN(THISFORM.Text1.Text)
```

运行程序，结果如图 5-6 所示。

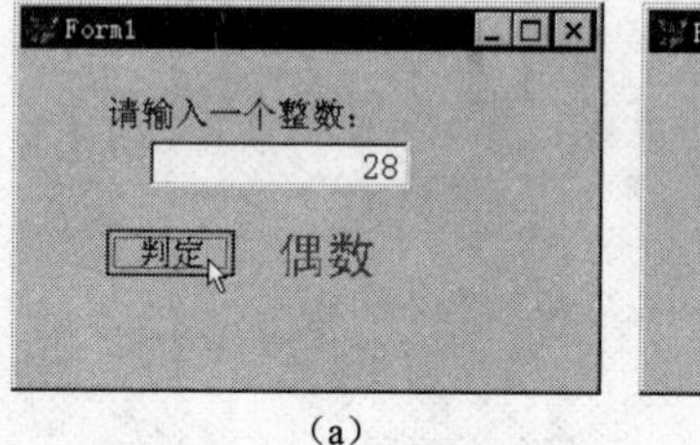

(a)

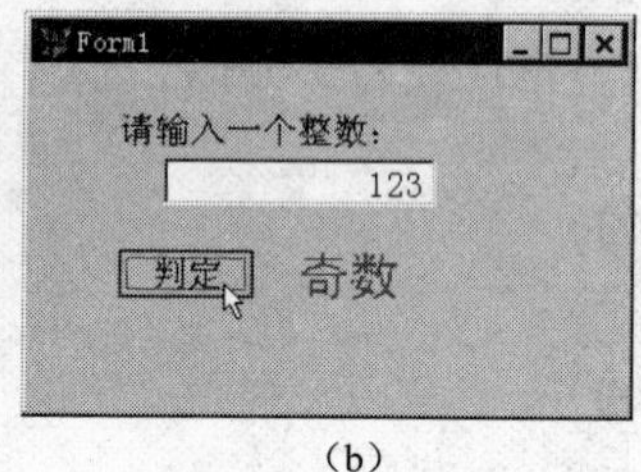

(b)

图 5-6 判定奇偶性

3. IF 语句的嵌套

在 IF 语句中，如果语句组 1 或语句组 2 本身又是一个 IF 语句，则称为 IF 语句的嵌套。

【例 5-6】 某百货公司为了促销，采用购物打折扣的优惠办法：

① 购物 1000 元以上者，按九五折优惠；

② 购物 2000 元以上者，按九折优惠；

③ 购物 3000 元以上者，按八五折优惠；

④ 购物 5000 元以上者，按八折优惠。

编写程序，输入购物款数，计算并输出优惠价。

设购物款为 x 元，优惠价为 y 元，优惠付款公式为：

$$y=\begin{cases} x & x<1000 \\ 0.95x & 1000\leqslant x<2000 \\ 0.9x & 2000\leqslant x<3000 \\ 0.85x & 3000\leqslant x<5000 \\ 0.8x & x\geqslant 5000 \end{cases}$$

设计步骤如下。

① 建立应用程序用户界面并设置对象属性，如图 5-7 所示。

② 编写程序代码。

写出命令按钮 Command1 的单击（Click）事件代码：

```
x = THISFORM.Text1.Value
IF x < 1000
  y = x
ELSE
  IF x < 2000
     y = 0.95 * x
  ELSE
     IF x < 3000
        y = 0.9 * x
     ELSE
        IF x < 5000
           y = 0.85 * x
        ELSE
           y = 0.8 * x
        ENDIF
     ENDIF
  ENDIF
ENDIF
THISFORM.Text2.Value = y
THISFORM.Text1.SelStart = 0
THISFORM.Text1.SelLength = LEN(THISFORM.Text1.Text)
THISFORM.Text1.SetFocus
```

图 5-7 计算优惠价

5.2.2 多分支条件选择语句 DO CASE

虽然使用嵌套的办法可以利用 IF 语句实现多分支选择，但是，用 IF 语句编写的程序会比较长，程序的可读性会明显降低。为此，VFP 提供了多分支条件选择语句（DO CASE 语句）来实现多分支选择结构。多分支选择结构的根本特点是，从多个分支中，选择第一个条件为真的路线作为执行的路线。DO CASE 语句的语法格式为：

```
DO CASE
  CASE 〈条件 1〉
     [〈语句组 1〉]
```

```
[CASE 〈条件 2〉
    [〈语句组 2〉]]
...
[OTHERWISE
    [〈其他语句组〉]]
ENDCASE
```

说明事项如下。

① DO CASE、CASE、OTHERWISE 和 ENDCASE 必须各占一行。每个 DO CASE 必须有一个 ENDCASE 与之相对应，即 DO CASE 和 ENDCASE 必须成对出现。

②〈条件 1〉可以是条件表达式或逻辑常量。

③ 在执行 DO CASE 语句时，依次判断各〈条件〉是否满足。若〈条件 1〉的值为真（.T.），则执行相应的〈语句组 1〉，直到遇到下一个 CASE、OTHERWISE 或 ENDCASE。

④ 相应的〈语句组 1〉执行后不再判断其他〈条件〉，直接转向 ENDCASE 后面的语句。因此，在一个 DO CASE 结构中，最多只能执行一个 CASE 子句。

⑤ 如果没有一个条件为真，则执行 OTHERWISE 后面的〈其他语句组〉，直到 ENDCASE。如果没有 OTHERWISE，则不执行任何操作直接转向 ENDCASE 后面的语句。

⑥ 语句列中可以嵌套各种控制结构的命令语句。

【例 5-7】在例 5-6 中使用 DO CASE 语句来计算优惠价。

只需将命令按钮 Command1 的 Click 事件代码改为：

```
x = THISFORM.Text1.Value
DO CASE
   CASE x < 1000
      y = x
   CASE x < 2000
      y = 0.95 * x
   CASE x < 3000
      y = 0.9 * x
   CASE x < 5000
      y = 0.85 * x
   OTHERWISE
      y = 0.8 * x
ENDCASE
THISFORM.Text2.Value = y
THISFORM.Text1.SelStart = 0
THISFORM.Text1.SelLength = LEN(THISFORM.Text1.Text)
THISFORM.Text1.SetFocus
```

可以看出，程序运行结果与例 5-6 相同，但是代码却清晰多了。

【例 5-8】设计模拟摸奖机游戏。由摸奖者输入一个数字 1～5，确定摸奖者获得的奖品是多少。

分析：在摸奖机中，当用户输入一个选择时，就相应地给出奖品；这个过程，可以考虑用 DO CASE 命令来实现。

设计步骤如下。

① 建立应用程序用户界面并设置对象属性，如图 5-8 所示。

② 编写代码。

编写命令按钮 Command1 的 Click 事件代码：

```
x = THISFORM.Text1.Value
DO  CASE
  CASE  x = 1
     y = "恭喜恭喜！您获得了 4000 元奖品！"
  CASE  x = 2
     y = "恭喜恭喜！您获得了 500 元奖品！"
  CASE  x = 3
     y = "谢谢您的参与，再来一次吧！"
  CASE  x = 4
     y = "恭喜恭喜！您获得了 2000 元奖品！"
  CASE  x = 5
     y = "恭喜恭喜！您获得了 300 元奖品！"
ENDCASE
MESSAGEBOX( y, 0 + 48, "结果出来了！")
```

程序运行结果如图 5-8 所示。

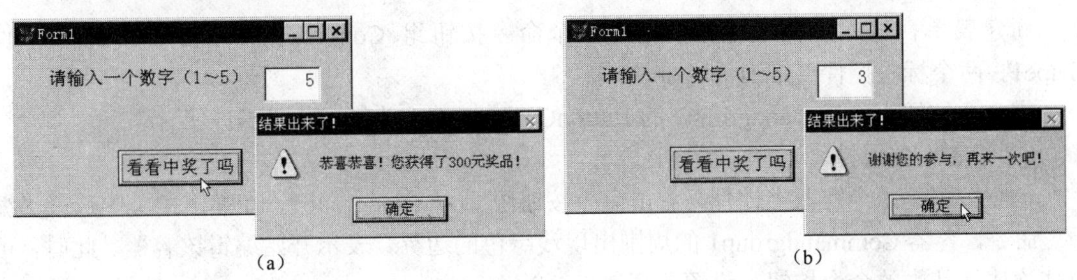

(a) (b)

图 5-8 摸奖机游戏

5.3 提供简单选择的控件

大多数应用程序都需要向用户提供选择，例如简单的"Yes/No"选项，或者从包含许多个选项的列表中进行选择。VFP 提供的用于选择的标准控件有命令按钮组、选项按钮组、复选框等。

命令按钮组与选项按钮组都属于容器类控件，它们分别包含一些命令按钮和选项按钮，可以为用户执行多种任务，或者提供多种选择。复选框也经常成组使用，以实现多项选择。

5.3.1 使用命令按钮组

如果表单上有多个命令按钮，可以考虑使用命令按钮组（Commandgroup）。使用命令按钮组可以使代码更为简洁，界面更加整齐。

1. 命令按钮组

命令按钮组是一个容器对象，其中包含命令按钮，即具有图 5-9 所示的层次性。

命令按钮组中各命令按钮的用法和前面所述的单个命令按钮的用法一样。此外，还可以将代码加入到命令按钮组的 Click 事件代码中，让组中所有命令按钮的 Click 事件使用同一组过程代码。

命令按钮组的 ButtonCount 属性用来设置命令按钮组中按钮的个数，ButtonCount 属性的默认值为 2。

命令按钮组的 Value 属性指示单击了哪个按钮。

【例 5-9】如图 5-10 所示，利用命令按钮组，设计模拟摸奖机游戏。

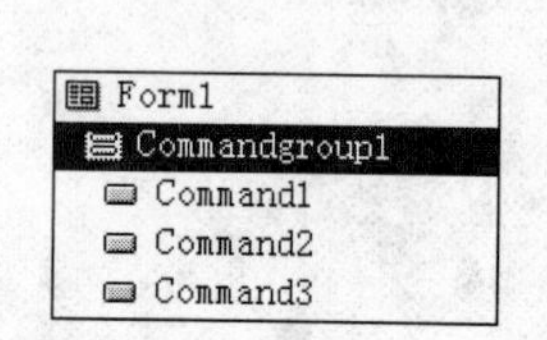

图 5-9　命令按钮组的层次性

图 5-10　利用命令按钮组设计摸奖机游戏

设计步骤如下。

① 建立应用程序用户界面。

新建表单，进入表单设计器，增加一个命令按钮组 Commandgroup1、一个形状控件 Shape1、两个标签控件 Label1 和 Label2。

把命令按钮组 Commandgroup1 的 ButtonCount 属性改为 5，如图 5-11 所示。

② 设置对象属性。

命令按钮组是个容器类控件，右击命令按钮组 Commandgroup1，在弹出菜单中选择“编辑”命令，容器 Commandgroup1 的周围出现浅绿色的边界，表示开始编辑该容器。此时，可以依次选择其中的命令按钮，设置各项属性。

各控件属性的设置可以参见图 5-12。

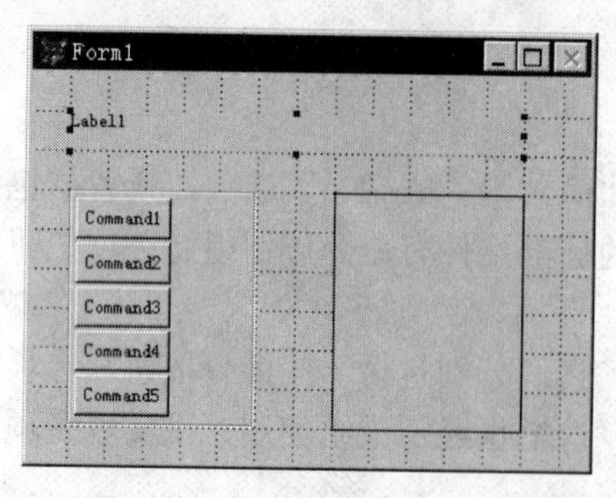

图 5-11　建立应用程序界面

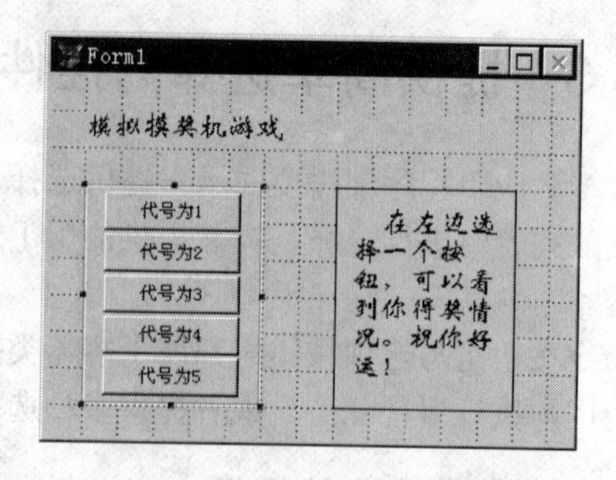

图 5-12　设置属性后的界面

③ 编写程序代码。

编写命令按钮组 Commandgroup1 的 Click 事件代码:

```
x=THIS.Value
DO  CASE
  CASE  x = 1
      y = "恭喜恭喜！您获得了 4000 元奖品！"
  CASE  x = 2
      y = "恭喜恭喜！您获得了 500 元奖品！"
  CASE  x = 3
      y = "谢谢您的参与，再来一次吧！"
  CASE  x = 4
      y = "恭喜恭喜！您获得了 2000 元奖品！"
  CASE  x = 5
      y = "恭喜恭喜！您获得了 300 元奖品！"
ENDCASE
MESSAGEBOX( y, 0 + 48, "结果出来了！")
```

可以分别为每个命令按钮单独编写 Click 代码。如果为命令按钮组中某个按钮的 Click 事件编写了代码，则选择该按钮后，程序将优先执行该代码而不是命令按钮组的 Click 事件代码。

2. 命令组生成器

利用命令组生成器，可以更方便地设计命令按钮组。在上面的例子中，可以使用命令组生成器来设置命令按钮组的各项属性。

① 右击命令按钮组控件 CommandGroup1，在弹出菜单中选择“生成器”命令，如图 5-13 所示，打开命令组生成器。

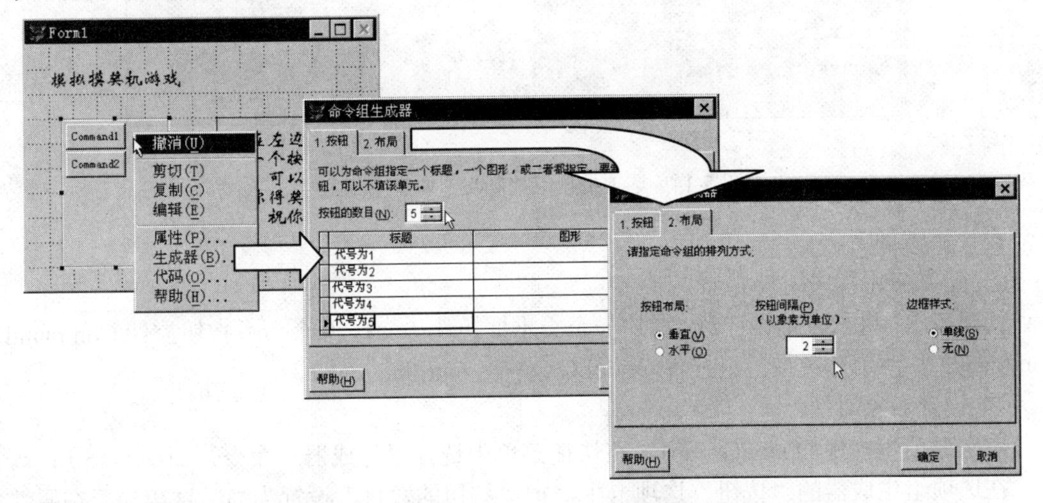

图 5-13 利用命令组生成器设计命令按钮组

② 在命令组生成器的“按钮”选项卡中，把“按钮的数目”设置为 5，这相当于在属性窗口中把 ButtonCount 属性设置为 5。然后依次修改按钮的标题（Caption 属性）。要设计图文并茂的按钮，可以在“图形”栏中填入图形文件的路径与名称，或单击“图形”栏右边的“…”按钮，查找所需要的图形文件。

③ 在“布局”选项卡中，可以指定命令按钮组的排列方式，例如水平或垂直、有无边框

等。将“按钮间隔”微调器的值调整为 0，除去各命令按钮之间的间隔。

④ 最后单击“确定”按钮，退出命令组生成器。

5.3.2 选项按钮组

选项按钮组是一组相互排斥的选项按钮(或称为单选按钮)。每个选项按钮(OptionButton)的左边有一个。用户在一组选项按钮中必须选择一项，并且最多只能选择一项。当某一项被选定后，其左边的圆圈中出现一个黑点。

创建选项按钮组时，系统仅提供两个选项按钮。通过改变按钮数（ButtonCount）属性，可以增加更多的选项按钮。

选项按钮组是一个容器类控件，设计时，右击选项按钮组，从快捷菜单中选择“编辑”命令。此时，选项按钮组的周围出现浅色边界，即可对选项按钮组内的选项按钮进行编辑了。当然，最方便的办法是利用选项组生成器来设计选项组。

1. 选项组与选项组生成器

【例 5-10】 利用选项按钮组控制文本的字型和字号。

在窗体中建立两组选项按钮，分别放在“字体”和“字号”的选项按钮组中，如图 5-14 所示。例如，当选定了“黑体”单选按钮后，还可以选定“14 号”单选按钮。该应用程序运行时，只有当用户选定了字体和大小，再单击“确定”按钮后，文本框的字体和大小才会改变。

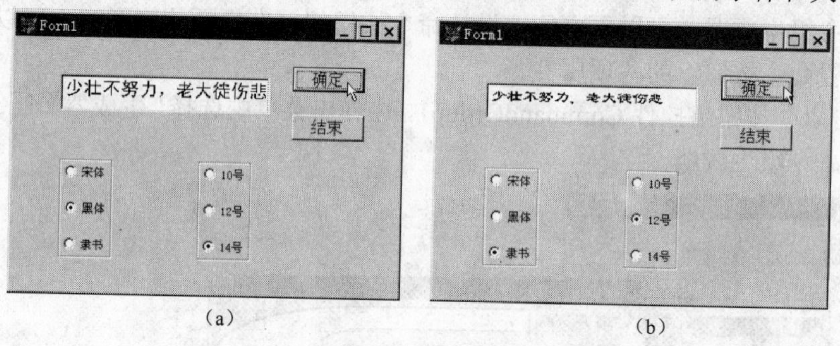

(a) (b)

图 5-14 选项按钮组控制文本的字型和字号

设计步骤如下。

① 建立应用程序用户界面。

新建表单，进入表单设计器，增加一个文本框控件 Text1，两个命令按钮控件 Command1、Command2 和两个选项按钮组控件 OptionGroup1、OptionGroup2。

② 设置对象属性。

右击选项组控件 OptionGroup1，在快捷菜单中选择“生成器”命令，如图 5-15 所示。

在选项组生成器的“按钮”选项卡中，把“按钮的数目”设置为 3，这相当于在属性窗口中把 ButtonCount 属性设置为 3。分别把 3 个按钮的标题（Caption 属性）设置为宋体、黑体和隶书，如图 5-15 所示。

在选项组生成器的“布局”选项卡中，把“按钮布局”设置为垂直，并适当设置按钮间隔。然后单击“确定”按钮，退出选项组生成器。

照此设置选项组控件 OptionGroup2。各控件属性的设置可以参见图 5-14。

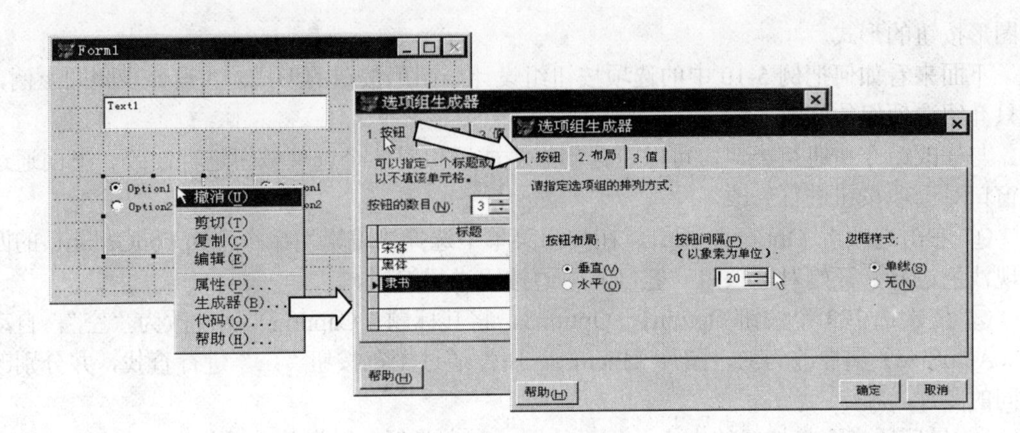

图 5-15　利用选项组生成器设计选项按钮组

③ 编写程序代码。

编写表单的 Activate 事件代码：

```
THIS.Text1.SetFocus
```

编写“确定”按钮 Command1 的 Click 事件代码：

```
n = THISFORM.OptionGroup1.Value
DO   CASE
  CASE   n = 1
     THISFORM.Text1.FontName="宋体"
  CASE   n = 2
     THISFORM.Text1.FontName="黑体"
  CASE   n = 3
     THISFORM.Text1.FontName="隶书"
ENDCASE
b = THISFORM.OptionGroup2.Value
DO   CASE
  CASE   b = 1
     THISFORM.Text1.FontSize=10
  CASE   b = 2
     THISFORM.Text1.FontSize=12
  CASE   b = 3
     THISFORM.Text1.FontSize=14
ENDCASE
```

编写“结束”按钮 Command2 的 Click 事件代码：

```
THISFORM.Release
```

运行程序，结果如图 5-14 所示。

2. 选项组的图形方式

在表单中，可以同时使用不同的选项按钮组来控制不同的选择，并且可以将选项组设计成图形按钮的形式。

下面来看如何把例 5-10 中的选项按钮组设计成图形按钮的形式。其设计步骤同上例，所以只介绍选项组的修改方法。

与修改命令按钮组类似，可以在选项组生成器中对各个选项按钮进行修改。下面通过属性窗口对选项按钮进行修改。

① 右击选项组 OptionGroup1，在弹出菜单中选择“编辑”命令，OptionGroup1 的四周出现浅色边界，开始对选项组（容器）中的按钮进行编辑。

② 依次选中 3 个按钮 Option1～Option3，将其标题（Caption）属性改为“空”，自动大小（AutoSize）属性改为.F.，图片（Picture）属性通过浏览按钮“...”进行查找，并分别改为不同的图片。

③ 最后适当调整按钮的大小及相互位置。与之类似，可以将选项组 OptionGroup1 改为图形方式。

代码部分与上例完全相同。

5.3.3 使用复选框

选项按钮组用于从多项中选择一项的情况。如果需要选择多项，可以采用多个复选框控件。

1. 复选框

复选框列出可供用户选择的选项，用户根据需要选定其中的一项或多项。当某一项被选中后，其左边的小方框中就出现一个对号☑。

复选框的 Caption 属性用于指定出现在复选框旁边的文本，而 Picture 属性用于指定当复选框被设计成图形按钮时的图片。

复选框的状态由其 Value 属性决定：

- 0 或.F.——假；
- 1 或.T.——真；
- 2 或.NULL.——暗。

Value 属性反映最近一次指定的数据类型，可以设置为逻辑型或数值型。可以按〈Ctrl〉+〈O〉组合键，使复选框变暗（.NULL.）。

在一般情况下，复选框总是成组出现的，用户可以从中选择一项或多项。

【例 5-11】利用复选框来控制输入或输出文本的字体风格，如图 5-16 所示。

设计步骤如下。

① 新建表单，进入表单设计器，增加一个形状控件 Shape1，一个文本框控件 Text1，一个标签控件 Label1，以及 3 个复选框控件 Check1、Check2 和 Check3。

② 设置对象属性，见表 5-7。

表 5-7 属性设置

对　象	属　性	属 性 值	说　明
Shape1	SpecialEffect	0 – 三维	边框的风格
Label1	Caption	请输入文本内容:	标签的内容
	AutoSize	.T. – 真	自动适应内容的大小
	FontName	隶书	字体名称
	FontSize	16	字体的大小

续表

对　象	属　性	属 性 值	说　明
Text1	FontSize	18	字体的大小
Check1	Caption	粗体	标题的内容
	AutoSize	.T. – 真	自动适应标题内容的大小
Check2	Caption	斜体	标题的内容
	AutoSize	.T. – 真	自动适应标题内容的大小
Check3	Caption	下划线	标题的内容
	AutoSize	.T. – 真	自动适应标题内容的大小

③ 编写事件代码。

编写表单的 Activate 事件代码：

```
THIS.Text1.SetFocus
```

编写 Check1 的 Click 事件代码：

```
THISFORM.Text1.FontBold = THIS.Value
```

编写 Check2 的 Click 事件代码：

```
THISFORM.Text1.FontItalic = THIS.Value
```

编写 Check3 的 Click 事件代码：

```
THISFORM.Text1.FontUnderLine = THIS.Value
```

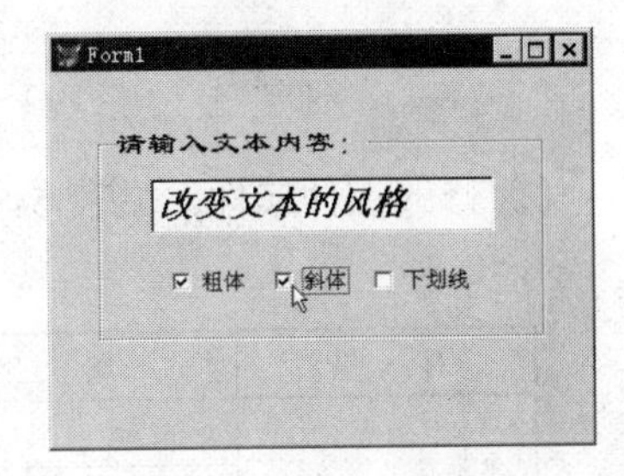

图 5-16　控制字体风格

说明事项如下。

① 可以分别选择粗体、斜体和下划线修饰，也可以选择其中的两项或 3 项。

② FontItalic 为斜体字属性，FontBold 为粗体字属性，FontUnderLine 为下划线修饰属性。

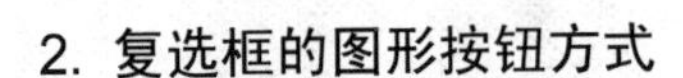

2. 复选框的图形按钮方式

与选项按钮相同，复选框也支持图形按钮方式。将复选框的 Style 属性改为 1-图形，然后分别把 Picture、DownPicture 和 DisabelPicture 属性设置为所需要的图片，就可以把复选框设计成图形按钮形式了。其中：

- Picture 为正常状态时按钮的图片；
- DownPicture 为按钮按下时的图片；
- DisabelPicture 为按钮不可用时的图片。

【例 5-12】图形按钮形式的复选框，如图 5-17 所示。单击“锁定”按钮关闭其他复选框，单击“修改”按钮则开放其他复选框。

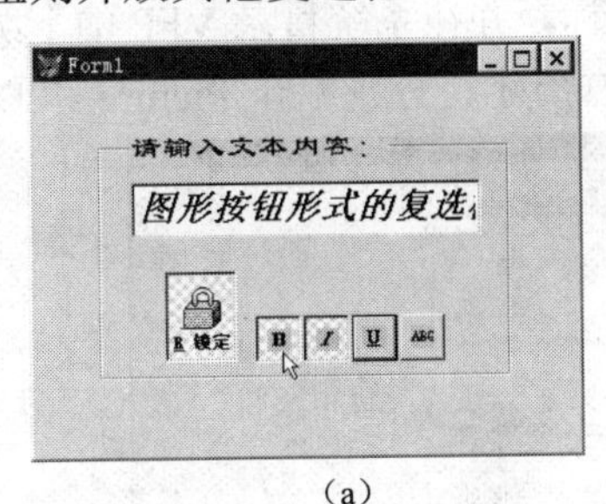

(a)

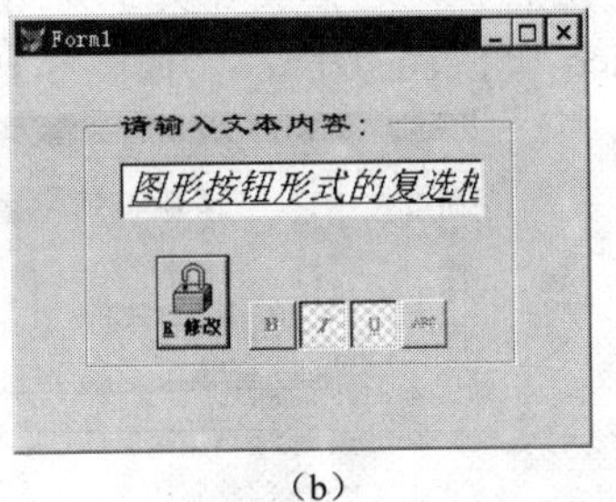

(b)

图 5-17　使用图形按钮形式的复选框

设计步骤如下。

① 新建表单，进入表单设计器，首先增加一个形状控件 Shape1，然后在其上增加一个文本框控件 Text1，一个标签控件 Label1，以及 5 个复选框控件 Check1～Check5（见图 5-18）。

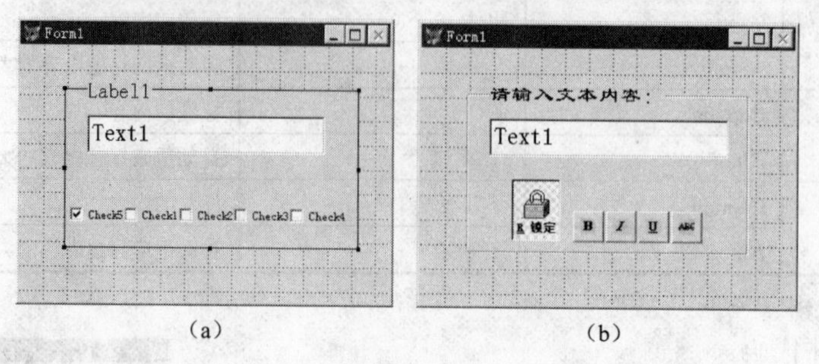

（a）　　　　（b）

图 5-18　设计按钮形式的复选框

② 修改控件属性，见表 5-8。

表 5-8　属性设置

对　象	属　性	属 性 值	说　明
Check1～Check4	Caption	（无）	标题的内容
	AutoSize	.T. – 真	自动适应标题内容的大小
	Style	1 – 图形	风格
Check5	Caption	\<R 锁定	标题的内容
	AutoSize	.T. – 真	自动适应标题内容的大小
	Style	1 – 图形	风格
	Value	.T.	选中状态

其中 Check1～Check5 的 Picture 属性分别为：

\program files\microsoft visual studio\common\graphics\bitmaps\tlbr_w95\bld.bmp；

\program files\microsoft visual studio\common\graphics\bitmaps\tlbr_w95\itl.bmp；

\program files\microsoft visual studio\common\graphics\bitmaps\tlbr_w95\undrln.bmp；

\program files\microsoft visual studio\common\graphics\bitmaps\tlbr_w95\strikthr.bmp；

\program files\microsoft visual studio\common\graphics\icons\misc\secur02a.ico

Check5 的 DownPicture 属性改为：

\program files\microsoft visual studio\common\graphics\icons\misc\secur02b.ico

说明：Picture 属性与 DownPicture 属性的设置方法是，单击属性设置框右边的“…”按钮，弹出“打开”对话框，选择文件类型为图标，并在系统目录 VFP 的下级子目录中找到图标文件 Secur02a.ico 和 Secur02b.ico，如图 5-19 所示，分别赋予 Picture 和 DownPicture 属性。

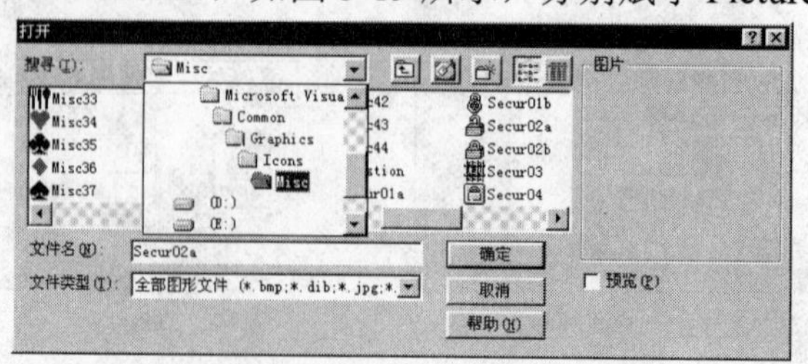

图 5-19　选择图标文件

单击“确定”按钮后，复选框按钮上出现该图标。适当调整按钮的大小，可得到所需要的复选框按钮。

③ 编写事件代码。

编写 Check1 的 Click 事件代码：

```
THISFORM.Text1.FontBold = THIS.Value
```

编写 Check2 的 Click 事件代码：

```
THISFORM.Text1.FontItalic = THIS.Value
```

编写 Check3 的 Click 事件代码：

```
THISFORM.Text1.FontUnderLine = THIS.Value
```

编写 Check4 的 Click 事件代码：

```
THISFORM.Text1.FontStrikethru = THIS.Value
```

编写 Check5 的 Click 事件代码：

```
THISFORM.SetAll("Enabeld",THIS.Value,"CheckBox")
THIS.Enabeld=.T.
THIS.Caption=IIF(THIS.Value=1,"\<R 锁定","\<R 修改")
```

说明事项如下。

① SetAll()方法可以在容器对象中给所有或部分控件同时设置属性。代码：

```
THISFORM.SetAll("Enabeld",THIS.Value,"CheckBox")
```

表示将所有复选框（CheckBox）的 Enabeld 属性设置为本复选框的值（THIS.Value）。

② 可以设计仅有文字或仅有图形的复选框按钮。

5.4 计时器与微调器

计时器（Timer）控件能有规律地以一定的时间间隔激发计时器事件（Timer）从而执行相应的事件代码，微调器（Spinner）控件可以在一定范围内控制数据的变化。下面分别介绍。

5.4.1 使用计时器

计时器控件在设计时显示为一个小时钟图标，而在运行时并不显示在屏幕上，通常用标签来显示时间。

计时器控件的主要属性如下。

① Enabled 属性：该属性为 True 时，计时器开始工作；为 False 时，计时器暂停。

② Interval 属性：该属性用来设置计时器触发的周期。

Interval 属性是一个非常重要的属性，表示两个计时器事件之间的时间间隔，其值在 0～64767 毫秒之间，所以最大的时间间隔约为 1 分钟。当 Interval 为 0 时表示屏蔽计时器。如果希望每一秒产生一个计时器事件，那么 Interval 属性值应设置为 1000，这样，每隔 1000 毫秒（即 1 秒）就激发计时器事件，从而执行相应的 Interval 事件过程。

1. 计时器的计时功能

利用 VFP 的计时器控件，可以很方便地设计一个电子表。

【例 5-13】在表单上设计一个数字时钟，如图 5-20 所示。

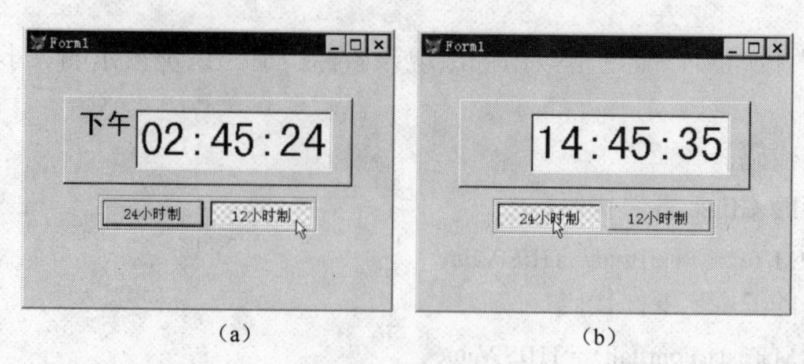

（a）　　　　　　　　　　　　（b）

图 5-20　数字时钟

设计步骤如下。

① 建立应用程序用户界面。

新建表单，进入表单设计器，增加一个容器控件 Container1 和一个选项按钮组 OptionGroup1。将容器控件的 SpecialEffect 属性改为 0–凸起，并右击容器控件，在弹出菜单中选择“编辑”命令，开始对容器进行设计。在容器中增加一个文本框 Text1、一个标签 Label1 和一个计时器控件 Timer1。

其中，计时器控件 Timer1 可以放在容器中的任何位置。

② 设置属性，见表 5-9。

表 5-9　属性设置

对　象	属　性	属 性 值	说　明
Timer	Interval	1000	
Label1	Caption	上午	标题的内容
	AutoSize	.T. – 真	自动适应标题内容的大小
	FontBold	.T. – 真	粗体
	FontName	黑体	字体名称
Text1	Alignment	1- 右	
	Value	00:00:00	
	FontSize	36	
	Enabled	.F. – 假	
	DisabledBackColor	255, 255, 255	
	DisabledForeColor	0, 0, 0	
OptionGroup1	Value	2	选中的按钮
	AutoSize	.T. – 真	自动适应按钮的大小
Option1	Caption	24 小时制	
	Style	1- 图形	风格
Option2	Caption	12 小时制	
	Style	1- 图形	风格

③ 编写程序代码。

编写表单的 Activate 事件代码：

```
SET HOURS TO 12
```

编写 OptionGroup1 的 InteractiveChange 事件代码：

```
IF THIS.Value=2
   SET HOURS TO 12
```

```
    THISFORM.Container1.Label1.Visible=.T.
  ELSE
    SET HOURS TO 24
    THISFORM.Container1.Label1.Visible=.F.
  ENDIF
```

编写 Timer1 的 Timer 事件代码：

```
  IF HOUR(DATETIME())>=12
    THISFORM.Container1.Label1.Caption='下午'
  ELSE
    THISFORM.Container1.Label1.Caption='上午'
  ENDIF
  THISFORM.Container1.Text1.Value=SUBSTR(TTOC(DATETIME()),10,8)
```

说明事项如下。

① 计时器的 Interval 属性指定两个计时器事件之间的毫秒数。这里设定为 1000（即 1 秒），计时器将每秒（近似等间隔）激发一次 Timer 事件。

② 在 OptionGroup1 的事件代码中，利用分支结构来判断、改变时间运行的格式以及标签 Label1 的显示与否。

③ 计时器 Timer1 的 Timer 事件代码 THIS.Parent.Label1 表示对该对象的父容器中的标签控件 Label1 的调用，这是一种对象的相对引用格式。也可以改为 THISFORM.Container1.Label1。

④ DATETIME()是日期时间函数，返回系统当前的日期与时间。

⑤ 函数 HOUR（日期时间表达式）返回日期时间表达式中的小时数。

⑥ 函数 TTOC（日期时间表达式）是类型转换函数，将日期时间表达式转换成“YY:MM:DD HH:MM:SS”格式的字符串。

⑦ SET HOURS TO 为设置时间格式命令。SET HOURS TO 12 将 DATETIME()函数的时间格式改为 12 小时制。TIME()函数不受此设置的影响。

2. 计时器的动感控制

利用计时器，还可以实现简单的动画。下面介绍利用计时器实现的动感控制。

【例 5-14】设计一个电子滚动标题板，标题“使用 VFP 设计动画”在表单的黄色区域（容器中）自右至左地连续滚动。单击“暂停”按钮，标题停止滚动，按钮变成“继续”按钮。单击“继续”按钮，标题继续滚动，按钮又变回“暂停”按钮，如图 5-21 所示。

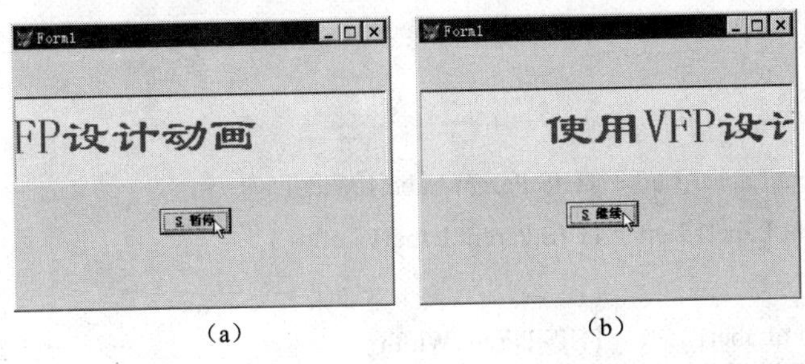

（a）　（b）

图 5-21　电子滚动标题板

设计步骤如下。

① 建立应用程序用户界面。

图 5-22 设计界面与设置属性

新建表单，进入表单设计器，增加一个命令按钮 Command1 和一个容器控件 Container1。

右击容器控件，在弹出的快捷菜单中选择“编辑”命令，出现蓝色边框，开始对容器进行设计。在容器中增加一个标签 Label1 和一个计时器控件 Timer1。其中，计时器控件 Timer1 可以放在容器中的任何位置。

② 设置对象属性。

分别设置各对象的属性，见表 5-10，如图 5-22 所示。

表 5-10 属性设置

对 象	属 性	属 性 值	说 明
Command1	Caption	\<S 开始	
Container1	BackColor	255, 255, 0	容器的背景颜色为黄色
	SpecialEffect	1- 凹下	效果
Timer	Interval	100	
	Enabled	.F. – 假	可用性
Label1	Caption	使用 VFP 设计动画	标题的内容
	AutoSize	.T. – 真	自动适应标题内容的大小
	FontBold	.T. – 真	粗体
	FontName	隶书	字体名
	FontSize	36	字体大小
	BackStyle	0- 透明	标签的背景类型
	ForeColor	255, 0, 0	标签的字体颜色为红色

③ 编写程序代码。

编写 Command1（开始/暂停）的 Click 事件代码：

```
IF THIS.Caption = "\<S 暂停"
   THIS.Caption = "\<S 继续"
   THISFORM.Container1.Timer1.Enabled = .F.
ELSE
   THIS.Caption = "\<S 暂停"
   THISFORM.Container1.Timer1.Enabled = .T.
ENDIF
```

编写 Timer1 的 Timer 事件代码：

```
IF THIS.Parent.Label1.Left + THIS.Parent.Label1.Width > 0
   THIS.Parent.Label1.Left = THIS.Parent.Label1.Left – 3
ELSE
   THIS.Parent.Label1.Left = THIS.Parent.Width
ENDIF
```

说明事项如下。

① THIS.Parent.Label1 属于相对引用，指计时器对象的父对象容器 Container1 中的标签对象 Label1。

② 语句 IF THIS.Parent.Label1.Left + THIS.Parent.Label1.Width > 0 用来判断对象 Label1 的左上角 Left 位置加上其宽度是否大于零。若大于零，则重新定义其左上角的位置，代码为 THIS.Parent.Label1.Left = THIS.Parent.Label1.Left – 3（即向左移动 3）；否则，意味着整个 Label1 已经移出容器的左端，应定义 Label1 左上角的位置为容器的最右端（重新出现），代码为 THIS.Parent.Label1.Left = THIS.Parent.Width。

5.4.2 使用微调器

利用微调器，除了能够单击控件右边的向上或向下箭头来增大或减小数字外，还能像编辑框那样直接输入数值数据。微调器的主要属性如下。

① KeyboardHighValue 和 KeyboardLowValue 属性：用来控制用户通过键盘输入的值。

② SpinnerHighValue 和 SpinnerLowValue 属性：用来控制用户通过鼠标单击箭头获得的值。

③ Increment 属性：用来设定数值增大或减小的量。要想颠倒箭头的功能（向上箭头减小，向下箭头增大），可以把 Increment 设为负数。

【例 5-15】使用微调器改变例 5-14 中标题板的滚动速度。

设计步骤同例 5-14。此外，增加一个微调器控件 Spinner1、一个标签和一个形状，如图 5-23 所示。

图 5-23 增加一个 Spinner1

修改 Spinner1 的属性，见表 5-11。

表 5-11 Spinner1 的属性设置

对 象	属 性	属 性 值	说 明
Spinner1	KeyboardHighValue	9	允许输入的最大值
	KeyboardLowValue	1	允许输入的最小值
	Spinnerhigh	9.00	单击箭头按钮的最大值
	Spinnerlow	1.00	单击箭头按钮的最小值
	Value	1	当前值

编写 Spinner1 的 InteractiveChange 事件代码：

```
THISFORM.Container1.Timer1.Interval = 100 – 10 * THIS.Value
```

说明事项如下。

① InteractiveChange 事件当 Spinner1 的值发生改变时发生。程序运行时，无论用鼠标单击箭头还是用键盘改变数值，都将影响字幕滚动的速度。

② 微调器控件的值一般为数值型，也可以使用微调器控件和文本框来微调多种类型的数值。例如，如果想让用户微调一定范围的日期，可以调整微调器控件的大小，使它只显示按钮，同时在微调器按钮旁边放置一个文本框，设置文本框的 Value 属性为日期，在微调器控件的 UpClick 和 DownClick 事件中增大或减小日期值。

5.5 键盘事件

在 VFP 中使用键盘事件（KeyPress）来响应各种按键操作。通过编写键盘事件的代码，可以响应和处理大多数的按键操作，解释并处理 ASCII 字符。

5.5.1 KeyPress 事件

KeyPress 事件当用户按下并松开某个键时发生。其语法格式为：

LPARAMETERS nKeyCode, nShiftAltCtrl

说明事项如下。

① nKeyCode 是一个数值，一般表示被按下字符键的 ASCII 码。特殊键和组合键的编码，见表 5-12。

② nShiftAltCtrl 参数表示按下的组合键〈Shift〉+〈Ctrl〉+〈Alt〉。表 5-13 列出了单独的组合键在 nShiftAltCtrl 中返回的值。

表 5-12 特殊键和组合键的编码

键 名	单 键	Shift	Ctrl	Alt
Ins	22	22	146	162
Del	7	7	147	163
Home	1	55	29	151
End	6	49	23	159
PgUp	18	57	31	153
PgDn	3	51	30	161
↑	5	56	141	152
↓	24	50	145	160
←	19	52	26	155
→	4	54	2	157
Esc	27	–/27	–/27	–/1
Enter	13	13	10	–/166
BackSpace	127	127	127	14
Tab	9			
SpaceBar	32	32	32/–	57

表 5-13 单独的键的编码

键 名	值
Shift	1
Ctrl	2
Alt	4

③ 具有焦点的对象才能接收该事件。

④ 任何与〈Alt〉键一起按下的组合键，不发生 KeyPress 事件。

5.5.2 响应键盘事件

【例 5-16】输入圆的半径 *r*，利用选项按钮选择运算，计算面积或周长。如图 5-24 所示。

设计步骤如下。

① 建立应用程序用户界面。

新建表单，进入表单设计器，增加一个选项按钮组控件 OptionGroup1、一个文本框 Text1、一个形状控件 Shape1、两个标签控件 Label1～Label2，如图 5-24 所示。

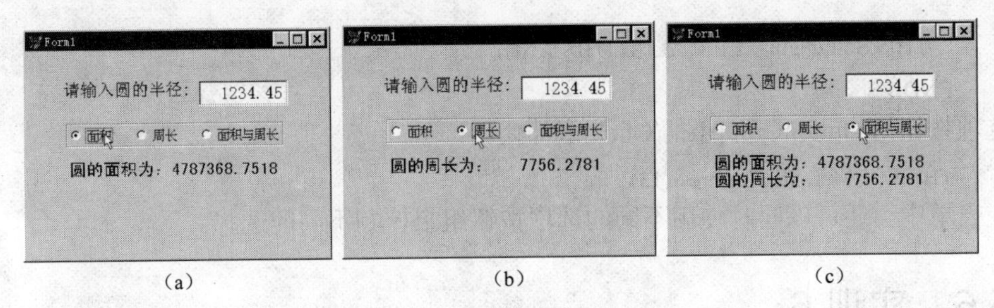

（a）　（b）　（c）

图 5-24　利用选项按钮选择运算

② 设置对象属性。

右击选项按钮组 OptionGroup1，在弹出菜单中选择“编辑”命令，选项按钮组 OptionGroup1 的周围出现浅绿色的边界，表示开始编辑该容器。此时，可以依次选择其中的选项按钮，设置其各项属性。

各控件属性的设置可以参照图 5-24 和表 5-14。

表 5-14　属性设置

对　　象	属　　性	属 性 值	说　　明
Label1	Caption	请输入圆的半径：	
OptionGroup1	ButtonCount	3	选项按钮个数
Shape1	SpecialEffect	0- 三维	形状控件的外观
Option1	Caption	面积	
Option2	Caption	周长	
Option3	Caption	面积与周长	

③ 编写代码。

基本的代码是文本框的按键（KeyPress）事件代码：

```
LPARAMETERS nKeyCode, nShiftAltCtrl
IF nKeyCode = 13
  r = VAL(THIS.Value)
  DO CASE
     CASE THISFORM.OptionGroup1.Value = 1
          n = PI() * r * r
          THISFORM.Label2.Caption = "圆的面积为：" + STR(n,12,4)
     CASE THISFORM.OptionGroup1.Value = 2
          n = 2 * PI()* r
          THISFORM.Label2.Caption = "圆的周长为：" + STR(n,12,4)
     CASE THISFORM.OptionGroup1.Value = 3
          n = PI()* r * r
          m = 2 * PI()* r
          THISFORM.Label2.Caption = "圆的面积为：" + STR(n,12,4) + CHR(13) ;
            + "圆的周长为：" + STR(m,12,4)
  ENDCASE
  THIS.SelStart = 0
```

```
    THIS.SelLength = LEN(ALLT(THIS.Text))
ENDIF
```

选项按钮组 OptionGroup1 的 Click 事件代码：

```
THISFORM.Text1.KeyPress(13)
```

在表单中，还可以同时使用不同的选项按钮组来控制不同的选择。

5.6　实训 6

实训目的

- 掌握选择结构程序设计的基本方法。
- 掌握 IF 语句和 DO CASE 语句的用法。
- 掌握简单选择控件的使用方法。

实训内容

设计一个简单的计算器，用不同的语句实现多分支选择结构，使其能够进行加、减、乘、除运算。

- 使用 IF 语句设计计算器。
- 使用 DO CASE 语句设计计算器。
- 使用选择按钮组设计计算器。

实训步骤

1．使用 IF 语句设计计算器

① 设计表单界面如图 5-25（a）所示，表单的运行结果如图 5-25（b）所示。

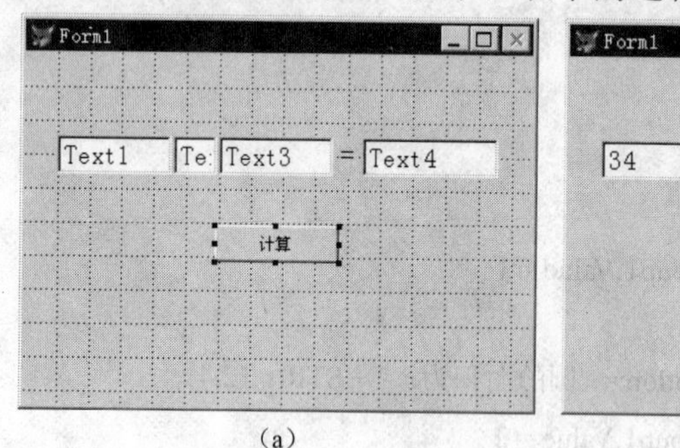

（a）

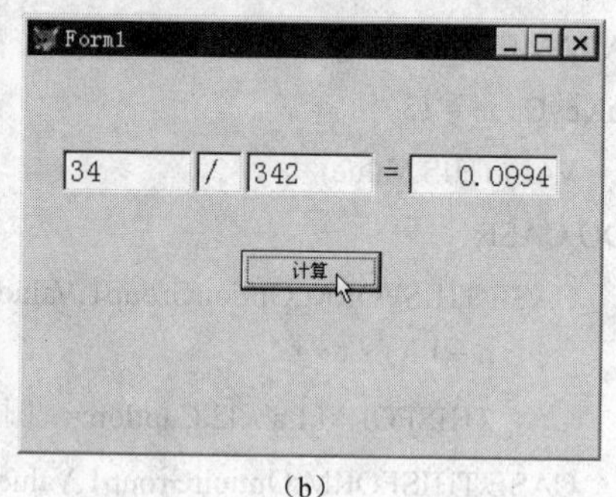

（b）

图 5-25　简单的计算器

② 设置表单中各控件的属性，见表 5-15。

表 5-15　属性设置

对　象	属　性	属 性 值	说　明
Command1	Caption	计算	按钮的标题
Label1	Caption	="="	
Text1～Text4	FontSize	14	
Text4	ReadOnly	.T. – 真	
	DisabledBackColor	255,255,255	背景为白色

③ 编写事件代码。

编写命令按钮 Command1 的 Click 事件代码如下：

```
a=VAL(THISFORM.Text1.Value)
b=VAL(THISFORM.Text3.Value)
IF TRIM(THISFORM.Text2.Value) = "+"
  THISFORM.Text4.Value = a + b
ELSE
  IF TRIM(THISFORM.Text2.Value) = "-"
    THISFORM.Text4.Value = a - b
  ELSE
    IF TRIM(THISFORM.Text2.Value) = "*"
      THISFORM.Text4.Value = a * b
    ELSE
      IF TRIM(THISFORM.Text2.Value) = "/"
        IF b<>0
          THISFORM.Text4.Value = a / b
        ELSE
          MESSAGEBOX("除数不能为 0！",48,"")
          THISFORM.Text4.Value =""
          THISFORM.Text3.Value =""
          THISFORM.Text3.SetFocus
        ENDIF
      ELSE
        MESSAGEBOX("运算符出错！",48,"")
        THISFORM.Text4.Value =""
        THISFORM.Text2.Value =""
        THISFORM.Text2.SetFocus
      ENDIF
    ENDIF
  ENDIF
ENDIF
```

④ 运行程序，结果如图 5-25（b）所示。

2．使用 DO CASE 语句设计计算器

上面实验中的界面和属性不变，修改命令按钮 Command1 的 Click 事件代码如下：

```
a=VAL(THISFORM.Text1.Value)
b=VAL(THISFORM.Text3.Value)
DO CASE
  CASE TRIM(THISFORM.Text2.Value) = "+"
    THISFORM.Text4.Value = a + b
```

```
    CASE TRIM(THISFORM.Text2.Value) = "–"
      THISFORM.Text4.Value = a – b
    CASE TRIM(THISFORM.Text2.Value) = "*"
      THISFORM.Text4.Value = a * b
    CASE TRIM(THISFORM.Text2.Value) = "/"
      IF b<>0
        THISFORM.Text4.Value = a / b
      ELSE
        MESSAGEBOX("除数不能为 0！",48,"")
        THISFORM.Text4.Value =""
        THISFORM.Text3.Value =""
        THISFORM.Text3.SetFocus
      ENDIF
    OTHERWISE
      MESSAGEBOX("运算符出错！",48,"")
      THISFORM.Text4.Value =""
      THISFORM.Text2.Value =""
      THISFORM.Text2.SetFocus
  ENDCASE
```

运行程序，结果如图 5-25（b）所示。

3．使用选择按钮组设计计算器

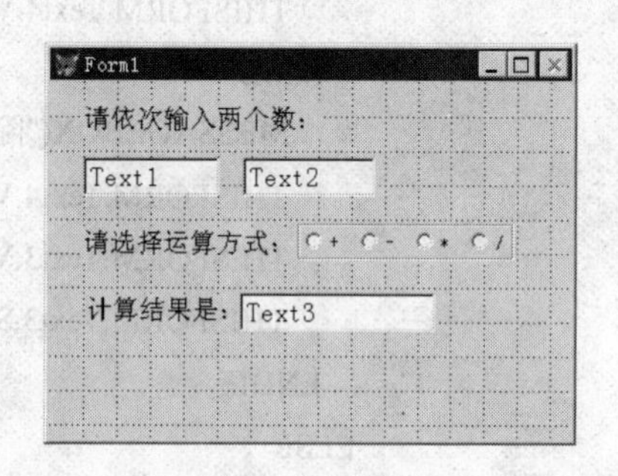

图 5-26　表单界面设计

① 设计表单界面，如图 5-26 所示。

② 设置表单中各控件的属性，如图 5-26 所示。

③ 编写事件代码。

选项按钮组 Optiongroup1 的 Click 事件代码如下：

```
  a=VAL(THISFORM.Text1.Value)
  b=VAL(THISFORM.Text2.Value)
  DO CASE
    CASE THIS.Value = 1
      THISFORM.Text3.Value = a + b
    CASE THIS.Value = 2
      THISFORM.Text3.Value = a – b
    CASE THIS.Value = 3
      THISFORM.Text3.Value = a * b
    CASE THIS.Value = 4
      IF b<>0
        THISFORM.Text3.Value =a / b
      ELSE
        MESSAGEBOX("除数不能为 0！",48,"")
```

```
            THISFORM.Text3.Value = ""
            THISFORM.Text2.Value =""
            THISFORM.Text2.SetFocus
        ENDIF
    ENDCASE
```

④ 运行程序，结果如图 5-27 所示。

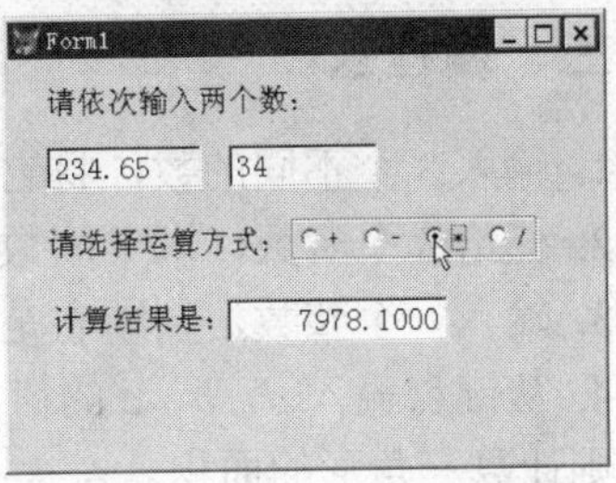

图 5-27 运行结果

习题 5

一、选择题

1. 在 SET EXACT OFF 时，结果为真的表达式是（ ）。

A）"BCD" $ "ABCD" .AND. "ABCD" = "AB"

B）"BCD" $ "ABCD" .AND. "ABCD" $ "AB"

C）"ABCD" $ "AB" .AND. "ABCD" == "AB"

D）"ABCD" $ "AB" .AND. "ABCD" = "AB"

2. 设变量 x 的值为 15，变量 y 的值为 21，则表达式(x = y).OR. (x < y)的值为（ ）。

A）.T.　　B）.F.　　C）1　　D）0

3. “x 是小于 100 的非负数”，用 VFP 表达式表示正确的是（ ）。

A）0 ≤ x ＜ 100　　B）0 <= x < 100

C）0 <= x AND x < 100　　D）0 <= x OR x < 100

4. 连续执行以下命令：

```
SET EXACT OFF
X = "A"
Y = IIF("A" = X, X−"BCD", X + "BCD")
```

此时，变量 Y 中的值为（ ）。

A）"A"　　B）"BCD"　　C）"ABCD"　　D）"A BCD"

二、填空题

1. 征兵的条件是：男性（sex），年龄（age）在 18～20 岁之间，身高（size）在 1.65m 以上；或者女性（sex），年龄（age）在 16～18 岁之间，身高（size）在 1.60m 以上。征兵条件的逻辑表达式为_____。

2. 表达式 2 * 4 >= 9 的值为______。

3. 表达式"BCDX" < "BCE"的值为_____。

4. 表达式"12345" <> "12345" + "AB"的值为______。

5. 表达式 8 <> 5 OR NOT 10 > 12 + 3 的值为______。

6. 表达式 2^3 > 3 AND 5 < 10 的值为____。

7. 命题“n 是 m 的倍数”用逻辑表达式表示为_____。

8. 命题“n 是小于正整数 k 的偶数”用逻辑表达式表示为______。

9. 命题“$|x| \geqslant |y|$ 或 $x<y$”用逻辑表达式表示为______。

10. 命题“x 和 y 中有一个小于 z”用逻辑表达式表示为_____。

11. 命题“x，y 都小于 z”用逻辑表达式表示为______。

三、编程题

1. 输入 3 个不同的数，将它们从大到小排序。

2. 任给 3 个实数，求中间数（即其值居中者）。

3. 输入一个整数，判断它是否能同时被 3、5、7 整除。

4. 从键盘输入 a、b、c 的值，判断它们能否构成三角形的 3 个边。如果能构成一个三角形，则计算三角形的面积。

5. 输入 0～6 之间的一个数字，用中、英文显示星期几。

6. 若基本工资大于或等于 600 元，增加工资 20%；若小于 600 元，大于或等于 400 元，则增加工资 15%；若小于 400 元，则增加工资 10%。根据用户输入的基本工资，计算出增加后的工资。

7. 设计个人纳税计算程序。税法规定，工资、薪金所得，使用超额累进税率计税，每月收入额减去 800 元后的余额为应纳税所得额。税率表见表 5-16。

表 5-16 税率表

级 数	全月应纳税所得额	税 率	级 数	全月应纳税所得额	税 率
1	不超过 500 元	5%	6	40 000～60 000 元	30%
2	500～2000 元	10%	7	60 000～80 000 元	35%
3	2000～5000 元	15%	8	80 000～100 000 元	40%
4	5000～20 000 元	20%	9	超过 100 000 元	45%
5	20 000～40 000 元	25%			

8. 输入圆的半径 r，利用选项按钮，选择计算面积、周长等。

9. 设计一个计时器，能够设置倒计时的时间，并进行倒计时。

10. 使用命令按钮组，设计模拟计算器。

11. 使用命令按钮组设计程序。设银行定期存款年利率为 1 年期 2.25%，2 年期 2.43%，3 年期 2.70%，5 年期 2.88%（不计复利）。今有本金 x 元，5 年以后使用，共有以下 6 种存法：

- 存 1 次 5 年期；
- 存 1 次 3 年期，1 次 2 年期；
- 存 1 次 3 年期，2 次 1 年期；
- 存 2 次 2 年期，1 次 1 年期；
- 存 1 次 2 年期，3 次 1 年期；
- 存 5 次 1 年期。

分别计算各种存法 5 年后到期时的本息合计。

12. 利用图形选项组控制文本的对齐方式及字体。

第 6 章　循环结构程序设计

在实际应用中，经常遇到一些操作并不复杂，但需要反复多次处理的问题，例如统计不及格学生人数、查询各项收费等。对于这类问题，如果用前面介绍的程序来处理，将会很烦琐，有时甚至难以实现。为此，VFP 提供了循环语句。使用循环语句，可以实现循环结构程序设计。

本章首先介绍 VFP 中实现循环结构的两种语句，然后讲解常与循环结构配合使用的列表框和组合框控件，最后介绍页框设计的方法。

6.1　循环结构语句

循环是指，在程序设计中，从某处开始有规律地反复执行某一程序块的现象。重复执行的程序块称为循环体。使用循环，可以避免重复不必要的操作，简化程序，节约内存，从而提高效率。

VFP 提供了 3 种循环语句：DO WHILE…ENDDO（当型循环）、FOR…ENDFOR（步长型循环）、SCAN…ENDSCAN（扫描型循环）。本节介绍前两种循环结构。

无论何种类型的循环结构，循环体执行与否以及执行的次数都必须视其循环类型与条件而定，且必须确保循环体的重复执行能够在适当的时候终止（即非死循环）。

6.1.1　当型循环语句 DO WHILE

如果需要在某一条件满足时反复执行某一操作，可以使用当型循环（DO WHILE）结构。

1. 当型循环的语法格式

当型循环的语法格式如下：

```
DO WHILE 〈条件〉
   [〈语句组〉]
   [EXIT]
   [LOOP]
ENDDO
```

说明事项如下。

①〈条件〉可以是条件表达式或逻辑表达式。程序执行时，根据〈条件〉的逻辑值进行判断。如果〈条件〉的值为.T.，则执行 DO WHILE 和 ENDDO 之间的循环体；如果〈条件〉的值为.F.，则结束循环，转去执行 ENDDO 之后的命令。

每执行一遍循环体，程序自动返回到 DO WHILE 语句，判断一次〈条件〉。

②〈语句组〉是当〈条件〉为真时反复执行的 VFP 命令组，即循环体。

③ EXIT 是无条件结束循环命令，使程序跳出 DO WHILE…ENDDO 循环，转去执行 ENDDO 之后的命令。EXIT 只能在循环结构中使用，但是可以放在 DO WHILE…ENDDO 中的任何地方。

④ LOOP 是无条件循环命令，使程序转回到 DO WHILE 语句，不再执行 LOOP 和 ENDDO 之间的命令。LOOP 也只能在循环结构中使用。

⑤ DO WHILE、ENDDO 必须各占一行。每一个 DO WHILE 都必须有一个 ENDDO 与其对应，即 DO WHILE 和 ENDDO 必须成对出现。

2. 当型循环结构的特点

当型循环结构的特点是：当循环条件为真时，反复执行循环体；当条件为假时，终止执行循环体，转去执行后继命令。显然，如果它的循环初始条件为假，则并不执行循环体，所以它的循环体执行次数最少可为零。

使用当型循环结构，可以事先并不清楚循环的次数，但应知道什么时候结束循环。

为使程序最终能退出 DO WHILE 命令引起的循环，在没有使用 EXIT 命令的情况下，必须在每次程序的循环过程中修改程序给出的循环条件，否则程序将永远退不出循环，这种情况称为无限循环或死循环。要避免在程序中出现无限循环。

【例 6-1】 利用循环语句，求 1+2+3+…+100 的值。

分析：可以采用累加的方法，用变量 *s* 存放累加的和（初值为 0），用变量 *n* 存放加数（加到 *s* 中的数）。这里 *n* 又称为计数器，从 1 开始，到 100 为止。

设计步骤如下。

① 建立应用程序用户界面并设置对象属性，如图 6-1 所示。

② 编写程序代码。

采用当型循环结构，编写“计算”按钮的 Click 事件代码：

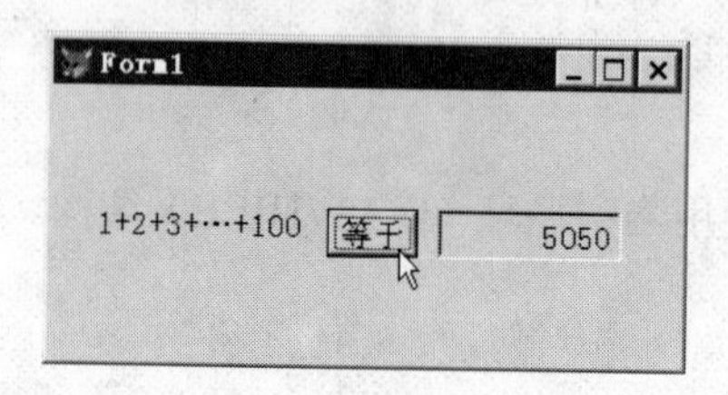

图 6-1　求 1+2+3+…+100 的值

```
s = 0                      &&  累加器初值为 0
n = 1                      &&  计数器初值为 1
DO WHILE n<=100            &&  循环条件是 n <=100
    s = s + n              &&  累加
    n = n + 1              &&  计数器增 1
ENDDO
THISFORM.Text1.Value = s   &&  输出累加和
```

③ 运行程序，结果如图 6-1 所示。

【例 6-2】 计算阶乘的程序（图 6-2）。非负整数 *n* 的阶乘定义如下：

$$n!=\begin{cases}1 & n=0\\ 1\times 2\times\cdots\times n & n>0\end{cases}$$

分析：求阶乘 *n*!，可以采用累乘的方法，用变量 *t* 存放累乘的积（初值为 1），用变量 *i* 存放乘数（*i* 从 1 开始，到 *n* 为止）。

设计步骤如下。

① 建立应用程序用户界面并设置对象属性，如图 6-2 所示。

② 编写程序代码。

命令按钮的 Click 事件代码如下：

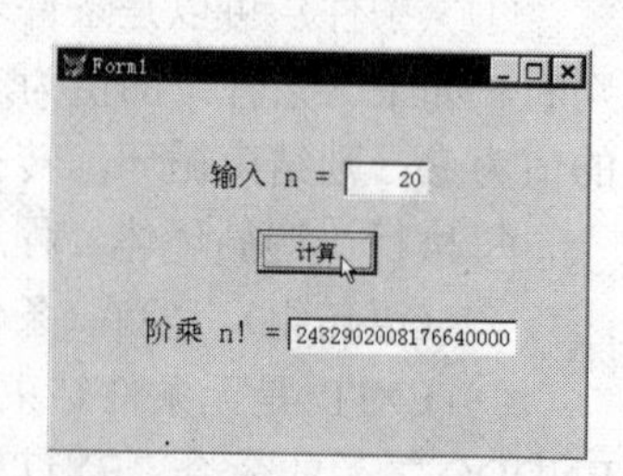

图 6-2　求阶乘 *n*!

```
n = THISFORM.Text1.Value
t = 1
```

```
i = 1
DO WHILE i <= n
   t = t * i
   i = i + 1
ENDDO
THISFORM.Text2.Value =STR(t)
```

另外，为了防止数据溢出，这里限制输入的整数不超过 20。为此，编写文本框 Text1 的事件代码。

Valid 事件代码：

```
a = THIS.Value                    && Valid 事件当控件失去光标（焦点）时发生
IF a < 0 OR a > 20
   MESSAGEBOX("请输入不超过 20 的非负整数!")
   THIS.GotFocus
   RETURN 0                       && 使控件不失去光标
ELSE
   RETURN .T.
ENDIF
```

GotFocus 事件代码：

```
THIS.SelStart=0
THIS.SelLength=LEN(THIS.Text)
```

③ 运行程序，结果如图 6-2 所示。

6.1.2 步长型循环命令 FOR

DO WHILE…ENDDO 循环主要用在不知道循环次数的情况下。如果事先知道循环次数，最好使用 FOR…ENDFOR 循环。FOR 循环按指定次数执行循环体，它在循环体中使用一个循环变量（计数器），每重复一次循环，循环变量的值就会自动增大或者减小。

1. 步长型循环语句

步长型循环可以根据给定的次数重复执行循环体。其语法结构为：

FOR 〈内存变量〉=〈初值〉 TO 〈终值〉 [STEP 〈步长值〉]

[〈语句组〉]

[EXIT]

[LOOP]

ENDFOR | NEXT

说明事项如下。

①〈内存变量〉是一个作为计数器的内存变量或数组元素，在 FOR…ENDFOR 执行之前，该变量可以不存在。

②〈初值〉是计数器的初值，〈终值〉是计数器的终值。

③〈步长值〉是计数器值的增加或减少量。如果〈步长值〉是负数，则计数器递减。如果省略 STEP 子句，则默认〈步长值〉是 1。〈初值〉、〈终值〉和〈步长值〉均为数值型表达式。

④〈语句组〉指定要执行的一个或多个命令。

⑤ EXIT 命令使程序跳出 FOR…ENDFOR 循环，转去执行 ENDFOR 后面的命令。可把 EXIT 放在 FOR…ENDFOR 中的任何地方。

⑥ LOOP 将控制直接转回到 FOR 子句，而不执行 LOOP 和 ENDFOR 之间的命令。

⑦ FOR 和 ENDFOR | NEXT 必须各占一行。FOR 和 ENDFOR | NEXT 必须成对出现。

⑧〈语句组〉中可以嵌套控制结构的命令语句（IF, DO CASE, DO WHILE, FOR, SCAN）。

⑨ 使用循环嵌套时，要注意内外循环的循环变量不能同名，并且内外循环不能交叉。例如：

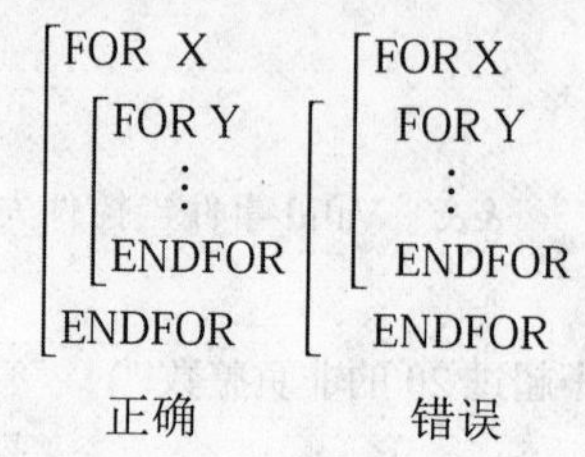

2. 步长型循环的执行过程

步长型循环的执行过程是，首先读入〈初值〉、〈终值〉和〈步长值〉，然后比较〈内存变量〉的值与〈终值〉，如果〈内存变量〉的值在〈初值〉与〈终值〉之间，则执行 FOR 和 ENDFOR 之间的命令，然后〈内存变量〉按〈步长值〉增大或减小，重新进行比较，直到〈内存变量〉的值不在〈初值〉与〈终值〉范围内，结束循环，转去执行 ENDFOR 后面的命令。

如果在 FOR…ENDFOR 之间改变〈内存变量〉的值，将影响循环执行的次数。

【例 6-3】 利用步长型循环，求 1 + 2 + 3 + … + 100 的值。

用户界面和属性设计参见图 6-1。下面采用步长型循环（FOR … ENDFOR）结构，改写"计算"按钮的 Click 事件代码：

```
s = 0                              && 累加器初值为 0
FOR  n =1  TO  100                 && 循环条件是 n <=100
   s = s + n                       && 累加
ENDFOR
THISFORM.Text1.Value = s           && 输出累加和
```

运行结果如图 6-1 所示。

【例 6-4】 求 1! + 2! + 3! + … + 6!的值。

用户界面和对象属性，参见图 6-3。

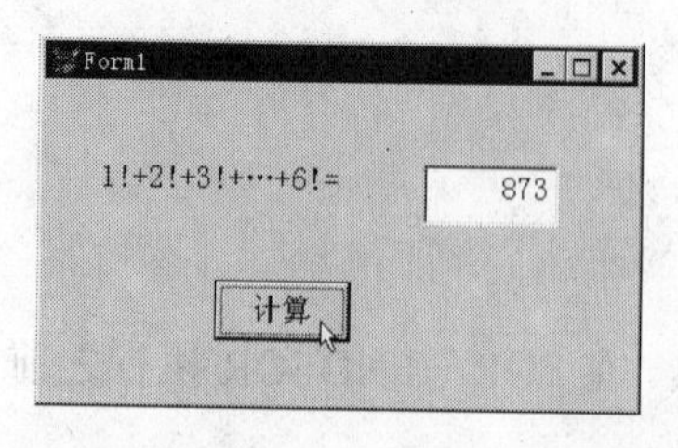

图 6-3　求 1! + 2! + 3! + … + 6!的值

命令按钮 Command1 的 Click 事件代码为：

```
s = 0
t = 1
FOR  n = 1  TO  6             && 循环条件
   t = t * n                  && 累乘
   s = s + t                  && 累加
ENDFOR
THISFORM.Text1.Value = s      && 返回结果
```

运行程序，结果如图 6-3 所示。

6.2 列表框与组合框控件

列表框和组合框为用户提供了包含一些选项和信息的可滚动列表。在列表框中，任何时候都能看到多个项；而在组合框中，平时只能看到一个项，单击向下按钮可以看到多项的列表。

6.2.1 列表框

列表框（ListBox）显示一个项目列表，用户可以从中选择一项或多项，但不能直接编辑列表框中的数据。当列表框不能同时显示所有项目时，它将自动添加滚动条，用户可以上下或左右滚动列表框，以查阅所有选项。

1. 列表框的常用属性

列表框的常用属性，见表 6-1。

表 6-1 常用列表框属性

属　性	说　明
List	设置或返回列表中的选项。使用 List 属性可以得到列表中的任何选项。例如，List1.List(1) 表示列表框 List1 中第 2 项的值
Value	列表中当前选项的值
ListCount	列表框中的选项个数
ListIndex	当前选项的索引号。如果没有选项被选中，则该属性值为 0
Selected	在程序运行时，使用代码来选定列表中的选项，例如，THISFORM.List1.Selected(3) = .T. 表示选中列表框 List1 中的第 3 条选项
ColumnCount	列表框的列数
ControlSource	指定与对象建立联系的数据源
MoverBars	指定列表框控件内是否显示移动条
Multiselect	用户能否从列表中一次选择一个以上的选项
RowSource	列表中显示的值的来源
RowSourceType	确定 RowSource 的类型（一个值、表、SQL 语句、查询、数组、文件列表或字段列表）

2. 列表框的常用方法

列表框的常用方法，见表 6-2。

表 6-2 常用列表框方法

方 法 程 序	说　明
AddItem	给 RowSourceType 属性为 0 的列表添加一项
Clear	清除列表中的各项
RemoveItem	从 RowSourceType 属性为 0 的列表中删除一项
Requery	当 RowSource 中的值改变时更新列表

【例 6-5】输出图 6-4 所示的“九九”乘法表。

分析：利用双重循环分别处理行、列的输出。

设计步骤如下。

① 建立应用程序用户界面并设置对象属性。

设计表单界面，其中 List1 的属性设置见表 6-3。其他控件的属性设置参见图 6-4。

表 6-3　属性设置

对　象	属　性	属 性 值	说　明
List1	ColumnCount	10	列对象的数目
	ColumnLines	.F.- 假	列间的分割线
	ColumnWidths	40,30,30,30,30,30,30,30,30,30	各列的宽度

② 编写事件代码。

编写命令按钮 Command1 的 Click 事件代码：

```
THISFORM.List1.Clear                     &&  清除列表框中的内容，为下面的输出作准备
THISFORM.List1.AddListItem("   *",1,1)
FOR   k = 1   TO   9
  THISFORM.List1.AddListItem(str(k, 3), 1, k+1)
ENDFOR
FOR   n = 1   TO   9
  THISFORM.List1.AddListItem(str(n, 3), n+1, 1)
  FOR   k = 1   TO   n
    THISFORM.List1.AddListItem(str(k*n, 3), n+1, k+1)
  ENDFOR
ENDFOR
```

图 6-4　“九九”乘法表

③ 运行程序，结果如图 6-4 所示。

【例 6-6】利用循环结构和列表框控件，设计一个“选项移动”表单。

分析：所谓“选项移动”表单，是指由两个列表框和 4 个命令按钮构成的界面，在 Windows 程序中常见到此类窗口，如图 6-5 所示。

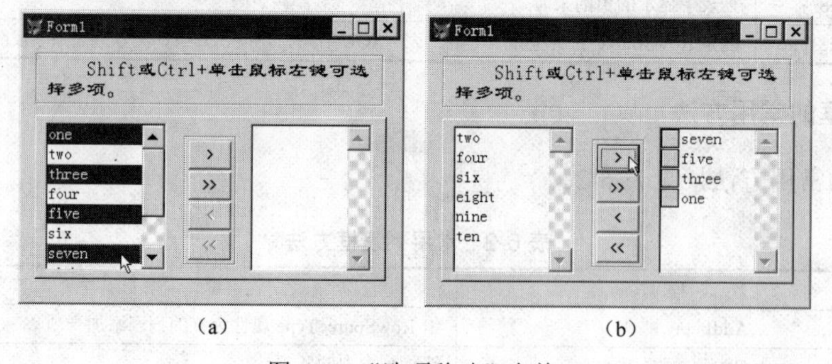

图 6-5　“选项移动”表单

设计步骤如下。

① 设计应用程序界面。

新建表单，进入表单设计器。

首先增加一个容器控件 Container1、一个形状控件 Shape1 和一个标签 Label1。把容器控件的 SpecialEffect 属性改为“0–凸起”，形状控件的 SpecialEffect 属性改为“0–3 维”。

然后，右击容器控件，在弹出菜单中选择“编辑”命令，进入容器的编辑状态。在容器中增加两个列表框控件 List1、List2 和一个命令按钮组 CommandGroup1，并将按钮组的按钮个数属性 ButtonCount 改为 4，如图 6-5 所示。

② 设置对象属性，见表 6-4。

表 6-4　属性设置

对　象	属　性	属 性 值	说　明
Label1	Caption	<Shift>或<Ctrl>+单击鼠标左键可选择多项	标签的内容
	WordWrap	.T. – 真	
Container1：			
List1	Multiselect	.T. – 真	可以选择多项
List2	Multiselect	.T. – 真	可以选择多项
	MoverBars	.T. – 真	可移动
Container1. CommandGroup1：			
Command1	Caption	>	标签的内容
	FontBold	.T. – 真	
Command2	Caption	>>	标签的内容
	FontBold	.T. – 真	
Command3	Caption	<	标签的内容
	FontBold	.T. – 真	
	Enabled	.F. – 假	
Command4	Caption	<<	标签的内容
	FontBold	.T. – 真	
	Enabled	.F. – 假	

③ 编写事件代码。

编写容器控件 Container1 的 Init 事件代码：

```
THIS.List1.AddItem ("one")
THIS.List1.AddItem ("two")
THIS.List1.AddItem ("three")
THIS.List1.AddItem ("four")
THIS.List1.AddItem ("five")
THIS.List1.AddItem ("six")
THIS.List1.AddItem ("seven")
THIS.List1.AddItem ("eight")
THIS.List1.AddItem ("nine")
THIS.List1.AddItem ("ten")
```

编写容器控件中命令按钮组 CommandGroup1 的 Click 事件代码：

```
DO CASE
  CASE THIS.Value = 1                                   && 单击“>”按钮
    I = 0
    DO WHILE I <= THIS.Parent.List1.ListCount           && 反复循环选取
      IF THIS.Parent.List1.Selected(i)
          THIS.Parent.List2.Additem (THIS.Parent.List1.List(i))
          THIS.Parent.List1.RemoveItem(i)
```

```
            ELSE
                I = I + 1
            ENDIF
        ENDDO
    CASE THIS.Value = 2                                    && 单击“>>”按钮
        DO WHILE THIS.Parent.List1.ListCount > 0
            THIS.Parent.List2.AddItem(THIS.Parent.List1.List(1))
            THIS.Parent.List1.RemoveItem(1)
        ENDDO
    CASE THIS.Value = 3
        I = 0
        DO WHILE I <= THIS.Parent.List2.ListCount
            IF THIS.Parent.List2.Selected(i)
                THIS.Parent.List1.Additem (THIS.Parent.List2.List(i))
                THIS.Parent.List2.RemoveItem(i)
            ELSE
                I = I + 1
            ENDIF
        ENDDO
    CASE THIS.Value = 4
        DO WHILE THIS.Parent.List2.ListCount > 0
            THIS.Parent.List1.AddItem(THIS.Parent.List2.List(1))
            THIS.Parent.List2.RemoveItem(1)
        ENDDO
ENDCASE
IF THIS.Parent.List2.ListCount > 0
    THIS.Command3.Enabled =.T.
    THIS.Command4.Enabled =.T.
ELSE
    THIS.Command3.Enabled =.F.
    THIS.Command4.Enabled =.F.
ENDIF
IF THIS.Parent.List1.ListCount = 0
    THIS.Command1.Enabled =.F.
    THIS.Command2.Enabled =.F.
ELSE
    THIS.Command1.Enabled =.T.
    THIS.Command2.Enabled =.T.
ENDIF
THISFORM.Refresh
```

说明事项如下。

① 本例演示了如何将数据项从一个列表框移到另一个列表框。用户可以选定一个或多个数据项，并使用适当的命令按钮在列表框之间移动数据项。

② 为了能在列表框中添加和移去数据项，列表的 RowSourceType 属性必须设置成“0-无”。

③ 当列表框 List1 中没有选项时，改变命令按钮的 Enabled 属性，使 Command1 和 Command2 同时关闭；当列表框 List2 中没有选项时，则关闭 Command3 和 Command4。

④ 当 MoverBars 属性设置为“.T.-真”时，允许用户把列表中数据项左边的按钮拖动到新的位置来对数据项重新排序。

⑤ 当 Sorted 属性设置为“.T.-真”时，将按照字典顺序显示列表项。不过，只有把列表的 RowSourceType 属性设置成“0-无”或“1-值”后，Sorted 属性才有效。

3. 显示文件目录

利用列表框可以设计显示文件目录的程序，并且可以在目录列表框中方便地选定文件，如图 6-6 所示。

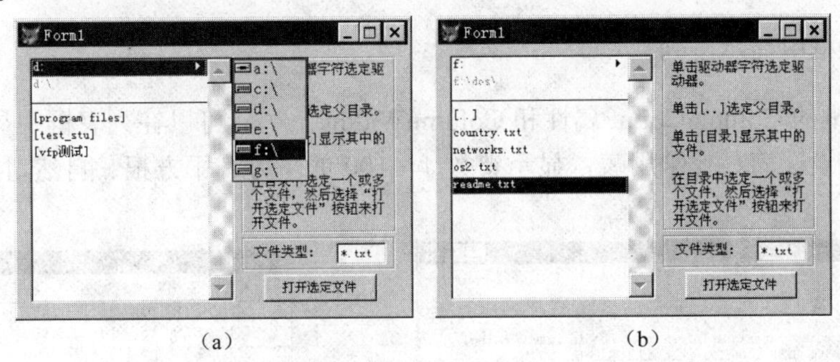

(a)　　　　(b)

图 6-6　文件目录列表框

【例 6-7】设计显示文件目录的列表框程序。在列表框中选定文件后，单击“打开选定文件”按钮，可打开该文件进行查看或编辑。

分析：用文本框 Text1 的 Valid 事件代码调用列表框的 Requery 方法，用来保证列表框中包含的数据都是最新的。这样，每当在文本框中改变“文件类型”后，列表框中都将列出相应的文件目录。

在命令按钮 Command1 的 Click 事件代码中，用 MODIFY FILE 命令打开编辑窗口，使用户可以编辑或修改选定的文件项。

设计步骤如下。

① 建立程序界面。

新建表单，进入表单设计器。增加一个列表框控件 List1，一个命令按钮 Command1，两个形状 Shape1、Shape2，两个标签 Label1、Label2 和一个文本框 Text1，如图 6-6 所示。

② 设置对象属性。

设置 List1 和 Text1 的属性，见表 6-5。

其中，当列表框 List1 的 RowSourceType 属性设置为“7-文件”时：

- List1.List(1) 代表驱动器；
- List1.List(2) 代表路径；

- List1.List(3) 是一个分隔行；
- List1.List(4) 是 [..]，单击它，则返回父目录。

其他控件的属性设置参见图 6-6。

表 6-5 属性设置

对　象	属　性	属 性 值
Text1	Value	*.txt
List1	RowSourceType	7－文件
	RowSource	*.txt

③ 编写事件代码。

编写表单 Form1 的 Activate 事件代码：

```
THISFORM.List1.SetFocus
```

编写文本框 Text1 的 Valid 事件代码：

```
THISFORM.List1.RowSource = ALLTRIM(THIS.Value)
THISFORM.List1.Requery
```

编写“打开选定文件”按钮 Command1 的 Click 事件代码：

```
a = THISFORM.List1.ListIndex          &&  将 List1 中光标所在项的序号赋予变量 a
MODIFY FILE (THISFORM.List1.List(2)+THISFORM.List1.List(a))
```

④ 运行表单。

在列表框中选定文件，单击“打开选定文件”按钮，即可打开一个包含指定文本文件的编辑器，如图 6-7 所示。

4. 在列表框中显示多列

修改列表框的 ColumnCount 属性和 ColumnWidths 属性，可以在列表框中显示多列选项。

【例 6-8】设计简易数学用表，显示整数 1～100 的平方、平方根、自然对数和 e 指数，如图 6-8 所示。

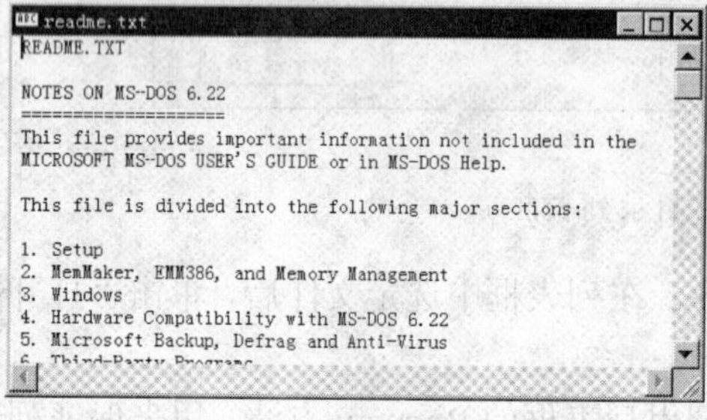

图 6-7 打开选定文件

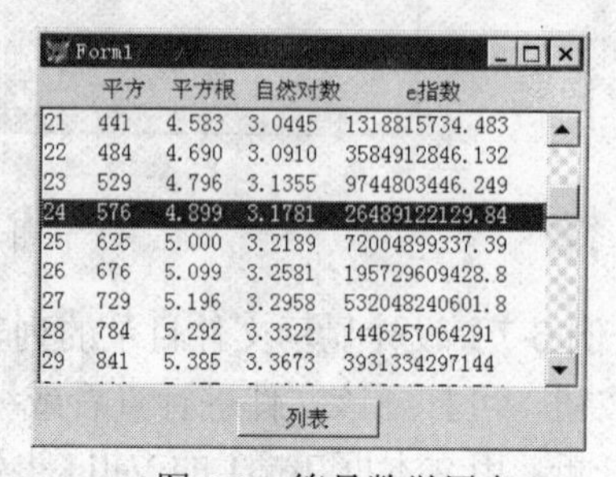

图 6-8 简易数学用表

设计步骤如下。

① 设计程序界面。

新建表单，进入表单设计器。增加一个列表框控件 List1，一个命令按钮 Command1 和 4 个标签 Label1～Label4，如图 6-8 所示。

② 设置对象属性。

设置 List1 的属性，见表 6-6，其他控件的属性设置参见图 6-8。

表 6-6 属性设置

对　象	属　性	属 性 值	说　明
List1	ColumnCount	5	列对象的数目
	ColumnLines	.F.－假	列间的分割线
	ColumnWidths	35, 45, 55, 65, 110	各列的宽度

③ 编写事件代码。

编写“列表”命令按钮 Command1 的 Click 事件代码：

```
FOR n = 1 TO 100
  s = ALLT(STR(n))
  THISFORM.List1.AddlistItem(s,n,1)
  s = ALLT(STR(n^2))
  THISFORM.List1.AddlistItem(s,n,2)
  s = ALLT(STR(sqrt(n),10,3))
  THISFORM.List1.AddlistItem(s,n,3)
  s = ALLT(STR(LOG(n),10,4))
  THISFORM.List1.AddlistItem(s,n,4)
  s = ALLT(STR(EXP(n),14,4))
  THISFORM.List1.AddlistItem(s,n,5)
ENDFOR
```

说明：添加列表项方法 AddlistItem(s,n,1)的第 3 个参数表示列表项添加到列表中的列数。

6.2.2 组合框

VFP 中有两种形式的组合框，即下拉组合框和下拉列表框。通过更改控件的 Style 属性，可以选择所需要的形式。

① 下拉列表框：Style 属性值为 2 时的组合框控件。与列表框一样，下拉列表框为用户提供了包含一些选项和信息的可滚动列表。在列表框中，任何时候都能看到多个项；而在下拉列表中，只能看到一个项，用户可单击向下按钮来显示可滚动的下拉列表框。

② 下拉组合框：Style 属性值默认为 0 时的组合框控件。它兼有列表框和文本框的功能。用户可以单击下拉组合框上的按钮查看选择项的列表，也可以直接在按钮旁边的框中输入一个新项。

1. 组合框的常用属性

常用的组合框属性，见表 6-7。

表 6-7 组合框的常用属性

属 性	说 明
ControlSource	指定用于保存用户选择或输入值的表字段
InputMask	对于下拉组合框，指定允许输入的数值类型
IncrementalSearch	指定在用户输入每一个字母时，控件是否和列表中的项匹配
RowSource	指定组合框中项的来源
Style	指定组合框是下拉组合框还是下拉列表框

2. 下拉列表框

如果想节省表单上的空间，并且希望强调当前选定的项，可以使用下拉列表框。

【例 6-9】在文本框中输入数据，按〈Enter〉键添加到列表框中，在列表框中选定项目，右击后可以移去选定项，如图 6-9 所示。

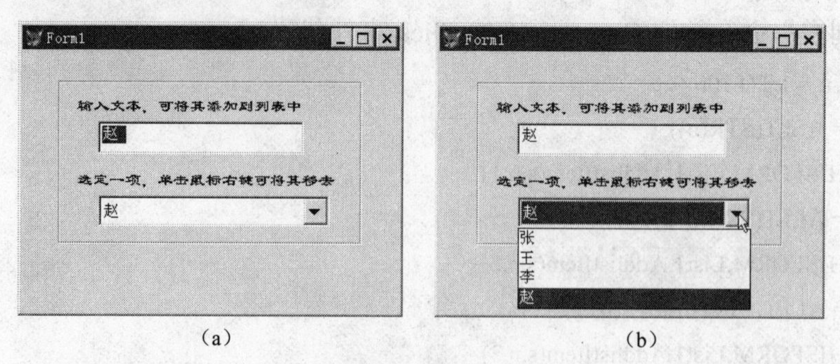

(a)　　(b)

图 6-9　添加或移去列表项

设计步骤如下。

① 设计程序界面。

新建表单，进入表单设计器。首先增加一个形状 Shape1，然后在其中增加一个文本框 Text1，一个组合框 Combo1 以及两个标签 Label1、Label2。

② 设置对象属性。

把 Combo1 的 Style 属性设置为“2-下拉列表框”，其他控件的属性设置如图 6-9 所示。

③ 编写事件代码。

编写表单的 Activate 事件代码。

```
PUBLIC a
a = 1
THIS.Text1.SetFocus
```

编写 Text1 的事件代码。

KeyPress 事件：

```
LPARAMETERS nKeyCode, nShiftAltCtrl
IF nKeyCode = 13
   IF !EMPTY(THIS.Value)
      THISFORM.Combo1.AddItem (THIS.Value)
      THISFORM.Combo1.DisplayValue = THIS.Value
   ENDIF
   THIS.SelStart = 0
   THIS.SelLength = LEN(RTRIM(THIS.Text))
   a = 0
ENDIF
```

Valid 事件：

```
IF a = 1
   RETURN .T.
ELSE
   a = 1
   RETURN 0
ENDIF
```

编写 Combo1 的 RightClick 事件代码。

```
IF THIS.ListIndex > 0
    THISFORM.Text1.Value = THIS.List(THIS.ListIndex)
    THIS.RemoveItem (THIS.ListIndex)
    THIS.Value = 1
ENDIF
```

说明事项如下。

① 在文本框中输入数据后按〈Enter〉键，即可将数据添加到下拉列表框中。在下拉列表框中选中列表项，然后右击所选项，即可将数据移回文本框。

② Text1 事件代码中的 THISFORM.Combo1.AddItem (THIS.Value)表示将文本框 Text1 中的内容添加进组合框 Combo1 中。

③ Combo1 事件代码中的 THIS.RemoveItem (THIS.ListIndex)表示将组合框中的选项移走。

④ Valid 事件当控件失去光标时发生。若 Valid 事件返回.T.，则控件失去光标；若 Valid 事件返回 0，则控件不失去光标。

⑤ 在文本框中按〈Enter〉键时，全局变量 a = 0，Valid 事件返回 0，光标不移出文本框。在 Valid 事件代码中可令全局变量 a = 1，以便按〈Tab〉键时光标可以移出。

3. 下拉组合框

下拉组合框看起来就像在标准的文本框右边加了个下拉箭头，单击该箭头就在文本框下打开一个列表。用户从中选择一个选项，该选项就会进入文本框。

下拉组合框能实现上述表单中的文本框和下拉列表框的组合功能，即用户既可以输入数据又可以从列表中选择数据。

【例 6-10】在文本框中输入数据，按〈Enter〉键添加到列表框中，在列表框中选定项目，右击可移去选定项，如图 6-10 所示。

分析：在组合框中输入数据后按〈Enter〉键，可将数据添加到下拉组合框中，下边的文本框开始计数；在下拉组合框中选中列表项，然后右击所选项，即可将该项移出组合框，同时计数减 1。另外，还需要利用控件的 Tag 属性存放程序所需的字符型数据。

设计步骤如下。

① 设计程序界面。

新建表单，进入表单设计器。在其中增加一个文本框 Text1，一个组合框 Combo1 以及两个标签 Label1、Label2。

② 设置对象属性。

把 Combo1 的 Style 属性设置为“0–下拉组合框”，其他控件的属性设置参见图 6-10。

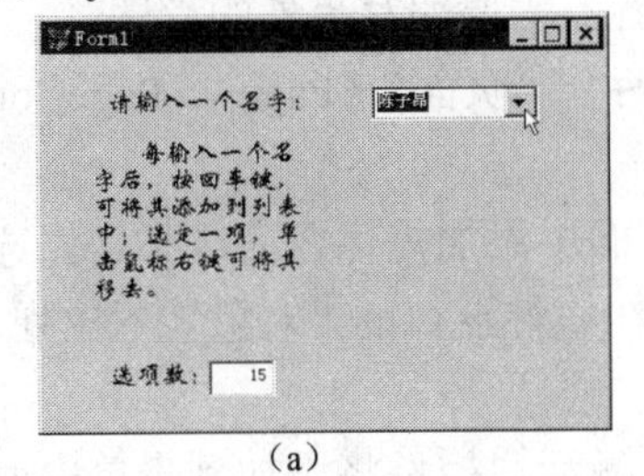

（a）

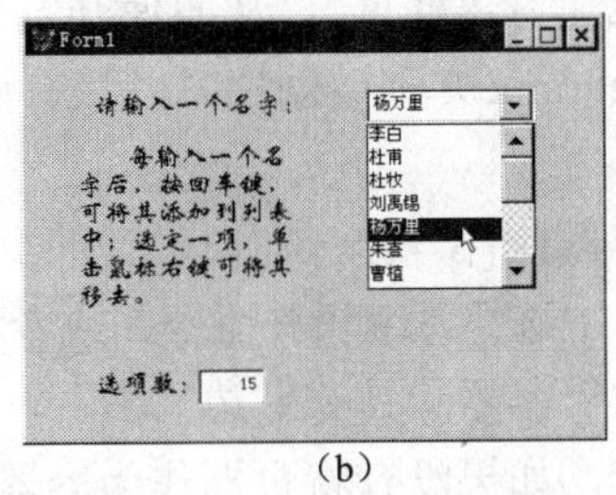

（b）

图 6-10　下拉组合框

③ 编写事件代码。

编写 Combo1 的事件代码。

KeyPress 事件：

```
LPARAMETERS  nKeyCode, nShiftAltCtrl
IF  nKeyCode = 13                                  && 按〈Enter〉键
   IF  !EMPTY(THIS. DisplayValue)                  && 不为空
      THIS.AddItem (THIS.DisplayValue)             && 将数据添加到下拉组合框中
      THISFORM.Text1.Value = THIS.ListCount        && 统计选项个数
   ENDIF
   THIS.SelStart = 0
   THIS.SelLength = LEN(ALLT(THIS.Text))
   THIS.Tag = "N"                                  && 用 Tag 属性存放程序所需的字符型数据
ENDIF
```

RightClick 事件：

```
IF  THIS.ListCount > 0
   THIS.RemoveItem (THIS.ListIndex)                && 移去指定项
   THIS.Value = 1
   THISFORM.Text1.Value = THIS.ListCount           && 重新统计个数
ENDIF
```

Valid 事件：

```
IF  THIS.Tag = "Y"
   RETURN  .T.
ELSE
   THIS.Tag = "Y"
   RETURN  0
ENDIF
```

④ 运行程序，结果如图 6-10 所示。

6.3 页框设计

为了扩展应用程序的用户界面，常常使用带页框架的表单。页框架是一个可包含多个页面的容器控件，其中的页面又可包含各种控件。页框架常用于需要显示多个数据的情况，使用它，可以往前或往后“翻页”，从而使开发者不需要编写另外的程序。

页框架（PageFrame）刚被创建时，只有两个“页面”（Page）。PageCount 属性用来设置页面数。

与使用其他容器控件一样，在向设计的页面中添加控件之前，必须先选择页框，并从右击弹出的快捷菜单中选择“编辑”命令，或者在属性窗口的“对象”下拉列表中选择该容器。这样，才能激活这个容器（具有宽边）。

在添加控件前，如果没有将页框作为容器激活，控件将添加到表单中而不是页面中。

6.3.1 带选项卡的表单

使用页框和页面，可以创建带选项卡的表单或对话框，如“选项”对话框。

【例 6-11】在表单中设计一个带 4 个页面选项卡的页框。

设计步骤如下。

① 建立应用程序用户界面并设置对象属性。

新建表单，进入表单设计器。首先增加一个页框架控件 PageFrame1，把它的 PageCount 属性改为 4，页框架上出现 4 个页面。

右击页框架控件，在弹出的快捷菜单中选择“编辑”命令，或直接在属性窗口中选择 PageFrame1 的 Page1 对象。页框架的四周出现淡绿色边界，可以开始编辑第 1 页。将 Page1 的 Caption 属性改为“欢迎”。然后，在 Page1 上增加一个标签 Label1 和一个形状控件。修改其属性，如图 6-11 所示。

单击 Page2，或在属性窗口中选择 PageFrame1 的 Page2 对象，开始编辑第 2 页。将 Page2 的 Caption 属性改为“进入”。然后，在 Page2 上增加一个命令按钮 Command1，一个标签控件 Label1 和一个形状控件，并修改属性，如图 6-12 所示。

单击 Page3，或在属性窗口中选择 PageFrame1 的 Page3 对象，开始编辑第 3 页。将 Page3 的 Caption 属性改为“退出”。然后，在 Page3 上增加一个命令按钮 Command1，一个标签控件 Label1 和一个形状控件，并修改其属性，如图 6-13 所示。

将 Page1 的 Caption 属性改为“说明”。然后，在 Page4 上增加一个标签 Label1 和一个形状控件，修改其属性，如图 6-14 所示。

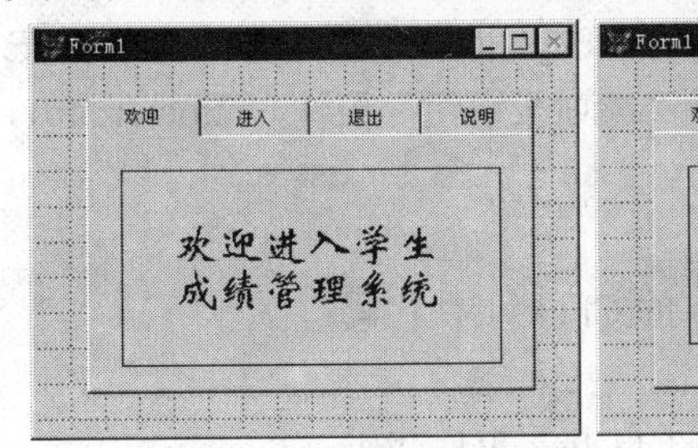

图 6-11 编辑第 1 页

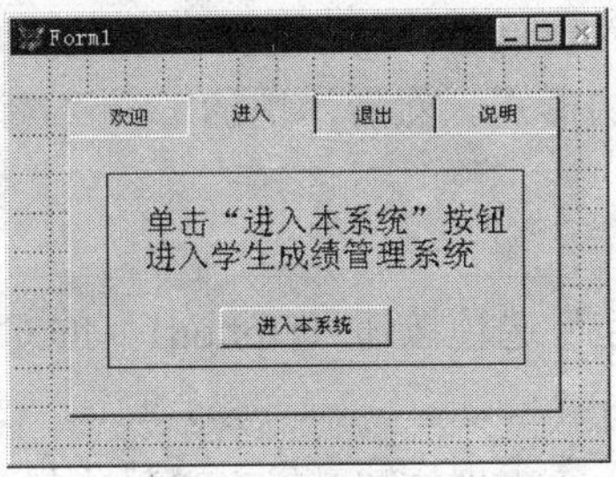

图 6-12 编辑第 2 页

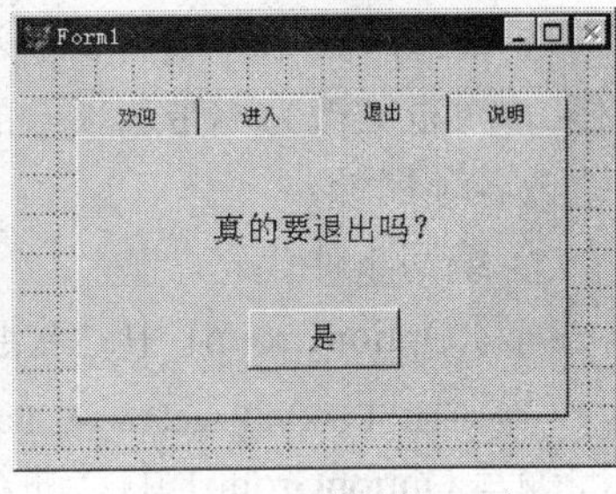

图 6-13 编辑第 3 页

② 编写事件代码。

编写第 2 页 Page2 中 Command 的 Click 事件代码：

```
MESSAGEBOX("该程序暂不提供相应功能！",0,"学生成绩管理系统")
```

编写第 3 页 Page3 中 Command1 的 Click 事件代码：

```
THISFORM.Release
```

③ 运行程序，结果如图 6-15 所示。

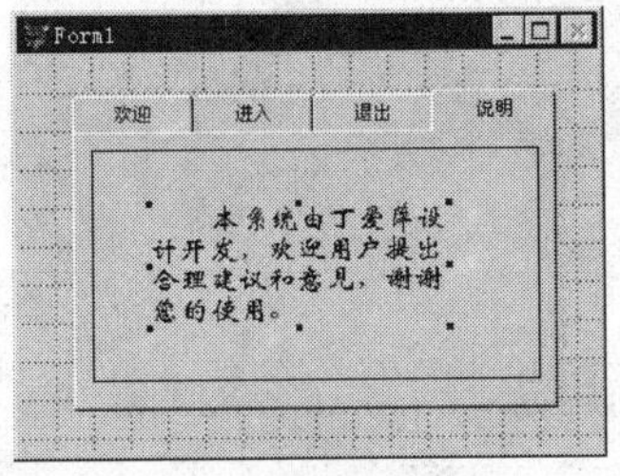

图 6-14 编辑第 4 页

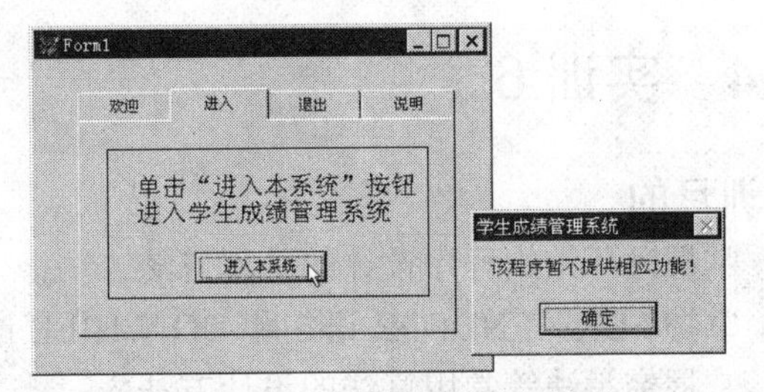

图 6-15 页框示例运行结果

6.3.2 不带选项卡的表单

也可以将页框设置为不带选项卡的形式。这时，可以利用选项组或命令按钮组来控制页面的选择。

【例 6-12】将例 6-11 中的页框架改为不带选项卡的形式，使用选项按钮组控制页面的选择，如图 6-16 所示。

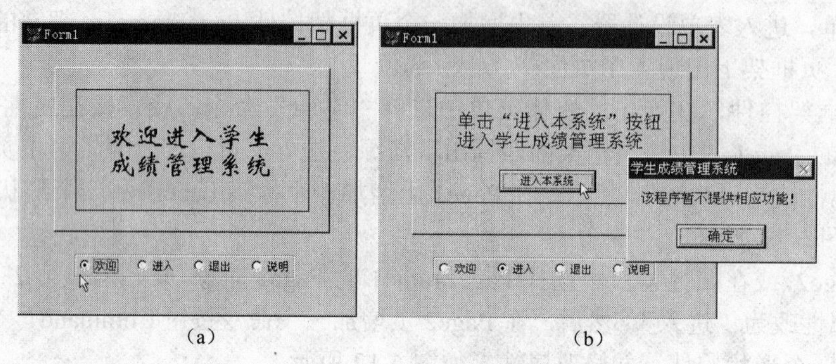

图 6-16 不带选项卡的页框架

分析：利用 Zorder 方法将当前页放置在最前面，例如，将选项按钮的第 1 页放置在最前面，可以在 Option1 的 Click 事件代码中用 THISFORM.PageFrame1.Page1.Zorder 表示。

设计步骤如下（在例 6-11 的基础上进行修改，这里只给出修改的部分）。

① 修改界面和对象属性。

选择“打开”表单文件，进入表单设计器。把页框架控件 PageFrame1 的 Tabs 属性改为.F.（假），页框架改为不带选项卡的形式。然后，增加一个“选项按钮组”控件 OptionGroup1，并修改各项属性。

② 编写事件代码。

编写 OptionGroup1 中“欢迎”选项按钮（Option1）的 Click 事件代码：

```
THISFORM.PageFrame1.Page1.Zorder
```

编写 OptionGroup1 中“进入”选项按钮（Option2）的 Click 事件代码：

```
THISFORM.PageFrame1.Page2.Zorder
```

编写 OptionGroup1 中“退出”选项按钮（Option3）的 Click 事件代码：

```
THISFORM.PageFrame1.Page3.Zorder
```

编写 OptionGroup1 中“说明”选项按钮（Option4）的 Click 事件代码：

```
THISFORM.PageFrame1.Page4.Zorder
```

③ 运行程序，结果如图 6-16 所示。

6.4 实训 6

实训目的

- 掌握循环结构程序设计的基本方法。
- 掌握 FOR…ENDFOR 语句和 DO WHILE 语句的用法。
- 掌握穷举法等常用算法的设计方法。

- 掌握列表选择控件的程序设计方法。

实训内容

- 分别用 FOR…ENDFOR 和 DO WHILE 语句设计同一程序，比较二者的区别和联系。
- 常用循环算法（如穷举法）练习。
- 列表框和组合框控件的对比和使用。

实训步骤

1．FOR…ENDFOR 和 DO WHILE 循环语句

编写程序，要求任意输入 20 个数，统计其中正数、负数和零的个数。

① 表单的界面设计及其运行结果，如图 6-17 所示。

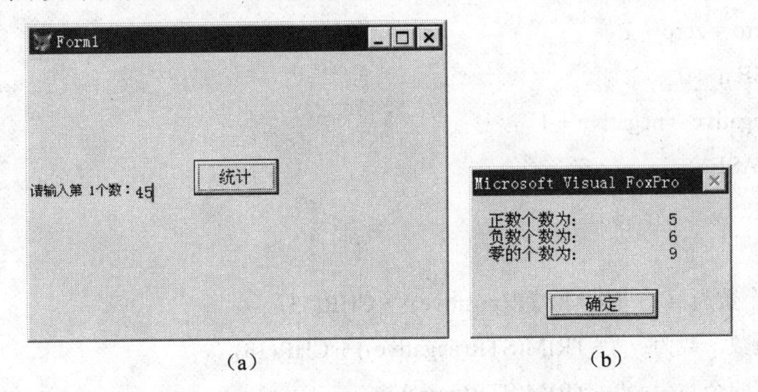

（a）　（b）

图 6-17　统计正数、负数和零的个数

② 使用 FOR…ENDFOR 语句。

编写命令按钮 Command1 的 Click 事件代码如下：

```
STORE 0 TO positive, zero, negative
FOR i=1 TO 20
   INPUT "请输入第"+STR(i,2)+"个数：" TO n
   DO CASE
      CASE n > 0
         positive = positive + 1
      CASE n = 0
         zero = zero + 1
      CASE n < 0
         negative = negative + 1
   ENDCASE
   CLEAR
ENDFOR
p="正数个数为：" +TRIM(STR(positive))+ CHR(13)
p=p+"负数个数为：" +TRIM(STR(negative))+ CHR(13)
p=p+"零的个数为：" +TRIM(STR(zero))
MESSAGEBOX(p)
```

运行程序，结果如图 6-17 所示。

③ 使用 DO WHILE 语句。

修改命令按钮 Command1 的 Click 事件代码如下：

```
STORE 0 TO positive, zero, negative, i
DO WHILE i < 20
  i=i+1
  INPUT "请输入第"+STR(i,2)+"个数：" TO n
  DO CASE
    CASE n > 0
      positive = positive + 1
    CASE n = 0
      zero = zero + 1
    CASE n < 0
      negative = negative + 1
  ENDCASE
  CLEAR
ENDDO
p="正数个数为：" + TRIM(STR(positive)) + CHR(13)
p=p + "负数个数为：" + TRIM(STR(negative)) + CHR(13)
p=p + "零的个数为：" + TRIM(STR(zero))
MESSAGEBOX(p)
```

运行程序，结果如图 6-17 所示。

2. 常用循环算法——穷举法

我国古代数学家张丘建在《算经》里提出一个世界数学史上著名的百鸡问题：鸡翁一，值钱五，鸡母一，值钱三，鸡雏三，值钱一，百钱买百鸡，问鸡翁、母、雏各几何？

【分析】 设公鸡 x 只，母鸡 y 只，小鸡 z 只，依题意可以列出以下方程组：

$$\begin{cases} x+y+z=100 \\ 5x+3y+\dfrac{z}{3}=100 \end{cases}$$

在这两个方程中，由于有 3 个未知数，属于不定方程，无法直接求解。下面用“穷举法”对各种可能的组合一一进行测试，然后将符合条件的组合输出即可。

先设 $x=1$，$y=1$，则 $z=100-x-y=98$，检查这一组的价钱加起来是否为 100 元。经验算，不等于 100 元，所以这一组不符合要求。再看下一组，仍保持 $x=1$，而 $y=2$，则 $z=100-1-2=97$，价钱为 $5\times1+3\times2+97/3\approx43$，也不符合要求。这样依次测试各组合，直到 $x=1$，y 变到 100 为止。

然后设 $x=2$，y 由 1 变到 100，直到 $x=100$，y 再由 1 变到 100。这样就把全部可能的组合一一测试过了。

实训步骤如下。

① 设计界面。

表单界面如图 6-18 所示。

② 设置对象属性。

其中 List1 的属性设置见表 6-8，其他控件的属性设置，见图 6-18。

表 6-8　属性设置

对　象	属　性	属 性 值	说　明
List1	ColumnCount	3	列对象的数目
	ColumnLines	.F. – 假	列间的分割线
	ColumnWidths	50,50,50	各列的宽度

③ 编写事件代码。

编写命令按钮 Command1 的 Click 事件代码为：

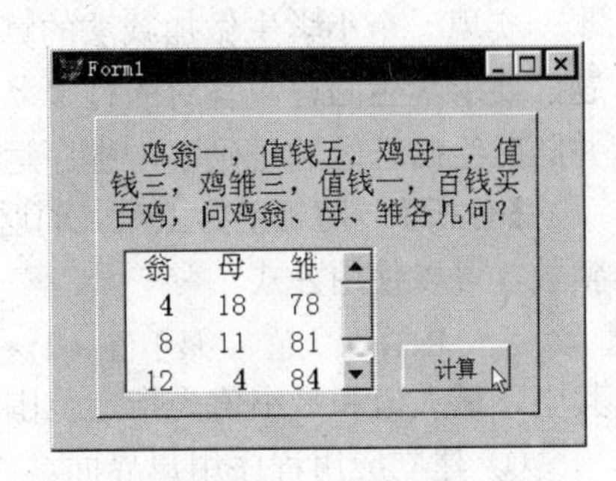

图 6-18　百钱买百鸡

```
THISFORM.Container1.List1.Clear
THISFORM.Container1.List1.AddListItem(" 翁",1,1)
THISFORM.Container1.List1.AddListItem(" 母",1,2)
THISFORM.Container1.List1.AddListItem(" 雏",1,3)
k = 2
FOR x = 1 TO 100
  FOR y = 1 TO 100
    z = 100 – x – y
    IF 5 * x + 3 * y + z / 3 = 100
      THISFORM.Container1.List1.AddListItem(STR(x,3),k,1)
      THISFORM.Container1.List1.AddListItem(STR(y,3),k,2)
      THISFORM.Container1.List1.AddListItem(STR(z,3),k,3)
      k = k + 1
    ENDIF
  ENDFOR
ENDFOR
```

经过对上述代码的分析可知，实际上并不需要使 *x* 从 1 变到 100，*y* 从 1 变到 100。因为公鸡每只 5 元，100 元最多买 20 只公鸡，而如果 100 元全买了 20 只公鸡的话，就买不了母鸡和小鸡了，不符合“百钱买百鸡”的要求，所以公鸡不可能是 20 只，最多只能买 19 只。同理，母鸡一只 3 元，100 元最多买 33 只。因此，将代码修改为：

```
THISFORM.Container1.List1.Clear
THISFORM.Container1.List1.AddListItem(" 翁",1,1)
THISFORM.Container1.List1.AddListItem(" 母",1,2)
THISFORM.Container1.List1.AddListItem(" 雏",1,3)
k = 2
FOR x = 1 TO 19
  FOR y = 1 TO 33
    z = 100 – x – y
    IF 5 * x + 3 * y + z / 3 = 100
```

```
            THISFORM.Container1.List1.AddListItem(STR(x,3),k,1)
            THISFORM.Container1.List1.AddListItem(STR(y,3),k,2)
            THISFORM.Container1.List1.AddListItem(STR(z,3),k,3)
            k = k + 1
        ENDIF
    ENDFOR
ENDFOR
```

④ 运行程序，结果如图 6-18 所示。

3. 列表框和组合框控件的对比和使用

实现一个小学生做加减法的算术练习程序。计算机连续地随机给出两位数的加减法算术题，要求学生回答，答对的打“√”，答错的打“×”。将做过的题目存放在列表框中备查，并随时给出答题的正确率，程序运行界面如图 6-19 所示。

【分析】 随机函数 RAND()返回一个(0, 1)之间的随机小数，为了生成某个范围内的随机整数，可以使用公式

INT((最大值 – 最小值 + 1) * RAND() + 最小值)

其中，最大值和最小值为指定范围中的最大、最小数。

① 建立应用程序用户界面。

新建工程，进入窗体设计器，首先添加两个文本框 Text1（出题）、Text2（输入答案）、一个列表框 List1（保存做过的题目）、一个命令按钮 Command1、一个图像 Image1 和一个标签 Label1，如图 6-20 所示。

② 设置对象属性，如图 6-20 所示。

③ 编写事件代码。

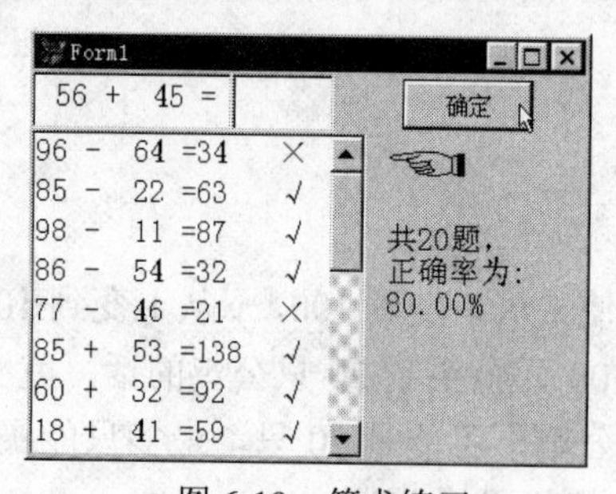

图 6-19 算术练习

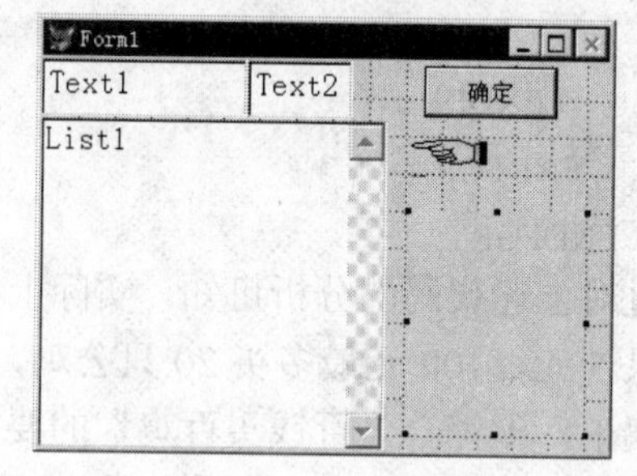

图 6-20 界面设计

出题部分由窗体的 Activate 事件代码完成：

```
a = INT(10 + 90 * RAND())
b = INT(10 + 90 * RAND())
p = INT(2 * RAND())
DO CASE
  CASE p = 0
    THIS.Text1.Value = STR(a,3) + " + " + STR(b,3) + " = "
    THIS.Text1.Tag = STR(a + B)                    && 将本题答案放入 Text1.Tag 中
  CASE p = 1
```

```
    IF a < b
      t = a
      a = b
      b = t
    ENDIF
    THIS.Text1.Value = STR(a,3) + " - " + STR(b,3) + " = "
    THIS.Text1.Tag = STR(a – B）                    &&  将本题答案放入 Text1.Tag 中
ENDCASE
n = VAL(THIS.Tag)
THIS.Tag = STR(n+1)
THIS.Text2.Setfocus
THIS.Text2.Value = ""
```

答题部分由命令按钮 Command1 的 Click 事件代码完成：

```
IF Val(THISFORM.Text2.Value) = VAL(THISFORM.Text1.Tag)
  item = ALLT(THISFORM.Text1.Text) + THISFORM.Text2.Text + "  √"
  k=VAL(THISFORM.List1.Tag)
  THISFORM.List1.Tag = STR(k + 1)
ELSE
  item = ALLT(THISFORM.Text1.Text) + THISFORM.Text2.Text + "  ×"
ENDIF
THISFORM.List1.AddItem(item,1)      &&  将题目和回答插入列表框中的第一项
x = VAL(THISFORM.List1.Tag) / VAL(THISFORm.Tag)
p = "正确率为:" + CHR(13) + STR(x*100,5,2) + "%"
THISFORM.Label1.Caption = "共" + ALLT(THISFORm.Tag) + "题， " + p
THISFORM.Activate()                 &&  调用出题代码
```

④ 运行程序，结果如图 6-19 所示。

下面将“算术练习”中的列表框改为组合框（下拉列表框）进行实验。

① 建立应用程序用户界面并设置对象属性，如图 6-21 所示。

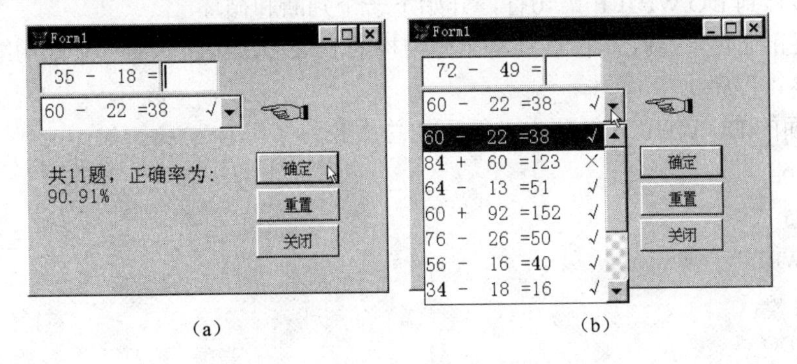

图 6-21　使用下拉列表框

② 编写事件代码。

修改命令按钮 Command1 的 Click 事件代码为：

```
IF  VAL(THISFORM.Text2.Value) = VAL(THISFORM.Text1.Tag)
   item = ALLT(THISFORM.Text1.Text) + THISFORM.Text2.Text + "  √"
   k=VAL(THISFORM.Combo1.Tag)
   THISFORM.Combo1.Tag = STR(k + 1)
ELSE
   item = ALLT(THISFORM.Text1.Text) + THISFORM.Text2.Text + " ×"
ENDIF
THISFORM.Combo1.AddItem(item,1)                    && 将题目和回答插入组合框中的第一项
THISFORM.Combo1.Value=1                            && 组合框窗口显示内容
x = VAL(THISFORM.Combo1.Tag) / VAL(THISFORm.Tag)
p = "正确率为:" + CHR(13) + STR(x*100,5,2) + "%"
THISFORM.Label1.Caption = "共" + ALLT(THISFORm.Tag) + "题，" + p
THISFORM.Activate()                                && 调用出题代码
```

编写命令按钮 Command2 的 Click 事件代码为：

```
THISFORM.Combo1.Tag = ""
THISFORM.Tag=""
THISFORM.Combo1.Clear
THISFORM.Combo1.Value=""
THISFORM.Label1.Caption = "欢迎重新开始!"
THISFORM.Activate()
```

③ 运行程序，结果如图 6-21 所示。

习题 6

一、选择题

1. 在 DO WHILE 循环结构中，LOOP 命令的作用是（　）。
   A）退出循环，返回程序开始处
   B）转移到 DO WHILE 语句行，开始下一个判断和循环
   C）终止循环，将控制转移到本循环结构的 ENDDO 后面的第一条语句继续执行
   D）终止程序执行
2. 在下面的 DO WHILE 循环中，循环的总次数为（　）。

```
x = 10
y = 15
DO WHILE y >= x
  y = y - 1
ENDDO
```

   A）15　　B）10　　C）6　　D）5
3. 以下关于列表框与组合框的叙述中，正确的是（　）。
   A）列表框和组合框都可以设置成多重选择
   B）列表框可以设置成多重选择，而组合框不能

C）组合框可以设置成多重选择，而列表框不能

D）列表框和组合框都不能设置成多重选择

二、编程题

1. 在编辑框（或列表框）中输出 101～500 之间的所有奇数，并计算这些奇数之和。

2. 输入有效数字的位数，利用下述公式计算圆周率π的近似值。

$$\pi = 2\times\frac{2}{\sqrt{2}}\times\frac{2}{\sqrt{2+\sqrt{2}}}\times\frac{2}{\sqrt{2+\sqrt{2+\sqrt{2}}}}\times\cdots$$

3. 在编辑框（或列表框）中输出 100～1000 之间能被 37 整除的数。

4. 输入初始值，输出 50 个能被 37 整除的数。

5. 设计程序，求 $s = 1 + (1 + 2) + (1 + 2 + 3) + \cdots + (1 + 2 + 3 + \cdots + n)$的值。

6. 设 $s = 1\times2\times3\times\cdots\times n$，求 s 不大于 400 000 时最大的 n。

7. 找出 1～1000 之间的全部“同构数”。

8. “完备数”是指一个数恰好等于它的因子之和，如 6 的因子为 1、2、3，而 6 = 1 + 2 + 3，因而 6 就是“完备数”。编写程序，找出 1～1000 之间的全部“完备数”。

9. 编写程序计算趣味数学题：有 30 个人在一家小饭馆里用餐，其中有男人、女人和小孩。每个男人花了 3 元，每个女人花了 2 元，每个小孩花了 1 元，一共花去 50 元，男人、女人和小孩各有几人？

10. 编写程序，求出所有小于或等于 100 的自然数对。自然数对是指两个自然数的和与差都是平方数，如 8 + 17 = 25，17 − 8 = 9，25 和 9 都是平方数，则 8 和 17 就是自然数对。

11. 求下述数列的前 n 项之和：$\frac{2}{1}$，$\frac{3}{2}$，$\frac{5}{3}$，$\frac{8}{5}$，$\frac{13}{8}$，…

12. 设计程序，求方程 $x=e^x-2$ 的根。

13. 验证“哥德巴赫猜想”：任何大于 6 的偶数均可以表示为两个素数之和。

14. 输入一个正整数，判断该数是否为素数。

15. 输入两个正整数，求它们的最大公约数。

16. 求从 2000 年到 2100 年之间的所有闰年。

17. 设计“简易抽奖机”。在组合框中输入号码，当单击“开始”按钮后，组合框中将不停变换随机得到的号码。单击“停止”按钮，号码停止变动，并得到中奖的号码。

18. 从文本框中输入或从列表框中选择姓名，并且显示结果，如图 6-22 所示。

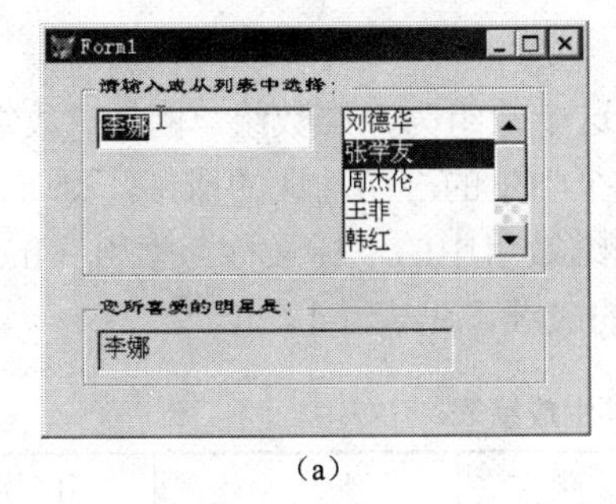

（a）

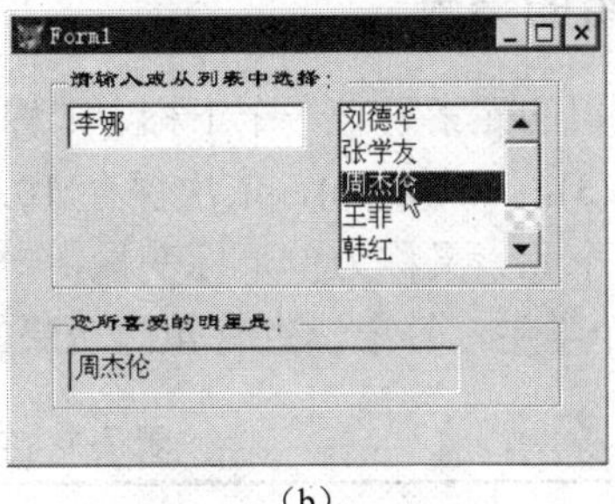

（b）

图 6-22　从文本框中输入或从列表框中选择

第7章 数 组

数值型、字符串等数据类型都是简单类型，通过一个命名的变量来存取一个数据。在实际应用中往往需要处理同一性质的成批数据。例如，统计100个学生的成绩，按简单变量进行处理就很不方便，由此引入了数组。

本章从数组和数组元素的概念入手，讲解数组的定义方法、数组元素的赋值和引用，以及对象数组的程序设计方法等。

7.1 数组的概念

VFP的数组并不是一种数据类型，而是一组变量的集合。在程序中使用数组的最大好处是用一个数组名代表逻辑上相关的一批数据，用下标表示该数组中的各个元素，与循环语句结合使用，使程序书写简洁，操作方便。

7.1.1 数组与数组元素

数组是用一个统一的名称表示的、顺序排列的一组变量。数组中的变量称为数组元素，用数字（下标）来标识它们，因此数组元素又称为下标变量。

可以用数组名及下标唯一地识别一个数组的元素，例如，用x(3)表示名称为x的数组中顺序号（下标）为3的那个数组元素（变量）。

说明事项如下。

① 数组的命名与简单变量的命名规则相同。

② 下标必须用括号括起来。不能把数组元素x(10)写成x10，后者是简单变量。

③ 下标可以是常数、变量或表达式。下标还可以是下标变量（数组元素），例如，y(x(3))，若x(3)=10，则y(x(3))就是y(10)。

④ 下标必须是整数，否则将被自动取整（舍去小数部分）。例如，a(1.6)将被视为a(1)。

⑤ 下标的最大值和最小值分别称为数组的上界和下界。数组的元素在上、下界内是连续的。由于对每一个下标值都分配空间，所以声明数组的大小要适当。

7.1.2 数组的维数

如果一个数组的元素只有一个下标，则称这个数组为一维数组。例如，数组a有10个元素a(1)，a(2)，a(3)，…，a(10)，依次保存10个学生的一门功课的成绩，则a为一维数组。一维数组中的各个元素又称为单下标变量，一维数组中的下标又称为索引（Index）。

假设有20个学生，每个学生有4门功课的成绩，见表7-1。

表7-1 学生成绩表

姓　名	语　文	数　学	外　语	计 算 机
学生1	80	95	84	90
学生2	90	97	92	91

续表

姓　名	语　文	数　学	外　语	计 算 机
学生 3	85	60	90	95
…	…	…	…	…
学生 20	98	70	95	80

这些成绩可以用有两个下标的数组来表示，例如，第 *i* 个学生的第 *j* 门功课的成绩可以用 $a(i, j)$表示。其中，*i* 表示学生号，称为行下标（i=1, 2,⋯, 20）；*j* 表示课程号，称为列下标（j=1, 2, 3, 4）。有两个下标的数组称为二维数组，其中的数组元素称为双下标变量。

VFP 允许定义一维或二维数组。

VFP 对数组的大小和数据类型不做任何限制，甚至同一数组中的数组元素可以具有不同的数据类型，而对数组大小的唯一限制就是可用内存空间的大小。

7.2　数组的定义和使用

数组的使用遵循“先定义，后使用”的原则，只有定义数组后才能对数组元素进行赋值、引用等操作。

7.2.1　数组的定义

定义数组也称为声明数组。下面介绍数组的声明方法以及赋值和引用方法。

1. 声明数组

数组在使用前必须先声明。声明数组的语法格式为：

{DIMENSION | DECLEAR}　〈数组名〉(〈行数〉[,〈列数〉])

例如，DIMENSION x(3,6) 表示创建一个名为 x、具有 3 行 6 列的私有数组，它只能在命令所在的过程及其调用的过程中使用。

说明事项如下。

① 全局变量数组在整个 VFP 工作期中可以被任何程序访问。声明全局数组的格式为：

PUBLIC　〈数组名〉(〈行数〉[,〈列数〉])

② 局部变量数组只能在创建它们的过程或函数中使用和更改，不能被高层或低层的程序访问。声明局部数组的格式为：

LOCAL　〈数组名〉(〈行数〉[,〈列数〉])

2. 数组的赋值

数组在声明之后，每个元素被默认地赋予.F.值。可以单独为某一个数组元素赋值，例如：

```
x(3, 4)= 10                    &&  将数组 x 中第 3 行第 4 列的元素赋值为 10
```

或

```
STORE  10  TO  x(3, 4)         &&  将数组 x 中第 3 行第 4 列的元素赋值为 10
```

也可以用一个命令为一个数组的所有元素赋相同的值，例如：

```
x = 10                         &&  将数组 x 中的每一个元素都赋值为 10
```

或

```
STORE  10  TO  x                    && 将数组 x 中的每一个元素都赋值为 10
```

【例 7-1】由计算机随机产生 5 个两位整数，输出其中的最大数、最小数和这 5 个数的平均值。

分析：可以用 RAND( )函数产生 5 个随机整数，用数组对这 5 个整数求最大数、最小数以及平均值。

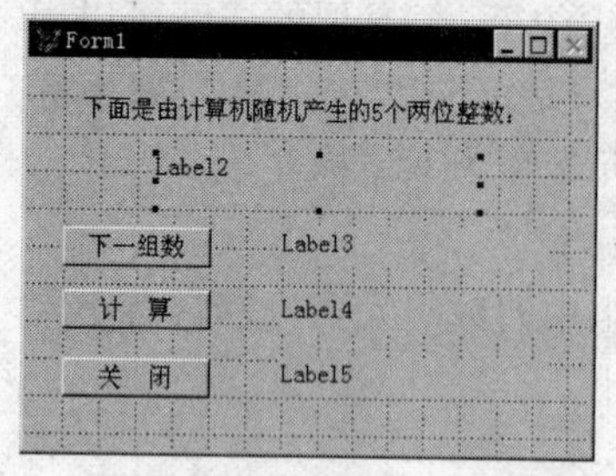

图 7-1 建立用户界面

设计步骤如下。

① 建立应用程序用户界面。

新建表单，进入表单设计器。首先增加 5 个标签 Label1～Label5 和 3 个命令按钮 Command1～Command3。

② 设置对象属性。

修改各个控件的属性，如图 7-1 所示。

③ 编写事件代码。

随机整数的生成由表单 Form1 的 Activate 事件代码完成：

```
PUBLIC  a(5)                          && 需要在不同的过程中使用数组，故声明为全局数组
p = ""
FOR  i = 1  TO  5
  a(i) = INT(RAND() * 90) + 10        && 随机产生 10～100 之间的两位整数
  p = p + STR(a(i),5) + ","           && 连接产生的随机数
ENDFOR
THISFORM.Label2.Caption = ALLT(LEFT(p, LEN(p) - 1))
THISFORM.Label3.Caption="最大数是："
THISFORM.Label4.Caption="最小数是："
THISFORM.Label5.Caption="平均值是："
```

在“下一组数”按钮的 Click 事件代码中，通过调用表单的 Activate 事件代码来重新产生随机数。“下一组数”按钮 Command1 的 Click 事件代码：

```
THISFORM.Activate
```

求最大数、最小数以及平均值，由“计算”按钮 Command2 的 Click 事件代码完成：

```
min = 100                             && 假设一个最小值，其值要预置一最大数
max = 10                              && 假设一个最大值，其值要预置一最小数
s = 0                                 && 累加和初值
FOR  i = 1  TO  5
  IF  a(i) > max                      && 如果某数大于最大数
    max = a(i)                        && 将大数赋值给 max
  ENDIF
  IF  a(i) < min                      && 如果某数小于最小数
    min = a(i)                        && 将小数赋值给 min
  ENDIF
  s = s + a(i)                        && 累加各随机数的值
Next
```

```
THISFORM.Label3.Caption = "最大数是：" + STR(max,3)
THISFORM.Label4.Caption = "最小数是：" + STR(min,3)
THISFORM.Label5.Caption = "平均值是：" + STR(s / 5,6,2)
```

最后是“关闭”按钮 Command3 的 Click 事件代码：

```
RELEASE   THISFORM
```

④ 运行程序，结果如图 7-2 所示。

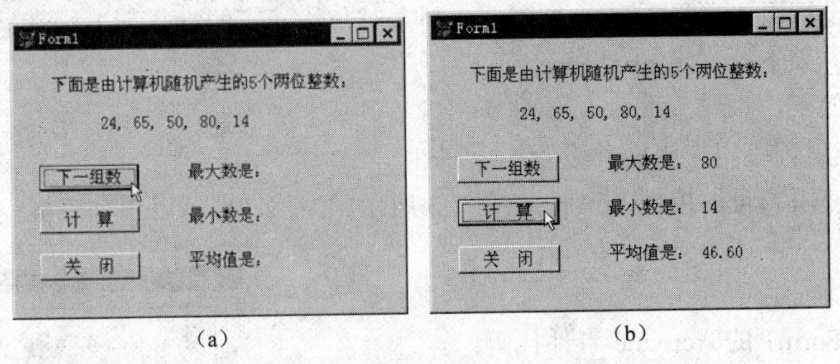

图 7-2　求随机整数中的最大数、最小数和平均值

【例 7-2】 修改例 7-1，使其产生的随机整数互不相同。

设变量 yes 为标志，如果产生的随机整数 x 与已放入数组中的某个随机整数相同，则 yes 为 1，否则为 0。当 yes 为 0 时，将退出循环 DO…ENDDO，把随机数放入数组之中，即 a(i) = x。

下面仅给出修改部分的代码，其他代码与例 7-1 一样。

表单的 Activate 事件代码：

```
PUBLIC   a(5)
p = ""
FOR   i = 1   TO   5
  yes = 1                              && 用变量 yes 作为标志
  DO   WHILE   yes = 1
    x = INT(RAND() * 90) + 10          && 变量 x 用来存放刚产生的随机整数
    yes = 0
    FOR   j = 1   TO   i – 1           && 依次比较已产生的随机整数
      IF   x = a(j)
        yes = 1                        && 如果与前面的元素值相同，则返回 DO 循环
        EXIT                           && 无条件跳出本循环
      ENDIF
    ENDFOR
  ENDDO
  a(i) = x
  p = p + STR(a(i),5) + ","            && 连接各随机整数
ENDFOR
THISFORM.Label2.Caption = ALLT(LEFT(p, LEN(p) – 1))
THISFORM.Label3.Caption = "最大数是："
```

```
THISFORM.Label4.Caption = "最小数是："
THISFORM.Label5.Caption = "平均数是："
```

运行程序，结果如图 7-2 所示。

【例 7-3】 编写程序，建立并输出一个 10×10 的矩阵，该矩阵两条对角线元素为 1，其余元素均为 0。

因为矩阵由行、列组成，需要双下标才能确定某一元素的位置，所以，使用二维数组来表示该矩阵。设行用 n 表示，列用 m 表示，则主对角线元素的行、列下标满足 $n=m$，而次对角线元素的行、列下标满足 $n=11-m$。

设计步骤如下。

① 建立应用程序用户界面并设置对象属性。

在表单中使用编辑框控件 Edit1，如图 7-3 所示。当然，也可以用列表框控件来显示矩阵的元素。

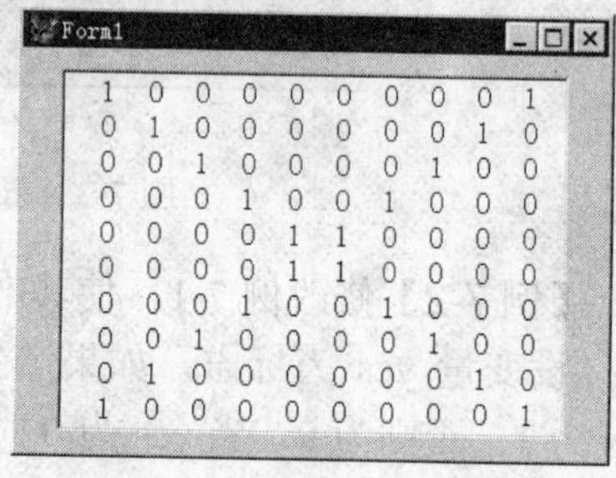

图 7-3 程序运行结果

② 编写代码。

编写表单 Form1 的 Activate 事件代码：

```
DIME   s(10, 10)
FOR   n = 1   TO   10
  FOR   m = 1   TO   10
    IF   n = m   OR   n = 11 – m
      s(n, m) = 1
    ELSE
      s(n, m) = 0
    ENDIF
  ENDFOR
ENDFOR
FOR   n = 1   TO   10
  p = ""
  FOR   m = 1   TO   10
    p = p + str(s(n, m), 3)
  ENDFOR
  THIS.Edit1.Value = THIS.Edit1.Value + p + CHR(13)
ENDFOR
```

运行程序，结果如图 7-3 所示。

7.2.2 数组的使用

1. 重新定义数组的维数

重新执行 DIMENSION 命令，可以改变数组的维数和大小。数组的大小可以改变，一维数组可以转换为二维数组，二维数组也可以转换为一维数组。

如果数组中元素的数目增加了，就将原数组中所有元素的内容复制到重新调整过的数组中，增加的数组元素初始化为“假”(.F.)。

2. 释放数组变量

使用 RELEASE 命令，可以从内存中释放变量和数组。语法格式为：

RELEASE {〈变量列表〉|〈数组名列表〉}

其中，各变量或数组名用逗号分隔。

【例 7-4】求斐波那契（Fibonacci）数列。

Fibonacci 数列问题起源于一个有关兔子繁殖的古典问题。假设在第 1 个月时有一对小兔子，第 2 个月时成为大兔子，第 3 个月时成为老兔子，并生出一对小兔子（一对老，一对小）。第 4 个月时，老兔子又生出一对小兔子，上个月的小兔子变成大兔子（一对老，一对大，一对小）。第 5 个月时，上个月的大兔子成为老兔子，上个月的小兔子变成大兔子，两对老兔子生出两对小兔子（两对老，一对大，两对小）……

这样，各月的兔子对数为 1，1，2，3，5，8，…。

这就是 Fibonacci 数列。其中第 n 项的计算公式为：

$$\mathrm{Fib}(n)=\mathrm{Fib}(n-1)+\mathrm{Fib}(n-2)$$

设计步骤如下。

① 建立应用程序用户界面。

新建表单，进入表单设计器。增加一个标签控件 Label1，一个文本框控件 Text1，一个列表框 List1，两个命令按钮 Command1、Command2，如图 7-4 所示。

② 设置各对象的属性，见表 7-2。其他属性参见图 7-4。

表 7-2 属性设置

对象	属性	属性值
Label1	Caption	输入需要的项数:
List1	ColumnCount	2
	ColumnWidths	60, 160
	RowSource	F
	RowSourceType	5 - 数组

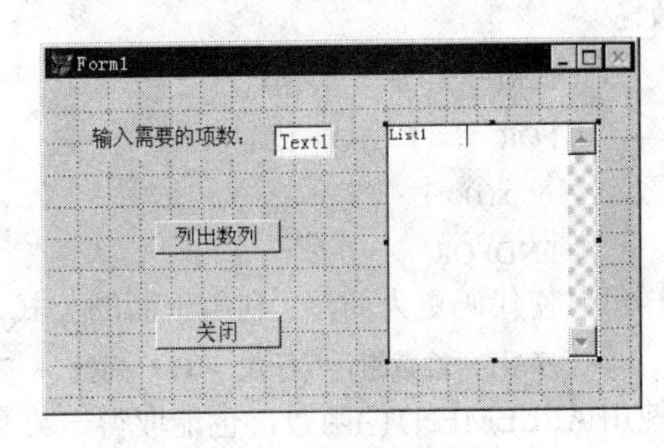

图 7-4 建立用户界面

③ 编写代码。

首先在表单 Form1 的 Load 事件代码中声明全局变量数组 F( )：

```
PUBLIC  F(1, 2)                    && 定义全局变量数组
F(1, 1) = "Fib(1)"
F(1, 2) = 1
```

在表单 Form1 的 UnLoad 事件代码中释放全局变量数组 F( )：

```
RELEASE  F                         && 释放全局变量数组 F()
```

编写“列出数列”按钮 Command1 的 Click 事件代码，并改变数组的大小：

```
n = VAL(THISFORM.Text1.Text)       && 接收文本框中的值
DIME  F(n, 2)                      && 重新定义数组
F(2, 1) = "Fib(2)"
F(2, 2) = 1
```

```
FOR   i = 3   TO   n
  F(i, 1) = "Fib(" + Allt(Str(i)) + ")"
  F(i, 2) = F(i-1, 2) + F(i-2, 2)
ENDFOR
THISFORM.List1.NumberOfElements = n
```

编写“关闭”按钮 Command2 的 Click 事件代码：

```
THISFORM.Release
```

表单运行结果如图 7-5 所示。

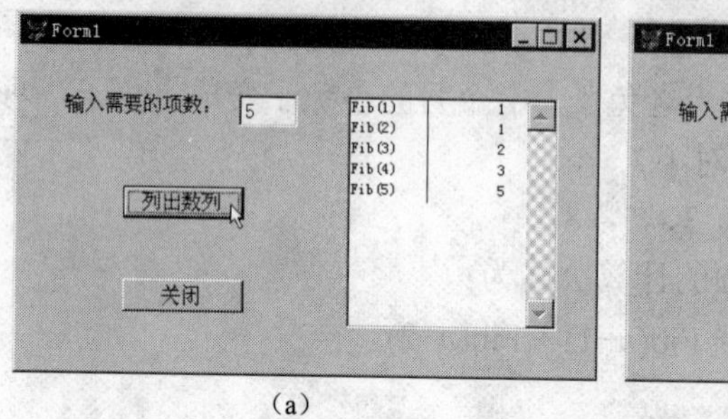

（a）

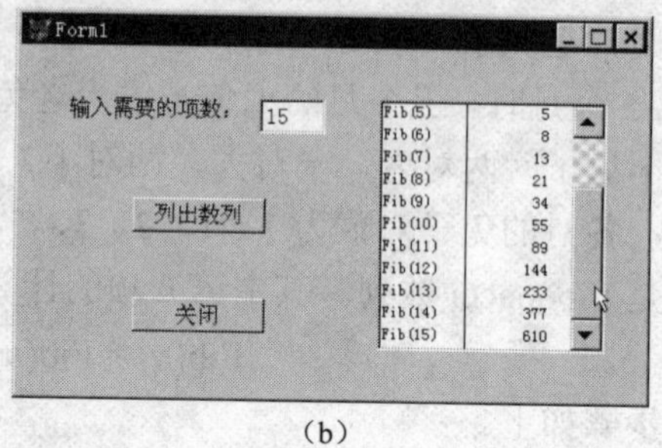

（b）

图 7-5　求斐波那契（Fibonacci）数列

3. 二维数组表示为一维数组

假如已经建立了一个二维数组。对二维数组，也可以使用一维数组表示法来表示其下标。例如：

```
DIMENSION   x(3, 4)                  && 建立一个二维数组
FOR   i = 1   TO   12
  x(i) = i                           && 用一维数组表示二维数组的下标
ENDFOR
```

这样可以使代码更为简单。利用下面的公式，可以将二维数组表示法转换成一维数组表示法：

序号(一维数组) = (行数 – 1) * 列数 + 列数

或使用 AELEMENT( )函数，也能取得一维数组表示法的元素位置，即：

序号(一维数组) = AELEMENT(数组名, 行数, 列数)

【例 7-5】矩阵的加法运算。两个相同阶数的矩阵 ***A*** 和 ***B*** 相加（矩阵 ***A*** 和 ***B*** 中各元素的值由计算机随机产生），就是将相应位置上的元素相加后放到同阶矩阵 ***C*** 的相应位置。例如：

$$\begin{bmatrix} 12 & 24 & 7 \\ 23 & 4 & 34 \\ 1 & 51 & 32 \\ 34 & 3 & 13 \end{bmatrix} + \begin{bmatrix} 2 & 41 & 25 \\ 43 & 24 & 3 \\ 81 & 1 & 12 \\ 4 & 43 & 37 \end{bmatrix} = \begin{bmatrix} 14 & 65 & 32 \\ 66 & 28 & 37 \\ 82 & 52 & 44 \\ 38 & 46 & 50 \end{bmatrix}$$

分析：首先定义 3 个二维数组 a(n, m)、b(n, m)、c(n, m)，利用双重循环和随机函数产生 a(n, m)和 b(n, m)中各元素的值，然后通过双重循环得到 c(n, m)。

设计步骤如下。

① 设计程序界面。

新建表单，进入表单设计器。在表单中增加 3 个编辑框 Edit1～Edit3，两个标签 Label1～Label2 和一个命令按钮组 CommandGroup1。

② 设置对象属性，如图 7-6 所示。

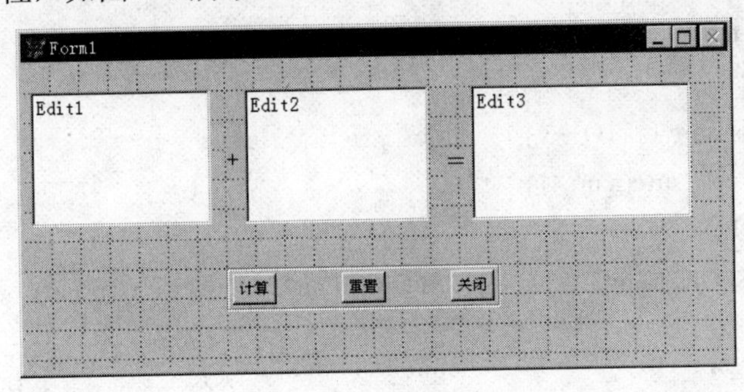

图 7-6　设计程序界面

③ 编写事件代码。

编写表单 Form1 的 Activate 事件代码：

```
PUBLIC  a(4, 3), b(4, 3)                    && 定义全局变量数组，二维数组
FOR  k = 1  TO  12
  a(k) = INT(RAND() * 100)                  && 产生随机整数，并赋值给一维数组
  b(k) = INT(RAND() * 100)                  && 产生随机整数，并赋值给一维数组
ENDFOR
THIS.Edit1.Value = ""
THIS.Edit2.Value = ""
THIS.Edit3.Value = ""
FOR  k = 1  TO  4
  p = ""
  q = ""
  FOR  m = 1  TO  3
     p = p + Str(a(k, m), 4)                        && 连接数组元素
     q = q + Str(b(k, m), 4)                        && 连接数组元素
  ENDFOR
  THIS.Edit1.Value = THIS.Edit1.Value + p + CHR(13)   && 连接数组元素
  THIS.Edit2.Value = THIS.Edit2.Value + q + CHR(13)   && 连接数组元素
ENDFOR
```

编写表单 Form1 的 UnLoad 事件代码：

```
Release  a, b                              && 释放全局变量数组
```

编写按钮组 CommandGroup1 的 Click 事件代码：

```
k = THIS.Value
DO  CASE
  CASE  k = 1                              && "计算"按钮
     DIME  c(4, 3)                         && 定义二维数组
     FOR  j = 1  TO  12
       c(j) = a(j) + b(j)                  && 用一维数组计算相应位置数组元素的和
     ENDFOR
```

```
        THISFORM.Edit3.Value = ""
        FOR   n = 1   TO   4
          p = ""
          FOR   m = 1   TO   3
            p = p + str(c(n,m),4)
          ENDFOR
          THISFORM.Edit3.Value = THISFORM.Edit3.Value + p + CHR(13)
        ENDFOR
    CASE   k = 2                                          &&  “重置”按钮
        THISFORM.Activate
    CASE   k = 3                                          &&  “关闭”按钮
        THISFORM.Release
  ENDCASE
```

④ 运行程序，结果如图 7-7 所示。

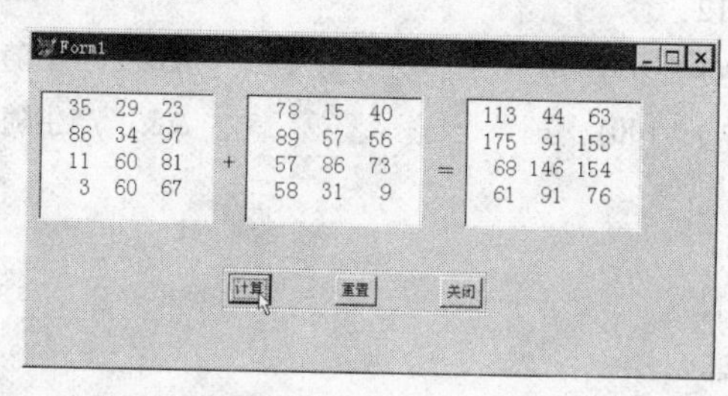

图 7-7　矩阵加法运算

7.2.3　数组数据的处理

1. 处理数组元素的函数

数组提供了一种快速排序的方法。如果数据保存在数组中，就可以很方便地对其进行检索、排序或其他各种操作。

在 VFP 中，常使用以下函数来处理数组元素：

① 数组元素的排序——ASORT( )。

② 数组元素的搜索——ASCAN( )。

③ 数组元素的删除——ADEL( )。

④ 数组元素的插入——AINS( )。

⑤ 数组元素的个数——ALEN( )。

2. 数组元素的排序

【例 7-6】产生 5 个随机数，然后将这些数按由小到大的顺序输出。

分析：这是一个排序问题，使用排序函数 ASORT( )可以很容易地对数组元素进行排序。设计步骤如下。

① 建立应用程序用户界面。

在表单上增加 4 个标签控件 Label1～Label4 和 3 个命令按钮 Command1～Command3。

② 设置对象属性，参见图 7-8。

③ 编写代码。

首先在表单 Form1 的 Load 事件代码中声明数组：

```
PUBLIC  a(5)          && 定义全局变量数组
```

随机整数的生成由表单 Form1 的 Activate 事件代码完成：

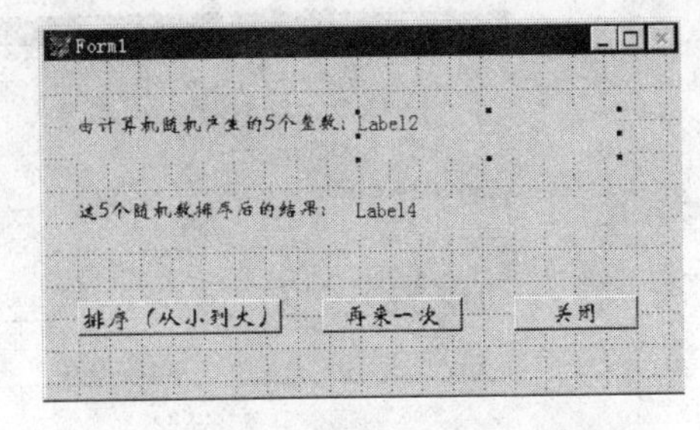

图 7-8 排序程序的界面及对象属性

```
p=""
FOR  i = 1  TO  5
  yes = 1                  && 设置标志，以保证产生的随机数与前面已经产生的随机数不同
  DO  WHILE  yes = 1
    x = INT(RAND() * 100)                 && 产生 0～100 之间的随机整数
    yes = 0
    FOR  j = 1  TO  i–1                   && 与前面的随机数依次进行比较
      IF  x = VAL(a(j))
        yes = 1                           && 如果与前面的元素相同，则返回 DO 循环
        EXIT                              && 无条件跳出 DO 循环
      ENDIF
    ENDFOR
  ENDDO
  a(i) = STR(x,2)
  p = p + a(i) + ", "                     && 连接数组元素
ENDFOR
THISFORM.Label2.Caption = LEFT(p,LEN(p)–2)  && 输出产生的随机数
THISFORM.Label4.Caption = ""
```

编写“排序（从小到大）”按钮 Command1 的 Click 事件代码：

```
ASORT(a)                                  && 对数组 a 中的元素进行排序
p=""
FOR  i = 1  TO  5
  p = p + a(i) + ", "                     && 连接各数组元素
ENDFOR
THISFORM.Label4.Caption = LEFT(p,LEN(p)–2)  && 输出排序后的结果
```

编写“再来一次”按钮 Command2 的 Click 事件代码：

```
THISFORM.Activate                         && 重新开始调用 Activate 事件
```

编写“关闭”按钮 Command3 的 Click 事件代码：

```
THISFORM.RELEASE
```

运行程序，结果如图 7-9 所示。

3. 数组元素的搜索

【例 7-7】如图 7-10 所示，使用数组作为组合框的数据源。

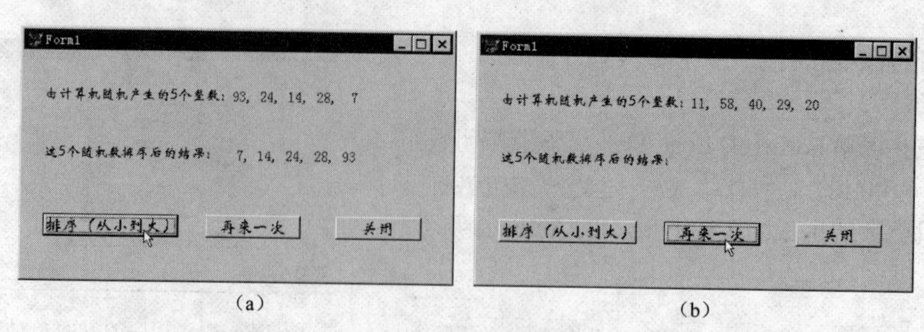

图 7-9　从小到大排序

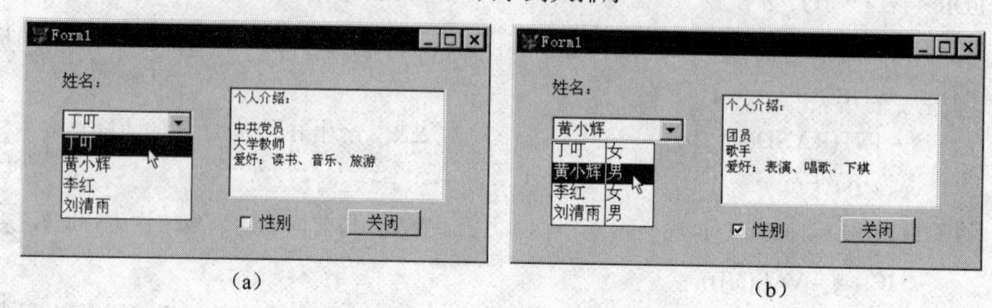

图 7-10　在组合框中使用数组

设计步骤如下。

① 设计应用程序用户界面。

新建表单，进入表单设计器。增加一个组合框 Combo1，一个文本框 Text1，一个复选框 Check，一个标签 Label1 和一个命令按钮 Command1，如图 7-11 所示。

② 设置对象属性。

设置对象属性，见表 7-3。其他控件的属性设置参见图 7-11。

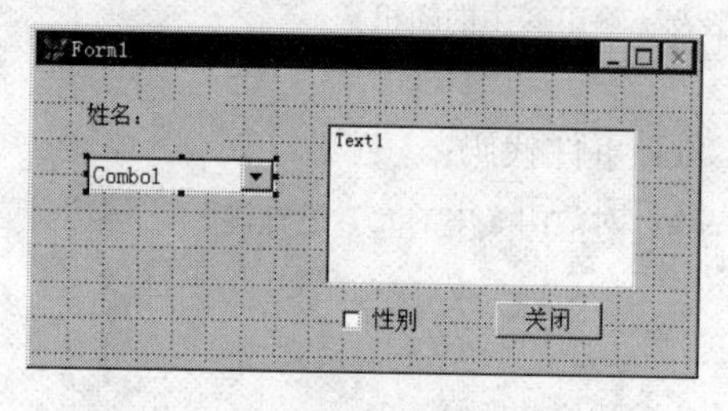

图 7-11　建立应用程序用户界面

表 7-3　属性设置

对　象	属　性	属 性 值
Combo1	RowSource	a
	RowSourceType	5- 数组
	ColumnWidths	50, 40
	Style	0-下拉组合框
Check1	Caption	性别

③ 编写事件代码。

编写表单 Form1 的 Load 事件代码：

```
PUBLIC  a(4, 3)
a(1, 1) = "丁叮"
a(1, 2) = "女"
a(1, 3) = "个人介绍："+CHR(13)+CHR(13)+"中共党员"+CHR(13)+"大学教师"+CHR(13);
        +"爱好：读书、音乐、旅游"
a(2, 1) = "黄小辉"
a(2, 2) = "男"
a(2, 3) = "个人介绍："+CHR(13)+CHR(13)+"团员"+CHR(13)+"歌手"+CHR(13);
        +"爱好：表演、唱歌、下棋"
```

```
a(3, 1) = "李红"
a(3, 2) = "女"
a(3, 3) = "个人介绍："+CHR(13)+CHR(13)+"群众"+CHR(13)+"学生"+CHR(13);
            +"爱好：播音、音乐、钓鱼"
a(4, 1) = "刘清雨"
a(4, 2) = "男"
a(4, 3) = "个人介绍："+CHR(13)+CHR(13)+"中共党员"+CHR(13)+"教授";
            +CHR(13)+"爱好：学习、读书、郊游"
```

编写表单 Form1 的 Activate 事件代码：

```
THISFORM.Combo1.Value = 1
THISFORM.Text1.Value = a(1, 3)
```

编写表单 Form1 的 Destroy 事件代码：

```
RELEASE   a
```

编写 Combo1 的 InteractiveChange 事件代码：

```
s = ASCAN(a,THIS.DisplayValue)
THISFORM.Text1.Value = a(s+2)
THISFORM.Refresh
```

当复选框 Check1 被选中时，组合框 Combo1 的列数 ColumnCount 属性为 2。编写 Check1 的 Click 事件代码：

```
THISFORM.Combo1.ColumnCount = IIF(THIS.Value=0,1,2)
```

编写"关闭"按钮 Command1 的 Click 事件代码：

```
THISFORM.RELEASE
```

运行程序，结果如图 7-10 所示。

7.3 对象数组

对象数组是指引用对象的数组，即数组中保存的是对象。使用对象数组来引用对象，有助于编写通用代码，常用于一些不能成组操作的控件。

7.3.1 对象的引用与释放

创建对象的引用不等于复制对象。引用比添加对象占用更少的内存，而且代码比对象短，可以很容易地在过程之间进行传递。

将对象赋值给变量，就可以在代码中引用对象。将变量赋值为 0，即可释放对象的引用。

【例 7-8】 引用对象和释放对象的引用示例。

```
txt1 = THIS.Container1.Text1          &&  引用对象
txt2 = THIS.Container2.Text1          &&  引用对象
txt1.SetFocus
txt1 = 0                              &&  释放对象的引用
txt2 = 0                              &&  释放对象的引用
RELEASE   txt1, txt2
```

7.3.2　运行时创建对象

使用 AddObject 方法可以在程序的运行中向容器添加对象，其语法格式为：

〈容器对象名〉. AddObject(〈对象名〉,〈类名〉)

说明事项如下。

①〈容器对象名〉是接收对象的容器名，〈对象名〉是新创建的对象名称，〈类名〉是新创建对象所在的类名。

② 当用 AddObject 方法向容器中添加对象时，对象的 Visible 属性被设置为假（.F.）。如果需要显示该对象，就要在代码中将其设为真（.T.）。

7.3.3　程序举例

对于同类的多个对象，如果使用数组来引用，可以使代码更加清晰。

给对象的多个属性进行赋值时，可以使用 WITH…ENDWITH 命令。WITH…ENDWITH 命令提供了一种简便的、指定单个对象的多个属性的方法。其语法格式为：

WITH 〈对象名〉

[.〈属性〉=〈值〉]

ENDWITH

下面的例子就是在程序运行时创建一组对象，通过调用数组来引用对象。

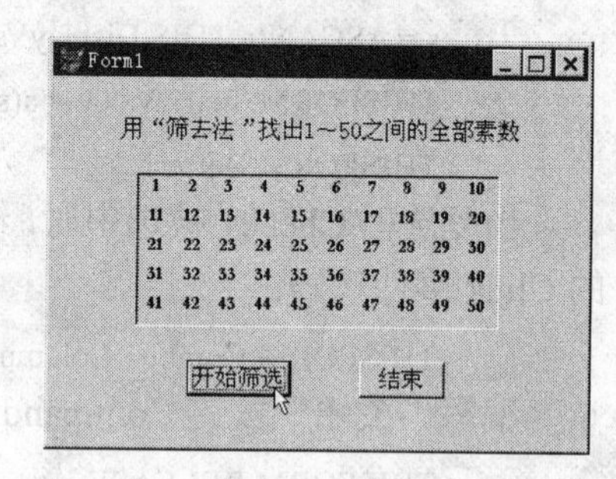

图 7-12　写出 1～50 之间的全部素数

【例 7-9】用“筛去法”找出 1～50 之间的全部素数。

分析：“筛去法”求素数表是由希腊著名数学家 Eratost Henes 提出来的，方法是，在纸上写出 1～*n* 的全部整数（如图 7-12 所示），然后逐一判断它们是否为素数，找出一个非素数就把它挖掉（筛掉），最后剩下的就是素数。具体做法如下。

① 先将 1 挖掉。

② 用 2 去除它后面的每个数，把能被 2 整除的数挖掉，即把 2 的倍数挖掉，如图 7-13 所示。

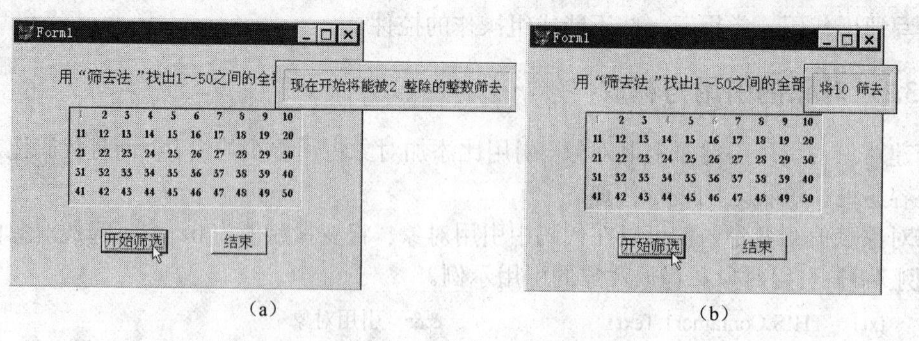

图 7-13　开始用 2 做除数，将 2 的倍数挖掉

③ 用 3 去除它后面的每个数，即把 3 的倍数挖掉。

④ 依次用 4，5，…各数作为除数去除这些数后面的各数（4 已被挖掉，可不必再用 4 当除数，只需用未被挖掉的数做除数即可）。这个过程一直进行到除数为 $\sqrt{n}$ 为止（如果 $\sqrt{n}$ 不是整数，就取其整数部分）。挖掉后的结果如图 7-14 所示。

设计步骤如下。

① 建立应用程序用户界面。

新建表单，进入表单设计器。增加一个标签控件 Label1，一个容器控件 Container1 和两个命令按钮 Command1～Command2。

② 设置对象属性，参见图 7-15。

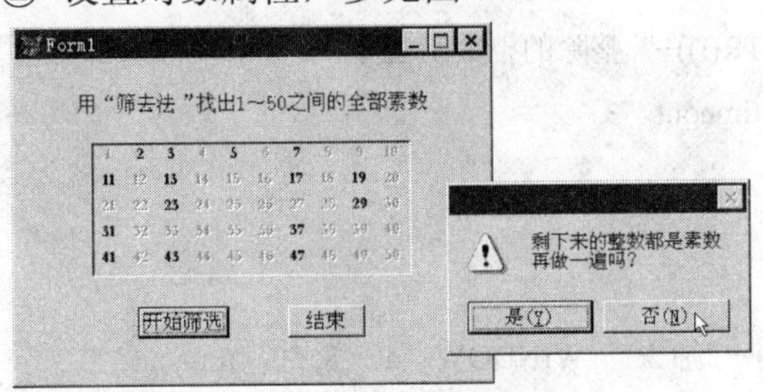

图 7-14 剩下的全是素数

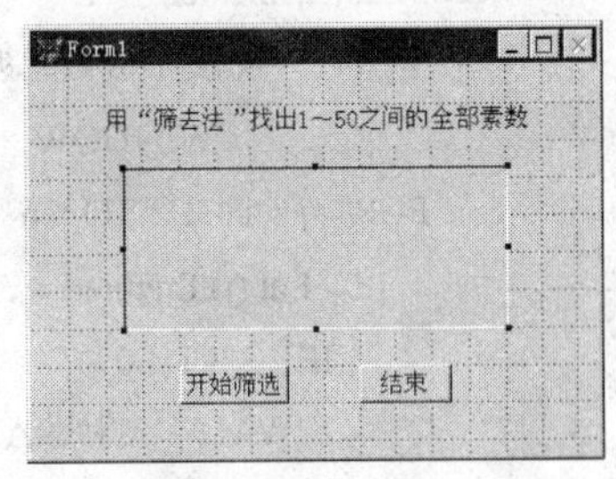

图 7-15 建立用户界面

其中 Container1 的 SpecialEffect 属性改为“1-凹下”，记下其高度 Height=104，宽度 Width=254。高度减去 4（预留的边框）后分为 5 份，宽度减去 4 后分为 10 份。容器中将容纳 50 个小“标签”，每个标签的大小为 20×25。

③ 编写程序代码。

编写表单的 Destroy 事件代码：

```
Lab = 0
```

编写容器 Container1 的 Init 事件代码：

```
PUBLIC   Lab(5,10)                                && 创建全局变量数组
FOR   i = 1   TO   50
  k = ALLT(STR(i))
  THIS.AddObject("Lab&k", "Label")                && 添加标签对象，Label 是标签控件的类名
  Lab(i) = THIS.Lab&k                             && 将对象赋予数组元素
ENDFOR
FOR   i = 1   TO   5
  FOR   j = 1   TO   10
    WITH   Lab(i, j)
          .Left = 25*(j-1)+2
          .Top = 20*(i-1)+2
          .Height = 20
          .Width = 25
          .Visible = .T.
          .Caption = ALLT(STR((i-1)*10+j))
          .Alignment = 2
          .FontBold = .T.
          .FontName = "garamond"
    ENDWITH
  ENDFOR
ENDFOR
```

编写“开始筛选”按钮 Command1 的 Click 事件代码：

```
n = 50
Lab(1).Enabled = .F.                    &&  Lab(1).Enabled 是对标签对象属性的引用
FOR  i = 2  TO  SQRT(n)
  IF  Lab(i).Enabled = .T.
     WAIT  "现在开始将能被"+ALLT(STR(i))+" 整除的整数筛去";
             WINDOW  at  8, 50  timeout  3
     FOR  j = i + 1  TO  n
       IF  Lab(j).Enabled = .T.
         IF  j % i = 0
           WAIT  "将" + ALLT(STR(j)) + "筛去"  WINDOW  at  8, 50  timeout  0.3
           Lab(j).Enabled = .F.
         ENDIF
       ENDIF
     ENDFOR
  ENDIF
ENDFOR
a = MESSAGEBOX("剩下来的整数都是素数"+CHR(13)+"再做一遍吗？", 4 + 48, "")
IF  a = 6
  FOR  i = 1  TO  50
     Lab(i).Enabled = .T.                &&  对标签对象属性的赋值
  ENDFOR
ENDIF
```

编写“关闭”按钮 Command2 的 Click 事件代码：

```
RELEASE  THISFORM
```

④ 运行程序，结果如图 7-12、图 7-13 和图 7-14 所示。

7.4　实训 7

实训目的

- 掌握程序设计中使用数组的基本方法。
- 掌握一维数组、二维数组的定义、赋值和输入/输出的方法。
- 掌握数组数据的处理方法。

实训内容

- 数组的声明、赋值和引用方法。
- 数组中常用算法（例如排序、插入）的程序设计。

实训步骤

1. 数组的声明、赋值和引用方法

用随机函数生成有 10 个整数的数组，找出其中的最大值及其下标，如图 7-16 所示。

① 建立应用程序界面，如图 7-16 所示。

② 设置列表框的属性，见表 7-4。

其他控件的属性设置参见图 7-16。

③ 编写代码。

表 7-4　属性设置

对　　象	属　　性	属 性 值
List1	RowSourceType	5 – 数组
	RowSource	A

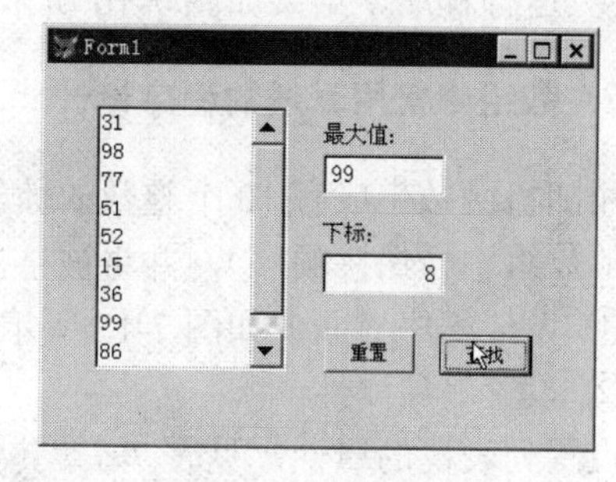

图 7-16　找出数组元素的最大值及其下标

在表单的 Load 事件代码中声明全局数组：

```
PUBLIC a(10)
```

编写表单的 Activate 事件代码如下：

```
FOR i = 1 TO 10
  yes = 1
  DO WHILE yes = 1
    x = INT(RAND() * 100)
    yes = 0
    FOR j = 1 TO i – 1
      IF x = VAL(a(j))
        yes = 1                    && 如果与前面的元素相同，则返回 DO 循环
        EXIT
      ENDIF
    ENDFOR
  ENDDO
  a(i) = STR(x,2)
ENDFOR
```

编写命令按钮 Command1（重置）的 Click 事件代码如下：

```
THISFORM.Activate
THISFORM.Refresh
```

编写命令按钮 Command2（查找）的 Click 事件代码如下：

```
max = a(1)
s = 1
FOR i = 2 TO 10
  IF a(i) > max
    max = a(i)
    s = i
  ENDIF
```

```
NEXT
THISFORM.Text1.Value = max
THISFORM.Text2.Value = s
```

④ 运行程序，结果如图 7-16 所示。

2. 数组中常用算法的程序设计

用随机函数生成有 10 个整数的数组，并从大到小排序。然后，输入一个数，把它插入排好序的数组中（保持顺序），并将被挤出的最大数输出到文本框中，如图 7-17 所示。

① 设计程序界面，如图 7-17 所示。

② 设置对象属性。

设置列表框的属性，见表 7-5。其他控件的属性设置，如图 7-17 所示。

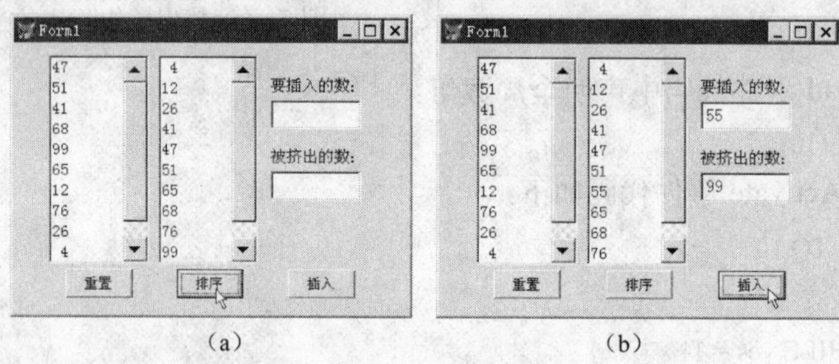

（a）　　（b）

图 7-17　数组的排序和插入

③ 编写事件代码。

在表单的 Load 事件代码中声明全局数组：

```
PUBLIC a(10),b(10)
```

编写表单的 Activate 事件代码如下：

表 7-5　属性设置

对　象	属　性	属 性 值
List1	RowSourceType	5－数组
	RowSource	A
List2	RowSourceType	5－数组
	RowSource	B

```
FOR i = 1 TO 10
  yes = 1
  DO WHILE yes = 1
    x = INT(RAND() * 100)
    yes = 0
    FOR j = 1 TO i - 1
      IF x = VAL(a(j))
        yes = 1                    &&  如果与前面的元素相同，则返回 DO 循环
        EXIT
      ENDIF
    ENDFOR
  ENDDO
  a(i) = STR(x,2)
  b(i) = a(i)
ENDFOR
THISFORM.Text1. Value =""
THISFORM.Text2. Value =""
```

编写命令按钮 Command1（重置）的 Click 事件代码如下：

```
THISFORM.Activate
THISFORM.Refresh
```

编写命令按钮 Command2（排序）的 Click 事件代码如下：

```
ASORT(b, 1, 10, 0)
THISFORM.Refresh
```

编写命令按钮 Command3（插入）的 Click 事件代码如下：

```
x = VAL(THISFORM.Text1. Value)
s = 0
FOR i = 1 TO 10
  IF VAL(b(i)) > x
    s = i
    EXIT
  ENDIF
NEXT
IF s = 0
  THISFORM.Text2. Value =STR(x,2)
ELSE
  THISFORM.Text2. Value =b(10)
  AINS(b,s)
  b(s)=STR(x,2)
ENDIF
THISFORM.Refresh
```

④ 运行程序，结果如图 7-16 所示。

习题 7

一、选择题

1. 下列关于 VFP 数组的叙述中，错误的是（　）。
   A）用 DIMENSION 和 DECLARE 都可以定义数组
   B）VFP 只支持一维数组和二维数组
   C）一个数组中各个数组元素必须是同一种数据类型
   D）新定义数组的各个数组元素初值为.F.
2. 使用命令 DECLARE mm(2, 3)定义的数组，包含的数组元素的个数为（　）。
   A）2　　B）3　　C）5　　D）6
3. 在 VFP 中，要使用数组（　）。
   A）必须先定义　　B）必须先赋值
   C）赋值前必须定义　　D）有时可以不必先定义

二、填空题

1. 数组的最小下标是_____，数组元素的初值为_____。
2. 执行语句 DIMENSION M(3), N(2,3)之后，数组 M 和 N 的元素个数分别为____和____。
3. 执行语句 DIMENSION N(4, 5)之后，元素 N(3, 4)的一维数组表示为_____。

三、编程题

1. 某数组有 10 个元素，数组元素的值从文本框输入。要求将前 5 个元素与后 5 个元素对换，即第 1 个元素与第 10 个元素互换，第 2 个元素与第 9 个元素互换，……，第 5 个元素与第 6 个元素互换。输出对换后各元素的值。

2. 有一个 8×6 的矩阵，各元素的值由计算机随机产生，求全部元素的平均值，并输出高于平均值的元素以及它们的行、列号。

3. 编写程序实现矩阵转置。

4. 求方阵的两个对角线上的元素的和。

5. 找出二维数组 $n \times m$ 中的鞍点。所谓鞍点，是指它在本行中值最大，在本列中值最小。输出鞍点的行、列号（有可能在一个数组中找不到鞍点，若无鞍点，则输出“无”）。

6. 矩阵的加法运算。两个相同阶数的矩阵 $\boldsymbol{A}$ 和 $\boldsymbol{B}$ 相加，就是将对应位置上的元素相加后放到同阶矩阵 $\boldsymbol{C}$ 的相应位置，下式是一个矩阵加法运算的例子。

$$\begin{bmatrix} 12 & 24 & 7 \\ 23 & 4 & 34 \\ 1 & 51 & 32 \\ 34 & 3 & 13 \end{bmatrix} + \begin{bmatrix} 2 & 41 & 25 \\ 43 & 24 & 3 \\ 81 & 1 & 12 \\ 4 & 43 & 37 \end{bmatrix} = \begin{bmatrix} 14 & 65 & 32 \\ 66 & 28 & 37 \\ 82 & 52 & 44 \\ 38 & 46 & 50 \end{bmatrix}$$

7. 矩阵的乘法运算。设 $\boldsymbol{A} = (a_{ij})$为 $n \times k$ 矩阵，$\boldsymbol{B} = (b_{ij})$为 $k \times m$ 矩阵，则有 $\boldsymbol{C} = \boldsymbol{AB}$ 为 $n \times m$ 矩阵，$\boldsymbol{C}$ 中元素

$$c_{ij} = \sum_{t}^{k} a_{it} b_{tj} \quad \begin{pmatrix} i = 1, 2, \cdots, n \\ j = 1, 2, \cdots, m \end{pmatrix}$$

8. 设某班共 10 名学生，为了评定某门课程的奖学金，超过全班平均成绩 10%者发给一等奖，超过全班成绩 5%者发给二等奖。试编写程序，输出应获奖学金的学生名单（包括姓名、学号、成绩、奖学金等级）。

9. 为上题增加一个命令按钮，统计一个班学生的成绩在 0～9、10～19、20～29、…、90～99 及 100 各分数段的人数。

10. 利用随机函数，模拟投币结果。设共投币 100 次，求“两个正面”、“两个反面”、“一正一反”3 种情况各出现多少次。

11. 设计一个“通讯录”程序。当用户在下拉列表框中选择某一人名后，在“电话号码”文本框中显示对应的电话号码。当用户选择或取消“单位”和“住址”复选框后，将打开或关闭“工作单位”或“家庭住址”文本框。

12. 某校召开运动会。有 10 人参加男子 100 米短跑决赛，运动员号码和成绩见表 7-6，试设计一程序，按成绩排名次。

表 7-6　运动员号码和成绩

运动员号码	成　绩	运动员号码	成　绩
011 号	12.4 s	476 号	14.9 s
095 号	12.9 s	201 号	13.2 s
233 号	13.8 s	171 号	11.9 s
246 号	14.1 s	101 号	13.1 s
008 号	12.6 s	138 号	15.1 s

13. 在上题中利用数组的排序函数 ASORT()进行排序。

14. 编写竞赛用评分程序。评分规则是：去掉一个最高分，去掉一个最低分，余下分数的平均分为选手的最后得分。

15. 设有一个 5×5 的方阵，其中元素是随机生成的小于 100 的整数，求：

（1）主对角线上元素之和；

（2）方阵中最大的元素。

16. 编写程序，选择作家的年代和姓名后，可显示其代表作，如图 7-18 所示。

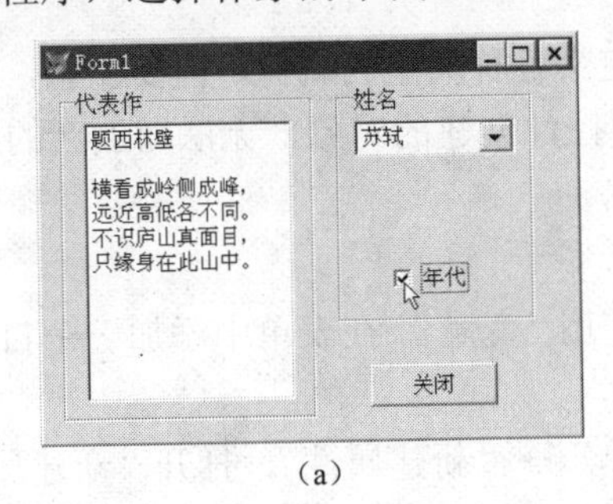

（a）

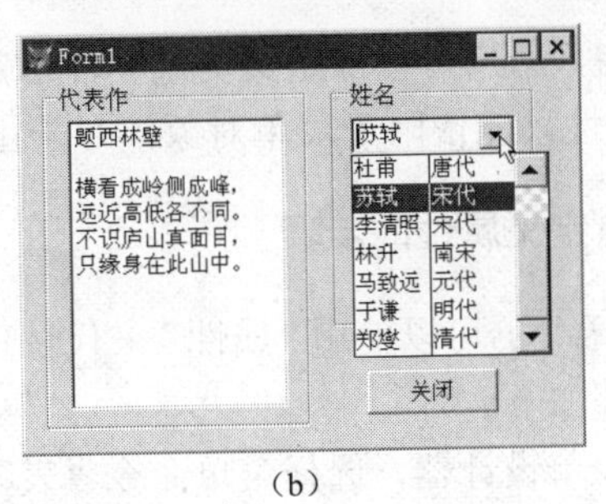

（b）

图 7-18　选择诗人的代表作

17. 设计奇数阶的幻方阵，如图 7-19 所示。

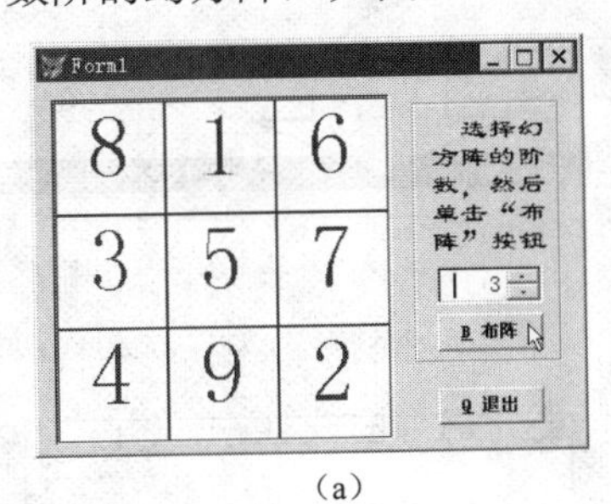

（a）

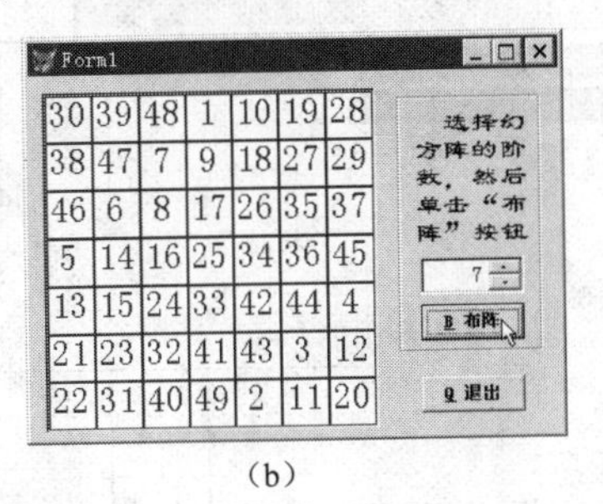

（b）

图 7-19　幻方阵

第 8 章　自定义属性与自定义方法

前面介绍了 VFP 系统内置的对象属性和方法。为了更加方便地开发自己的应用程序，用户可以在 VFP 中根据需要，定义自己常用的属性和方法，即自定义属性与自定义方法。

8.1　自定义属性

在 VFP 中，可以把内存变量看做自由的数据元素，而属性就是与某对象相联系的数据元素。属性的作用域是整个对象（如表单）存在的时期。由于属性的使用需要严格的引用格式（即对象.属性），因此，使用属性在某种程度上比传统的 xBASE 变量作用域（全局、局部、公有、私有）更加安全可靠。

8.1.1　添加自定义属性

在 VFP 中，用户可以像定义变量一样自定义各种类型的属性。但要注意，在可视化编程中，自定义属性只能依附于表单对象，对于由控件创建的对象，无法增加新的属性。

1. 添加自定义属性的步骤

在某些场合下，可以使用“属性”来代替使用“变量”。在表单中添加一个自定义属性（如 Desec）的步骤如下。

① 进入表单设计器，选择菜单命令“表单”→“新建属性”，打开“新建属性”对话框，如图 8-1 所示。

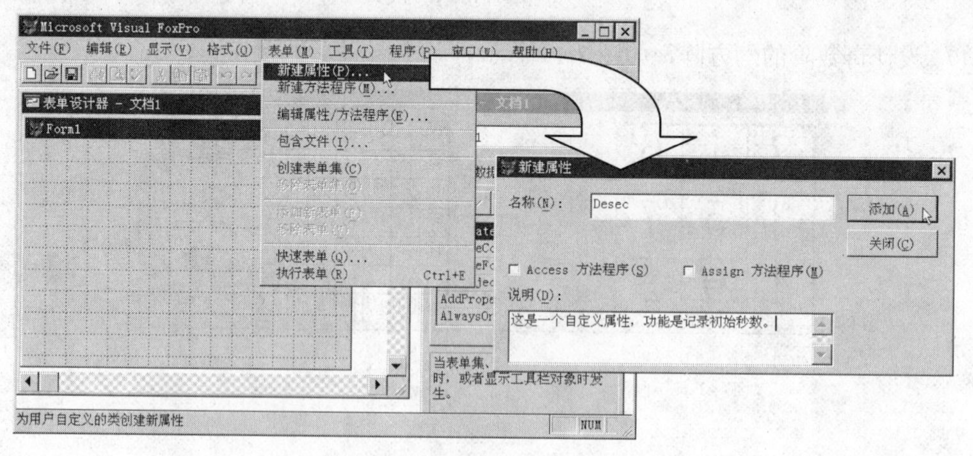

图 8-1　添加自定义属性

② 在“新建属性”对话框的“名称（Name）”栏中，输入自定义属性的名称 Desec，然后在“说明”栏中填入该属性的简单说明：“这是一个自定义属性，功能是记录初始秒数。”注：“说明”栏中的内容是为了使用方便而附加的备注信息，可有可无。

③ 单击“添加”按钮，然后单击“关闭”按钮，退出“新建属性”对话框。

④ 此时，在属性窗口的“全部”选项卡中，可以看见新建的属性及其说明，如图 8-2 所示。

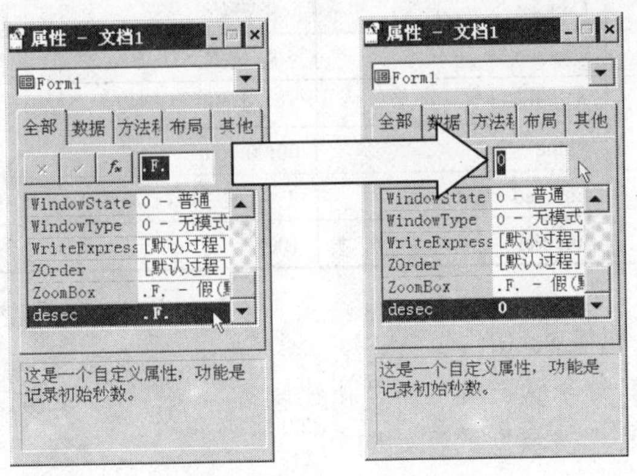

图 8-2　修改自定义属性的值

⑤ 新定义属性的类型为逻辑型，值为.F.。与改变其他属性的方法一样，可以将它改为其他类型，例如，数值型值 0。

2. 自定义属性的应用示例

下面我们以一个示例来讲解自定义属性的使用方法。

【例 8-1】设计一个计时器，如图 8-3 所示。单击“开始”按钮，开始计时，按钮变为“暂停”。单击“暂停”按钮，停止计时，显示时间读数，同时按钮变为“继续”。任何时候单击“重置”按钮，时间读数都将重置为 0。

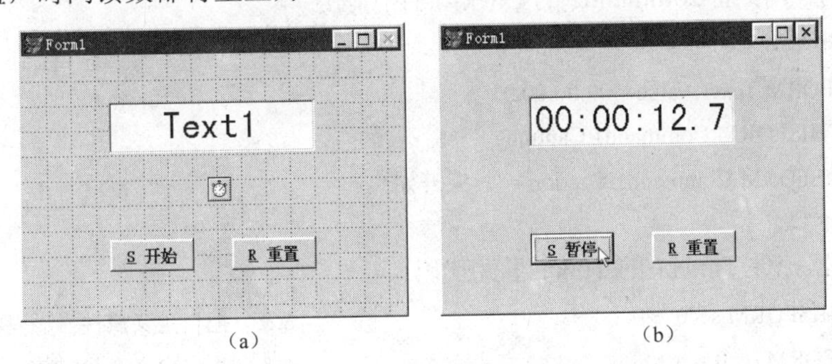

图 8-3　计时器

设计步骤如下。

① 建立应用程序用户界面。

新建表单，进入表单设计器。增加一个文本框 Text1，一个计时器控件 Timer1 和两个命令按钮 Command1、Command2，如图 8-3 所示。

计时器控件 Timer1 可以放在表单的任何位置。

② 设置对象属性。

设置对象属性，见表 8-1。其他属性设置参见图 8-3。

表 8-1 属性设置

对　象	属　性	属 性 值	说　明
Command1	Caption	\<S 开始	按钮的标题
Command2	Caption	\<R 重置	按钮的标题
Text1	Alignment	2 – 中间	
	Value	00:00:00.0	
Timer	Enabled	.F. – 假	
	Interval	100	

③ 增加一个自定义属性 sec0。

选中表单，选择菜单命令“表单”→“新建属性”，在“新建属性”对话框中添加一个自定义属性 sec0，用以记录“秒表”的初始时间。

④ 编写程序代码。

编写“开始/暂停”按钮 Command1 的 Click 事件代码：

```
IF   THIS.Caption = "\<S 暂停"
   THIS.Caption = "\<S 继续"
   THISFORM.Timer1.Enabled = .F.                    &&  暂停显示时间
ELSE
   THIS.Caption = "\<S 暂停"
   THISFORM.Timer1.Enabled = .T.                    &&  继续显示时间
ENDIF
```

编写“重置”按钮 Command2 的 Click 事件代码：

```
THISFORM.sec0 = 0                                   &&  使用自定义属性
THISFORM.Text1.Value="00:00:00.0"
IF   THISFORM.Command1.Caption = "\<S 继续"
   THISFORM.Command1.Caption = "\<S 开始"
ENDIF
```

编写计时器控件 Timer1 的 Timer 事件代码：

```
b = THISFORM.sec0 + 1                               &&  把自定义属性当做变量使用
THISFORM.sec0 = b                                   &&  为自定义变量赋值
a0 = STR(b % 10, 1)
b1 = INT(b / 10)
a1 = IIF(b1 % 60 > 9, STR(b1 % 60, 2), "0"+ STR(b1 % 60, 1))
b2 = INT(b1 / 60)
a2 = IIF(b2 % 60 > 9, STR(b2 % 60, 2), "0"+ STR(b2 % 60, 1))
b3 = INT(b2 / 60)
a3 = IIF(b3 % 60 > 9, STR(b3 % 60, 2), "0"+ STR(b3 % 60, 1))
THISFORM.Text1.Value = a3 + ':'+ a2 + ':'+ a1 + '.'+ a0
```

⑤ 运行程序，结果如图 8-3 所示。

8.1.2 数组属性

数组属性是一组具有不同下标的同名属性，可以在任何使用数组的地方使用它。但要注意，如同属性是一种依附于表单的特殊变量一样，数组属性是一种依附于表单的数组。要使用数组属性，必须先在表单中定义数组属性。

1. 添加自定义数组属性

数组属性的定义和设置与自定义属性的设置基本一样，步骤如下。

① 在表单设计器中，选择菜单命令“表单”→“新建属性”，打开“新建属性”对话框。

② 在“名称”栏中输入数组属性的名称以及括号内的数组大小，如图 8-4 所示。

③ 如果能够事先确定数组的维数和大小，就在括号中输入其值，否则可以先随意指定一个，然后在代码中用 DIMENSION 再重新定义。

④ 单击“添加”按钮，再单击“关闭”按钮。

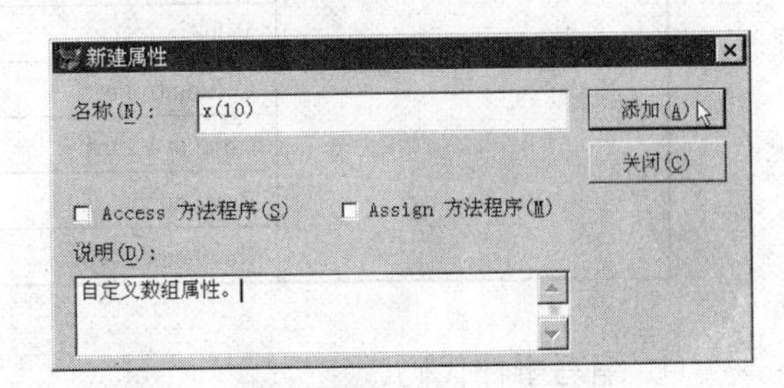

图 8-4 自定义数组属性

2. 自定义数组属性示例

【例 8-2】利用数组属性输出 Fibonacci 数列。Fibonacci 数列为 1，1，2，3，5，8，…，其第 n 项的计算公式为：

$$\text{Fib}(n) = \text{Fib}(n-1) + \text{Fib}(n-2)$$

设计步骤如下。

① 定义一个数组属性 f( )。

在“新建属性”对话框中的“名称”框中输入 f( )，单击“添加”按钮，再单击“关闭”按钮。

② 建立应用程序用户界面。

新建表单，进入表单设计器。增加一个标签 Label1，一个微调器控件 Spinner1 和一个列表框 List1，如图 8-5（a）所示。

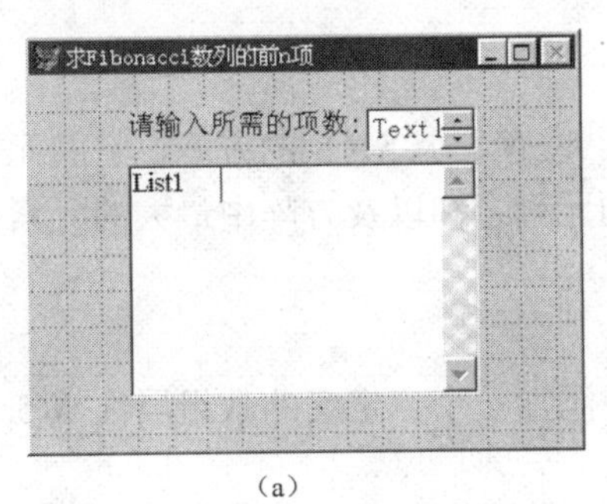

（a）

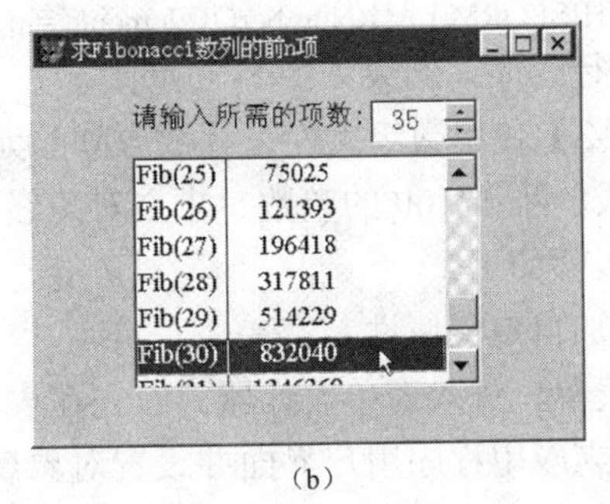

（b）

图 8-5 求 Fibonacci 数列

③ 设置各对象的属性，见表 8-2。

表 8-2　属性设置

对　象	属　性	属 性 值
Form1	Caption	求 Fibonacci 数列的前 *n* 项
Label1	Caption	请输入所需的项数:
Spinner1	KeyBoardHighValue	50
	KeyBoardLowValue	2
	SpinnerHighValue	50.00
	SpinnerLowValue	2.00
	Value	1
List1	ColumnCount	2
	ColumnWidths	60, 160
	RowSource	THISFORM.F
	RowSourceType	5 – 数组

④ 编写事件代码。

修改表单的 Load 事件代码：

```
DIME   THIS.F(2,2)
THIS.F(1, 1) = "Fib(1)"
THIS.F(1, 2) = 1
THIS.F(2, 1) = "Fib(2)"
THIS.F(2, 2) = 1
```

修改微调器控件 Spinner1 的 InteractiveChange 事件代码：

```
n = THIS.Value
DIME   THISFORM.F(n, 2)
FOR   i = 3   TO   n
   THISFORM.F(i, 1) = "Fib(" + ALLT(STR(i))+")"
   THISFORM.F(i, 2) = THISFORM.F(i−1, 2) + THISFORM.F(i−2, 2)
ENDFOR
THISFORM.List1.NumberOfElements = n
```

⑤ 运行程序，结果如图 8-5 所示。

【例 8-3】使用数组属性来存放方阵的元素。设有一个 5×5 的方阵，它的元素是由计算机随机生成的小于 100 的整数。求主对角线上的元素之和以及方阵中最大的元素。

设计步骤如下。

① 添加自定义属性。

新建表单，进入表单设计器。首先在表单中添加一个自定义的数组属性 A(5,5)。

② 建立应用程序用户界面并设置对象属性。

用户界面如图 8-6 所示，列表框 List1 的属性设置参见表 8-3。

表 8-3　属性设置

对　　象	属　　性	属 性 值
List1	ColumnCount	5
	ColumnLines	.F. – 假
	ColumnWidths	30,30,30,30,30
	RowSource	THISFORM.a
Row	RowSourceType	5 – 数组

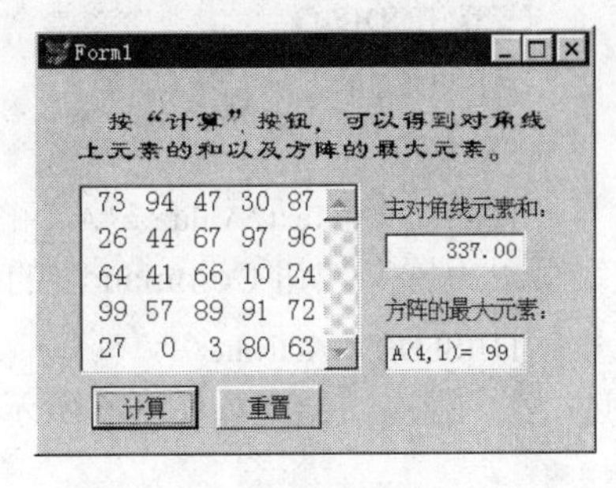

图 8-6　矩阵计算

③ 编写事件代码。

编写表单 Form1 的 Activate 事件代码：

```
FOR  i = 1  TO  25                     &&  产生25个不同的随机整数
  yes = 1
  DO  WHILE  yes = 1
    x = INT(RAND() * 100)              &&  产生随机整数
    yes = 0
    FOR  j = 1  TO  i–1
      IF  x = VAL(THIS.a(j))
        yes = 1                        &&  如果与前面的元素相同，则返回 DO 循环
        EXIT
      ENDIF
    ENDFOR
  ENDDO
  THIS.a(i) = STR(x, 3)
ENDFOR
THISFORM.Text1.Value = ""
THISFORM.Text2.Value = ""
THIS.List1.Refresh
```

编写“计算”按钮 Command1 的 Click 事件代码：

```
s = 0                                  &&  累加和初值
FOR  i = 1  TO  5
  s = s + VAL(THISFORM.a(i, i))        &&  求各数组元素的和
ENDFOR
THISFORM.Text1.Value = s
max = 0                                &&  给最大数赋初值
FOR  i = 1  TO  5                      &&  依次判断是否为最大数
  FOR  j = 1  TO  5
    IF  max < VAL(THISFORM.a(i, j))
      max = VAL(THISFORM.a(i, j))
      p = i                            &&  保存最大数所在的行号
      q = j                            &&  保存最大数所在的列号
```

```
            ENDIF
        ENDFOR
    ENDFOR
    THISFORM.Text2.Value = "A(" + STR(p, 1) + "," + STR(q, 1) + ")=" + STR(max, 3)
```

编写“重置”按钮 Command2 的 Click 事件代码：

```
    THISFORM.Activate
```

④ 运行程序，结果如图 8-6 所示。

8.2 自定义方法

在可视化编程中，“方法”是很常用的。用户自定义方法就是用户为某种需要所编写的子程序。

8.2.1 自定义方法的概念

1. 子程序

在设计程序时，经常会遇到这样的情况：有些运算重复进行，或者某个程序段在程序中多次重复出现。这些重复运算的程序段基本相同，只不过每次运算的参数不同。如果多次重复编写这一程序段，将使程序变得很长，不仅烦琐，而且容易出错，调试起来也很不方便。此外，相同的程序段多次出现，既多占存储空间，又浪费人力和时间。

解决这类问题的有效办法是，将重复使用的程序段设计成能够完成一定功能的、可供其他程序使用（调用）的独立程序段。这种程序段称为子程序，它独立存在，但可以被多次调用，调用它的程序称为主程序。

除了重复执行的程序段外，只执行一次的程序段也可以写成子程序。把程序应该完成的主要功能都分配给各子程序去完成，这样主程序可以写得比较短。

既然子程序是一个相对独立的程序段，那么仍然可以用顺序、选择、循环这 3 种基本结构去构造它。至于子程序的输入/输出，应根据实际情况灵活掌握，一般表现为主程序与子程序之间的数据传递。

2. 过程、函数与方法

在 VFP 中，子程序的结构分为过程、函数与方法 3 类。一般来说，过程与函数的区别在于函数返回一个值而过程不返回值，而方法则是 VFP 中的一种新式的程序组装方式——限制在一个对象中的子程序。

（1）方法的特点

方法集中了过程和函数的所有功能与优点，可以像过程那样以传值或传址的方式传递参数，也可以像函数那样返回值。与过程和函数的不同之处在于，方法总是和一个对象密切相联，即仅当对象存在并且可见时方法才能被访问。

（2）方法的分类

VFP 的方法分为两类：内部方法和用户自定义方法。

内部方法是 VFP 预制的子程序，可供用户直接调用或修改后使用。例如，在前面的章节中所使用过的 Release、SetAll、SetFocus 等就是内部方法。

VFP 提供了数十种内部方法，并且允许用户使用自定义的方法。

（3）方法的命名规则

VFP 方法的命名遵循 VFP 变量名的使用原则。方法名由字母、汉字、下划线和数字组成，并且必须以字母、汉字或下划线开头，长度为 1～128 个字符，不能使用 VFP 的保留字。另外，方法名不要与变量、数组名称相同，尽量取有意义的名称。

8.2.2 自定义方法的建立与调用

自定义方法的建立分为两步：定义方法和编写方法代码。调用自定义方法需要指明调用的路径。

1. 添加新方法

自定义新方法的步骤如下。

① 进入表单设计器，选择菜单命令“表单”→“新建方法程序”，打开“新建方法程序”对话框，如图 8-7 所示。

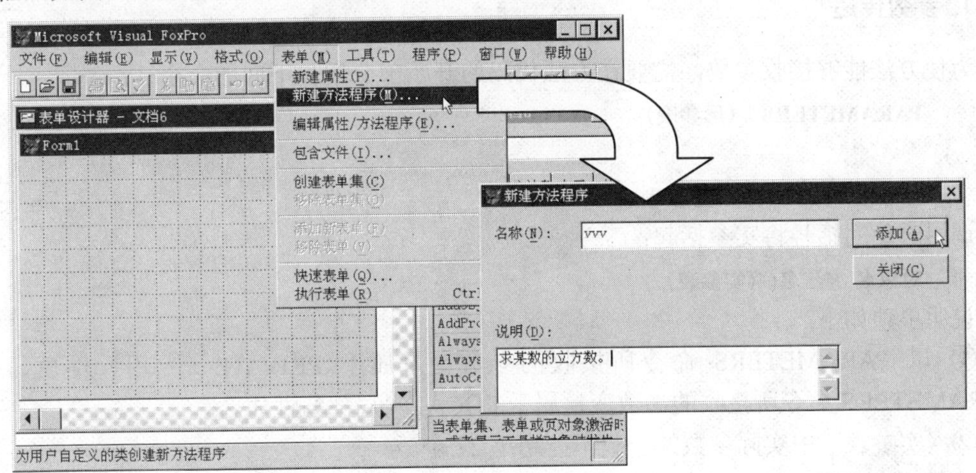

图 8-7 添加新方法

② 在“名称”栏中输入自定义方法的名称 vvv。

③ 在“说明”栏中输入新方法的简单说明“求某数的立方数”。

④ 单击“添加”按钮，将新方法添加到方法程序中。

⑤ 单击“关闭”按钮，退出“新建方法程序”对话框。

⑥ 此时，在属性窗口的“方法程序”选项卡中可以看见新建的方法及其说明，如图 8-8 所示。

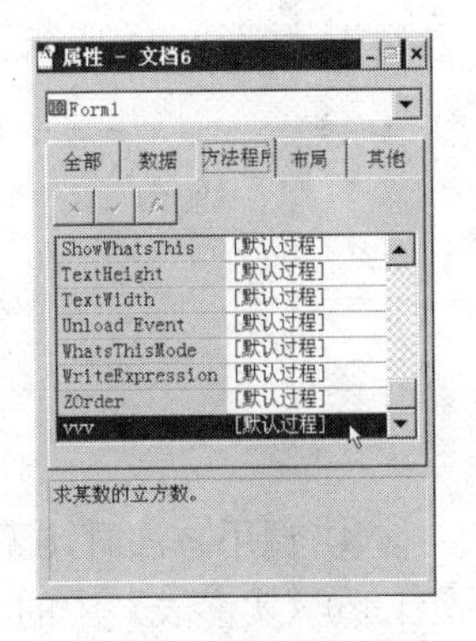

图 8-8 自定义的新方法

2. 编写自定义方法的代码

编写自定义方法的代码与编写表单的事件过程代码方法基本一样。

在编写时，可以双击属性窗口的新方法项 vvv，或直接打开“代码”窗口，在“过程”下拉列表中选择新方法 vvv，即可开始编写新方法的代码，如图 8-9 所示。

3. 自定义方法的调用

自定义方法的调用与表单的内部方法的调用一样，可以在事件过程或其他的方法代码中进行，如图 8-10 所示。

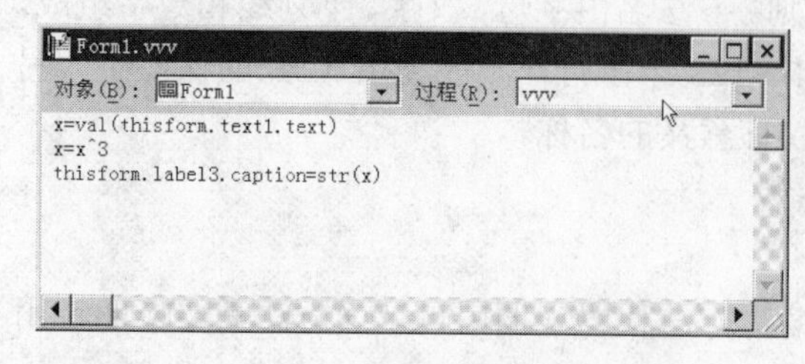

图 8-9　编写自定义方法的代码

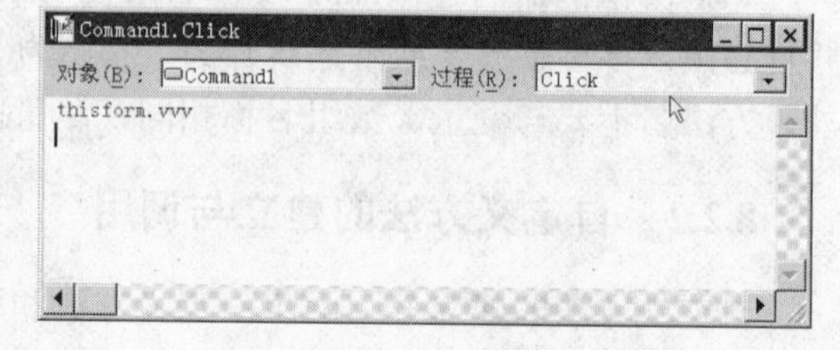

图 8-10　自定义方法的调用

8.2.3　参数传递与方法的返回值

方法可以接收主程序传递的参数，也可以不接收参数。方法可以有返回值（如函数），也可以没有返回值（如过程）。

1. 参数传递

为使方法能够接收参数，需要在方法代码的开始部分增加下面的命令行：

PARAMETERS 〈形参表〉

或

LPARAMETERS 〈形参表〉

调用时使用括号将实参括起：

对象名.方法名(〈实参表〉)

说明事项如下。

① 以 PARAMETERS 命令所接收的参数变量属于 PRIVATE（专用）性质，而以 LPARAMETERS 命令所接收的参数变量属于 LOCAL（局部）性质。

②〈实参表〉中实际参数的个数不能超过 27 个。

③ 如果〈形参表〉中形参的个数多于实际参数的个数，则多余的形参变量的值为.F.。如果实际参数的个数多于〈形参表〉中形参的个数，则出现“程序错误”提示：“必须指定额外参数”，如图 8-11 所示。

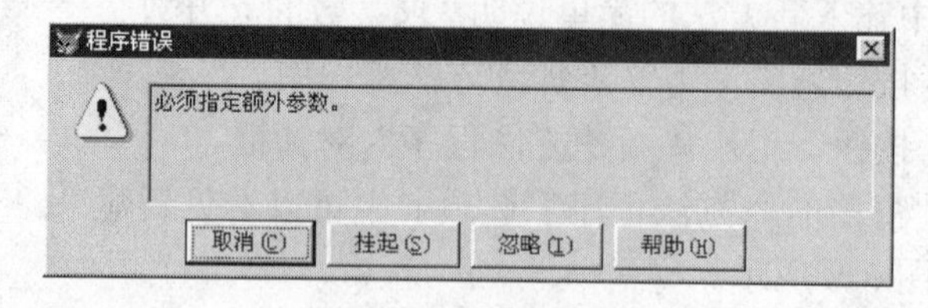

图 8-11　程序错误指示

④ 调用方法时，无论是否指定实际参数，方法名后都可以带一对括号。

⑤〈实参表〉中的实际参数可以是任何类型的变量、函数、数组、表达式甚至对象。

【例 8-4】在一个窗口中包含 3 个命令按钮，当用户单击其中一个按钮时，要求其他某个按钮不能使用。

分析：本例可以分别建立 3 个按钮的单击事件过程，也可以建立一个“方法”来统一处理 3 个命令按钮的单击事件。假设：单击 Command1，使 Command2 不可用；单击 Command2，使 Command1 不可用；单击 Command3，使 Command1 和 Command2 都可用。

设计步骤如下。

应用程序用户界面的建立与对象属性的设置参见图 8-12。下面介绍代码的编写。

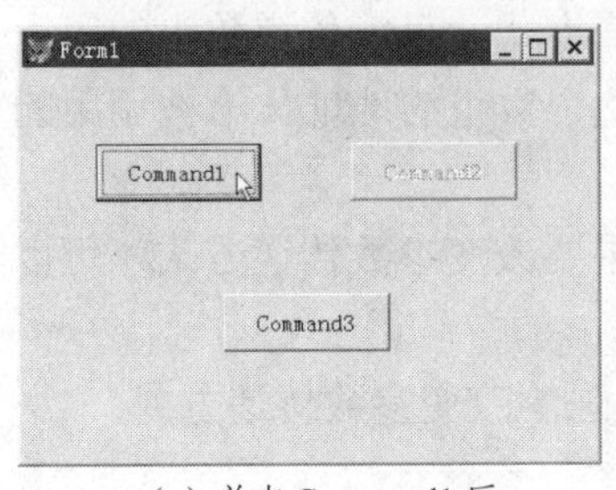

（a）单击 Command1 后

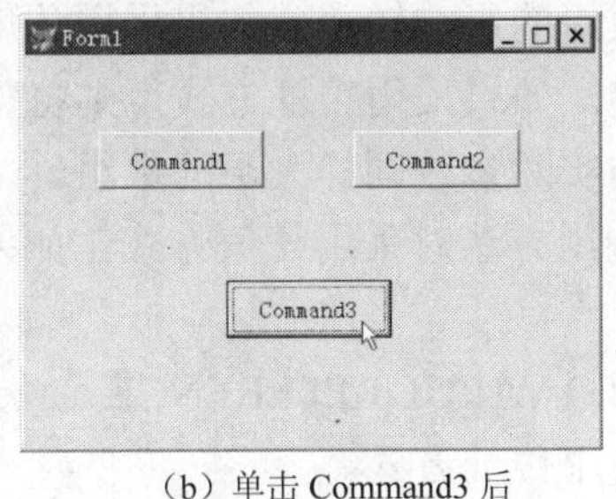

（b）单击 Command3 后

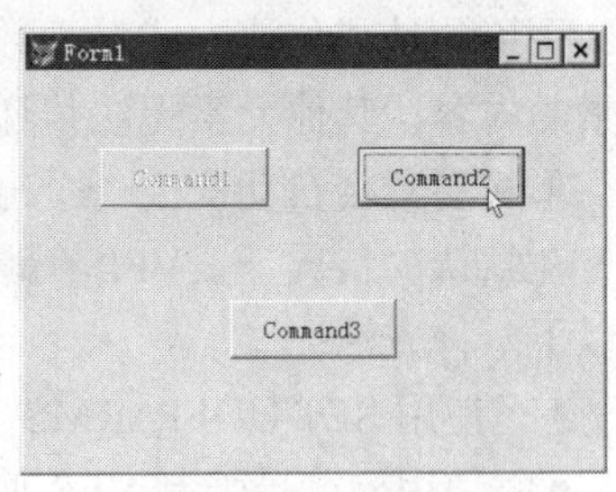

（c）单击 Command2 后

图 8-12　3 个按钮

① 添加新方法。

进入表单设计器，选择菜单命令“表单”→“新方法程序”，打开“新建方法程序”对话框。

在“名称”栏中输入自定义方法的名称 CmdClk，单击“添加”按钮后再单击“关闭”按钮，退出“新建方法程序”对话框。此时，在属性窗口的“方法程序”选项卡中可以看见新建的方法。

② 编写自定义方法 CmdClk 的代码：

```
LPARAMETERS x
DO CASE
   CASE x = THIS.Command1
       THIS.Command2.Enabled=.F.
   CASE x = THIS.Command2
       THIS.Command1.Enabled=.F.
   CASE x = THIS.Command3
       THIS.Command1.Enabled=.T.
       THIS.Command2.Enabled=.T.
ENDCASE
```

③ 3 个命令按钮的 Click 事件代码完全相同：

```
THISFORM.cmdclk(THIS)
```

注意，在不同代码中，THIS 所代表的对象不同。

2. 参数传递方式

参数传递方式分为传址方式和传值方式。

（1）传址方式

传址方式是指主程序将实际参数在内存中的地址传给被调用的方法，由形式参数接收，而形式参数也使用该地址，即实际参数与形式参数使用相同的内存地址。这样，形式参数的内容一经改变，实际参数的内容也将跟着改变。

（2）传值方式

传值方式是指主程序将实际参数的一个备份传给被调用的方法，这个备份可以被方法改变，但在主程序中变量的原值不会改变。

（3）传址与传值方式的区别

采用传址或传值方式对于数组的影响较大。如果采用传值方式，只能传递数组的第一个元素的内容，其他元素无法传递。如果采用传址方式，则将整个数组的地址传给被调用的方法，形式参数会自动变成一个与实际参数同样大小的数组。

在默认的情况下，VFP 在调用方法时采用传值方式。如果要改变参数传递方式，可以采用以下两种方法：

- 使用 SET UDFPARMS TO VALUE|REFERENCE 命令强制改变参数传递方式；
- 使用@符号强制 VFP 使用传址方式。

3. 方法的返回值

为使方法能够返回一个值，需要在方法代码的结束处增加下面的命令行：

RETURN [〈表达式〉]

如果省略〈表达式〉，VFP 将自动返回.T.。代码执行到 RETURN 命令后，就会立即返回主程序。

在主程序中可用以下形式调用方法。

① 在表达式中调用方法，例如，k = x( )*Thisform.Demo(r)。

② 在赋值语句中调用方法，例如，k = Thisform.Demo(r)。

③ 以等号命令调用方法，例如，= Thisform.Demo(r)，以该形式调用方法将舍弃返回值。

【例 8-5】编写分数化简程序，其中调用求最大公约数的自定义方法，如图 8-13 所示。

设计步骤如下。

① 程序界面的设计参见图 8-13，其中文本框的 InputMask 属性设置为 9999999。

② 编写求最大公约数的自定义方法 hcf：

```
PARAMETERS  m, n        &&  传递参数
IF  m < n               &&  使大数在前，否则交换
  t = m
  m = n
  n = t
ENDIF
r = m % n               &&  求二者的余数
DO  WHILE  r <> 0       &&  余数不为 0 时，反复计算
  m = n
  n = r
  r = m % n
ENDDO
RETURN  n               &&  将求出的最大公约数返回
```

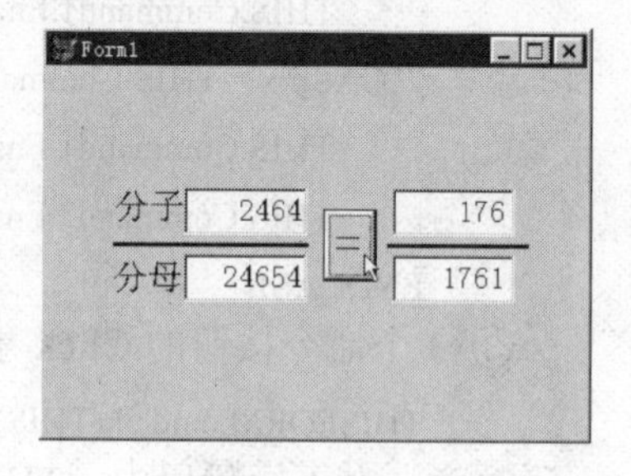

图 8-13　分数化简

③ 编写“=”按钮 Command1 的 Click 事件代码：

```
x = THISFORM.Text1.Value
y = THISFORM.Text2.Value
```

```
IF   x * y <> 0                            && 被除数与除数都不能为 0
   a = THISFORM.hcf(x,y)                   && 调用自定义方法
   THISFORM.Text3.Value = INT(x / a)
   THISFORM.Text4.Value = INT(y / a)
ENDIF
```

④ 运行程序，结果如图 8-13 所示。

【例 8-6】验证哥德巴赫猜想（一个不小于 6 的偶数可以分解为两个素数之和）。

分析：输入一个不小于 6 的偶数，由计算机将其分解为两个素数之和，如图 8-14 所示。

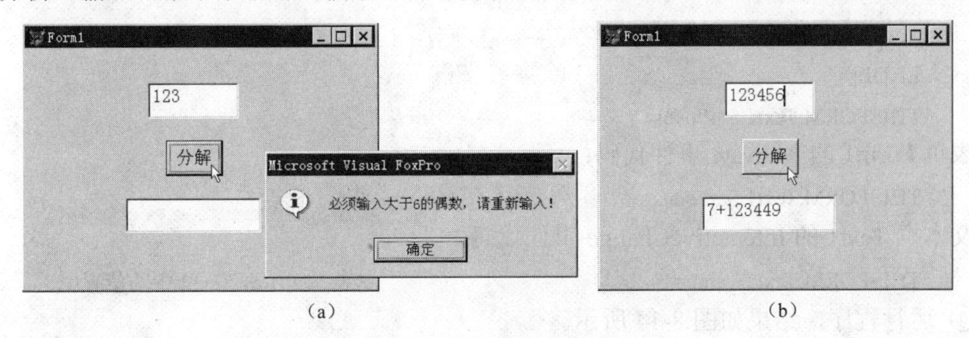

图 8-14　验证哥德巴赫猜想

设计步骤如下。

① 建立用户界面并设置对象属性。

在表单设计器中，增加两个文本框控件 Text1～Text2，一个命令按钮控件 Command1。属性设置参见图 8-14。

② 建立自定义方法。

在表单中增加一个判断素数的自定义方法 sushu，其代码为：

```
LPARAMETERS   m                                  && 参数传递
f = .T.
IF   m > 3
   FOR   i = 3   TO   SQRT(m)                    && 依次判断
      IF   m % i = 0                             && 能被整除
         f = .F.
         EXIT                                    && 无条件跳出循环
      ENDIF
   ENDFOR
ENDIF
RETURN   f                                       && 返回值
```

③ 编写事件代码。

编写“分解”命令按钮 Command1 的 Click 事件代码：

```
n = VAL(THISFORM.Text1.Value)
IF   n % 2 != 0   OR   n < 6                     && 如果 n 不是偶数或 n 小于 6
   MESSAGEBOX('必须输入大于 6 的偶数，请重新输入！', 64)
ELSE
```

```
    FOR   x = 3   TO   n / 2   STEP   2
        IF   THISFORM.sushu(x)                        &&  调用自定义方法 sushu
            y = n - x
            IF   THISFORM.sushu(y)                    &&  调用自定义方法 sushu
                THISFORM.Text2.Value = ALLT(STR(x)) + '+' + ALLT(STR(y))
                EXIT                                  &&  跳出循环
            ENDIF
        ENDIF
    ENDFOR
ENDIF
THISFORM.Text1.SetFocus
```

表单 Form1 的 Activate 事件代码：

```
THISFORM.Text1.SetFocus                               &&  焦点
```

文本框 Text1 的 InteractiveChange 事件代码：

```
THISFORM.Text2.Value=''                               &&  文本框 Text2 中的值置空
```

④ 运行程序，结果如图 8-14 所示。

8.2.4 方法的递归调用

简单地说，递归就是一个过程调用过程本身。在方法的递归调用中，一个方法执行的某一步要用到它自身的上一步（或上几步）的结果。递归调用在处理阶乘运算、级数运算、幂指数运算等方面特别有效。例如，自然数 n 的阶乘可以递归定义为

$$n!=\begin{cases}1 & n=0\\ n\times(n-1)! & n>0\end{cases}$$

上式使用递归调用来描述，将显得非常简洁与清晰。

【例 8-7】如图 8-15 所示，利用递归调用计算 n!。

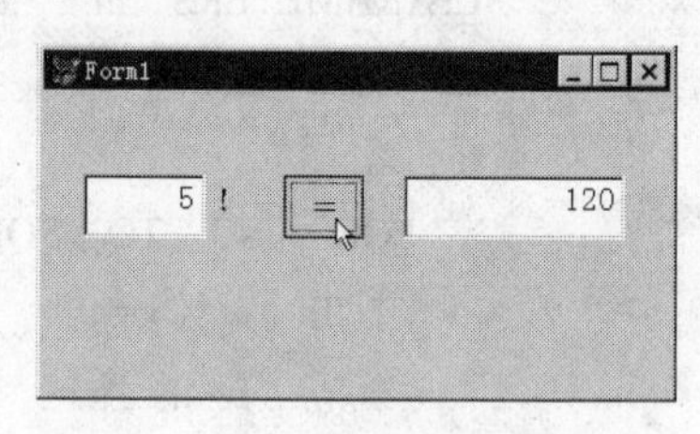

图 8-15 利用递归调用计算阶乘 n!

表单的设计以及对象属性的设置参见图 8-15。下面给出程序代码。

求阶乘的递归方法 fact 的代码：

```
LPARAMETERS   n                  &&  参数传递
IF   n > 0
   f = n * THIS.fact(n - 1)      &&  递归调用方法 fact
ELSE
   f = 1
ENDIF
RETURN   f                       &&  返回值
```

编写“=”命令按钮 Command1 的 Click 事件代码：

```
m = VAL(THISFORM.Text1.Value)
IF   m < 0   OR   m > 20                              &&  对输入数据进行检查
   MESSAGEBOX("非法数据！")
ELSE
```

```
    THISFORM.Text2.Value = INT(THISFORM.fact(m))  &&  调用方法 fact
  ENDIF
  THISFORM.Text1.SetFocus                         &&  设置焦点
```

说明：当 $n>0$ 时，在方法 fact 中调用 fact 方法，参数为 $n-1$，这种操作一直持续到 $n=1$ 为止。

例如，当 $n=5$ 时，求 fact(5)的值变为求 5×fact(4)；求 fact(4)的值又变为求 4×fact(3)，……，当 $n = 0$ 时，fact 的值为 1，递归结束，其结果为 5×4×3×2×1。如果把第一次调用方法 fact 叫做 0 级调用，以后每调用一次级别增加 1，过程参数 n 减 1，则递归调用的过程如下：

```
递归级别    执行操作
   0            fact(5)
   1                   fact(4)
   2                          fact(3)
   3                                 fact(2)
   4                                        fact(1)
   4                                 返回 1 fact(1)
   3                          返回 2   fact(2)
   2                   返回 6   fact(3)
   1            返回 24   fact(4)
   0     返回 120   fact(5)
```

运行程序，结果如图 8-15 所示。

利用递归算法能简单有效地解决一些特殊问题，但是由于递归调用过程比较频繁，所以执行效率很低，在选择递归时要慎重。

8.3 实训 8

实训目的

- 掌握自定义属性的使用方法。
- 掌握自定义方法的使用方法。

实训内容

- 通过自定义数组属性编写程序。
- 通过自定义方法简化程序。

实训步骤

1. 自定义数组属性

使用自定义数组属性，用随机函数生成有 10 个整数的数组，并找出其中的最大值及其下标。

① 设计程序界面，参见图 8-16。

② 设置对象属性。

在表单中添加一个自定义数组属性 a()，用来记录随机整数。然后，参照表 8-4 设置列表框的属性。

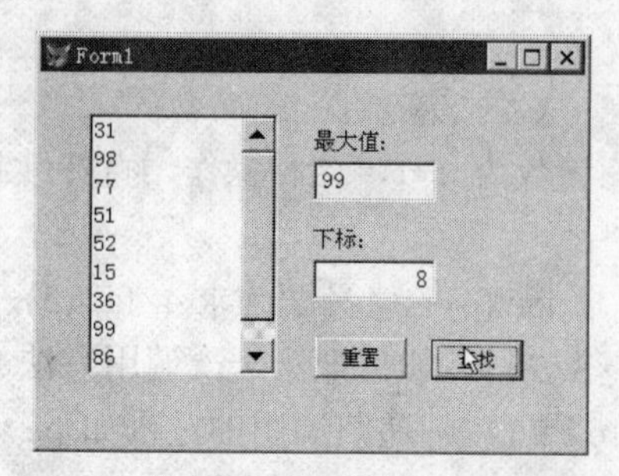

图 8-16　找出数组元素的最大值及其下标

表 8-4　属性设置

对　象	属　性	属 性 值
List1	RowSourceType	5－数组
	RowSource	THISFORM.A

其他控件的属性设置，参见图 8-1。

③ 编写代码。

在表单的 Activate 事件代码中生成随机整数数组：

```
FOR i = 1 TO 10
  yes = 1
  DO WHILE yes = 1
    x = INT(RAND() * 100)
    yes = 0
    FOR j = 1 TO i – 1
        IF x = VAL(THISFORM.a(j))
        yes = 1                          &&  如与前面的元素相同，则返回 DO 循环
        EXIT
      ENDIF
    ENDFOR
  ENDDO
  THISFORM.a(i) = STR(x,2)
ENDFOR
```

编写命令按钮 Command1（重置）的 Click 事件代码如下：

```
THISFORM.Activate
THISFORM.Refresh
```

编写命令按钮 Command2（查找）的 Click 事件代码如下：

```
max = THISFORM.a(1)
s = 1
FOR i = 2 TO 10
  IF THISFORM.a(i) > max
    max = THISFORM.a(i)
    s = i
  ENDIF
NEXT
THISFORM.Text1.Value = max
THISFORM.Text2.Value = s
```

④ 运行程序，结果如图 8-16 所示。

2. 自定义方法

使用自定义方法计算组合数，如图 8-17 所示。在表单中，利用微调器选择参数，然后按等号按钮得到计算结果。

① 建立程序界面，参见图 8-17（a）。

按照以下步骤在容器 Container1 中添加控件并设置属性。

右击 Container1，在弹出的快捷菜单中选择“编辑”命令，容器的四周将出现淡绿色边界，然后逐个添加标签 Label1，微调器 Spanner1、Spanner2（Spanner1 在下，Spanner2 在上），命令按钮 Command1 和文本框控件 Text1，并在属性窗口设置其属性，见表 8-5。

表 8-5 Container1 中各控件的属性设置

对　象	属　性	属 性 值
Spanner1	KeyboardHighValue	100
	KeyboardLowValue	1
	SpinnerHighValue	100.00
	SpinnerLowValue	1.00
	Value	1
Spanner2	KeyboardLowValue	0
	SpinnerLowValue	0.00
	Value	1
Text1	DisabledBackColor	255,255,255
	DisabledForeColor	0,0,0
	ReadOnly	.T. – 真

其他对象的属性设置，参见图 8-17。

② 编写代码。

首先在表单中添加一个计算阶乘的自定义方法 Fact()，其代码如下：

```
LPARAMETERS n
v = 1
IF n != 0
  FOR i = 1 TO n
    v = v * i
  ENDFOR
ENDIF
RETURN v
```

编写命令按钮 Command1 “=” 的 Click 事件代码如下：

```
x = THIS.Parent.Spinner1.Value
y = THIS.Parent.Spinner2.Value
a = THISFORM.Fact(x)
b = THISFORM.Fact(y)
c = THISFORM.Fact(x–y)
THIS.Parent.Text1.Value = a / b / c
```

这里用到计算组合数的公式：

$$C_m^n = \frac{m!}{n!(m-n)!}$$

编写 Spinner1（公式中的 *m*）的 InteractiveChange 事件代码如下：

```
a = THIS.Value
THIS.Parent.Spinner2.KeyboardHighValue = a
THIS.Parent.Spinner2.SpinnerHighValue = a
b = THIS.Parent.Spinner2.Value
THIS.Parent.Spinner2.Value = IIF(b > a, a, b)
THIS.Parent.Text1.Value=''
```

编写 Spinner2（公式中的 *n*）的 InteractiveChange 事件代码如下：

```
THIS.Parent.Text1.Value=''
```

③ 运行程序，结果如图 8-17（b）所示。

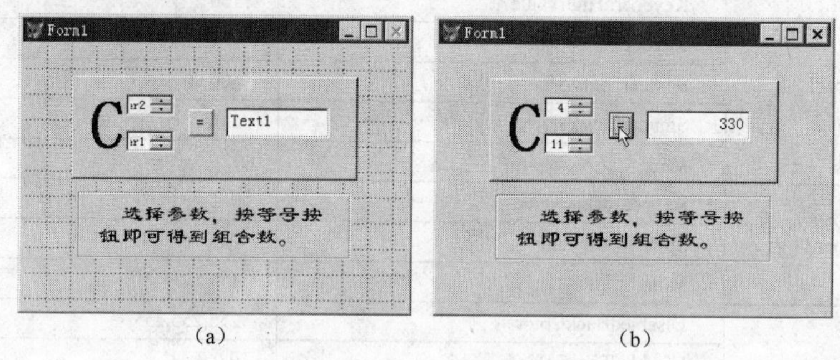

（a）　　　　（b）

图 8-17　计算组合数

习题 8

一、选择题

1. 在 VFP 中，如果希望一个内存变量只限于在本过程中使用，那么声明这种内存变量的命令是（　）。

A）PRIVATE　　　　B）PUBLIC

C）LOCAL　　　　D）在程序中直接使用的内存变量（不加上述声明）

2. 在 VFP 中，下面关于自定义方法（或过程）调用的叙述中正确的是（　）。

A）实参与形参的数量必须相等

B）当实参的数量多于形参的数量时，多余的实参被忽略

C）当形参的数量多于实参的数量时，多余的形参取.F.

D）上面 B）和 C）都对

3. 设表单 MyForm 中自定义方法 K1 的代码如下：

```
PARAMETERS x, y
y = x*x+15
RETURN y
```

表单 MyForm 中命令按钮 Command1 的 Click 事件代码如下：

```
fs = 0
a = THISFORM.K1(5, fs)
```

运行表单，单击 Command1 后，变量 a 中的值为（ ）。

A）40　　B）5　　C）0　　D）15

4. 设表单 MyForm 中自定义方法 K2 的代码如下：

```
PARAMETERS x, y
n=1
n=n+1
y=1
DO WHILE n<x
  y=y*n
  n=n+1
ENDDO
RETURN y
```

表单 MyForm 中命令按钮 Command1 的 Click 事件代码如下：

```
a = 0
b = THISFORM.K2(5, a)
```

运行表单，单击 Command1 后，变量 b 中的值为（ ）。

A）0　　B）24　　C）18　　D）14

二、编程题

1. 使用自定义数组属性，求任意多数中的最大数。
2. 求两个数 m，n 的最大公约数和最小公倍数。
3. 使用 SECONDS()函数，设计用来暂停指定时间（以秒为单位）的自定义方法。
4. 汉诺塔问题。一块木板上插着 3 个细柱，在其中一个细柱上，自下而上放着由大到小的 64 个圆盘，要求按下面的规则把 64 个圆盘移到另一个细柱上：

- 一次只能移一个圆盘；
- 圆盘只许在 3 个细柱上存放；
- 永远不许大盘压小盘。

请编写程序实现圆盘的移动（如图 8-18 所示）。

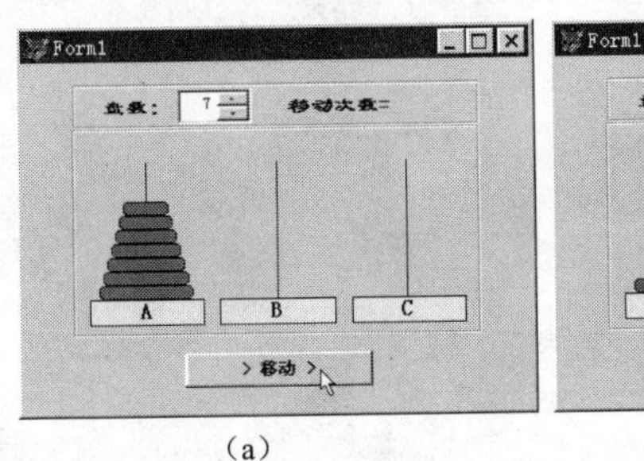

（a）

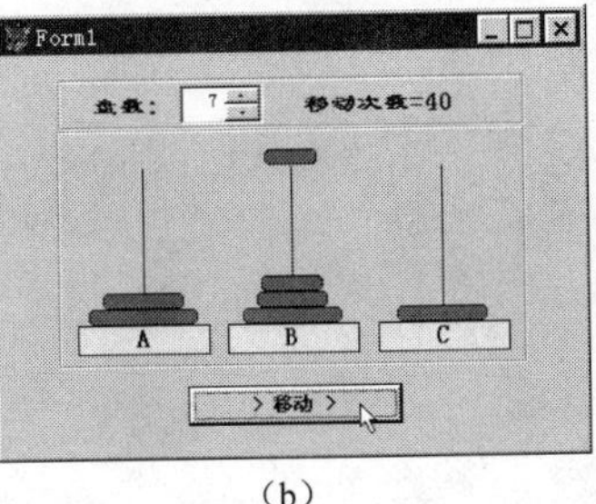

（b）

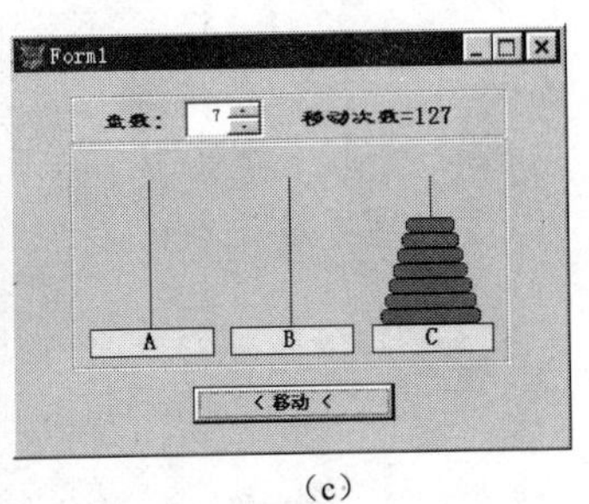

（c）

图 8-18　汉诺塔

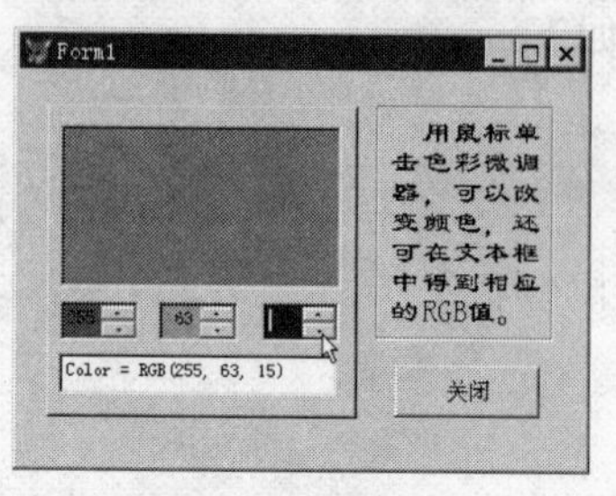

图 8-19 调色盘

5. 自定义属性，设计一个计时器，能够设置倒计时的时间，并进行倒计时。

6. 用自定义数组属性实现调色盘，使之用微调器控制色彩，还可以返回色彩的 RGB 值，如图 8-19 所示。

7. 修改上题，使用自定义方法来统一处理微调器的操作。

8. 编写求最大公约数的自定义方法。输入的两个整数按值传递，求出的最大公约数按地址传递。

9. 改写上题中的自定义方法，使其能够返回值。然后通过调用该方法，得到 3 个整数的最大公约数。

第 9 章　表单集与多重表单

表单中可以包含大量的对象，通过对这些对象的事件进行处理，调用相应的方法，用户可以在应用程序中建立一系列相关的表单，从而完成一个或多个完整的任务。

几乎所有的应用程序都有多个不同的用户界面，如果在程序中同时出现的表单之间存在频繁的信息交流，可以使用表单集来组织表单。如果表单之间存在调用关系，可以使用多重表单。

9.1　表单集

除了使用页框架外，扩展用户界面的另外一种方法是使用表单集（FormSet）。在 VFP 中，可以把一系列相关内容加入表单集中，从而扩展用户界面。一个表单集包含多个表单，可以把这些表单作为一个组进行操作。使用表单集有以下优点。

① 能够同时显示或隐藏表单集中的全部表单。

② 能够可视地调整多个表单，从而控制它们之间的相对位置。

③ 由于表单集中的所有表单都是在单个.scx 文件中用单独的数据环境定义的，因此可自动地同步改变多个表单中的记录指针。如果在一个表单的父表中改变记录指针，则另一个表单中子表的记录指针被更新和显示。

9.1.1　创建和删除表单集

创建表单集是在表单设计器中进行的。具体步骤如下。

① 单击“新建”按钮，在“新建”对话框中，选中“表单”选项，单击“新建文件”按钮，进入表单设计器。

② 选择菜单命令“表单”→“创建表单集”，如图 9-1 所示，即可创建一个新的表单集 FormSet1。

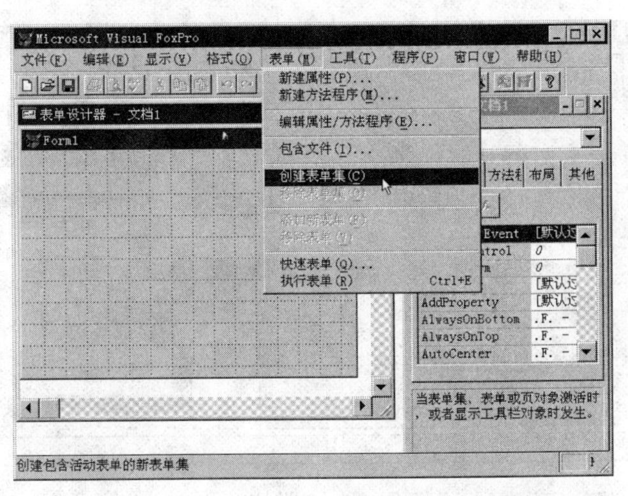

图 9-1　创建表单集

表单集是一个包含一个或多个表单的父层次的容器，该容器不可见。

创建表单集以后，该表单集包含原有的一个表单，可向表单集中添加新的表单或删除表单。

选择菜单命令“表单”→“移除表单集”，即可删除表单集。

9.1.2　向表单集中添加新表单

要向表单集中添加新表单，可以选择菜单命令“表单”→“添加新表单”，如图 9-2 所示。

表单以“表”的格式存储在.scx 文件中。创建表单时，.scx 表中包含了一个表单的记录、一个数据环境的记录和两个内部使用记录。为每个添加到表单或数据环境中的对象添加一个记录。如果创建了表单集，则为表单集及每个新表单添加一个附加的记录。

每个表单的父容器为表单集，每个控件的父容器为其所在的表单。

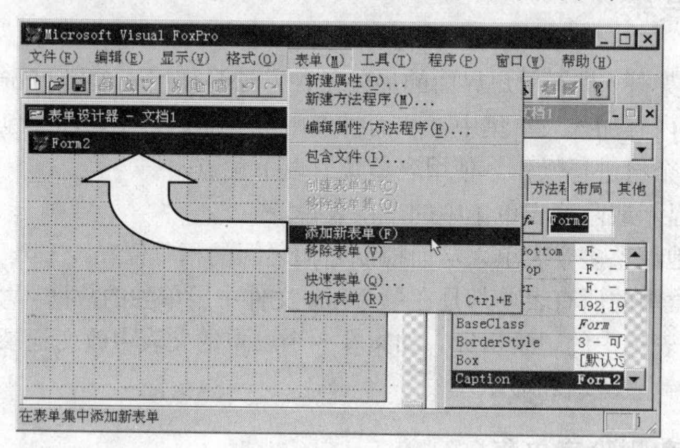

图 9-2　添加新表单

9.1.3　从表单集中删除表单

从表单集中删除表单的步骤如下：

① 在属性窗口的对象列表框中，选定要删除的表单（此处假设要删除 Form2）。

② 选择菜单命令“表单”→“移除表单”，如图 9-3 所示。

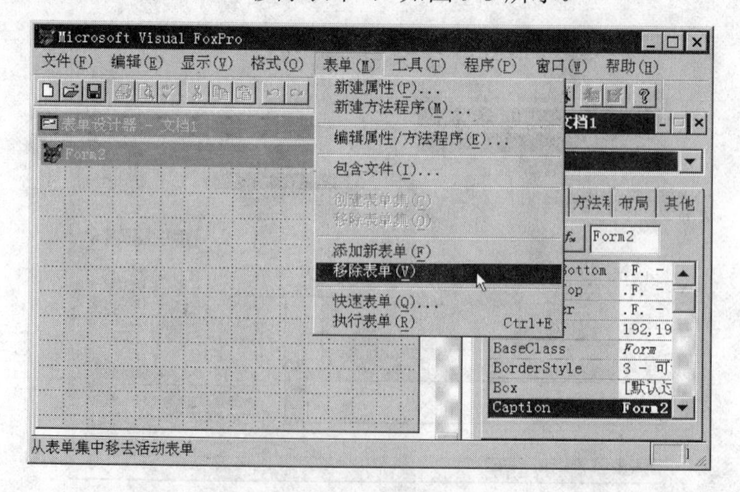

图 9-3　删除表单

③ 在弹出的删除确认对话框中，单击“是”按钮，表单即被删除，如图 9-4 所示。

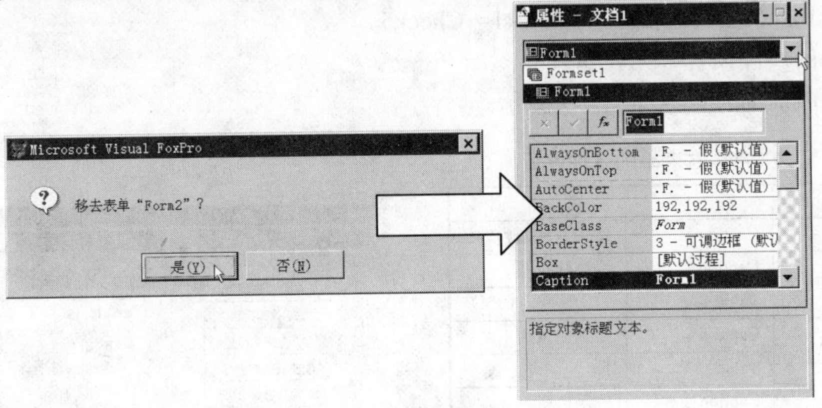

图 9-4 删除表单

在属性窗口中，可以看到原来的 Form2 表单没有了。

如果表单集中只有一个表单，则无法删除表单，只可删除表单集而剩下单个的表单。

9.1.4 应用表单集

【例 9-1】如图 9-5 所示，在表单集中设置属性，并在不同表单中进行控制。

分析：从图 9-5 中可以看出，右表单的复选框显示了几个常用的表单属性 MinButton、MaxButton、ControlBox、TitleBar 和 Movable，左表单的命令按钮显示了在表单集中不同表单之间跨表单的控制。

设计步骤如下。

① 设计左表单。

新建表单，进入表单设计器。调整表单设计器中第一个表单（Form1）的形状，并且把其 Caption 属性修改为“左表单”。

在表单中增加一个命令按钮组 CommandGroup1，在按钮组生成器中把按钮个数修改为 6，并把各按钮的 Caption 属性分别修改为“文本字体改为粗体”、“文本字体改为斜体”、“改变左表单标题”、“改变右表单标题”、“隐藏右表单”和“关闭表单集”，如图 9-6 所示。

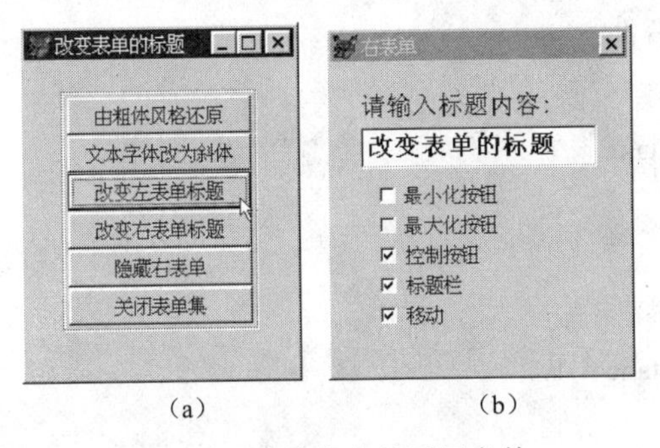

(a) (b)

图 9-5 表单集中的不同表单

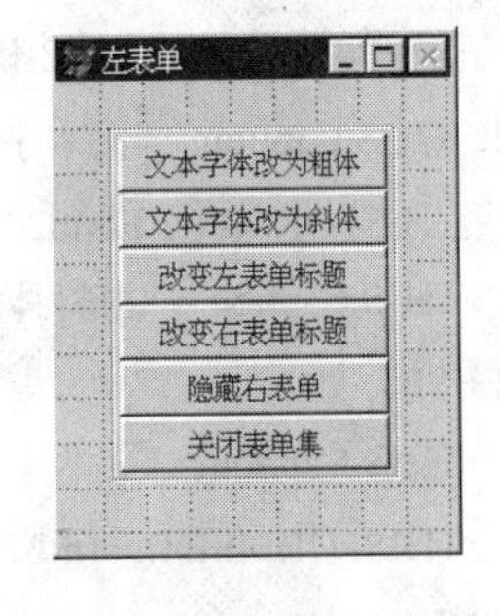

图 9-6 表单集中的左表单

② 创建表单集。

选择菜单命令“表单”→“创建表单集”，建立表单集 FormSet1。

③ 设计右表单。

选择菜单命令“表单”→“添加新表单”，表单设计器中出现第 2 个表单（Form2）。调整其形状和位置，并把其 Caption 属性修改为“右表单”。在其中增加一个标签 Label1，一个文本框 Text1 和 5 个复选框控件 Check1～Check5。

各对象的属性设置参见表 9-1。

修改完成后的表单集如图 9-7 所示。

表 9-1　右表单的属性设置

对　象	属　性	属 性 值
Label1	Caption	请输入标题内容:
Check1	Caption	最小化按钮
	Value	1
Check2	Caption	最大化按钮
	Value	1
Check3	Caption	控制按钮
	Value	1
Check4	Caption	标题栏
	Value	1
Check5	Caption	移动
	Value	1

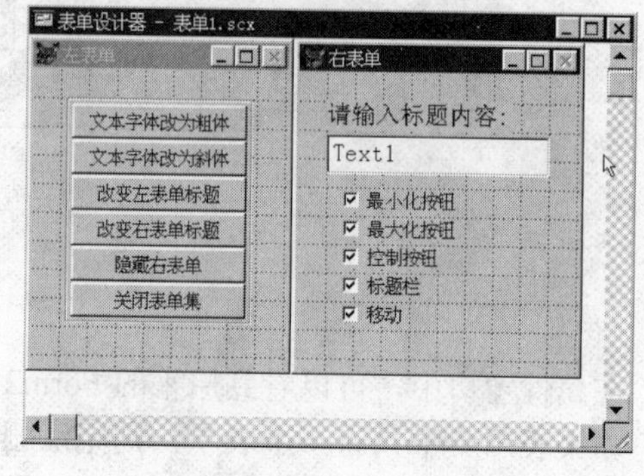

图 9-7　表单集中的两个表单

④ 编写事件代码。

编写表单集 Formset1 的 Activate 事件：

```
THIS.Form2.Text1.SetFocus
```

编写左表单中 Command1 的 Click 事件：

```
IF THIS.Caption = "文本字体改为粗体"
   THISFORMSET.Form2.Text1.FontBold = .T.
   THIS.Caption = "由粗体风格还原"
ELSE
   THIS.Caption = "文本字体改为粗体"
   THISFORMSET.Form2.Text1.FontBold = .F.
ENDIF
```

编写左表单中 Command2 的 Click 事件：

```
IF THIS.Caption = "文本字体改为斜体"
   THISFORMSET.Form2.Text1.FontItalic = .T.
   THIS.Caption = "由斜体风格还原"
ELSE
   THIS.Caption = "文本字体改为斜体"
   THISFORMSET.Form2.Text1.FontItalic = .F.
ENDIF
```

编写左表单中 Command3 的 Click 事件：

```
THISFORMSET.Form1.Caption = THISFORMSET.Form2.Text1.Value
```

编写左表单中 Command4 对象的 Click 事件：

```
THISFORMSET.Form2.Caption = THISFORMSET.Form2.Text1.Value
```

编写左表单中 Command5 对象的 Click 事件：

```
IF THIS.Caption = "隐藏右表单"
  THISFORMSET.Form2.Visible = .F.
  THIS.Caption = "显示右表单"
ELSE
  THIS.Caption = "隐藏右表单"
  THISFORMSET.Form2.Visible = .T.
ENDIF
```

编写左表单中 Command6 对象的 Click 事件：

```
RELEASE   THISFORMSET
```

编写右表单中 Check1 对象的 Click 事件：

```
THISFORM.MinButton = THIS.Value
```

编写右表单中 Check2 对象的 Click 事件：

```
THISFORM.MaxButton = THIS.Value
```

编写右表单中 Check3 对象的 Click 事件：

```
THISFORM.ControlBox = IIF(THIS.Value = 1,.T.,.F.)
```

编写右表单中 Check4 对象的 Click 事件：

```
THISFORM.TitleBar = THIS.Value
```

编写右表单中 Check5 对象的 Click 事件：

```
THISFORM.Movable = IIF(THIS.Value = 1,.T.,.F.)
```

⑤ 运行程序，结果如图 9-5 所示。

在运行表单时，如果不想把表单集中的所有表单在初始时就设置为可视的，可以在表单集运行时，将不需显示的表单的 Visible 属性设置为“假”(.F.)，将要显示的表单的 Visible 属性设置为“真”(.T.)。

9.2 多重表单

表单集中的表单，“地位”是平等的，即不存在主次关系或上下级关系。多重表单则是指具有主从关系的表单，由“主”表单（或称父表单）调用“子”表单，这里的“主”、“子”表单处于不同的层次。

9.2.1 表单的类型

VFP 允许创建 3 种类型的表单，即子表单、浮动表单和顶层表单，如图 9-8 所示。

1. 子表单

子表单包含在另一个窗口中，用于创建 MDI（多文档界面）应用程序的表单。子表单不可移至父表单（主表单）边界之外，当其最小化时将显示在父表单的底部。若父表单最小化，则子表单也一同最小化。

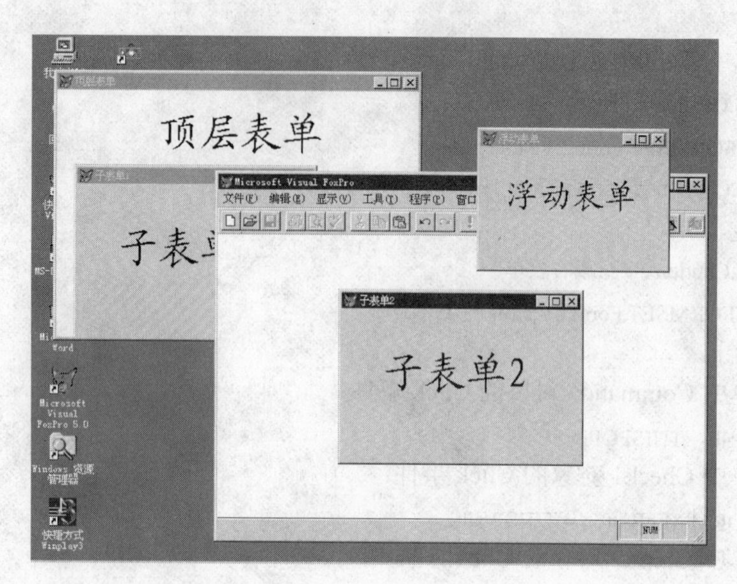

图 9-8　表单的类型

2. 浮动表单

浮动表单属于父表单（主表单）的一部分，但并不包含在父表单中。而且，浮动表单可以被移至屏幕的任何位置，但不能在父表单后台移动。将浮动表单最小化时，它将显示在桌面的底部。若父表单最小化，则浮动表单也一同最小化。浮动表单也可用于创建 MDI 应用程序。

3. 顶层表单

顶层表单是没有父表单的独立表单，用于创建一个 SDI（单文档界面）应用程序，或用做 MDI 应用程序中其他子表单的父表单。顶层表单与其他 Windows 应用程序同级，可出现在其前台或后台，并且显示在 Windows 任务栏中。

无论哪种类型的表单，都应单独设计完成后才能使用。子表单或浮动表单要由主表单用 DO 命令调用，而主表单的使用则与前文所述的独立表单相同。

9.2.2　多重表单的创建及有关属性

创建各种类型表单的方法基本相同，但无论创建哪种表单，都应设置特定的属性，来指明表单的工作状态。

1. 多重表单的有关属性

在前面的章节中，已经介绍了表单的常用属性。与多重表单有关的表单属性，见表 9-2。

表 9-2　与多重表单有关的表单属性

名　称	功　能
AlwaysOnTop	控制表单是否总是位于其他打开窗口的顶部
Desktop	控制表单是否总是在“桌面”窗口（可以浮动于其他窗口）中
ShowWindow	控制表单是在 VFP 主窗口中、顶层表单中，还是顶层表单

2. 创建子表单

如果创建子表单，不仅要指定它应在另外一个表单中显示，而且要指定是否是MDI类的子表单，即指出表单最大化时是如何工作的。

如果子表单是MDI类的，它将包含在父表单中，并共享父表单的标题栏、标题、菜单及工具栏；非MDI类的子表单最大化时，将占据父表单的全部用户区域，但仍保留它本身的标题和标题栏。

创建子表单的步骤如下。

① 在表单设计器中创建或编辑表单。

② 设置表单的ShowWindow属性。

- 0－在屏幕中（默认）：子表单的父表单是VFP主窗口。
- 1－在顶层表单中：当子窗口显示时，子表单的父表单是活动的顶层表单。如果希望子窗口出现在顶层表单窗口内，而不是出现在VFP主窗口内，可选用该项设置。这时并不需要专门指定某一顶层表单作为子表单的父表单。

③ 设置表单的MDIForm属性。

"真"（.T.）：子表单最大化时与父表单组合成一体。

"假"（.F.）：子表单最大化时仍保留为一个独立的窗口。

3. 建立浮动表单

浮动表单是由子表单变化而来的，建立浮动表单的步骤如下。

① 在表单设计器中创建或编辑表单。

② 设置表单的ShowWindow属性。

- 0－在屏幕中（默认）：浮动表单的父表单将出现在VFP主窗口中。
- 1－在顶层表单中：当浮动窗口显示时，浮动表单的父表单将是活动的顶层表单。

③ 把表单的Desktop属性设置为真（.T.）。

4. 建立顶层表单

建立顶层表单的步骤如下：

① 在表单设计器中创建或编辑表单；

② 把表单的 ShowWindow 属性设置为"2-作为顶层表单"。

5. 显示子表单

要在某表单中显示该子表单，只需在顶层表单的事件代码中包含DO FORM命令，指定要显示的子表单的名称即可。例如，在顶层表单中建立一个按钮，然后在按钮的 Click 事件代码中包含如下的命令：

```
DO  FORM  MyChild
```

然后激活顶层表单，如有必要，触发用以显示子表单的事件。

在显示子表单时，顶层表单必须是可视的、活动的。因此，不能使用顶层表单的Init事件来显示子表单，因为此时顶层表单还未激活。

6. 子表单的多个实例

在同一时刻，可以有一个类定义的多个实例活动。例如，设计一个订购表单，而在应用程序中拥有几个打开的订购单，每一个订购单都使用相同的表单定义，但可独立地显示和操作。

当管理一个表单的多个实例时，必须记住以下要点。

① 在启动表单中创建一个数组属性，数组中的每个元素用来存放一个表单的实例变量。如果事先不知道有多少个实例，跟踪实例变量的最简便的方法就是使用数组。

② 对于拥有多个实例的表单，将其 DataSession 属性设置为“2-私有数据工作期”。私有数据工作期为表单的每个实例提供一个独立的工作区，因此选定的表和记录指针的位置都是独立的。

例如，在主表单中定义一个数组属性 aForms，然后在主表单中可以用以下代码建立子表单 Multi.scx 的多个实例：

```
n = ALEN(THISFORM.aForms)
DO FORM Multi NAME THISFORM.aForms[n] LINKED
DIMENSION THISFORM.aForms[nInstance + 1]
```

此时，以下代码将第 2 个子表单实例的 Caption 属性设置为“我是第 2 个”：

```
aForms[2].Caption = "我是第 2 个"
```

进一步编写本例的代码时，可以管理表单对象数组，使得关闭表单后，空的数组元素能被作为打开的表单重新使用。否则，数组的大小将不断增加，元素的个数也逐个增加。

9.2.3 主表单、从表单之间的参数传递

主表单在调用子表单时，通过 DO 命令可以实现主、从表单之间的参数传递。

1. 主表单接收子表单的返回值

当主表单要接收子表单返回的值时，需使用下面的命令：

DO FORM 〈子表单名〉TO 〈内存变量〉

说明：子表单返回的值存放在〈内存变量〉中，在主表单中可以使用。

2. 主表单向子表单传递数据

如果主表单需要向子表单传递数据，可以使用下面的命令：

DO FORM 〈表单文件名〉 WITH 〈实参表列〉

说明：在子表单的 Init 事件代码中应该有如下代码来接收数据：

PARAMETERS 〈形参表列〉

〈实参表列〉与〈形参表列〉中的参数应该用逗号分隔，〈形参表列〉中的参数数目不能少于〈实参表列〉中的参数数目。多余的参数变量将初始化为.F.（假）。

3. 主表单与子表单相互传递数据

主表单与子表单之间的数据传递，使用下面的命令：

DO FORM 〈表单文件名〉 WITH 〈实参表列〉 TO 〈内存变量〉

9.2.4 多重表单使用示例

【例 9-2】使用主、子表单形式设计口令验证系统。

首先设计子表单，然后再设计主表单，具体步骤如下。

（1）设计子表单

① 设计界面并设置属性。

新建表单，进入表单设计器。调整表单的形状，修改其属性，见表 9-3。

在表单中增加一个容器控件 Container1 和一个命令按钮 Command1，将 Container1 的 SpecialEffect 属性改为“0-凸起”。右击容器控件，在弹出的菜单中选择“编辑”命令，开始编辑容器。在容器中增加一个标签和文本框 Text1，并将 Text1 的 PasswordChar 属性改为*。其他属性的设置，参见图 9-9。

表 9-3 子表单的属性设置

对　象	属　性	属 性 值	说　明
Form1	AutoCenter	.T. – 真	自动居中
	BarderStyle	2- 固定对话框	边框样式
	Caption	口令验证	标题名称
	Closable	.F. – 假	不能双击窗口菜单图标关闭表单
	MaxButton	.F. – 假	无最大化按钮
	MinButton	.F. – 假	无最小化按钮
	WindowType	1- 模式	必须有

图 9-9 口令验证子表单

② 增加自定义属性与方法。

在子表单中增加一个自定义属性 cs 来记录口令输入的次数，其初始值设为 1。增加一个自定义方法 Timer0 来控制关闭子表单的时间。

③ 编写代码。

编写自定义方法 Timer0 的代码：

```
LPARAMETERS   PauseTime                          &&  PauseTime 为暂停时间
Start = SECONDS( )                               &&  设置开始暂停的时刻
DO   WHILE   SECONDS( ) < Start + PauseTime      &&  利用空循环实现暂停
ENDDO
```

编写“确定”按钮 Command1 的 Click 事件代码：

```
a = LOWER(THISFORM.Container1.Text1.Value)
IF   a = "abcd "                                 &&  密码设置为"abcd "
  RELEASE   THISFORM                             &&  如果密码正确，则关闭本表单
ELSE
  m = THISFORM.cs                                &&  调用自定义属性：次数
  THISFORM.cs = m + 1                            &&  计数器累加 1
  IF   m = 3                                     &&  如果输入 3 次都不对
    MESSAGEBOX("对不起，" + CHR(13) + "您无权使用！",48,"口令")
```

```
            THISFORM.Timer0(2)                              && 调用自定义方法 Timer0
            RELEASE   THISFORM                              && 关闭本表单
        ELSE
            MESSAGEBOX("对不起，口令错！请重新输入！",48,"口令")
            THISFORM.Container1.Text1.SelStart=0
            THISFORM.Container1.Text1.SelLength=LEN(THISFORM.Container1.Text1.Text)
            THISFORM.Container1.Text1.SetFocus              && 设置焦点
        ENDIF
    ENDIF
```

编写子表单的 UnLoad 事件代码：

```
    IF   THIS.cs = 4
        RETURN   .F.                                        && 返回值.F.
    ELSE
        RETURN   .T.                                        && 返回值.T.
    ENDIF
```

④ 保存子表单。

保存子表单，以文件名 Pass.scx 存盘退出。

（2）设计主表单

① 设计界面与设置属性。

新建表单，进入表单设计器。在表单中增加一个标签 Label1，设置其属性，如图 9-10 所示。

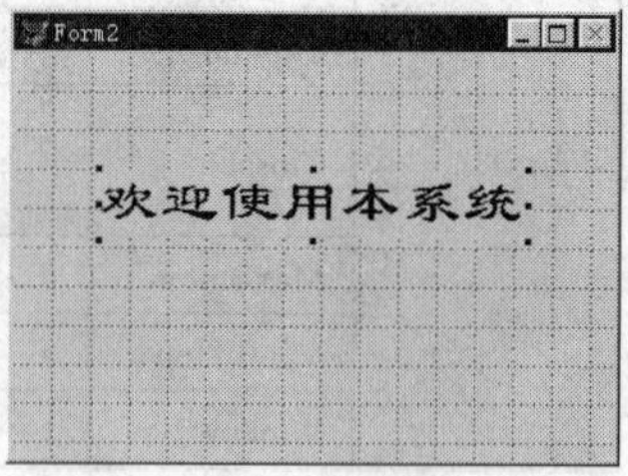

图 9-10 建立用户界面和设置属性

② 编写事件代码。

编写表单 Form2 的 Init 事件代码：

```
    DO   FORM   pass   TO   x               && 接收子表单 pass 返回的值并放入变量 x 中
    RETURN   x                              && 根据子表单返回的值来确定是否继续
```

注意，如果表单文件不在默认的文件夹内，还应给出完整的路径名称。

（3）运行程序

运行程序，首先出现“口令验证”表单，如果口令 3 次不正确，将于 2 秒后自动关闭表单。如果口令验证通过，将关闭“口令验证”表单，显示系统表单。

9.2.5 隐藏 VFP 主窗口

在运行顶层表单时，如果不想显示 VFP 的主窗口，可以用下面的两种方法来隐藏它。

1. 利用 Visible 属性

使用应用程序对象的 Visible 属性，按要求隐藏或显示 VFP 主窗口。

① 在表单的 Init 事件中，包含下列代码行：

```
    Application.Visible = .F.
```

② 在表单的 Destroy 事件中，包含下列代码行：

```
    Application.Visible = .T.
```

2. 使用配置文件

在配置文件中包含以下行，可以隐藏 VFP 主窗口：

```
SCREEN = OFF
```

说明：有关配置文件的内容可以参见联机帮助。

9.3 实训 9

实训目的

- 掌握程序设计中使用表单集的方法。
- 掌握多重表单的使用方法。

实训内容

- 表单集的创建和使用。
- 多重表单的创建和使用。

实训步骤

1. 表单集的创建和使用

使用表单集设计具有输入对话框的程序。

① 创建表单。

在表单中添加一个标签 Label1 和两个命令按钮 Command1、Command2，其属性设置，参见图 9-11（a）。

② 创建表单集。

选择菜单命令“表单”→“创建表单集”，创建一个包含原有表单的表单集 FormSet1。然后再选择菜单命令“表单”→“添加新表单”，在表单设计器中出现第二个表单 Form2。在 Form2 中添加一个标签 Label1、一个文本框 Text1 和两个命令按钮 Command1、Command2，如图 9-11（b）所示。

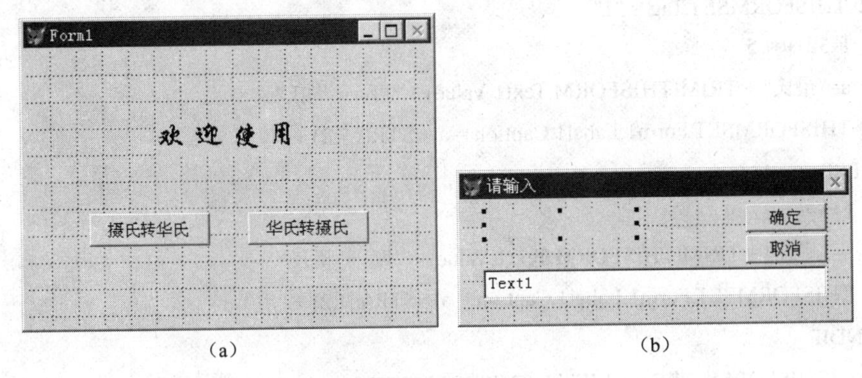

（a）　　（b）

图 9-11　设计输入对话框表单

Form2 及其中控件的属性设置见表 9-4。

表 9-4 属性设置

对 象	属 性	属 性 值	说 明
Form1	AutoCenter	.T. – 真	
	AlwaysOnTop	.T. – 真	
	BarderStyle	2 – 固定对话框	
	Closable	.F. – 假	
	MaxButton	.F. – 假	
	MinButton	.F. – 假	
	Visible	.F. – 假	
Label1	Caption		标签的内容
Command1	Caption	确定	按钮的标题
Command2	Caption	取消	按钮的标题

③ 编写事件代码。

表单 Form1 中各事件代码如下。

命令按钮 Command1 的 Click 事件代码如下：

```
THISFORMSET.Form2.Caption = "摄氏转华氏"
THISFORMSET.Form2.Label1.Caption = "请输入摄氏温度值："
THISFORMSET.Form2.Visible = .T.
THISFORMSET.Tag="1"
```

命令按钮 Command2 的 Click 事件代码如下：

```
THISFORMSET.Form2.Caption = "华氏转摄氏"
THISFORMSET.Form2.Label1.Caption = "请输入华氏温度值："
THISFORMSET.Form2.Visible = .T.
THISFORMSET.Tag="2"
```

表单 Form2 中各事件代码如下。

命令按钮 Command1 的 Click 事件代码如下：

```
t=VAL(THISFORM.Text1.Value)
IF THISFORMSET.Tag = "1"
  f=32+9*t/5
  a="摄氏" + TRIM(THISFORM.Text1.Value) + "度 = 华氏"
  THISFORMSET.Form1.Label1.Caption = a + STR(f,7,2) + "度"
ELSE
  c=5* (t-32)/9
  a="华氏" + TRIM(THISFORM.Text1.Value) + "度 = 摄氏"
  THISFORMSET.Form1.Label1.Caption = a + STR(c,7,2) + "度"
ENDIF
w = (THISFORMSET.Form1.Width-THISFORMSET.Form1.Label1.width)/2
THISFORMSET.Form1.Label1.Left = w
THISFORM.Visible=.F.
```

命令按钮 Command2 的 Click 事件代码如下：

```
THISFORM.Visible=.F.
```

④ 运行表单。

2. 多重表单的建立和使用

使用多重表单设计具有输入对话框的程序。

(1) 设计子表单（InputBox.scx）。

① 建立应用程序用户界面并设置对象属性。

进入表单设计器，适当调整表单的大小，添加一个文本框 Text1、两个命令按钮 Command1、Command2 和一个标签控件 Label1，如图 9-12 所示。

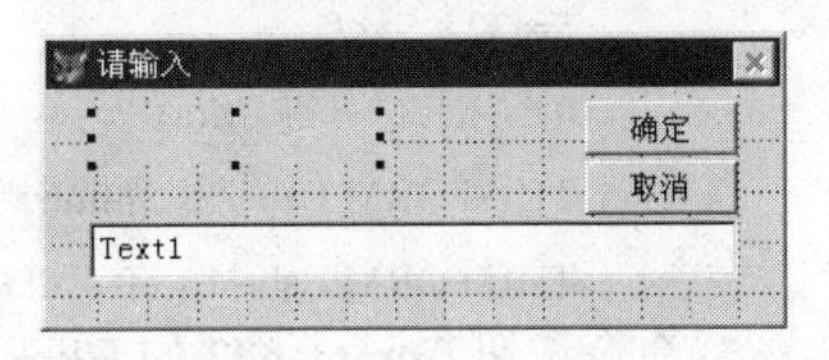

图 9-12 设计子表单

设置对象的属性，见表 9-5。

表 9-5 子表单中对象的属性设置

对　象	属　性	属 性 值	说　明
Form1	AutoCenter	.T. – 真	
	BarderStyle	2 – 固定对话框	
	Closable	.F. – 假	
	MaxButton	.F. – 假	
	MinButton	.F. – 假	
	WindowType	1 – 模式	必须有
Label1	Caption		标签的内容
Command1	Caption	确定	按钮的标题
Command2	Caption	取消	按钮的标题

② 编写程序代码。

编写子表单的事件代码如下。

Init 事件：

```
PARAMETERS cPrompt,cTitle,cDefault
THIS.Caption = cTitle
THIS.Label1.Caption = cPrompt
THIS.Text1.Value = cDefault
```

UnLoad 事件：

```
RETURN THISFORM.Tag
```

编写“确定”按钮 Command1 的 Click 事件代码如下：

```
THISFORM.Tag = THISFORM.Text1.Value
THISFORM.Release
```

编写“取消”按钮 Command2 的 Click 事件代码如下：

```
THISFORM.Release
```

将设计完成的子表单以 InputBox.scx 为名存盘。

(2) 设计主表单。

① 建立应用程序用户界面并设置对象属性。

在表单中添加一个标签 Label1 和两个命令按钮 Command1、Command2，其属性设置参见图 9-13。

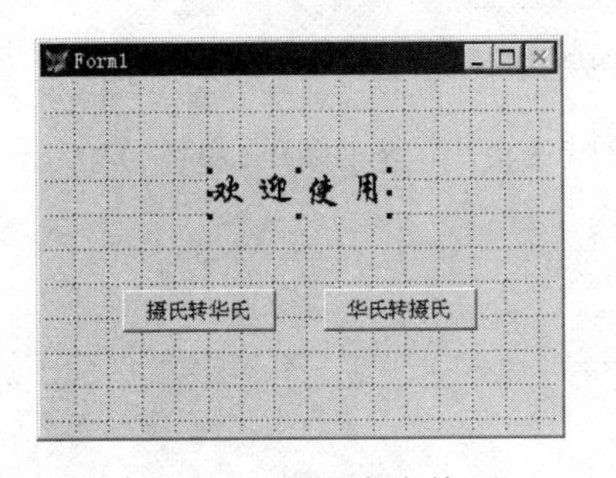

图 9-13 设计主表单

② 编写程序代码。

命令按钮 Command1 的 Click 事件代码如下：

```
DO FORM LOCFILE("Inputbox.scx") WITH "请输入摄氏温度值：","摄氏转华氏","" TO a
c = VAL(a)
f = 32 + 9*c/5
d = "摄氏" + TRIM(a) + "度  =  华氏"
THISFORM.Label1.Caption = d + STR(f,7,2) + "度"
THISFORM.Label1.Left = (THISFORM.Width-THISFORM.Label1.Width)/2
```

命令按钮 Command2 的 Click 事件代码如下：

```
DO FORM LOCFILE("Inputbox.scx") WITH "请输入华氏温度值：","华氏转摄氏","" TO a
f = VAL(a)
c = 5* (f–32)/9
d = "华氏" + TRIM(a) + "度  =  摄氏"
THISFORM.Label1.Caption = d + STR(c,7,2) + "度"
THISFORM.Label1.Left = (THISFORM.Width-THISFORM.Label1.Width)/2
```

（3）运行程序。

运行程序，结果如图 9-11 所示。

习题 9

1. 使用表单集设计口令验证表单与系统表单。如果是合法用户则进入系统表单，否则将关闭表单集。

2. 在第 8 章的编程题第 8 题中使用输入框子表单输入数据。

3. 使用表单集设计电子标题板程序，如图 9-14 所示。

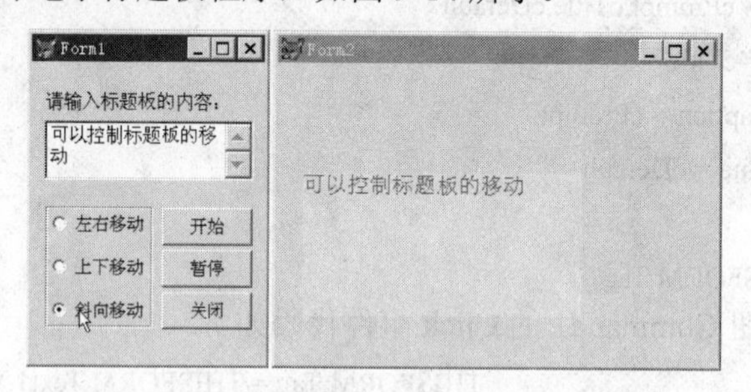

图 9-14　使用表单集设计的电子标题板程序

4. 将从主表单输入框中输入的“标题”、“提示信息”和“默认值”传给子表单（见图 9-15），然后将子表单输入框中的输入值返回主表单（见图 9-16）。

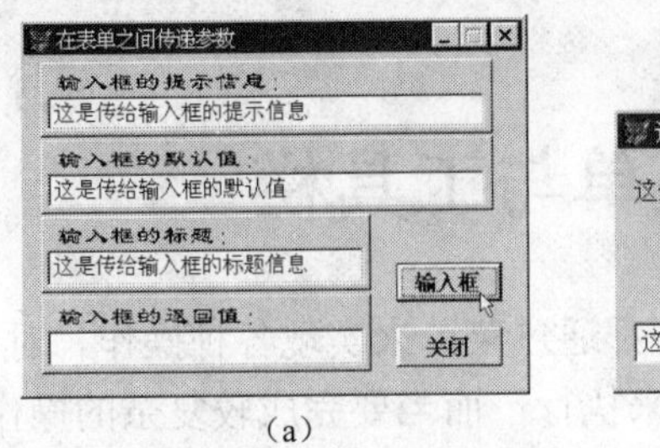

（a）

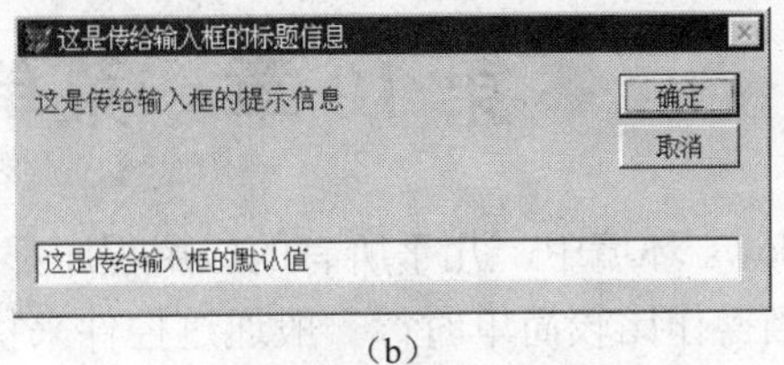

（b）

图 9-15　将“标题”、“提示信息”和“默认值”传给子表单

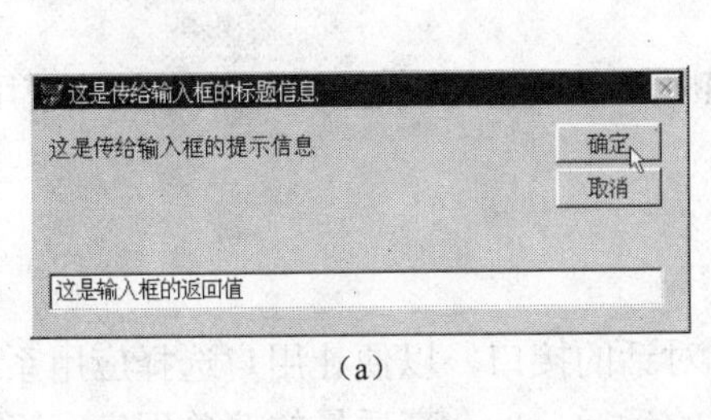

（a）

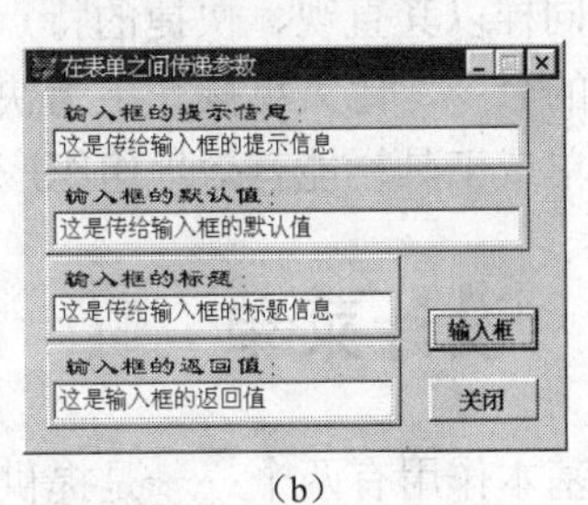

（b）

图 9-16　主表单得到返回值

第 10 章　菜单与工具栏

在 Windows 环境中，几乎所有的应用程序都通过菜单来实现各种操作。对于 VFP 应用程序来说，当操作比较简单时，一般通过控件来执行；而当要完成较复杂的操作时，使用菜单将更方便。

工具栏同样以其直观、快捷的特点出现在各种应用程序中，使用户不必在一级级的菜单中搜寻需要的命令，比菜单操作更为快捷。

使用菜单或工具栏能有效地组织应用程序的各项功能，使用户更加方便地使用应用程序。

10.1　设计菜单

菜单的基本作用有两个：一是提供人机对话的接口，以便让用户选择应用系统的各种功能；二是管理应用系统，控制各种功能模块的运行。一个高质量的菜单程序，不仅能使系统美观，而且能使用户使用方便，并可避免由于误操作而带来的严重后果。

使用菜单设计器可以添加新的菜单选项到 VFP 的系统菜单中，即定制已有的 VFP 系统菜单，也可以创建一个全新的自定义菜单，以代替 VFP 的系统菜单。

无论定制已有的 VFP 系统菜单，还是开发一个全新的自定义菜单，创建一个完整的菜单系统都需要以下步骤。

① 规划系统。确定需要哪些菜单，出现在界面的何处，以及哪几个菜单要有子菜单等。

② 创建菜单和子菜单。

③ 为菜单系统指定任务。指定菜单所要执行的任务，例如，显示表单或对话框等。

④ 单击“预览”按钮，预览整个菜单系统。

⑤ 选择菜单命令“菜单”→“生成”，生成菜单程序。

⑥ 运行生成的菜单程序，测试菜单系统。

10.1.1　规划菜单系统

应用程序的实用性在一定程度上取决于菜单系统的质量。在设计菜单系统时，应考虑以下准则。

① 按照用户所要执行的任务来组织系统，而不是按应用程序的层次组织系统。要设计好这些菜单和菜单项，程序员必须清楚用户思考问题的方法和完成任务的方法。

② 给每个菜单一个有意义的菜单标题。按照估计的菜单项使用频率、逻辑顺序或字母顺序组织菜单项。如果不能预计频率，也无法确定逻辑顺序，则可以按字母顺序组织菜单项。

③ 在菜单项的逻辑组之间放置分隔线。

④ 将菜单中菜单项的数目限制在一个屏幕之内。如果菜单项的数目超过了一屏，则应为其中的一些菜单项创建子菜单。

⑤ 为菜单和菜单项设置访问键或快捷键。例如，〈Alt〉+〈F〉组合键可以作为“文件”

菜单的访问键。

⑥ 使用能够准确描述菜单项的文字。描述菜单项时，应使用日常用语，而不要使用计算机术语。

⑦ 对于英文菜单，可以在菜单项中混合使用大小写字母。只有强调时才全部使用大写字母。

10.1.2 菜单设计器简介

选择菜单命令“文件”→“新建”，单击“新建”对话框底部的“菜单”按钮，再单击“新文件”按钮，打开“新建菜单”对话框。单击“菜单”按钮，打开菜单设计器。

菜单设计器包含以下内容。

① 菜单名称。在菜单系统中指定的菜单标题和菜单项。可以为菜单中的各选项定义一个访问键和快捷键。当菜单项名是英文词汇时，如果选首字母作为访问键或快捷键，则在该选项的名字前加上“\<”，例如：“\<Edit”；如果另选访问键或快捷键，则要在选项名后加“(\<字母)”，例如：“编辑(\<E)”。

一旦在“菜单名称”栏中输入了任何内容，“菜单名称”栏左边将出现一个上下双箭头按钮，即移动控件，利用移动控件可以可视化地调整菜单项之间的顺序。

在“菜单名称”栏中输入菜单项名，可以看到出现的结果等选项。

② 结果。指定用户在选择菜单标题或菜单项时将执行的动作。例如，可以执行一条命令、打开一个子菜单或运行一个过程。

单击“结果”下拉列表，有4个选项，如图10-1所示。具体说明见表10-1。

表10-1 4个选项

选　项	功　能
子菜单	选择此项，右边出现“创建”按钮，单击“创建”按钮可生成一个子菜单。一旦建立了子菜单，“创建”按钮就变为“编辑”按钮，用它修改已经定义的子菜单。当用户选择主菜单上的某一个菜单项时，会出现下拉菜单，这个下拉菜单就是用“创建”按钮定义的，因此，系统将“子菜单”作为默认选项
命令	选择此项，右边出现一个文字框，要在文字框中输入一条单命令。当在菜单中选择此项时，就会执行这条命令。例如“结束”菜单项，在“结果”下拉列表中选定“命令”，在文字框中输入QUIT命令
填充名称	选择此项，在右边显示一个文字框，要在文字框中输入一个用户自己定义的或者系统的菜单项名。在子菜单中，“填充名称”选项由“菜单项 #”代替，在这个选项中，既可以指定用户自己定义的项号，也可以是系统菜单的菜单项的名字
过程	选择此项，在右边出现一个“创建”按钮，单击此按钮打开一个编辑窗口，可以编辑菜单过程代码

在编辑窗口中输入一个过程文件，当选择该菜单选项时系统会自动运行这个过程文件。由于在生成程序时系统会自动生成这个过程文件名，所以不需要再用PROCEDURE命令给这个过程文件命名。一旦生成了过程文件，“创建”按钮就变为“编辑”按钮。

③ 选项。单击“选项”按钮，显示“提示选项”对话框，如图10-2所示。

在“提示选项”对话框中可以定义快捷键、确定废止菜单或菜单项的条件。当选定菜单或菜单项时，在状态栏中包含相应信息，指定菜单标题的名称及在OLE可视编辑期间控制菜单标题位置。对话框中的选项见表10-2。

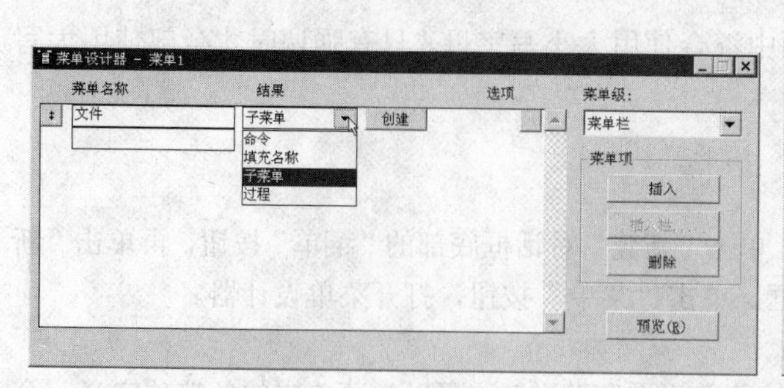

图 10-1　菜单设计器

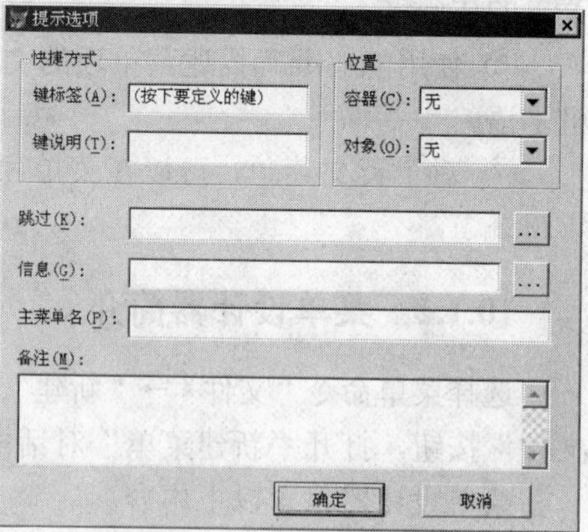

图 10-2　“提示选项”对话框

表 10-2　“提示选项”对话框中的选项

选　项	功　能
快捷方式	定义快捷键。在“键标签”框中按下组合键，例如，同时按下〈Ctrl〉+〈C〉键，“键标签”框中就会显示刚才按下的组合键。在“键说明”框中可以重复“键标签”框中的内容，用户也可以根据自己的需要来修改，例如，更改为^C。注意，〈Ctrl〉+〈J〉是无效的快捷键
位置	指定当用户在应用程序中编辑一个 OLE 对象时菜单标题的位置
跳过	单击其后的对话按钮，可打开表达式生成器。在表达式生成器的“跳过”框中输入表达式来确定菜单或菜单项是否可用。当表达式的值为.T.时，该菜单选项不可用
信息	单击其后的对话按钮，可打开表达式生成器。在表达式生成器的“信息”框中，可以输入用于说明菜单选择的信息。说明信息将出现在 VFP 状态栏中
主菜单名	指定可选的菜单标题。此选项仅在菜单设计器的“结果”下拉列表中选择“命令”、“子菜单”或“过程”时可用
备注	输入用户自己使用的注释。在任何情况下，注释都不影响所生成的代码，运行菜单程序时，VFP 将忽略注释

④ 菜单级。显示当前正在设计的菜单级。在下拉列表框中还列出了当前子菜单的上级菜单名。选择上级菜单名可以返回上一级菜单栏对话框。

⑤ 插入。在当前行插入新的一行。

⑥ 插入栏。打开“插入系统菜单栏”对话框，选择在当前行插入系统菜单栏。

⑦ 删除。删除当前行的菜单定义。

⑧ 预览。显示正在创建的菜单。在菜单设计过程中，可随时单击“预览”按钮，显示当前创建的菜单。已经生成的菜单出现在原来系统菜单的地方。

10.1.3　主菜单中的有关选项

使用菜单设计器时，在“显示”菜单中将增加两个选项，即常规选项与菜单选项，并且在主菜单中将增加一个“菜单”菜单。

1. 常规选项

选择主菜单中的“常规选项”命令，得到的是对应于整个菜单系统的选项。

选择菜单命令“显示”→“常规选项”，显示“常规选项”对话框，如图 10-3 所示。

① 对话框的右下角有一个“菜单代码”区域，包含“设置”和“清理”两个复选框。

- 设置：打开一个编辑窗口，从中可以向菜单系统添加初始化代码。
- 清理：打开一个编辑窗口，从中可以向菜单系统添加清理代码。

要激活编辑窗口，在“常规选项”对话框中单击“确定”按钮即可。设置代码位于显示菜单的命令之前，而清理代码位于显示菜单的命令之后。

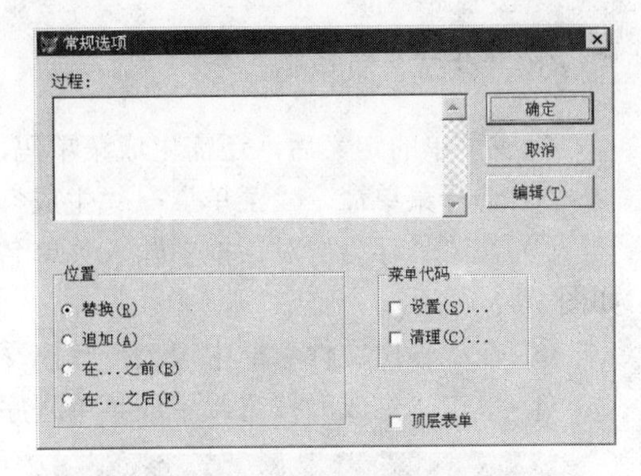

图 10-3　“常规选项”对话框

可通过向菜单系统添加初始代码来定制菜单系统。初始代码可以包含创建环境的代码、定义内存变量的代码、打开所需文件的代码，以及使用 PUSH MENU 和 POP MENU 命令保存或还原菜单系统的代码。

可通过向菜单系统添加清理代码来删减菜单系统。典型的清理代码包含初始时启用或废止菜单及菜单项的代码。在生成的菜单代码中，清理代码在初始代码及菜单定义代码之后，而在为菜单或菜单项指定的过程代码之前。

② 对话框的左下角是“位置”区，用来确定正在定义的菜单系统相对于激活菜单的位置。可以有以下 4 种选择。

- 替换：使用新的菜单系统替换已有的菜单系统。
- 追加：将新菜单系统添加到活动菜单系统的右侧。
- 在…之前：将新菜单插入到指定菜单的前面。这个选项显示一个包含活动菜单系统名称的下拉列表，从中可以选择当前系统菜单的一个弹出式菜单。
- 在…之后：将新菜单插入到指定菜单的后面。

③ 在“过程”文本框中，可以为正在定义的菜单系统的某个指定菜单项输入过程代码。当选择这个菜单项时，此过程将被执行。如果这个菜单项原来已经生成了一个过程，则运行原来的那个过程，即这里输入的过程代码仅在不存在其他过程时运行。

④“顶层表单”复选框。菜单设计器创建的菜单系统的默认位置是在 VFP 系统窗口中。如果希望菜单出现在表单中，则需要选中“顶层表单”复选框，当然还必须将表单设置为“顶层表单”。

2. 菜单选项

选择主菜单中的“菜单选项”命令，输入的过程代码仅属于主菜单栏或一个指定的子菜单项。

选择菜单命令“显示”→“菜单选项”，将打开如图 10-4 所示的“菜单选项”对话框。

可以在“菜单选项”对话框中为主菜单栏或指定的子菜单添加过程。在“过程”文本框中可以输入过程代码。单击“编辑”按钮，将打开一个代码编辑窗口，可在其中输入过程代码。如果用户正在定义的是主菜单上的一个选项，则这个过程文件可以被主菜单上的所有选项调用；如果正在定义的是指定子菜单上的一个选项，则此过程可以被这个子菜单的所有选项调用。

3. “生成”菜单码

完成菜单的定义后，还需生成菜单码，步骤如下。

① 选择菜单命令“菜单”→“生成”。

② 在“另存为”对话框中输入菜单名，单击“确定”按钮后显示“生成菜单”对话框，如图 10-5 所示。

③ 在“输出文件”框中可改变输出文件名。系统默认扩展名为.mpr。

④ 单击“生成”按钮，生成菜单程序，至此完成菜单的创建工作。

图 10-4 “菜单选项”对话框

图 10-5 “生成菜单”对话框

4. 快速菜单

使用“快速菜单”功能可以将 VFP 的系统菜单放入菜单设计器中，供用户修改和操作。在其中可以增加用户自己的菜单或删减、修改原来的系统菜单。这也是学习菜单设计的一种好方法。用“快速菜单”设计菜单的步骤如下。

① 选择菜单命令“文件”→“新建”，单击“新建”对话框中的“菜单”按钮，然后单击“新文件”按钮，打开菜单设计器。

② 选择菜单命令“菜单”→“快速菜单”，菜单设计器将自动填充系统主菜单中的所有选项，如图 10-6 所示。

③ 在“快速菜单”菜单设计器中，可以用“插入”按钮插入新的菜单项，用“删除”按钮删减菜单项，也可以通过选择主菜单上的选项调出相应的子菜单。图 10-7 显示的是“文件”菜单的子菜单项。

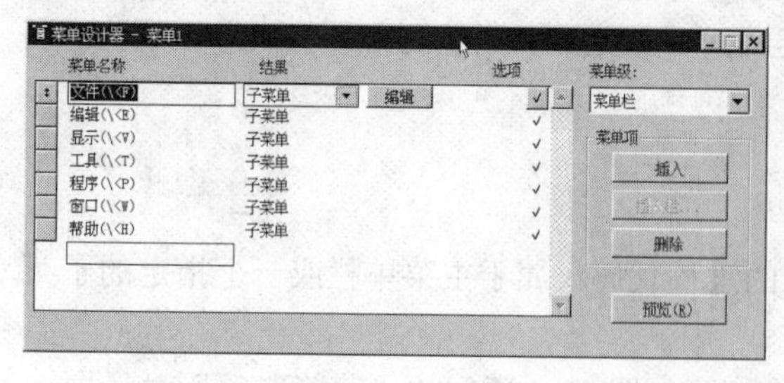

图 10-6 快速菜单

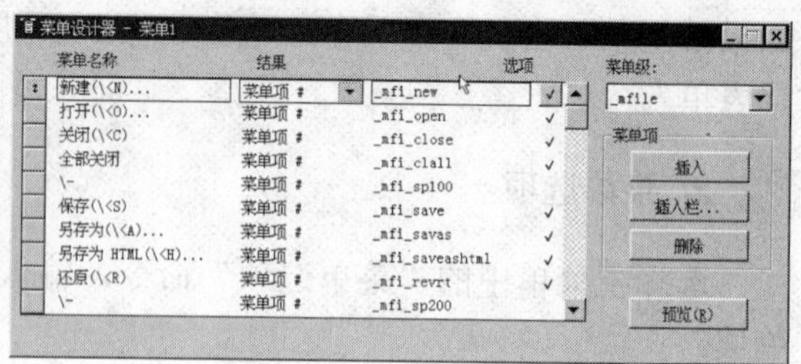

图 10-7 “文件”菜单的子菜单

④ 根据需要删减、修改原来的系统菜单，具体操作步骤见下面的示例。

10.1.4 在顶层表单中添加菜单

要在顶层表单中添加菜单，可以按以下步骤操作。

① 创建顶层表单的菜单，即在“常规选项”对话框中，选中“顶层表单”复选框。

② 将表单的 ShowWindow 属性设置为“2-作为顶层表单”。

③ 在表单的 Init 事件中，运行菜单程序并传递两个参数：

```
DO menuname.mpr WITH oForm, lAutoRename
```

其中，oForm 是表单的对象引用。在表单的 Init 事件中，THIS 作为第一个参数进行传递。lAutoRename 指定了是否为菜单取一个新的唯一的名字。如果计划运行表单的多个实例，则将.T.传递给 lAutoRename。

例如，可以使用下列代码调用名为 mySDImenu 的菜单：

```
DO mySDImenu.mpr WITH THIS, .T.
```

10.1.5 自定义菜单的设计

1. 创建一个自定义菜单

使用菜单设计器可以创建菜单、菜单项、菜单项的子菜单和分隔相关菜单组的线条等。下面以一个具体实例来说明创建自定义菜单的方法。

【例 10-1】使用菜单来改变标题板中文本的字体与风格，如图 10-8 所示。

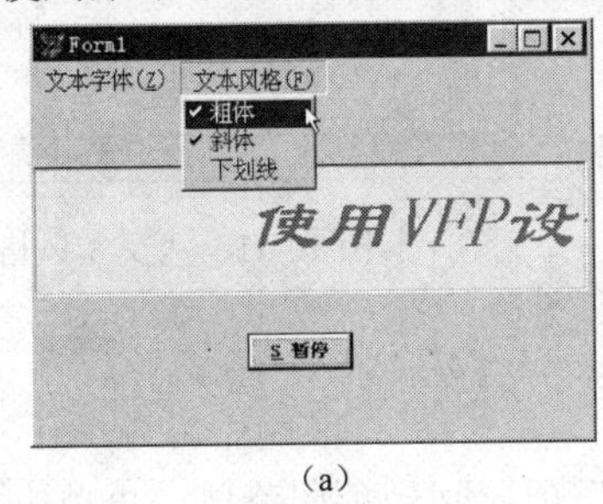

(a)

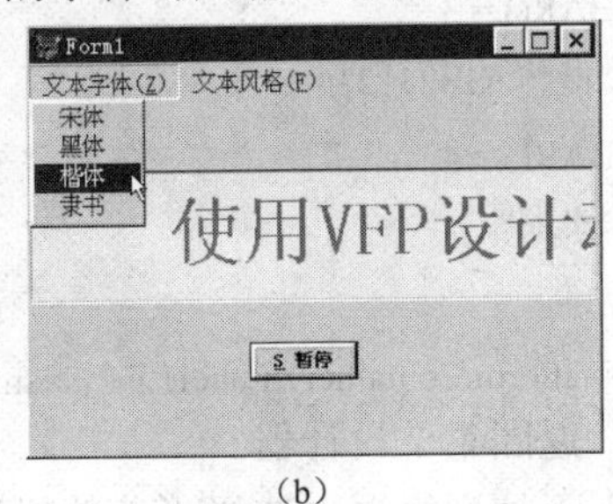

(b)

图 10-8 改变标题板中文本的字体与风格

（1）设计菜单

① 规划菜单系统。

菜单项的设置见表 10-3。

表 10-3 菜单项的设置

菜单名称	结果	菜单级
文本字体(\<Z)	子菜单	菜单栏
宋体	过程	文本字体 Z
黑体	过程	文本字体 Z
楷体	过程	文本字体 Z
隶书	过程	文本字体 Z
文本风格(\<F)	子菜单	菜单栏
粗体	过程	文本风格 F
斜体	过程	文本风格 F
下划线	过程	文本风格 F

② 创建菜单和子菜单。

选择菜单命令“文件”→“新建”，单击“新建”对话框底部的“菜单”按钮，单击“新建文件”按钮。打开“新建菜单”对话框，单击“菜单”按钮，打开菜单设计器。

首先选择菜单命令“显示”→“常规选项”，选中“顶层表单”复选框，将菜单定位在顶层表单中。单击“确定”按钮，返回菜单设计器。

在菜单设计器中输入菜单名“文本字体(\<Z)”和“文本风格(\<F)”，如图 10-9 所示。

单击“创建”按钮，分别输入子菜单项名（如图 10-10、图 10-11 所示）。

③ 编写菜单代码。

在“菜单级”下拉列表框中选择“菜单栏”项，回到顶层菜单（见图 10-9）。单击“文本字体”子菜单右边的“编辑”按钮，重新进入“文本字体 Z”的编辑对话框。选择菜单命令“显示”→“菜单选项”，打开“菜单选项”对话框（见图10-4），单击“编辑”按钮，然后单击“确定”按钮，打开编辑器。为“文本字体Z”编写通用过程代码如下：

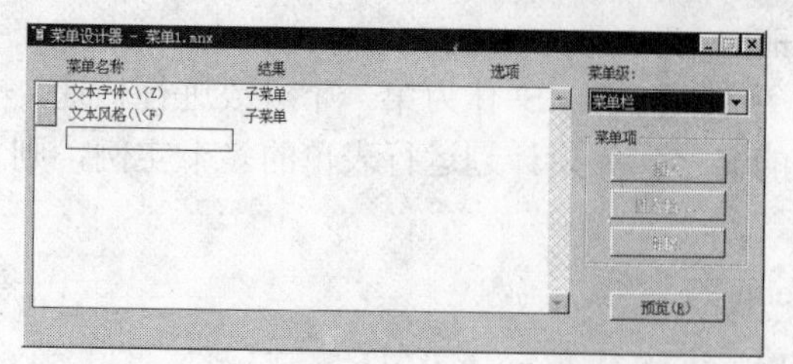

图10-9　输入菜单名

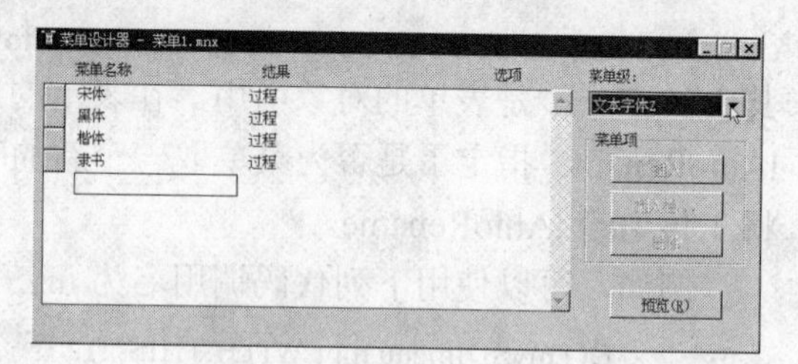

图10-10　“文本字体”子菜单

```
DO CASE
  CASE BAR() = 1    &&  函数BAR()返回最近一次选择的菜单项的编号
     a = "宋体"
  CASE BAR() = 2
     a = "黑体"
  CASE BAR() = 3
     a = "楷体_GB2312"
  CASE BAR() = 4
     a = "隶书"
ENDCASE
_VFP.ActiveForm.Container1.Label1.FontName = a
```

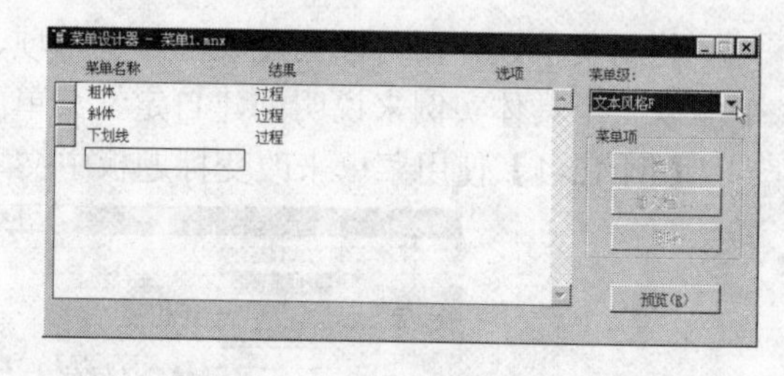

图10-11　“文本风格”子菜单

关闭编辑器，返回菜单设计器。

在“菜单级”下拉列表框中选择“菜单栏”项，回到顶层菜单。再单击“文本风格”子菜单右边的“编辑”按钮，进入“文本风格 F”的编辑对话框。单击各菜单项的“创建”按钮，分别为其创建过程代码如下。

“粗体”菜单项：

```
L = NOT _VFP.ActiveForm.Container1.Label1.FontBold
SET MARK OF BAR 1 OF "文本风格 F" L        &&  为第1个菜单选项设置或清除标记符号
_VFP.ActiveForm.Container1.Label1.FontBold = L
```

“斜体”菜单项：

```
L = NOT _VFP.ActiveForm.Container1.Label1.FontItalic
SET MARK OF BAR 2 OF "文本风格 F" L        &&  为第2个菜单选项设置或清除标记符号
_VFP.ActiveForm.Container1.Label1.FontItalic = L
```

“下划线”菜单项：

```
L = NOT _VFP.ActiveForm.Container1.Label1.FontUnderline
SET MARK OF BAR 3 OF "文本风格 F" L        &&  为第3个菜单选项设置或清除标记符号
_VFP.ActiveForm.Container1.Label1.FontUnderline = L
```

可以为子菜单编写通用的代码，如“文本字体”子菜单；也可以为各选项分别编写过程代码，如“文本风格”子菜单。当菜单选项编有代码时，通用代码对该选项不起作用。

④ 生成菜单码。

完成菜单的定义后，选择菜单命令“菜单”→“生成”，选择“是”，在“另存为”对话框中输入菜单名 Menu1，单击“确定”按钮后显示“生成菜单”对话框，单击“生成”按钮，生成菜单程序 Menu1.mpr，至此完成菜单的创建工作。

（2）修改表单

把表单的 ShowWindow 属性改为“2–作为顶层表单”。

编写表单的 Init 事件代码如下：

```
DO menu1.mpr WITH THIS, .T.
```

（3）运行表单

运行表单，即可修改标题板的文本字体与文本风格，如图 10-8 所示。

2. 在自定义菜单中使用系统菜单项

在自定义菜单中使用系统菜单项，不仅设计出的菜单系统更规范，而且菜单的设计过程更简单、更快速、更方便。

下面的例子，将在“提示选项”对话框中为菜单项定义快捷键并设置条件。

【例 10-2】在例 4-8 的文本编辑器中使用菜单代替命令按钮，并且使用系统菜单项设计“编辑”子菜单，使之具有更强大的功能（见图 10-12）。

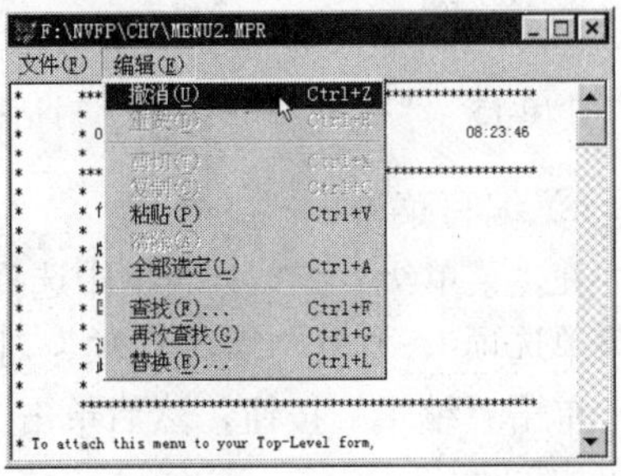

图 10-12 “编辑”菜单中的系统菜单项

（1）设计菜单

① 规划菜单系统。

本系统的菜单栏由“文件”、“编辑”两项组成。其中，“文件”菜单由“新建文件”、“打开文件”、“保存文件”、“文件另存”等菜单项组成；“编辑”菜单由“剪切”、“复制”、“粘贴”、“删除”等系统菜单项组成。

② 创建菜单和子菜单。

选择菜单命令“文件”→“新建”，单击“新建”对话框底部的“菜单”按钮，单击“新文件”按钮，打开菜单设计器。

选择菜单命令“显示”→“常规选项”，在“常规选项”对话框中选中“顶层表单”复选框，将菜单定位在顶层表单中。单击“确定”按钮，返回菜单设计器。

在菜单设计器中输入菜单名“文件(\<F)”和“编辑(\<E)”，如图 10-13 所示。

单击“文件”子菜单的“创建”按钮，依次输入子菜单项名，并在“选项”栏中定义相应的快捷键。另外，为了增强可读性，在“文件”子菜单中有一项“菜单名称”为“\-”，“结果”为“菜单项#”，如图 10-14 所示。这将创建一条分隔线。

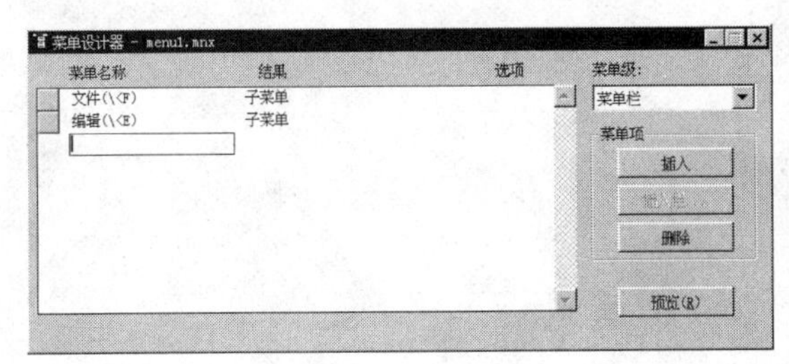

图 10-13 输入菜单名

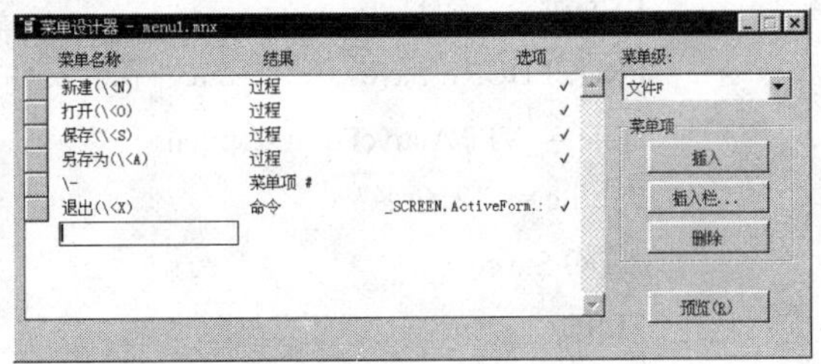

图 10-14 “文件”子菜单

选择“菜单级”下拉列表框中的“菜单栏”项，回到顶层菜单（见图 10-13）。单击“编辑”子菜单的“创建”按钮，开始创建“编辑”子菜单。

单击“插入栏”按钮，打开“插入系统菜单栏”对话框，如图 10-15 所示。

依次插入所需的菜单项（撤销、重做、剪切、复制、粘贴、清除、全部选定、查找、再次查找、替换等），适当插入一些分隔线，调整各菜单项的位置，如图 10-16 所示。

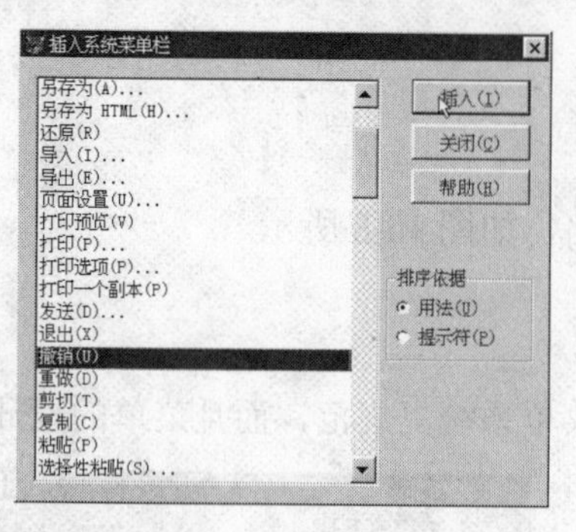

图 10-15 “插入系统菜单栏”对话框

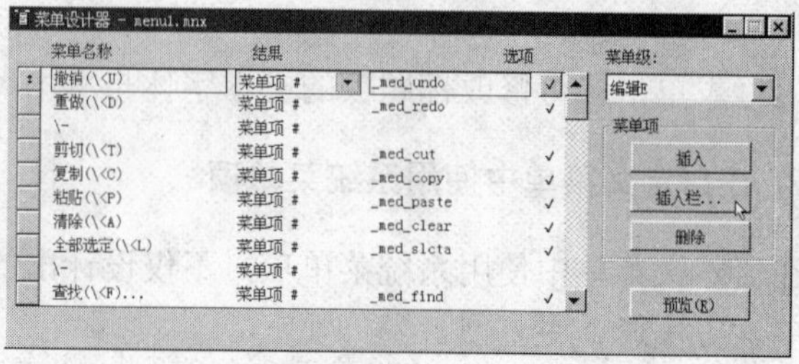

图 10-16 “编辑”子菜单

③ 编写菜单代码。

在“菜单级”下拉列表框中选择“菜单栏”项，回到顶层菜单。选择菜单命令“显示”→“菜单选项”，打开“菜单选项”对话框，如图 10-17 所示。

单击“编辑”按钮，然后单击“确定”按钮，打开编辑器，为菜单栏编写两个通用过程代码如下：

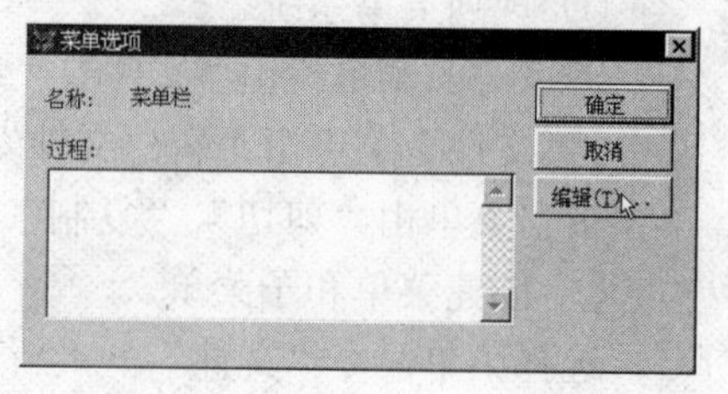

图 10-17 “菜单选项”对话框

```
PROCEDURE Save0                    && 文件另存
cfile = PUTFILE("")
IF cfile != ""
  nhandle = FCREATE(cfile,0)
  cc = FWRITE(nhandle,_VFP.ActiveForm.Edit1.Value)
  = FCLOSE(nhandle)
  IF cc < 0
     = MESSAGEBOX('文件不能保存')
  ELSE
     _VFP.ActiveForm.Caption = cfile
     _VFP.ActiveForm.Tag = ''
  ENDIF
ENDIF
PROCEDURE Save              && 保存文件
cFile = _VFP.ActiveForm.Caption
IF cfile == "未命名"
  DO Save0
ELSE
  nhandle = FOPEN(cfile,1)
  = FWRITE(nhandle,_VFP.ActiveForm.Edit1.Value)
  _VFP.ActiveForm.Tag = ''
```

```
        = FCLOSE(nhandle)
    ENDIF
```

关闭编辑器，返回菜单设计器，单击“文件”子菜单的“编辑”按钮，进入“文件”子菜单编辑状态（见图 10-14）。选择菜单命令“显示”→“菜单选项”，打开“菜单选项”对话框（见图 10-18）。

单击“编辑”按钮，然后单击“确定”按钮，打开编辑器，为“文件”子菜单编写通用过程代码如下：

```
DO CASE
  CASE BAR() = 1
     IF _VFP.ActiveForm.Tag = "T"
        A = MESSAGEBOX("是否保存编辑过的文件",4+48,"信息窗口")
        IF A = 6
           DO Save
        ENDIF
     ENDIF
     _VFP.ActiveForm.Edit1.Value = ""
     _VFP.ActiveForm.Caption = "未命名"
  CASE BAR() = 2
     IF _VFP.ActiveForm.Tag = 'T'
        A = MESSAGEBOX("是否保存编辑过的文件",4+48,"信息窗口")
        IF A = 6
           DO Save
        ENDIF
     ENDIF
     cfile = GETFILE("")
     IF cfile != ""
        nhandle = FOPEN(cfile)
        nend = FSEEK(nhandle,0,2)
        IF nend <= 0
     = MESSAGEBOX('文件是空的')
        ELSE
           = FSEEK(nhandle,0,0)
           _VFP.ActiveForm.Edit1.Value = FREAD(nhandle,nend)
           _VFP.ActiveForm.Caption = cfile
           = FCLOSE(nhandle)
        ENDIF
     ENDIF
  CASE BAR() = 3
     DO Save
  CASE BAR() = 4
```

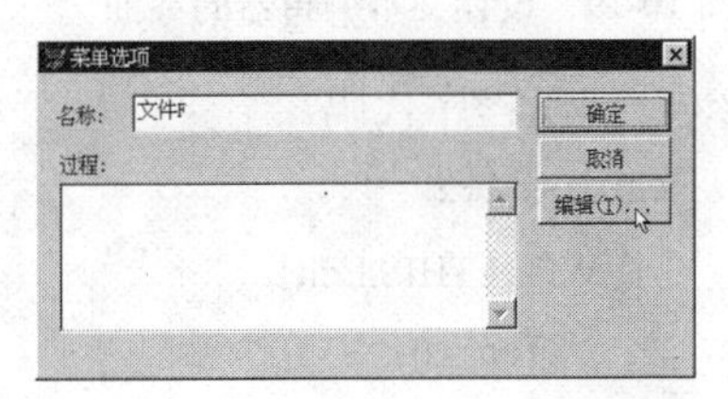

图 10-18　为“文件”子菜单编写通用过程

```
        DO Save0
    ENDCASE
    _VFP.ActiveForm.Refresh
    _VFP.ActiveForm.Edit1.SetFocus
```

关闭编辑器，返回菜单设计器。在“退出”选项的右边输入命令：

```
    _VFP.ActiveForm.Release
```

说明：对“编辑”子菜单中的系统菜单项，不需要编写任何代码。

④ 生成菜单码。

完成菜单的定义后，选择菜单命令“菜单”→“生成”，选择“是”，在“另存为”对话框中输入菜单名 Menu1，单击“确定”按钮后显示“生成菜单”对话框，单击“生成”按钮，生成菜单程序 Menu1.mpr。至此完成菜单的创建工作。

（2）设计表单

① 建立应用程序用户界面。

新建表单，进入表单设计器，增加一个编辑框 Edit1，如图 10-19 所示。

② 设置对象属性，见表 10-4。

图 10-19　设计文本编辑器的界面

表 10-4　属性设置

对　　象	属　　性	属 性 值	说　　明
Form1	Caption	未命名	表单的标题
	ShowWindow	2- 作为顶层表单	

③ 编写程序代码。

Resize 事件：

```
WITH THIS.Edit1
    .Top = 0
    .Left = 0
    .Height = THIS.Height
    .Width = THIS.Width
ENDWITH
```

Init 事件：

```
SET EXACT ON
DO menu1.mpr WITH THIS, .T.
```

编写编辑框 Edit1 的 InteractiveChange 事件代码：

```
THISFORM.Tag = 'T'
```

（3）运行表单

运行表单即可得到一个有相当功能的简易文本编辑器，如图 10-20 所示。

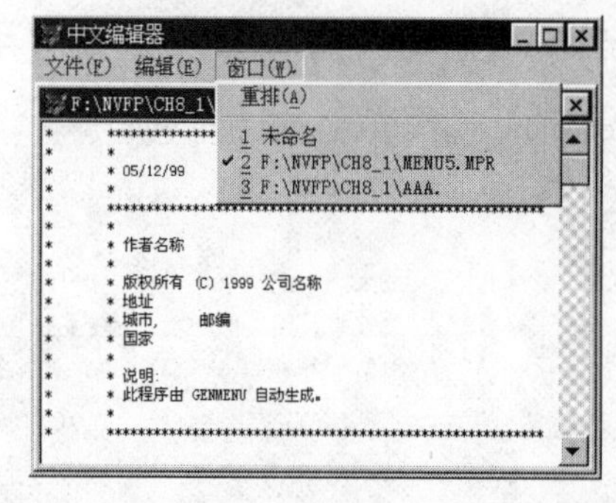

图 10-20　多文本编辑器

10.1.6　在 MDI 表单中使用菜单

下面给出一个 MDI 表单的应用实例——多文本编辑器。多文本编辑器可以同时打开多个文本文件，还可以在各个文本之间进行“复制”、“粘贴”等编辑操作（见图 10-20）。

【例 10-3】设计一个简易的多文本编辑器。

（1）设计菜单

① 菜单界面。

编辑器的菜单系统含有“文件”、“编辑”和“窗口”3 个子菜单。“文件”子菜单的菜单选项如图 10-21 所示。

“编辑”和“窗口”子菜单均由系统菜单项组成，其中，“编辑”子菜单的菜单选项参见例 10-2，“窗口”子菜单的菜单选项如图 10-22 所示。

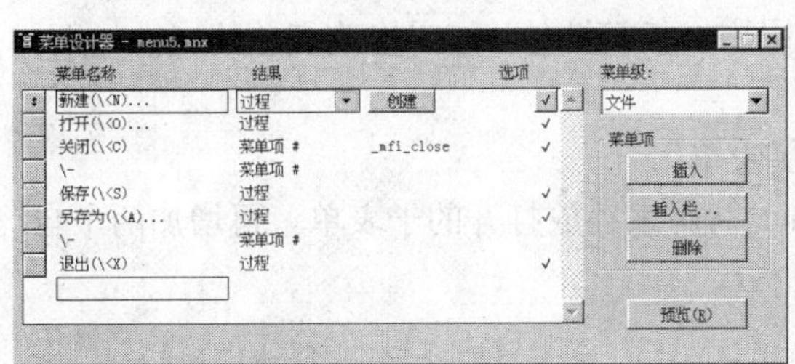

图 10-21　“文件”子菜单

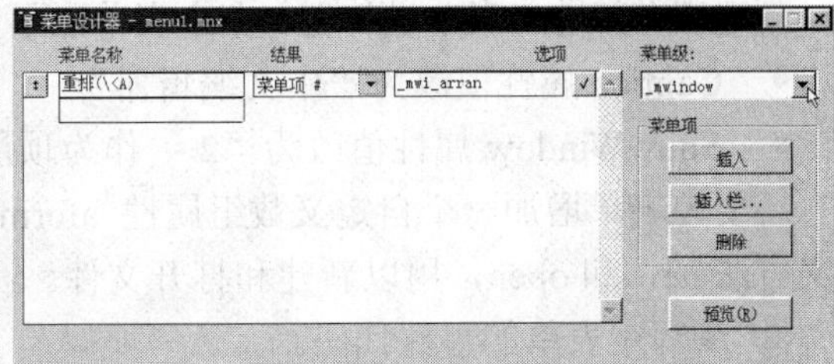

图 10-22　“窗口”子菜单

特别地，还应在“菜单选项”对话框中将“窗口”菜单的“名称”改为_mwindow，这是系统菜单名，可以在该菜单中列出每个打开的子表单的标题。

最后，在“常规选项”对话框中选中“顶层表单”复选框。

② 菜单代码。

当使用菜单设计器设计“文件”子菜单时，选择菜单命令“显示”→“菜单选项”，打开“菜单选项”对话框。单击“编辑”按钮，然后单击“确定”按钮，打开编辑器，为“文件”子菜单编写通用过程代码如下：

```
DO CASE
  CASE BAR() = 1                &&  新建
    &fform..new                 &&  运行主表单中的自定义方法 new
  CASE BAR() = 2                &&  打开
    &fform..open                &&  运行主表单中的自定义方法 open
  CASE BAR() = 5                &&  保存
    _VFP.ActiveForm.save        &&  运行子表单中的自定义方法 save
  CASE BAR() = 6                &&  另存
    _VFP.ActiveForm.save0       &&  运行子表单中的自定义方法 save0
ENDCASE
_VFP.ActiveForm.Refresh
_VFP.ActiveForm.Edit1.SetFocus
```

再为“退出”选项编写过程代码如下：

```
mes = MESSAGEBOX("是否放弃编辑过的文件，退出本程序？",1+48,"信息窗口")
IF mes = 1
```

```
        RELEASE mychild
        RELEASE POPUP
        RELEASE MENUS
        &fform..Release
    ENDIF
```

③ 生成菜单码。

完成菜单的定义后，选择菜单命令“菜单”→“生成”，选择“是”，在“另存为”对话框中输入菜单名 Menu1，单击“确定”按钮后显示“生成菜单”对话框，单击“生成”按钮，生成菜单程序 Menu1.mpr，至此完成菜单的创建工作。

（2）设计主表单

① 表单界面。

新建表单，进入表单设计器。在主表单上不用增加任何控件，只需修改表单的属性如下：

- Caption 属性值改为“中文编辑器”；
- ShowWindow 属性值改为“2 – 作为顶层表单”。

还要为表单增加一个自定义数组属性 aform(1)，用来存放打开的子表单。再增加两个自定义方法 new 和 open，用以新建和打开文件。

② 编写主表单的事件代码。

Init 事件代码：

```
PUBLIC fn
fn = 1
PUBLIC fform
fform = "表单 1"
DO menu1.mpr WITH THIS, .T.
```

Activate 事件代码：

```
SET EXACT ON
DO FORM mychild NAME THISFORM.aforms(1)
THISFORM.aforms(1).Caption = "未命名"
```

QueryUnload 事件代码：

```
q = MESSAGEBOX("是否在退出之前关闭文件？",32+3,_VFP.ActiveForm.Caption)
DO CASE
  CASE q = 6
    _VFP.ActiveForm.Release
    NODEFAULT
  CASE q = 7
    flag = 0
    THIS.Release
  OTHERWISE
    NODEFAULT
ENDCASE
```

Destroy 事件代码：

```
SET SYSMENU TO DEFAULT
```

自定义的 new 方法代码：

```
fn = fn+1
DIME THIS.aForms[fn]
AINS(THIS.aForms,1)
DO FORM mychild NAME THIS.aForms[1] LINKED
THIS.aForms[1].Caption = "未命名"
THIS.aForms[1].Edit1.Value = ""
```

自定义的 open 方法代码：

```
cfile = GETFILE("")
nhandle = FOPEN(cfile)
IF cfile != ""
   nend = FSEEK(nhandle,0,2)
   IF nend <= 0
      = MESSAGEBOX('文件是空的')
   ELSE
      fn = fn + 1
      DIME THIS.aForms[fn]
      AINS(THIS.aForms,1)
      DO FORM mychild NAME THIS.aForms[1] LINKED
      = FSEEK(nhandle,0,0)
      THIS.aForms[1].Edit1.Value = FREAD(nhandle,nend)
      THIS.aForms[1].Caption = cfile
      = FCLOSE(nhandle)
   ENDIF
ENDIF
```

③ 以“表单 1.scx”为文件名保存主表单。

（3）设计子表单

① 表单界面。

新建，进入表单设计器。增加一个编辑框 Edit1，如图 10-23 所示，并修改表单的属性如下：

- MDIForm 属性值改为“.T. – 真”;
- ShowWindow 属性值改为“1 – 在顶层表单中”。

另外，为表单增加两个自定义方法 Save 和 Save0，用以保存文件和另存文件。

② 编写代码。

表单的 Activate 事件代码如下：

```
WITH this
   .Top = 0
   .Left = 0
   .Height = &Fform..Height-32
   .Width = &Fform..Width-8
ENDWITH
```

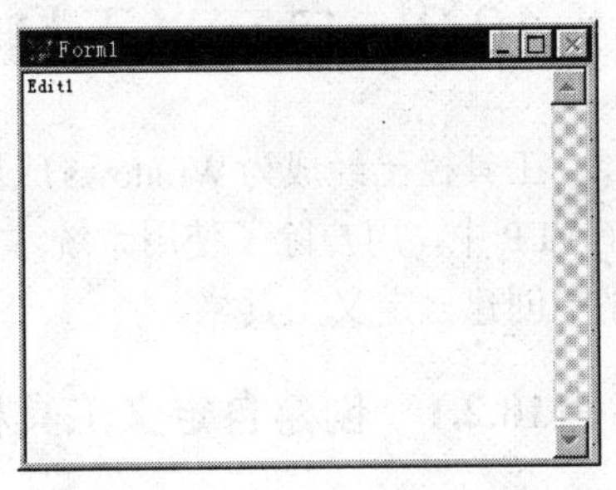

图 10-23　设计子表单的界面

表单的 ReSize 事件代码如下：

```
WITH THIS.Edit1
    .Top = 0
    .Left = 0
    .Height = THIS.Height
    .Width = THIS.Width
ENDWITH
```

表单的自定义 Save 方法代码如下：

```
cFile = THIS.Caption
IF cfile == "未命名"
    THIS.Save0
ELSE
    nhandle = FOPEN(cfile,1)
    = FPUT(nhandle,THIS.Edit1.Value,len(THIS.Edit1.Value))
    = FCLOSE(nhandle)
ENDIF
```

表单的 Save0 方法代码如下：

```
cfile = PUTFILE("")
IF cfile != ""
    nhandle = FCREATE(cfile,0)
    cc = FWRITE(nhandle,THIS.Edit1.Value)
    = FCLOSE(nhandle)
    IF cc < 0
        = MESSAGEBOX('文件不能保存')
    ELSE
        THIS.Caption = cfile
    ENDIF
ENDIF
```

③ 以 mychild.scx 为文件名保存子表单。

说明：在菜单代码中引用子表单时，使用代码_VFP.ActiveForm；而引用主表单时，只能使用表单文件名“表单 1.scx”。

10.2 自定义工具栏

工具栏已经成为Windows应用程序的标准功能，它给用户带来比菜单更快捷的操作方式。在 VFP 中，用户除了使用系统本身提供的工具栏外，还可以根据自己的需要，在编写应用程序中创建自定义工具栏。

10.2.1 创建自定义工具栏的方法

创建一个自定义工具栏有 3 种方法：

- 利用“容器”控件创建一个工具栏；
- 利用与 VFP 一起发布的 ActiveX 控件；
- 利用 VFP 提供的工具栏基类，先创建一个自定义工具栏的类，然后将其添加到表单集中。

第 3 种方法是创建自定义工具栏的标准做法，在常见的 VFP 指南、手册及教材中都有介绍。但是，一般的介绍都限于在表单集中使用自定义工具栏类，其缺点是不能将工具栏固定在应用程序的表单上，因为工具栏作为容器对象，其层次与表单的是相同的，不能作为表单的子对象。本书将介绍如何在顶层表单中使用自定义工具栏类创建工具栏。

10.2.2 使用容器控件制作工具栏

【例 10-4】利用容器控件设计一个工具栏，可以随时改变电子标题板的文本字体、风格、前景色和背景色（见图 10-24 和图 10-25）。

(a)

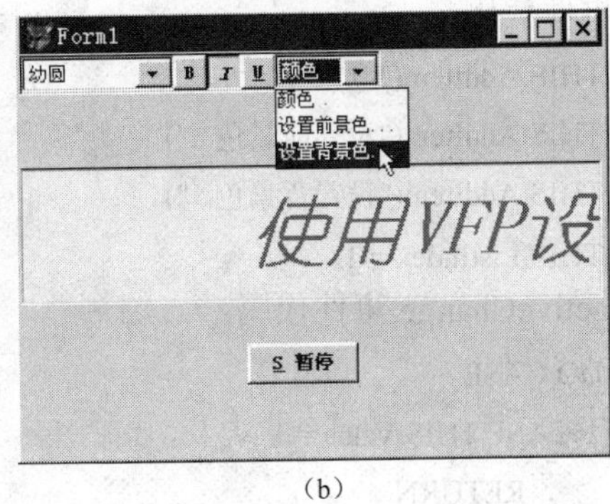

(b)

图 10-24 利用工具栏改变字体与颜色

在例 5-14 的基础上进行设计，设计步骤如下。

① 修改程序界面。

进入表单设计器后，在原有的基础上增加一个容器控件 Container1，将其 SpecialEffect 属性改为“1–凹下”。右击容器控件，在弹出菜单中选择“编辑”命令，然后在容器中添加 2 个组合框和 3 个复选框，如图 10-26 所示。

图 10-25 利用工具栏改变颜色的设置

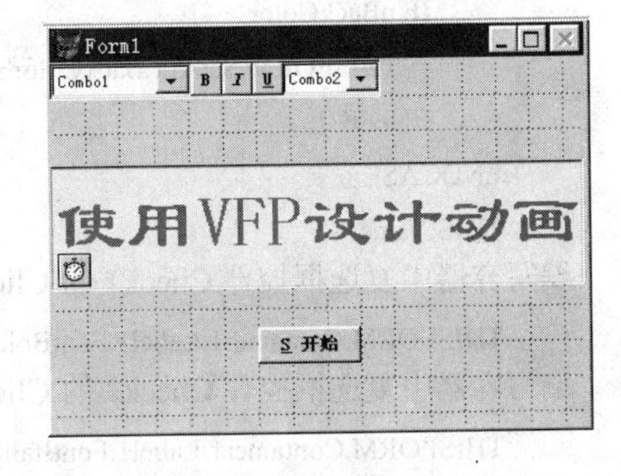

图 10-26 修改程序界面

② 设置容器中对象的属性，见表 10-5。

适当调整容器内各控件的大小和相对位置，即可得到所需的表单。

③ 增加程序代码。

编写容器中下拉列表框控件 Combo1 的事件代码。

表 10-5 属性设置

对　象	属　性	属 性 值
Check1	Caption	B
	Style	1- 图形
Check2	Caption	I
	Style	1- 图形
Check3	Caption	U
	Style	1- 图形
Combo1、Combo2	Style	2- 下拉列表框

Init 事件代码：

```
DIMENSION x[1]
= afont(x)
FOR i = 1 TO ALEN(x)
  THIS.AddItem(x[i])
ENDFOR
THIS.DisplayValue='宋体'
```

InteractiveChange 事件代码：

```
THISFORM.Container1.Label1.FontName = THIS.DisplayValue
```

编写容器中下拉列表框控件 Combo2 的事件代码。

Init 事件代码：

```
THIS.AddItem("颜色")
THIS.AddItem("设置前景色...")
THIS.AddItem("设置背景色...")
THIS.ListIndex = 1
```

InteractiveChange 事件代码：

```
DO CASE
  CASE THIS.Value = 1
    RETURN
  CASE THIS.Value = 2                    &&  设置前景色
    nForeColor = GETCOLOR()
    IF nForeColor > –1
      THISFORM.SetAll('ForeColor', nForeColor, 'label')
    ENDIF
  CASE THIS.Value = 3                    &&  设置背景色
    nBackColor = GETCOLOR()
    IF nBackColor > –1
      THISFORM.SetAll('BackColor', nBackColor, 'Container')
    ENDIF
ENDCASE
THIS.Value = 1
```

编写容器中复选框控件 Check1 的 Click 事件代码：

```
THISFORM.Container1.Label1.FontBold = THIS.Value
```

编写容器中复选框控件 Check2 的 Click 事件代码：

```
THISFORM.Container1.Label1.FontItalic = THIS.Value
```

编写容器中复选框控件 Check3 的 Click 事件代码：

```
THISFORM.Container1.Label1.FontUnderLine = THIS.Value
```

说明如下。

① 函数 AFONT()将可用的字体名称及大小等信息存入指定的数组中，其语法格式为：

AFONT(〈数组名〉[,〈表达式 1〉[,〈表达式 2〉]])

其中，〈表达式 1〉指定字体名，〈表达式 2〉指定字体的大小。

② 函数 GETCOLOR()打开 Windows 的“颜色”对话框，并返回所选择的颜色号。

10.2.3 使用 ActiveX 控件制作工具栏

1. 添加 ActiveX 控件

ImageList 控件与 ToolBar 控件是与 VFP 一起发布的 ActiveX 控件，专门用来创建工具栏。在使用 ImageList 控件与 ToolBar 控件之前，必须先将其添加到“表单控件”工具栏中，具体步骤如下。

① 选择菜单命令“工具”→“选项”，打开“选项”对话框。在“控件”选项卡中选择“Microsoft ImageList Control, version 6.0”项和“Microsoft ToolBar Control, version 6.0”项，如图 10-27 所示，然后单击“确定”按钮，退出“选项”对话框。

② 在“表单控件”工具栏中选择“查看类”按钮，在弹出菜单中选择“ActiveX 控件”命令（见图 10-28），即可将 ImageList 和 ToolBar 控件添加到“表单控件”工具栏中。

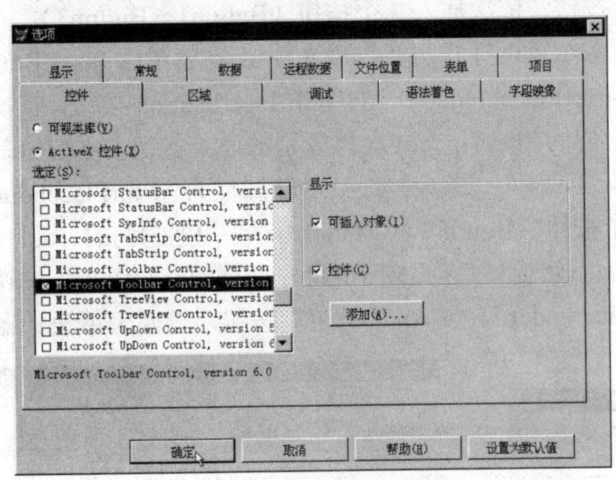

图 10-27 添加 ActiveX 控件

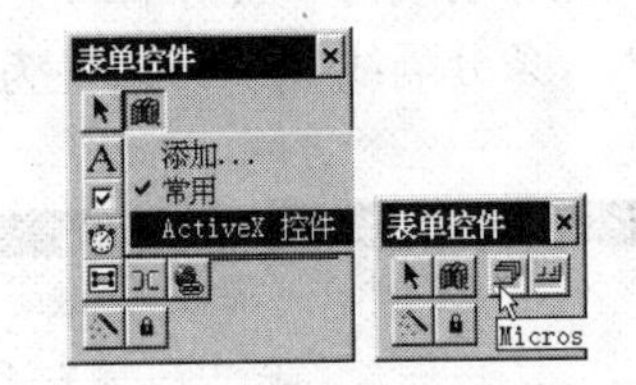

图 10-28 选择“ActiveX 控件”

2. 创建具有 Office 风格的工具栏

【例 10-5】在文本编辑器中使用 ActiveX 控件制作工具栏，使之具有 Office 风格，如图 10-29 所示。

在例 10-2 的基础上进行修改，具体设计步骤如下。

（1）表单的修改

① 表单界面。

在表单上增加一个 ImageList 控件 Olecontrol1 和一个 ToolBar 控件 Olecontrol2，并将 Olecontrol2 的 Style 属性改为“1-Transparent”。如图 10-30 所示。

说明：在表单中添加 ActiveX 控件时，系统会自动给出 OLE 控件名，序号将累计。

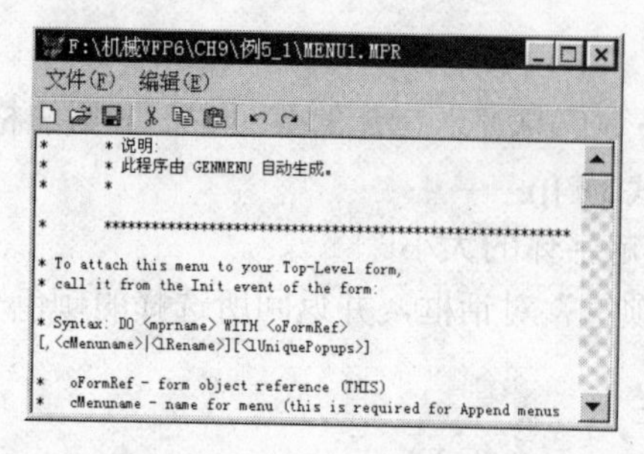

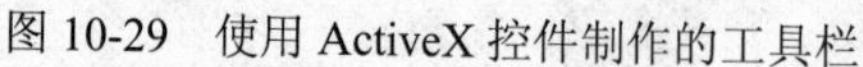

图 10-29 使用 ActiveX 控件制作的工具栏

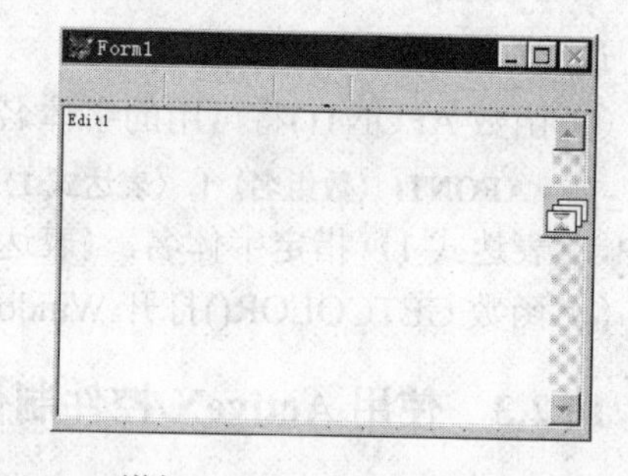

图 10-30 增加 ImageList 控件和 ToolBar 控件

② 设置 ImageList 控件的属性。

使用 ImageList 控件是为了给工具栏中的按钮提供图标。右击 ImageList 控件，在弹出的菜单中选择 ImageListCtrl Properties 命令，打开属性对话框。选择 Images 选项卡，单击 Insert Picture 按钮，在 VFP 系统文件夹中依次选择 New.bmp、Open.bmp、Save.bmp、Cut.bmp、Copy.bmp、Paste.bmp、Undo.bmp、Redo.bmp 等图片添加到图标列表中（见图 10-31）。单击"确定"按钮，返回表单设计器。

③ 设置 ToolBar 控件的属性。

右击 ToolBar 控件，在弹出的菜单中选择 ToolBar Properties 命令，打开属性对话框。选择 Buttons 选项卡，单击 Insert Button 按钮，依次插入 3 个按钮（Button1～Button3），并把它们的 ToolTipText 属性分别改为"新建文件"、"打开文件"、"文件保存"；单击 InsertButton 按钮，插入一条分隔线（Style 属性为"4-tbrPlaceholder"）；再单击 InsertButton 按钮，依次插入 3 个按钮（Button5～Button7），并把它们的 ToolTipText 属性分别改为"剪切文本"、"复制文本"、"文本粘贴"；单击 InsertButton 按钮，插入一条分隔线（Style 属性为"4-tbrPlaceholder"）；单击 InsertButton 按钮，依次插入 2 个按钮（Button9 和 Button10），并把它们的 ToolTipText 属性分别改为"取消编辑操作"、"重做编辑操作"（见图 10-32）；单击 InsertButton 按钮，插入一条分隔线（Style 属性为"4-tbrPlaceholder"）。单击"确定"按钮，返回表单设计器。

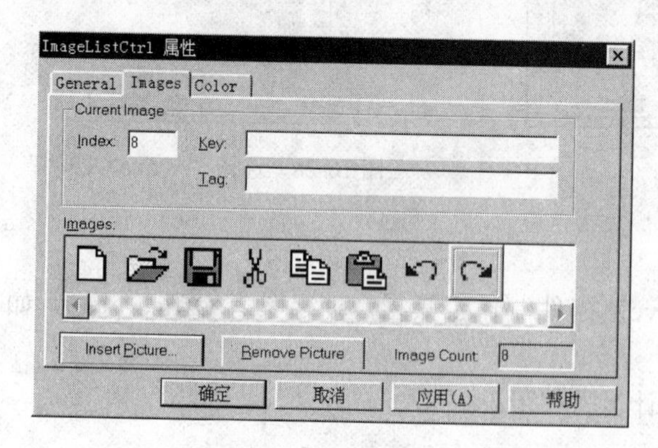

图 10-31 添加图标

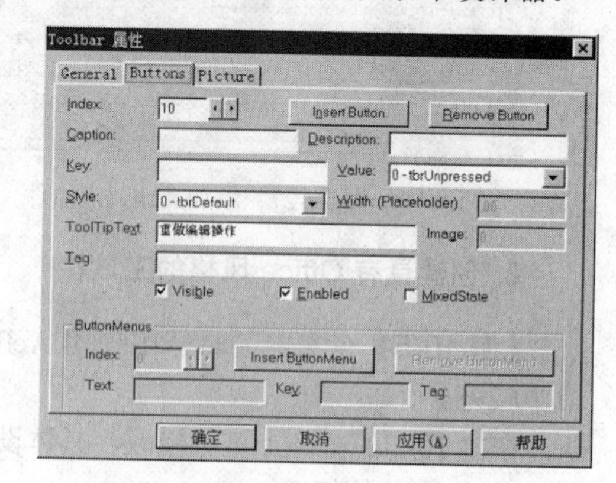

图 10-32 添加按钮

注意，此时在表单上看不到图标，这是因为尚未给工具栏中的按钮连接图形。我们将使用代码为工具栏连接图形。

④ 修改表单代码。

首先选择菜单命令"表单"→"新建方法程序"，为表单添加 4 个自定义方法 New()、Open()、Save()和 Save0()，然后分别编写事件或方法代码。

修改表单的 Init 事件代码：

```
SET EXACT ON
THIS.Caption = "未命名"
DO menu1.mpr WITH THIS, .T.
```

修改表单的 Resize 事件代码：

```
WITH THIS.Edit1
   .Top = THIS.Olecontrol2.Height
   .Left = 0
   .Height = THIS.Height-.Top
   .Width = THIS.Width
ENDWITH
```

编写自定义的 New 方法代码：

```
IF THIS.Tag = "T"
   A = MESSAGEBOX("是否保存编辑过的文件",4+48,"信息窗口")
   IF A = 6
      THIS.Save
   ENDIF
ENDIF
THIS.Edit1.Value = ""
THIS.Caption = "未命名"
```

编写自定义的 Open 方法代码：

```
IF THIS.Tag = 'T'
   A = MESSAGEBOX("是否保存编辑过的文件",4+48,"信息窗口")
   IF A = 6
      THIS.Save
   ENDIF
ENDIF
cfile = GETFILE("")
IF cfile != ""
   nhandle = FOPEN(cfile)
   nend = FSEEK(nhandle,0,2)
   IF nend <= 0
      = MESSAGEBOX('文件是空的')
   ELSE
      = FSEEK(nhandle,0,0)
      THIS.Edit1.Value = FREAD(nhandle,nend)
      THIS.Caption = cfile
      = FCLOSE(nhandle)
   ENDIF
ENDIF
```

编写自定义的 Save 方法代码：

```
cFile = THIS.Caption
IF cfile == "未命名"
  THIS.Save0
ELSE
  nhandle = FOPEN(cfile,1)
  = FWRITE(nhandle,THIS.Edit1.Value)
  THIS.Tag = ""
  = FCLOSE(nhandle)
ENDIF
```

编写自定义的 Save0（文件另存）方法代码：

```
cfile = PUTFILE("")
IF cfile != ""
  nhandle = FCREATE(cfile,0)
  cc =FWRITE(nhandle,THIS.Edit1.Value)
  = FCLOSE(nhandle)
  IF cc<0
     = MESSAGEBOX('文件不能保存')
  ELSE
     THIS.Caption = cfile
     THIS.Tag = ""
  ENDIF
ENDIF
```

编写编辑框 Edit1 的 InteractiveChange 事件代码：

```
THISFORM.Tag='T'
```

⑤ 编写工具栏控件 OleControl2 的代码。

Init 事件代码：

```
WITH THIS
   .Imagelist = THISFORM.OleControl1          && 连接 ImageList 控件
   .Buttons(1).Image = 1                      && 设置按钮的图标
   .Buttons(2).Image = 2
   .Buttons(3).Image = 3
   .Buttons(5).Image = 4
   .Buttons(6).Image = 5
   .Buttons(7).Image = 6
   .Buttons(9).Image = 7
   .Buttons(10).Image = 8
ENDWITH
```

ButtonClick 事件代码：

```
LPARAMETERS button
```

```
DO CASE
  CASE button.Index = 1
    THISFORM.new
  CASE button.Index = 2
    THISFORM.open
  CASE button.Index = 3
    THISFORM.save
  CASE button.Index = 5
    SYS(1500, '_MED_cut', '_MEDIT')
  CASE button.Index = 6
    SYS(1500, '_MED_copy', '_MEDIT')
  CASE button.Index = 7
    SYS(1500, '_MED_paste', '_MEDIT')
  CASE button.Index = 9
    SYS(1500, '_MED_undo', '_MEDIT')
  CASE button.Index = 10
    SYS(1500, '_MED_redo', '_MEDIT')
ENDCASE
```

在上述代码中，函数 SYS(1500)用来激活一个 VFP 系统菜单项，它的语法格式为：

SYS(1500,〈系统菜单项名〉,〈菜单名〉)

其中，〈系统菜单项名〉和〈菜单名〉可以通过“快速菜单”查看，或使用 SYS(2013)显示其列表。

此时，若不添加菜单（注释表单的 Init 事件代码），表单已经可以运行了。可以先调试一下工具栏的各项功能，看是否符合设计的要求。

（2）菜单的修改

各菜单项的名称保持不变，只需修改菜单代码。首先删除“菜单栏”的通用过程，修改“文件”子菜单的通用过程代码如下：

```
DO CASE
  CASE BAR() = 1
    _VFP.ActiveForm.Parent.new
  CASE BAR() = 2
    _VFP.ActiveForm.Parent.open
  CASE BAR() = 3
    _VFP.ActiveForm.Parent.save
  CASE BAR() = 4
    _VFP.ActiveForm.Parent.Save0
ENDCASE
_VFP.ActiveForm.Refresh
_VFP.ActiveForm.Parent.Edit1.SetFocus
```

然后编写“文件”子菜单中“退出”菜单项的命令：

```
_VFP.ActiveForm.Parent.release
```

说明：为了使菜单与工具栏相协调，我们先为工具栏编写代码（表单中的自定义方法），然后在菜单过程中调用这些方法，这样可使菜单的设计较为简单。其实，即使不使用工具栏，也可以采用这种办法来设计菜单。

10.2.4 使用 VFP 的工具栏控件

在下面的多文本编辑器中，将使用 VFP 提供的工具栏控件来设计工具栏。

【例 10-6】在例 10-3 中的多文本编辑器中添加工具栏（见图 10-33）。

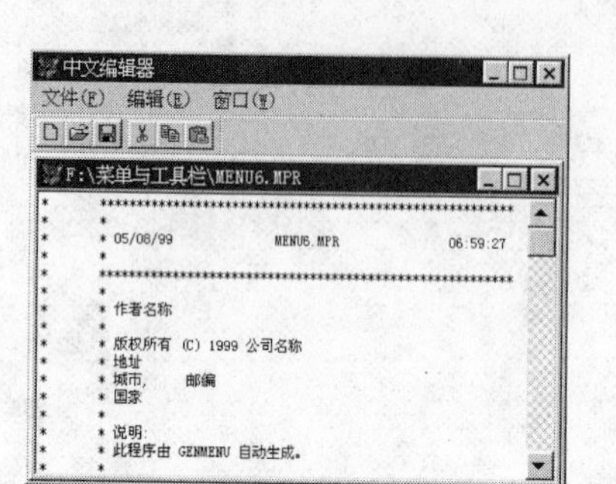

图 10-33 使用工具栏

（1）创建自定义工具栏类

① 选择菜单命令“文件”→“新建”，或单击系统工具栏中的“新建”按钮，打开“新建”对话框。

② 选择“文件类型”中的“类”，并单击“新建文件”按钮，打开“新建类”对话框。

③ 在“类名”框中，输入新类的名称 sditb1。

④ 从“派生于”框中，选择 toolbar，以使用工具栏基类；或者单击右边的对话按钮，选择其他工具栏类。

⑤ 在“存储于”框中，输入类库名 sditbar，保存创建的新类；或者单击右边的对话按钮，选择一个已有的类库。如图 10-34 所示。

单击“确定”按钮，关闭对话框，并打开类设计器窗口，如图 10-35 所示。

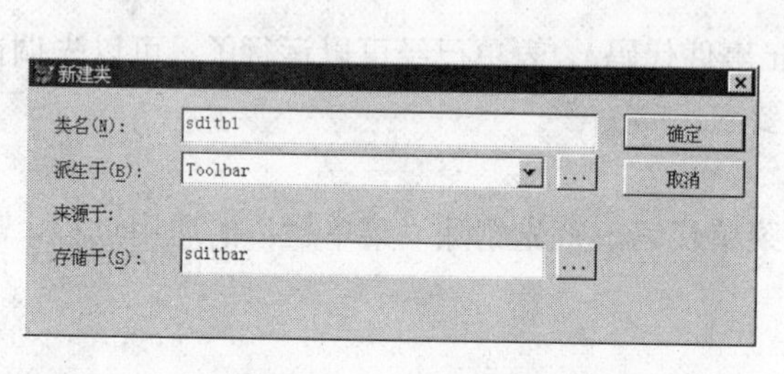

图 10-34 “新建类”对话框

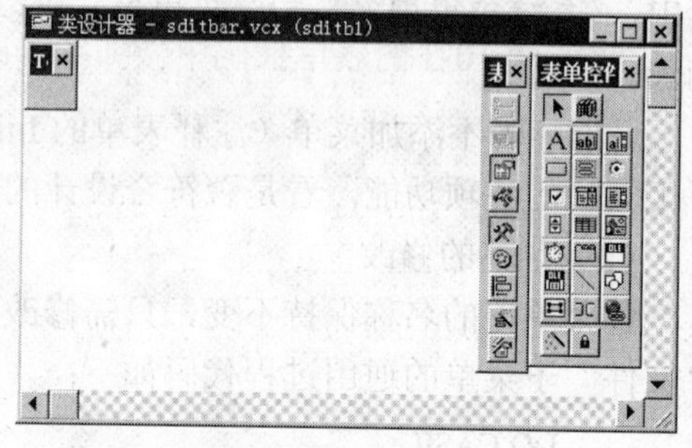

图 10-35 类设计器

类设计器不仅形式与表单设计器相似，它们的各种操作也是相似的。

⑥ 在新建的工具栏类中添加 6 个命令按钮控件 Command1～Command6 和一个分隔符控件 Separator1。其中，分隔符应加在第 3 个按钮和第 4 个按钮之间。

修改命令按钮的 Picture 属性，结果如图 10-36 所示。

⑦ 为新建的工具栏类添加一个自定义属性 oFormRef。

说明：创建工具栏时，必须传递一个表单对象作为参数，此对象将存放在工具栏类的自定义属性 oFormRef 中，以便命令按钮事件代码调用。

⑧ 编写事件代码。

工具栏的 Init 事件代码：

```
PARAMETER oForm
THIS.oFormRef = oForm
```

工具栏的 AfterDock 事件代码：

```
WITH _VFP.ActiveForm
    .Top = 0
    .Left = 0
    .Height = THISFORM.oformref.Height – 32
    .Width = THISFORM.oformref.Width – 8
ENDWITH
```

图 10-36　设计“工具栏类”

命令按钮 Command1 的 Click 事件代码：

```
THISFORM.oformref.new
```

命令按钮 Command2 的 Click 事件代码：

```
THISFORM.oformref.open
```

命令按钮 Command3 的 Click 事件代码：

```
_VFP.ActiveForm.save
```

命令按钮 Command4 的 Click 事件代码：

```
SYS(1500,"_MED_cut","_medit")
```

命令按钮 Command5 的 Click 事件代码：

```
SYS(1500,"_ MED_copy","_medit")
```

命令按钮 Command6 的 Click 事件代码：

```
SYS(1500,"_ MED_paste","_medit")
```

自定义工具栏类完成后，将保存为类文件 sditbar.vcx。

（2）修改表单代码

只需在例 10-3 的表单代码中做如下修改，即可完成具有工具栏的多文本编辑器的设计。

① 在主表单中增加一个自定义属性 otoolbar，用来存放工具栏对象。

② 修改表单的 Avtivate 事件代码：

```
SET EXACT ON
DO FORM mychild NAME THISFORM.aforms(1)
THISFORM.aforms(1).Caption = "未命名"
IF TYPE("THISFORM.oToolbar") = "O" AND !ISNULL(THISFORM.oToolbar)
  RETURN
ENDIF
SET CLASSLIB TO sditbar ADDITIVE
THISFORM.oToolbar = CREATEOBJECT ("sditb1",THISFORM)
THISFORM.oToolbar.Show
RELEASE CLASSLIB sditbar
```

说明事项如下。

① SET CLASSLIB 命令用来打开包含类定义的.vcx 类库文件。

② CREATEOBJECT()函数可以从类定义中创建对象，其语法格式为：

```
CREATEOBJECT(类名[，参数 1，参数 2，…])
```

其中，“类名”可以是用 SET CLASSLIB 命令打开的.vcx 类库中的类。

③ RELEASE CLASSLIB 命令用来关闭包含类定义的.vcx 类库文件。

10.3　实训 10

实训目的

- 掌握 VFP 中菜单的设计方法。
- 掌握 VFP 工具栏的设计方法。

实训内容

- 下拉菜单设计。
- 工具栏设计。

实训步骤

1．下拉菜单设计

设计一个下拉菜单，如图 10-37 所示。各菜单选项的功能见表 10-6。

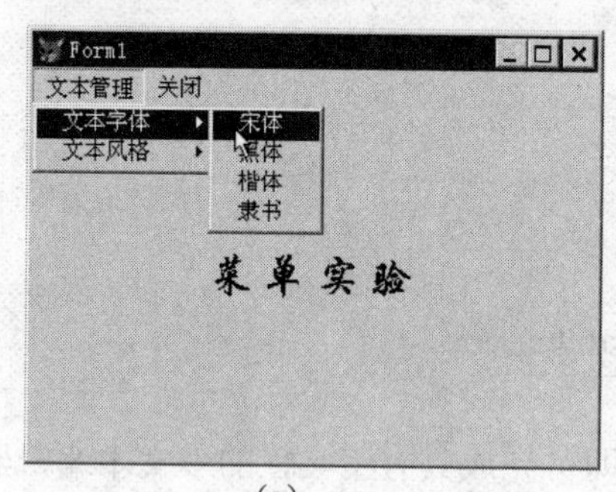

(a)

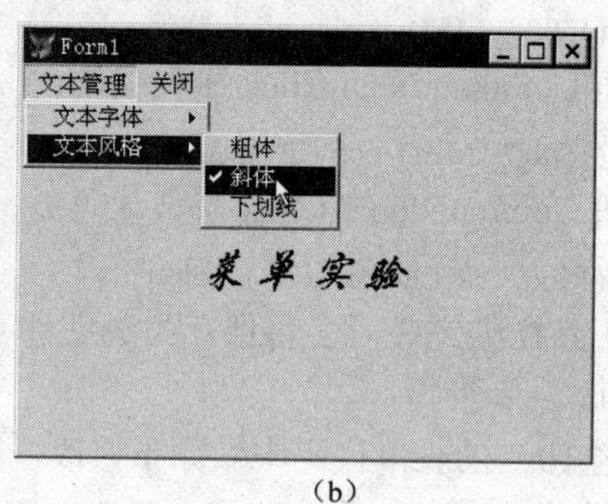

(b)

图 10-37　下拉式菜单

表 10-6　菜单项的设置

菜单名称	结　果	菜　单　级
文本管理	子菜单	菜单栏
文本字体	子菜单	文本管理
宋体	过程	文本字体
黑体	过程	文本字体
楷体	过程	文本字体
隶书	过程	文本字体
文本风格	子菜单	文本管理
粗体	过程	文本风格
斜体	过程	文本风格
下划线	过程	文本风格

（1）设计菜单。

① 创建菜单和子菜单。

选择菜单命令“文件”→“新建”，单击“新建”对话框底部的“菜单”按钮，再单击“新建文件”按钮，打开“新建菜单”对话框，单击“菜单”，打开菜单设计器。

首先选择菜单命令“显示”→“常规选项”，选中“顶层表单”复选框，将菜单定位于顶层表单之中，单击“确定”按钮返回菜单设计器。

在菜单设计器中输入菜单名“文本管理”和“关闭”，选择“文本管理”菜单项，单击“创建”按钮，然后分别输入子菜单项名“文本字体”和“文本风格”，如图 10-38（a）所示。

选择“文本字体”菜单项，单击“创建”按钮，然后分别输入子菜单项名“宋体”、“黑体”、“楷体”和“隶书”，如图 10-38（b）所示。

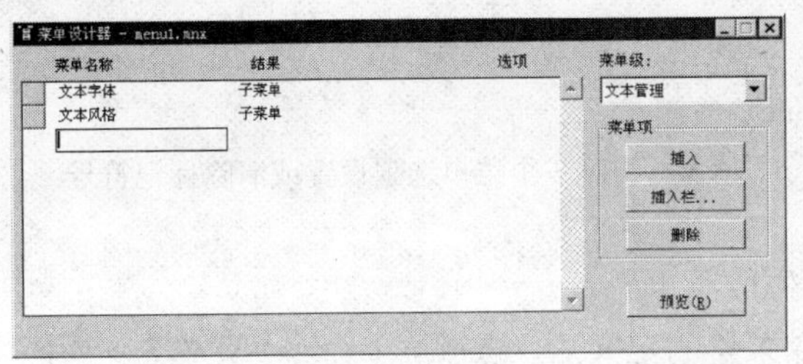

(a)

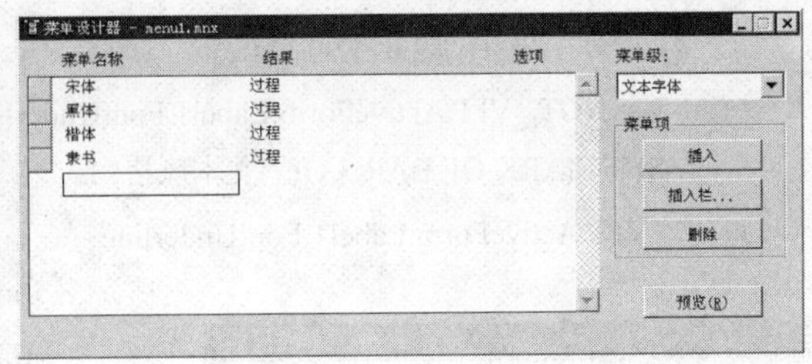

(b)

图 10-38　输入菜单名

在“菜单级”下拉列表框中选择“文本管理”项，回到上一层菜单。类似地，选择“文本风格”菜单项，创建子菜单项“粗体”、“斜体”和“下划线”。

② 编写菜单代码。

在“菜单级”下拉列表框中选择“文本管理”，回到该层菜单。单击其右边的“编辑”按钮，重新进入“文本字体”编辑对话框。

选择菜单命令“显示”→“菜单选项”，打开“菜单选项”对话框（见图 10-39），单击“编辑”按钮，然后单击“确定”按钮，打开编辑器，为“文本字体”编写如下通用过程。

```
DO CASE
  CASE BAR() = 1              && 函数 BAR()返回最近一次选择的菜单项的编号
a = "宋体"
  CASE BAR() = 2
a = "黑体"
  CASE BAR() = 3
a = "楷体_GB2312"
  CASE BAR() = 4
a = "隶书"
ENDCASE
_VFP.ActiveForm.Label1.FontName = a
```

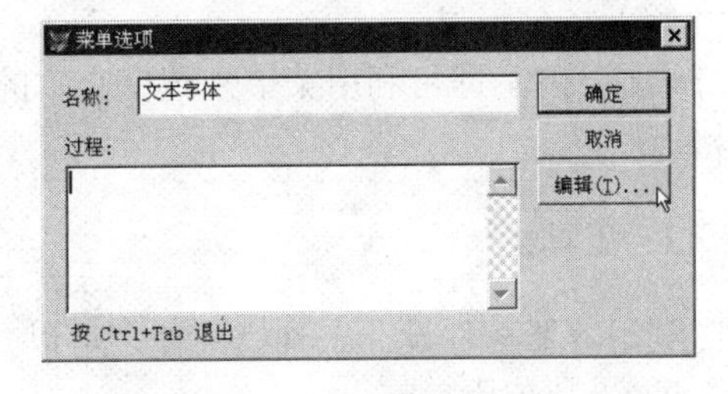

图 10-39　“菜单选项”对话框

关闭编辑器，返回菜单设计器。

在“菜单级”下拉列表框中选择“文本管理”，回到上一层菜单。选择“文本风格”菜单项，单击“文本风格”子菜单的“编辑”按钮，进入“文本风格”的编辑对话框。分别单击各菜单项的“创建”按钮，为其创建过程代码。

“粗体”菜单项代码如下：

```
L = NOT _VFP.ActiveForm.Label1.FontBold
SET MARK OF BAR 1 OF "文本风格" L        && 为第 1 个菜单选项设置或清除标记符号
_VFP.ActiveForm. Label1.FontBold = L
```

“斜体”菜单项代码如下：

```
L = NOT _VFP.ActiveForm.Label1.FontItalic
SET MARK OF BAR 2 OF "文本风格" L        && 为第 2 个菜单选项设置或清除标记符号
_VFP.ActiveForm.Label1.FontItalic = L
```

“下划线”菜单项代码如下：

```
L = NOT _VFP.ActiveForm.Label1.FontUnderline
SET MARK OF BAR 3 OF "文本风格" L          && 为第 3 个菜单选项设置或清除标记符号
_VFP.ActiveForm.Label1.FontUnderline = L
```

③ 生成菜单码。

完成菜单的定义后，选择菜单命令“菜单”→“生成”，然后选择“是”，在“另存为”对话框中输入菜单名 menu1，确定后显示“生成菜单”对话框，单击“生成”按钮，生成菜单程序 menu1.mpr，至此完成菜单的创建工作。

（2）设计表单。

① 建立应用程序用户界面。

进入表单设计器，添加一个标签控件 Label1，如图 10-40 所示。

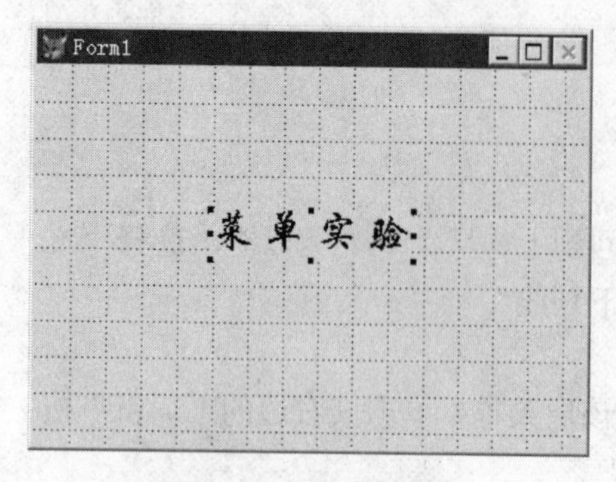

图 10-40　设计表单界面

② 设置对象属性，见表 10-7。

③ 编写程序代码。

编写表单的 Init 事件代码如下：

```
DO menu1.mpr WITH THIS, .T.
```

表 10-7　属性设置

对　象	属　性	属 性 值
Form1	ShowWindow	2 –作为顶层表单

（3）运行表单。

运行表单，即可利用菜单来改变文本的字体和风格。

2．工具栏

利用容器控件设计工具栏，使之可以改变文本的字体和风格，如图 10-41（a）所示。

① 设计程序界面。

进入表单设计器，在表单上添加一个容器控件 Container1 和一个标签 Label1，将容器控件 Container1 的 SpecialEffect 属性改为“1 – 凹下”。右击容器控件，在弹出菜单中选择“编辑”，然后在容器中添加一个组合框和 3 个复选框，如图 10-41（b）所示。

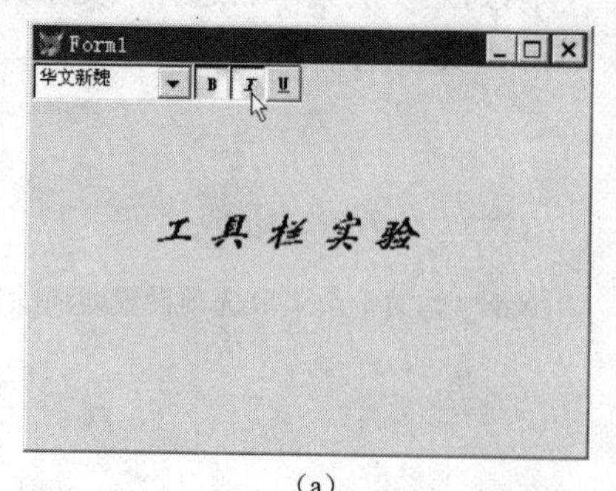

(a)

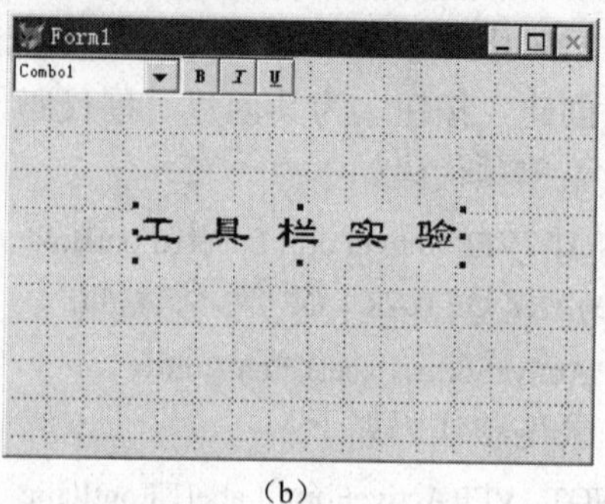

(b)

图 10-41　使用工具栏

② 设置容器中对象的属性，见表 10-8。

适当调整容器内各控件的大小和相互的位置，即可得到所需的表单。

③ 编写程序代码。

表 10-8 属性设置

对　　象	属　　性	属 性 值
Check1	Caption	B
	FontBold	.T. – 真
	Style	1 – 图形
Check2	Caption	I
	FontBold	.T. – 真
	FontItalic	.T. – 真
	Style	1 – 图形
Check3	Caption	U
	FontBold	.T. – 真
	FontUnderLine	.T. – 真
	Style	1 – 图形
Combo1	Style	2 – 下拉列表框

编写容器中下拉列表框 Combo1 的事件代码如下。

Init 事件：

```
DIMENSION x[1]
= AFONT(x)
FOR i = 1 TO ALEN(x)
   THIS.AddItem(x[i])
ENDFOR
THIS.DisplayValue='宋体'
```

InteractiveChange 事件：

```
THISFORM.Label1.FontName =
THIS.DisplayValue
```

编写容器中复选框 Check1 的 Click 事件代码如下：

```
THISFORM.Label1.FontBold = THIS.Value
```

编写容器中复选框 Check2 的 Click 事件代码如下：

```
THISFORM.Label1.FontItalic = THIS.Value
```

编写容器中复选框 Check3 的 Click 事件代码如下：

```
THISFORM.Label1.FontUnderLine = THIS.Value
```

④ 运行程序，结果如图 10-41（a）所示。

习题 10

一、选择题

1. 假设已经生成了名为 mymenu 的菜单文件，执行该菜单文件的命令是（　）。

A）DO mymenu　　B）DO mymenu.mpr

C）DO mymenu.pjx　　D）DO mymenu.mnx

2. 使用 VFP 的菜单设计器时，选中菜单项之后，如果设计其子菜单，应在“结果”下拉列表中选择（　）。

A）命令　B）填充名称　C）子菜单　D）过程

二、填空题

1. 典型的菜单系统一般是一个下拉式菜单，下拉式菜单通常由一个______和一组______组成。

2. 要为表单设计下拉式菜单，首先需要在设计菜单时，在______对话框中选中“顶层表单”复选框；其次要将表单的_____属性值设置为 2，使其成为顶层表单；最后需要在表单的______事件代码中设置调用菜单程序的命令。

3. 快捷菜单实质上是一个弹出式菜单。要将某个弹出式菜单作为一个对象的快捷菜单，通常是在对象的_____事件代码中添加调用该弹出式菜单程序的命令。

三、编程题

1. 在例 10-1 中增加一个“颜色”菜单，包含“表单颜色”、“标题板背景色”、“标题板文本颜色”3 项，使得程序运行时可以调整表单或文本的颜色，如图 10-42 所示。

2. 修改上题，使用菜单命令控制标题板的移动。

3. 修改上题，调用输入框子表单来改变标题板的内容。

4. 在上题中增加工具栏，控制标题板的移动和暂停、标题板的字体风格，如图 10-43 所示。

图 10-42 调整表单或文本的颜色

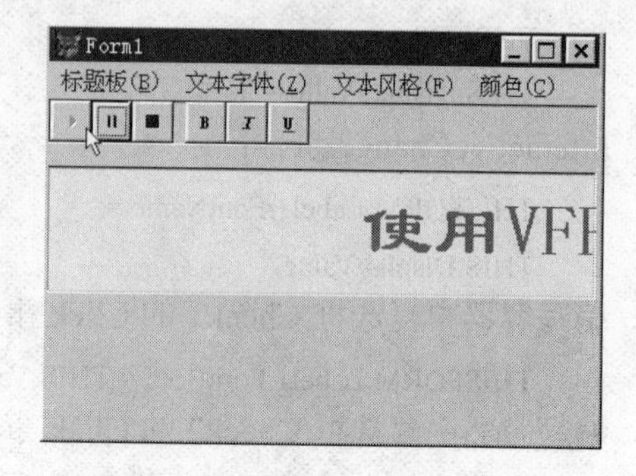

图 10-43 添加工具栏修改程序

第 11 章　数　据　表

VFP 中的数据表，是将相关的数据结合在一起形成的一个文件，例如，学生成绩表、同学通讯录等。数据表也是 VFP 中最基本的文件类型，所有命令都是针对数据表进行操作的，例如，索引、查找等。

11.1　建立数据表

数据表是处理数据和建立关系型数据库及应用程序的基本单元。建立数据表是进行数据表操作的基础工作。

11.1.1　数据表的概念

要建立数据库，首先要了解数据库中的一些基本名词和概念。

1. 数据表

数据表是一些有组织数据的集合，是一组相关联的数据按行和列排列的二维表格，简称表（Table），通常用来描述一个实体。每个数据表均有一个表名，一个数据库由一个或多个数据表组成，各个数据表之间可以存在某种关系。例如，表 11-1 所示的“学生情况表”就是一个数据表。数据表通常由两部分组成：字段和记录。

表 11-1　学生情况表

学　号	姓　名	性　别	出生时间	入学成绩	所　在　系	系负责人
2001001	张小红	女	1983 年 7 月 20 日	400	计算机	程家吉
2001002	李才	男	1982 年 12 月 5 日	380	中文	朱荣
2001010	杜莉莉	女	1983 年 11 月 18 日	420	计算机	程家吉
2001004	王刚	男	1982 年 3 月 12 日	410	数学	戴风韵
2001011	丁大勇	男	1982 年 5 月 7 日	405	数学	戴风韵
2001005	孙倩倩	女	1983 年 2 月 21 日	411	中文	朱荣
2001006	李壮壮	男	1983 年 4 月 6 日	400	计算机	程家吉
2001012	王英	男	1982 年 9 月 30 日	390	中文	朱荣
2001008	王海强	男	1983 年 11 月 2 日	420	中文	朱荣
2001026	张莉莉	女	1983 年 8 月 10 日	400	数学	戴风韵
2001020	黄会	男	1982 年 7 月 18 日	430	计算机	程家吉

2. 数据表中的字段

数据表的每一列称为一个字段（Field），它对应表格中的数据项，每个数据项的名称称为字段名，例如，“所在系”、“学号”、“姓名”、“性别”、“出生时间”、“入学成绩”、“系负责人”等都是字段名。

表中的每一个字段都有特定的数据类型。可用的字段数据类型如下。

- 数值型：用于整数或小数，例如，订货数量、学生成绩、年龄、学分等。
- 字符型：用于字母、数字型文本，例如，地址、电话号码、姓名、政治面貌等。
- 日期型：用于年、月、日，例如，出生日期、订货日期等。
- 逻辑型：用于真或假，例如，性别、订单是否已填完、婚姻状况等。
- 浮点型：用于整数或小数，例如，科学计算数据等。
- 备注型：用于不定长的字母、数字文本，例如，学生简历、获奖情况等。
- 整型：用于不带小数点的数值，例如，订单的行数、列数等。
- 双精度型：用于双精度数值，例如，实验所要求的高精度数据等。
- 货币型：用于货币单位，例如，单价、支出金额、收入金额、基本工资等。
- 日期时间型：用于年、月、日、时、分、秒，例如，员工上班的时间等。
- 通用型：用于 OLE（对象链接与嵌入），例如，Microsoft Excel 电子表格等。
- 字符型（二进制数）：与“字符型”相同，但当代码页更改时字符值不变，例如，保存在表中的用户密码等。当用不同国家（地区）的编码打开时，将保持不变。
- 备注型（二进制数）：与“备注型”相同，但当代码页更改时备注不变。用于不同国家（地区）的登录脚本。

3. 数据表中的记录

表格的项目名称下面的每一行称为一个记录（Record），每个记录由许多个字段组成，多个记录组成一个数据表。例如，姓名为“李才”的学生对应的行中的所有数据就构成了一个记录。记录中的每个字段的取值，称为字段值或分量。记录中的数据随着每一个记录的不同而变化。

11.1.2 创建新数据表

可以在 VFP 中创建两种表：数据库表和自由表。数据库表是数据库的一部分，而自由表则独立存在于任何数据库之外。

利用“表向导”建立新表的过程烦琐，而且实用价值不大，下面介绍利用表设计器创建新表的方法。

1. 用表设计器创建新表

① 选择菜单命令“文件”→“新建”，或者单击标准工具栏中的“新建”按钮🗋，在“新建”对话框中选中“表”项，然后单击“新建文件”按钮，如图 11-1 所示。

② 在“创建”对话框中输入表的名称（如 st），然后单击“保存”按钮，打开表设计器。

③ 在表设计器中，选择“字段”选项卡，在“字段名”列中输入字段的名称“学号”，如图 11-2 所示。

在“类型”列中，选择列表中的某一种字段类型，如图 11-2 所示。

在“宽度”列中，设置以字符为单位的列宽。

如果“类型”是“数值型”或“浮点型”，则需要设置“小数位数”列中的小数点位数。

如果希望为字段添加索引，可在“索引”列中选择一种排序方式。

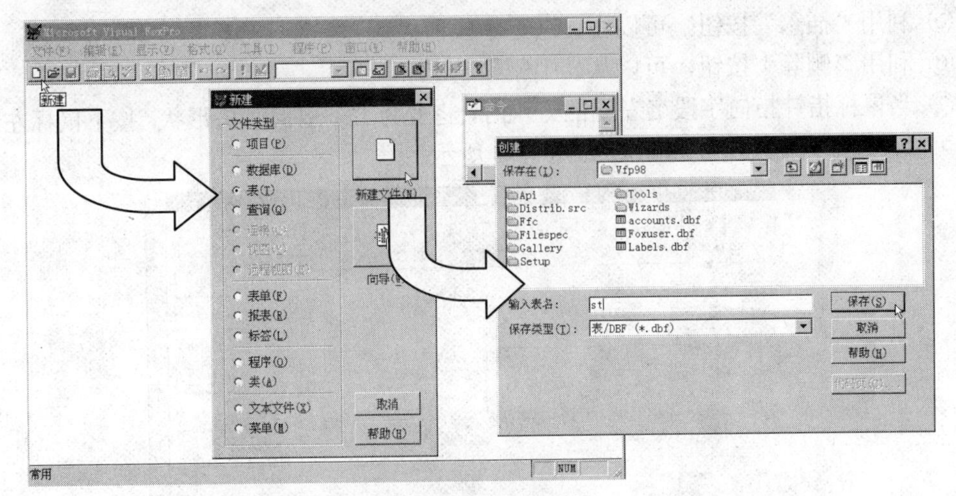

图 11-1　新建文件

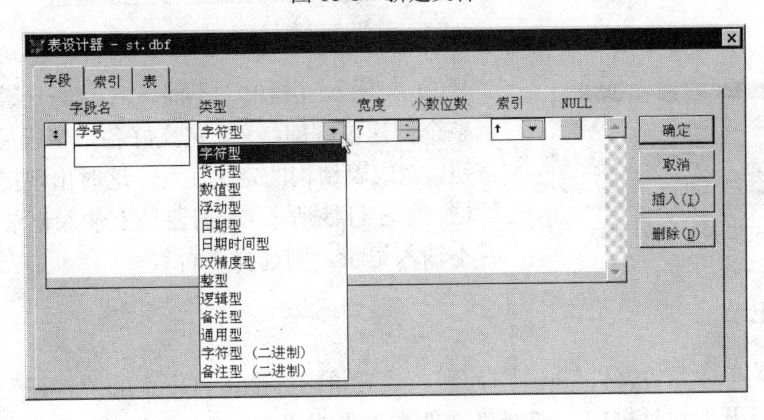

图 11-2　表设计器

如果想让字段能接受空值，选中“NULL”列即可，它表示允许字段为空值。在数据库中可能遇到尚未存储数据的字段，这时的空值与空（或空白）字符串、数值 0 等具有不同的含义，空值就是缺值或还没有确定值，不能把它理解为任何其他意义的数据。例如，对于表示出生时间的字段值，空值表示未知出生时间。

④ 一个字段定义完后，单击下一个字段名处，输入另一个字段定义，直到把所有字段都定义完。完成后的结果如图 11-3 所示。

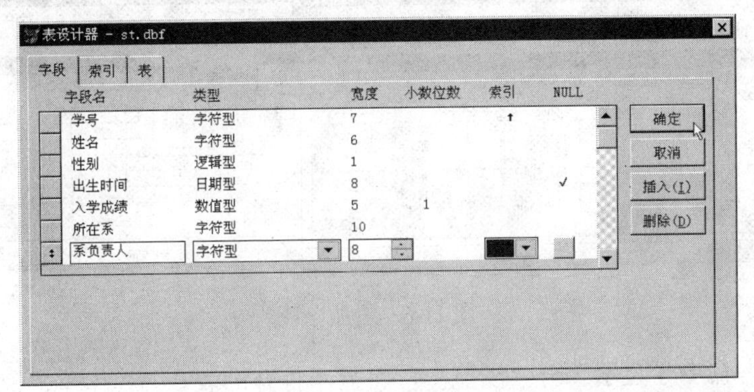

图 11-3　利用表设计器创建新表示例

⑤ 利用“插入”按钮，可以在已选定字段前插入一个新字段。

⑥ 利用“删除”按钮，可以从表中删除选定字段。

⑦ 当鼠标指针指向字段名左端的方块时，将变为上下双向箭头形状，按下鼠标左键并拖动，可以改变字段在表中的顺序，如图 11-4 所示。

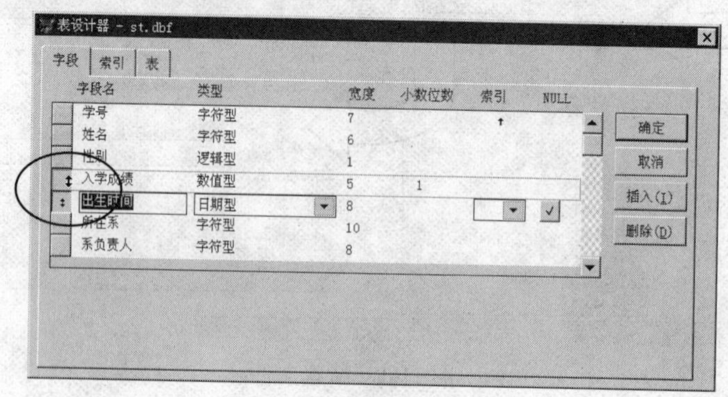

图 11-4　改变字段顺序

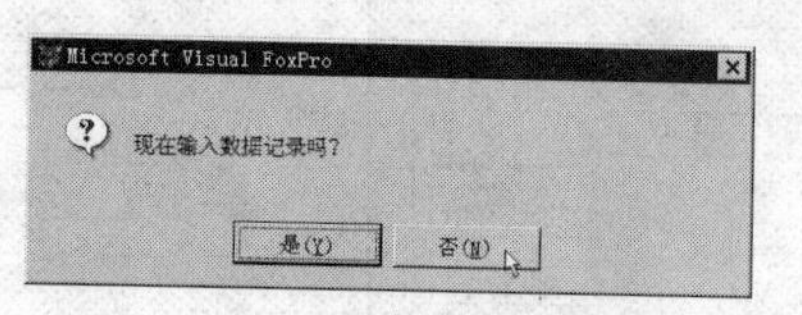

图 11-5　提示输入数据对话框

⑧ 在输入过程中，不能按〈Enter〉键，因为回车表示整个创建过程的结束。定义好各个字段后，单击“确定”按钮，完成表结构的定义工作。这时出现提示输入数据对话框，如图 11-5 所示。若需要马上输入记录，则选择“是”；若不输入记录，则选择“否”。

2. 追加记录

① 选择菜单命令“文件”→“打开”，或者单击标准工具栏上的“打开”按钮。

② 在“打开”对话框中，选择“文件类型”为“表（*.dbf)”，选择表所在的文件夹，找到表文件后，双击要打开的表，如图 11-6 所示。

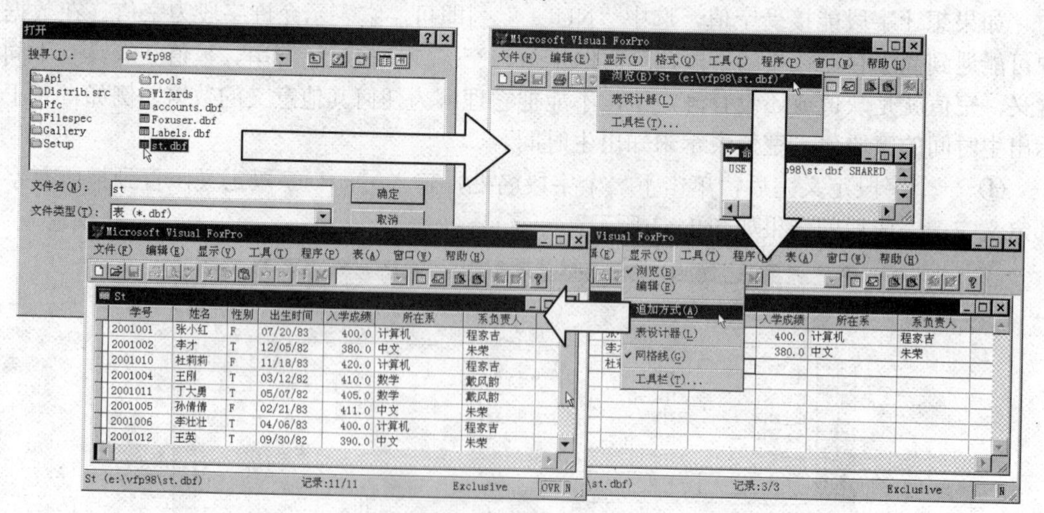

图 11-6　追加记录

③ 选择菜单命令“显示”→“浏览”，将显示打开的表。

④ 选择菜单命令“显示”→“追加方式”，这时就可以在编辑窗口或浏览窗口中输入新

的记录了。

3. 使用命令

为了发挥 VFP 的强大功能，专业人员常在命令窗口中或在代码中使用命令。

（1）创建新表命令

使用 CREATE〈新表文件名〉命令也可以打开表设计器，创建一个新的表文件结构。使用 CREATE ?命令则可以在其他目录中创建一个新的表文件结构。

使用下述命令可以不使用表设计器，直接创建表的结构：

CREATE TABLE 〈新表文件名〉(〈字段名 1〉 〈类型〉(〈长度〉)
[,〈字段名 2〉 〈类型〉(〈长度〉)…]

例如，在命令窗口中输入命令：

```
CREATE TABLE St (学号 c(7), 姓名 c(6), 性别 l(1), 出生时间 d(8), 入学成绩 n(6,1),
        所在系 c(10), 系负责人 c(8) )
```

可以建立包含学号、姓名、性别、出生时间、入学成绩、所在系、系负责人等字段的一个新的数据表。

（2）打开表命令

使用 USE〈表文件名〉命令可以打开一个已经存在的数据表。例如，在命令窗口中输入命令：

```
USE St
```

可以打开数据表 St。

（3）关闭表命令

使用不带参数的 USE 命令可以关闭已打开的数据表。

（4）添加记录命令

使用 APPEND 命令可以向打开的数据表中添加记录。使用 APPEND BLANK 命令可以在打开的数据表中添加一个空白记录。

11.1.3 浏览窗口的显示模式

完成数据表的建立之后，常常需要打开数据表，或更改数据表中的记录数据，此时就要用到浏览窗口。在浏览窗口中会列出数据表中所有的记录与字段，用户可以编辑和观察整个数据表中的所有记录数据。显示的内容由一系列可以滚动的行和列组成。

浏览窗口有两种不同的显示模式：浏览模式和编辑模式。不同的显示模式可以满足不同的需求。一般而言，编辑模式比较适合数据的修改和编辑，而浏览模式适合浏览整个数据表中的记录。

1. 浏览模式

浏览模式以一个记录为一行，一个字段为一列，来显示数据表中的记录，因此同时可以浏览多个记录数据。

如果需要浏览一个表，可以选择菜单命令“文件”→“打开”，选定想要查看的表名，然后选择菜单命令“显示”→“浏览”，如图 11-7 所示，这时数据表为浏览模式。

在命令方式下，用 USE 命令打开要操作的数据表，然后输入 BROWSE 命令，也可以进入浏览模式。

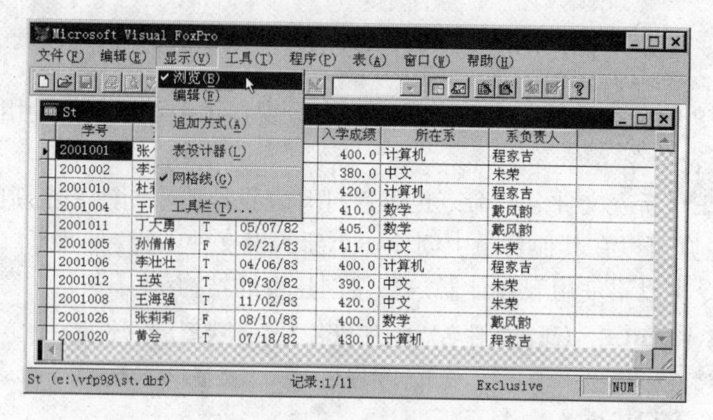

图 11-7 在浏览模式下浏览数据表中的数据

2. 编辑模式

编辑模式以一横行为一个字段的格式逐个显示数据表中的记录数据，每个记录按照顺序连续显示。可以利用〈PageUp〉或〈PageDown〉键换至上一个或下一个记录。

如果要改为编辑模式，选择菜单命令“显示”→“编辑”即可，如图 11-8 所示。

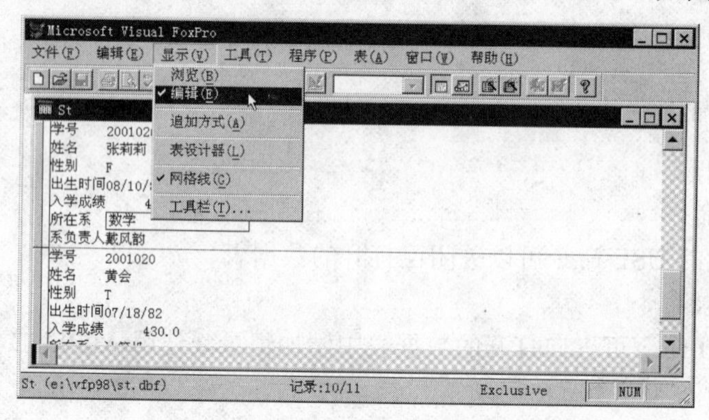

图 11-8 在编辑模式下浏览数据表中的数据

在命令方式下，首先用 USE 命令打开要操作的数据表，然后输入 EDIT 命令，也可以进入编辑模式。

在任何一种方式下，都可以滚动记录，查找指定的记录，以及修改表的内容。

11.1.4 自定义浏览窗口

可以按照不同的需求调整浏览窗口的显示方式。例如，可以重新安排列的位置，改变列的宽度，显示或隐藏表格线，或把浏览窗口分为两个窗格。

1. 移动字段显示位置

在浏览窗口中，字段的相对位置是根据原先建立字段的顺序来编排的。可以根据需要任意移动其相对位置，这并不影响表的实际结构。

在浏览窗口中移动字段位置的方法为，直接将列标头拖到新的位置，如图 11-9 所示。

也可以选择菜单命令“表”→“移动字段”，然后用上、下箭头键移动列，最后按〈Enter〉键结束移动。

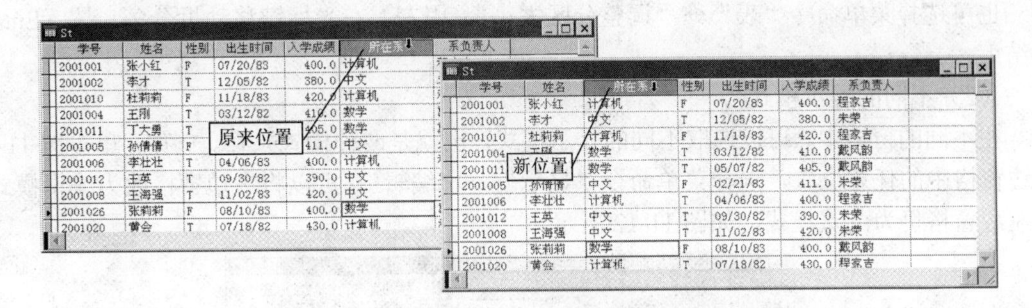

图 11-9　在浏览窗口中移动字段位置

2. 改变显示时的列宽

在列标头中，将鼠标指针指向两个字段之间的结合点，按下鼠标左键并拖动，即可调整列的宽度，如图 11-10 所示。

学号	姓名	性别	出生时间	入学成绩	所在系	系负责人
2001001	张小红	F	07/20/83	400.0	计算机	程家吉
2001002	李才	T	12/05/82	380.0	中文	朱荣
2001010	杜莉莉	F	11/18/83	420.0	计算机	程家吉
2001004	王刚	T	03/12/82	410.0	数学	戴风韵
2001011	丁大勇	T	05/07/82	405.0	数学	戴风韵
2001005	孙倩倩	F	02/21/83	411.0	中文	朱荣
2001006	李壮壮	T	04/06/83	400.0	计算机	程家吉
2001012	王英	T	09/30/82	390.0	中文	朱荣
2001008	王海强	T	11/02/83	420.0	中文	朱荣
2001026	张莉莉	F	08/10/83	400.0	数学	戴风韵
2001020	黄会	T	07/18/82	430.0	计算机	程家吉

图 11-10　改变显示时的列宽

也可以先选定一个字段，然后选择菜单命令“表”→“调整字段大小”，并用左、右箭头键来调整列宽，最后按〈Enter〉键结束。

这种尺寸调整不会影响字段的长度或表的结构。如果想改变字段的实际长度，应使用表设计器修改表的结构。

3. 拆分浏览窗口

拆分窗口可将浏览窗口切割成两半，以观看不同位置的记录数据，也可以同时在浏览模式和编辑模式下查看同一个记录。

（1）拆分浏览窗口

拆分浏览窗口的方法是，将鼠标指针指向窗口左下角的拆分条，按下鼠标左键并向右拖动拆分条，将浏览窗口分成两个窗格，如图 11-11 所示。将指针指向拆分条，按下鼠标左键并向左或向右拖动拆分条，可以改变两个窗格的相对大小。

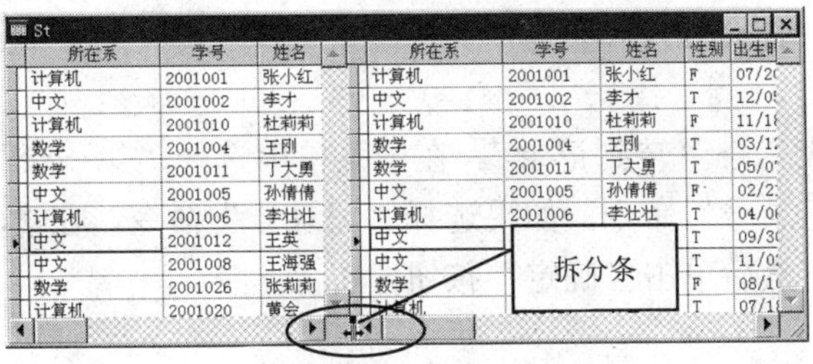

拆分条

图 11-11　拆分浏览窗口

也可选择菜单命令“表”→“调整分区大小”，用左、右光标键移动拆分条，按〈Enter〉键结束。

（2）不同的显示模式

在不同的窗格中，可以选取不同的显示模式，也就是两种模式共存。例如，单击图 11-11 右边窗格中的任意位置，选择菜单命令“显示”→“编辑”，可以将右边窗格改为编辑模式，而左边窗格仍为浏览模式，如图 11-12 所示。

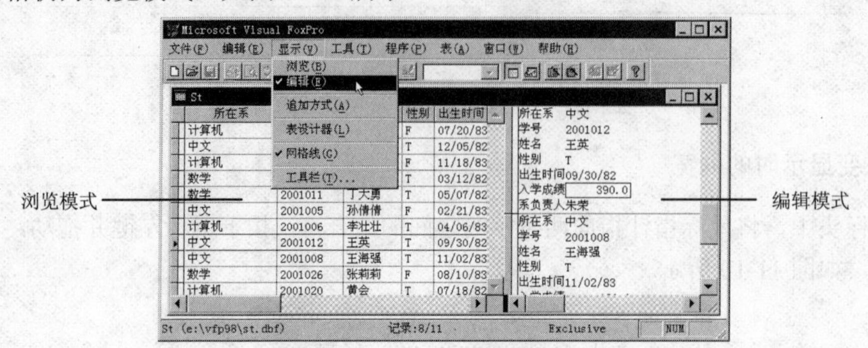

图 11-12　不同的显示模式

在默认情况下，浏览窗口的两个窗格是相互链接的，如果在一个窗格中选择了不同的记录，那么这种选择会反映到另一个窗格中。

取消“表”菜单中“链接分区”的选中状态，可以中断两个窗格之间的联系，使它们的功能相对独立。这时，如果滚动某一个窗格，不会影响另一个窗格中的显示内容。

4. 打开或关闭网格线

选择菜单命令“显示”→“网格线”，可以隐藏浏览窗口中的网格线。

11.1.5　记录指针的移动

在浏览窗口中，当前记录的最前端有一个三角形，用于指示记录指针的位置，它表示当前的修改位置。如果要修改某一字段，必须移动指针到指定的位置才能修改。

1. 在浏览窗口中移动记录指针

（1）用鼠标方式

单击不同的记录，可以移动表的记录指针，显示表中不同的字段和记录。

这时记录指针将随之移动，状态栏中的当前记录号也随之变化，如图 11-13 所示。

（2）用键盘方式

可以用箭头键和〈Tab〉键移动。

（3）用菜单方式

选择菜单命令“表”→“转到记录”。在子菜单中选择“第一个”、“最后一个”、“下一个”、“前一个”或“记录号”命令，在“转到记录”对话框中输入待查看记录的编号，然后单击“确定”按钮即可。

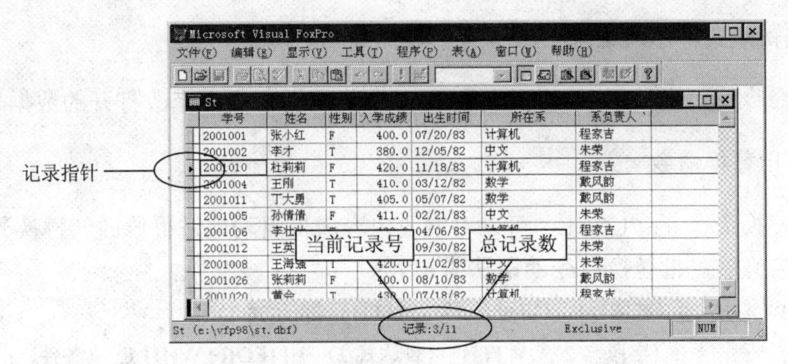

图 11-13　记录指针

2. 使用移动指针命令

可以在命令窗口或程序中使用命令来移动记录指针。移动记录指针的命令有两种：绝对移动（GO）和相对移动（SKIP）。

（1）绝对移动

绝对移动记录指针的命令格式为：

GO　{BOTTOM | TOP | 〈记录号〉}

其中，BOTTOM 表示末记录，TOP 表示首记录。〈记录号〉可以是数值表达式，按四舍五入取整数，但是必须保证其值为正数且位于有效的记录数范围之内。

（2）相对移动

相对移动记录指针的命令格式为：

SKIP　{n | –n }

其中，n 为数值表达式，四舍五入取整数。若是正数，则向记录号增大的方向移动；若是负数，则向记录号减小的方向移动。

11.2　编辑表中数据

创建数据表后，可以根据需要对表中的数据进行修改、添加、删除等操作。

11.2.1　修改记录

1. 在浏览模式下修改记录

要修改“字符型”字段、“数值型”字段、“逻辑型”字段、“日期型”字段或“日期时间型”字段中的信息，可以把光标定位在字段中并编辑信息，或者选定整个字段并输入新的信息。

要修改“备注型”字段，可在浏览窗口中双击该字段或按下〈Ctrl〉+〈PageDown〉组合键，这时会打开一个编辑窗口，其中显示了“备注型”字段的内容。

“通用型”字段包含一个嵌入或链接的 OLE 对象。通过双击浏览窗口中的“通用型”字段，打开通用型窗口，从“编辑”菜单中选择“粘贴”、“选择性粘贴”或“插入对象”命令，可以编辑这个对象，例如，直接编辑文档（Microsoft Word 文档或 Microsoft Excel 工作表），或者双击对象，打开其父类应用程序（Microsoft 画笔对象）。

2. 在编辑模式下修改记录

直接在命令窗口中使用 EDIT 命令，可以打开编辑窗口，修改打开的数据表。

3. 使用批替换命令

使用批替换命令 REPLACE，可以对字段内容成批自动地进行修改（替换），而不必在编辑状态下逐条修改。批替换命令的语法格式为：

REPLACE [〈范围〉] 〈字段名 1〉 WITH 〈表达式 1〉

[,〈字段名 2〉 WITH 〈表达式 2〉…] [FOR | WHILE 〈条件〉]

说明事项如下。

①〈范围〉选项只能取 ALL、NEXT〈*n*〉、RECORD〈*n*〉或 REST，其含义见表 11-2。若无〈范围〉项，则只对当前记录操作。

表 11-2 范围选项

范围选项	含义
ALL	对全部记录进行操作
NEXT〈*n*〉	只对包括当前记录在内的以下连续的 *n* 个记录进行操作
RECORD〈*n*〉	只对第 *n* 个记录进行操作
REST	只对从当前记录起到文件尾的所有记录进行操作

② FOR〈条件〉表示对〈范围〉内所有满足〈条件〉的记录执行该命令；WHILE 〈条件〉表示对〈范围〉内满足〈条件〉的记录逐个执行命令，一旦遇到不满足者，即停止执行。

③ 对指定范围内满足条件的各个记录，以〈表达式 1〉的值替换〈字段名 1〉的内容，以〈表达式 2〉的值替换〈字段名 2〉的内容……备注型字段除外。

11.2.2 在表中添加新记录

1. 在浏览窗口或编辑窗口中添加记录

要想在表中快速加入新记录，可以将浏览窗口和编辑窗口设置为“追加方式”。在“追加方式”中，文件底部显示了一组空字段，可以在其中输入内容来建立新记录。设置为追加方式的方法为选择菜单命令“显示”→“追加方式”。

在向新记录填充字段的过程中，可以用〈Tab〉键在字段间进行切换。每完成一个记录，在文件的底端就会又出现一个新记录。

2. 使用命令添加记录

要从其他表中追加记录，也可以直接在命令窗口中使用 APPEND 命令，其语法格式为：

APPEND FROM 〈表文件名〉 FOR 〈逻辑表达式〉

11.2.3 删除记录

1. 在浏览模式或编辑模式下删除记录

在浏览窗口中，单击记录左边的小方框，标记待删除的记录，如图 11-14 所示。标记记录并不等于删除记录，而是属于“逻辑删除”。要想真正删除记录（物理删除），应选择菜单命令“表”→“彻底删除”。当出现“从…中移去已删除记录？”提示时，单击“是”按钮。这个操作将删除所有标记过的记录，并重新构造表中剩下的记录。删除记录时将关闭浏览窗口，若要继续工作，需要重新打开浏览窗口。

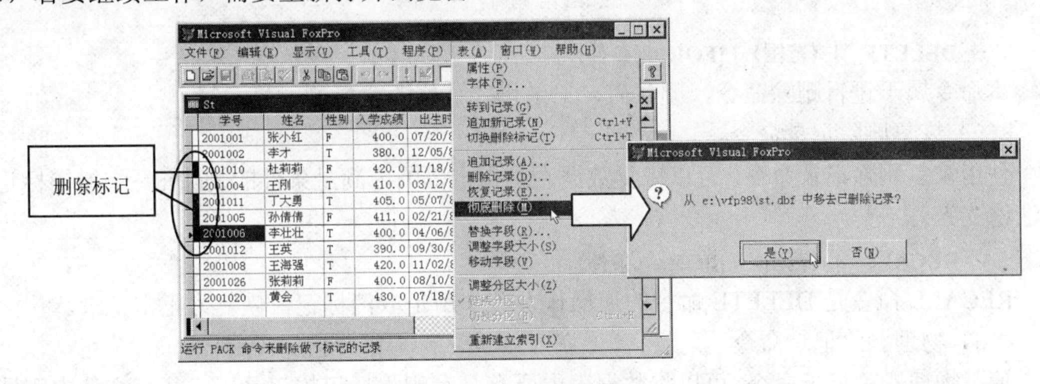

图 11-14　删除记录

2. 删除满足条件的记录

要有选择地删除一组记录，可选择菜单命令“表”→“删除记录”，打开“删除”对话框，选择删除记录的范围，并输入删除条件。如图 11-15 所示，要删除中文系的学生，输入条件后，单击“删除”按钮，可以给中文系的所有学生记录加上删除标记。

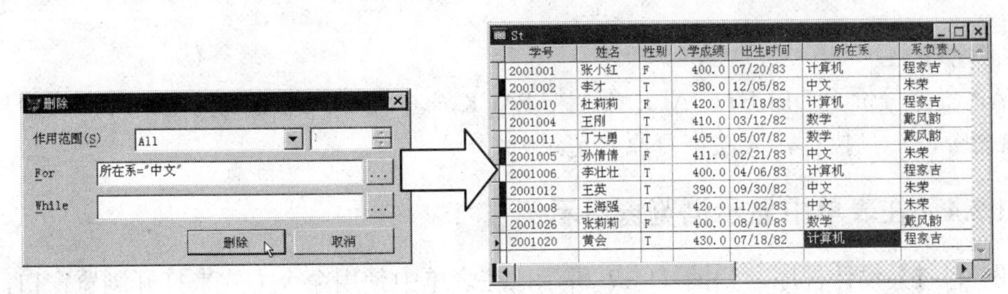

图 11-15　删除满足条件的记录

如果待删除记录能够描述出来，可以建立一个描述表达式。单击 For 后面的…按钮，激活“表达式生成器”对话框，如图 11-16 所示。

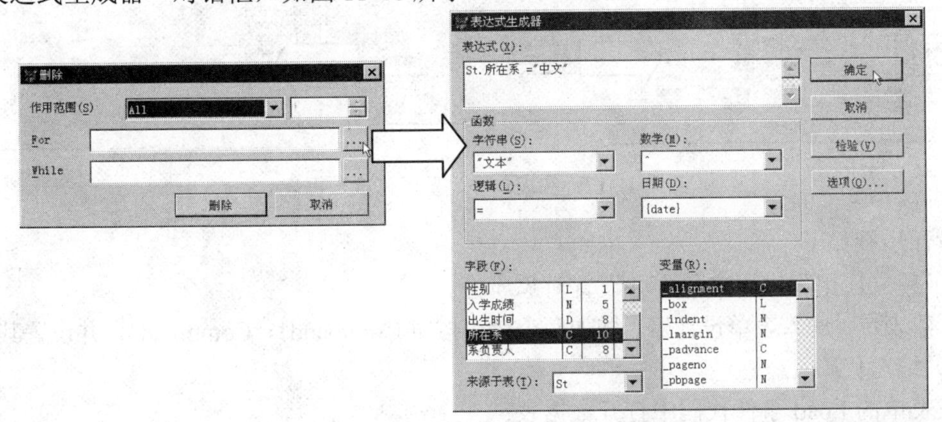

图 11-16　“表达式生成器”对话框

3. 使用命令删除记录

（1）逻辑删除记录命令

使用逻辑删除记录命令，可以对数据表中指定范围内满足条件的记录加注标记。语法格式为：

DELETE [〈范围〉] [FOR 〈条件〉]

本命令属于逻辑删除命令，删除后，记录仍能被修改、复制、显示等。

（2）恢复删除记录命令

使用恢复删除记录命令，可以恢复数据表中指定范围内满足条件的删除记录，撤销标记。语法格式为：

RECALL [〈范围〉] [FOR 〈条件〉]

RECALL 命令是 DELETE 命令的逆操作，其作用是取消标记，恢复为正常记录。

（3）物理删除记录命令

使用物理删除记录命令，可以将数据表中所有具有删除标记的记录正式从表文件中删掉。语法格式为：

PACK

PACK 命令为物理删除命令，一旦执行，无法用 RECALL 命令恢复。

（4）直接删除所有记录命令

使用直接删除所有记录命令，可以一次删除数据表中的全部记录，但保留表结构。语法格式为：

ZAP

ZAP 命令等价于 DELETE ALL 命令与 PACK 命令连用，但速度更快。ZAP 命令属于物理删除命令，一旦执行，无法恢复原有记录。

11.2.4 在表单中显示浏览窗口示例

【例 11-1】设计程序，如图 11-17 所示，在表单中使用命令方式来打开浏览窗口，显示并修改数据表的内容。

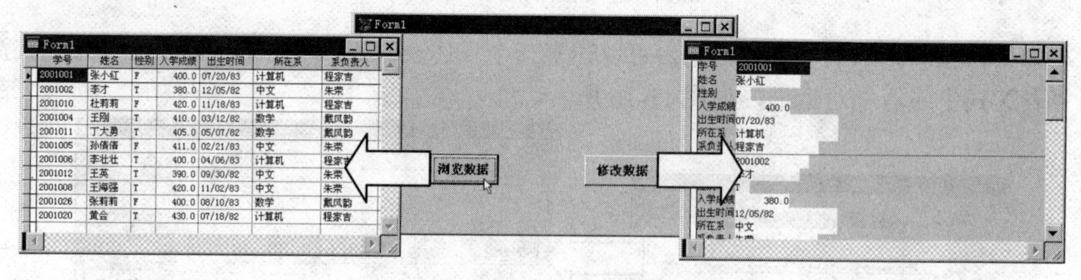

图 11-17 在表单中浏览或修改数据表

设计步骤如下。

① 建立应用程序用户界面并设置对象属性。

新建表单，进入表单设计器。增加两个命令按钮 Command1、Command2，并设置其属性。

② 编写代码。

在表单的 Load 事件代码中打开数据表：

```
USE  st
```

在表单的 Destroy 事件代码中关闭数据表：

```
USE
```

在命令按钮 Command1 的 Click 事件代码中打开浏览窗口：

```
GO  TOP
BROWSE
```

在命令按钮 Command2 的 Click 事件代码中打开编辑窗口：

```
GO  TOP
EDIT
```

运行程序，结果如图 11-17 所示。

11.3 修改数据表结构

建立表之后，还可以修改表的结构和属性，例如，添加、更改或删除字段的名称、宽度、数据类型，改变默认值或规则，或添加注释、标题等。

可以打开表设计器来修改表的结构。在修改表结构之前，必须独占地访问该表。

1. 修改表结构

选择菜单命令“文件”→“打开”，选定要打开的表。然后选择菜单命令“显示”→“表设计器”，打开“表设计器”对话框。表的结构将显示在表设计器中，可以直接对其进行修改。

2. 增加字段

在表设计器中单击“插入”按钮。在“字段名”列中，输入新的字段名；在“类型”列中，选择字段的数据类型；在“宽度”列中，设置或输入字段宽度；如果使用的数据类型为“数值型”或“浮点型”，还需要设置“小数位数”列的小数位数；如果想让表接受空值，则需要选中“NULL”列。

3. 删除字段

若要删除表中的字段，则选定该字段，单击“删除”按钮。

4. 修改表结构的命令

在命令窗口中，可以使用下面的命令打开表设计器：

```
MODIFY  STRUCTURE
```

11.4 定制表

可以在表中设置一个过滤器来定制自己的表，有选择地显示某些记录；还可以通过设置字段过滤器，对表中的某些字段的访问进行限制，这样可以选择显示部分字段。

11.4.1 筛选表

如果只想查看某一类型的记录，可以通过设置过滤器，对浏览窗口中显示的记录进行限制。在某些情况下，例如，只想查看入学成绩高于某一数值的学生，或者某系的学生，筛选就显得非常有用。

1. 通过界面操作

在表中建立过滤器的方法如下。

① 打开表，浏览要筛选的表。

② 选择菜单命令“表”→“属性”，打开“工作区属性”对话框，在“数据过滤器”框中输入筛选表达式，如图 11-18 所示；或者单击“数据过滤器”框后面的对话按钮，在表达式生成器中创建一个表达式来选择要查看的记录，然后单击“确定”按钮。

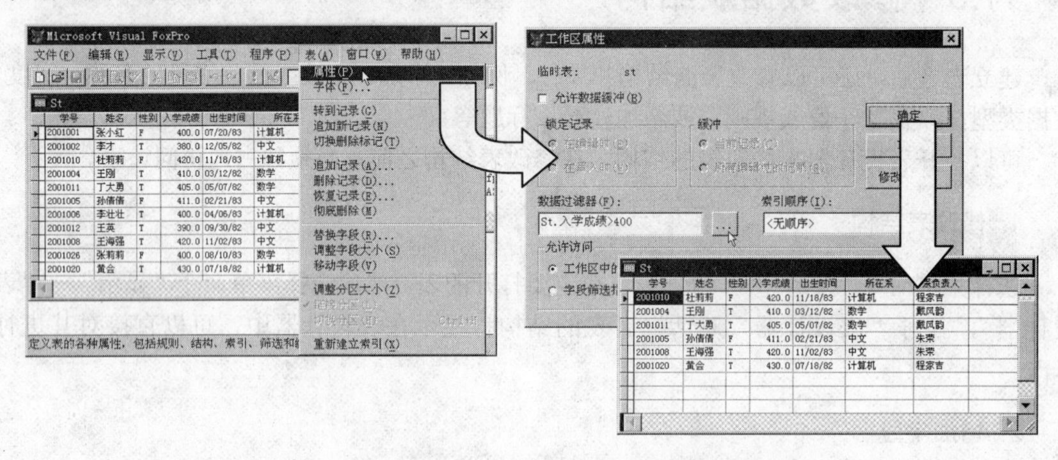

图 11-18 使用“工作区属性”对话框输入条件

2. 使用命令

可用 SET FILTER 命令筛选数据。当要指定一个暂时的条件，使表中只有满足该条件的记录才能访问时，该命令特别有用。

SET FILTER 命令的语法格式为：

SET FILTER TO [〈逻辑表达式〉]

例如，只显示所有女同学记录的筛选命令为：

```
SET FILTER TO NOT St.性别
```

要关闭当前表的筛选条件，可以执行不带表达式的 SET FILTER TO 命令。

11.4.2 限制对字段的访问

在表单中浏览或使用表时，若想只显示某些字段，可以设置字段筛选来限制对某些字段的访问。选出要显示的字段后，剩下的字段就不可访问了。

1. 利用菜单限制对字段的访问

建立字段筛选的方法如下。

① 选择菜单命令“表”→“属性”，在“工作区属性”对话框的“允许访问”区内，选中“字段筛选指定的字段”单选钮，然后单击“字段筛选”按钮，打开“字段选择器”对话框。

② 在“字段选择器”对话框中，将所需字段从“所有字段”栏移到“选定字段”栏中，如图 11-19 所示，然后单击“确定”按钮。

③ 浏览表时，只有在“选定字段”栏中的字段才会被显示出来。

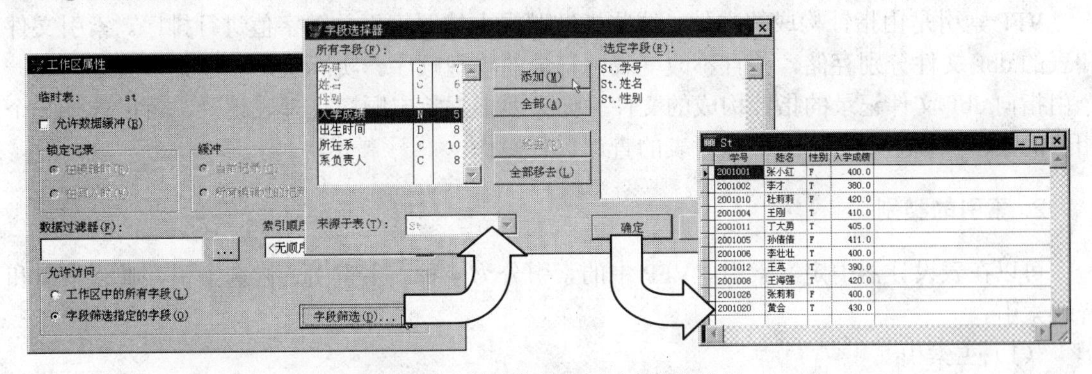

图 11-19　利用菜单限制对字段的访问

2. 使用命令限制对字段的访问

可以使用如下格式的命令限制对字段的访问：

SET　FIELDS　TO　{ALL|〈字段名表〉}

其中〈字段名表〉是希望访问的字段名称列表，各字段之间用“,”分开。ALL 选项将取消所有的限制，而显示所有的字段。

11.5　数据表的索引

如果要按特定的顺序定位、查看或操作数据表中的记录，可以使用索引。VFP 使用索引作为排序机制，为开发应用程序提供了较大的灵活性。根据应用程序的要求，可以灵活地对同一个表创建和使用不同的索引，便于按不同顺序处理记录。

11.5.1　索引的基本概念

通常，记录的输入是不需要按顺序进行的。然而，当数据量很大时，如果不按某种顺序来排序，要找寻数据，必须从头到尾搜寻整个数据库，这样效率很低。为了解决这个问题，可以让记录能够按照某种顺序（例如数字大小或字符顺序）来排列，在数据库中，该方法称为索引，它使用户能妥善地安排数据表中的数据，快速地维护、查询记录数据。

1. 索引的概念

所谓索引，就是根据数据库中的某些字段值，为数据库建立一个逻辑顺序的索引文件，但并不实际调整数据库中每个记录的顺序，因此记录在数据库中的位置并未改变。要搜寻数据时，仅需查阅这些索引文件，就可得知数据的排列顺序。

数据库的索引如同书本的索引一样。书本索引按照字母或笔画顺序建立一个表，而每一个项目后面跟着一个页码，读者只需查阅这个表，便可知道此项目位于书本的第几页，而不需将书本内容按照字母顺序重新建立一个文件，仅需要建立一个对应的表格即可，这就是索引的功能所在。

对于已经建好的表，可以利用索引对其中的数据进行排序，以便提高数据检索的速度。可以用索引快速显示、查询或者打印记录，还可以选择记录，控制重复字段值的输入，并支持表间的关系操作。索引对于数据库内部的表之间创建关联也很重要。

VFP 索引是由指针构成的文件，这些指针逻辑上按照索引关键字值进行排序。索引文件和表的.dbf 文件分别存储，并且不改变表中记录的物理顺序。实际上，创建索引就是创建一个由指向.dbf 文件记录的指针构成的文件。如果要根据特定顺序处理表记录，可以选择一个相应的索引。使用索引，还可以对表的查询进行操作。

2. 索引的类别

可以在表设计器中定义索引。VFP 中的索引分为 4 种：主索引、候选索引、唯一索引和普通索引。

（1）主索引

在指定字段或表达式中不允许出现重复值的索引，这样的索引可以起到主关键字的作用，它强调的“不允许出现重复值”是指建立索引的字段值不允许重复。如果在任何已经含有重复数据的字段中建立主索引，VFP 将产生错误信息。如果一定要在这样的字段上建立主索引，则必须首先删除重复的字段值。

建立主索引的字段可以看做主关键字。一个表只能有一个主关键字，所以一个表只能创建一个主索引。

主索引可以确保字段中输入值的唯一性，并决定了处理记录的顺序。可以为数据库中的每一个表建立一个主索引。如果某个表已经有了一个主索引，还可以为它添加候选索引。

（2）候选索引

候选索引与主索引具有相同的特性，建立候选索引的字段可以看做候选关键字，所以一个表可以建立多个候选索引。

候选索引像主索引一样，要求字段值的唯一性并决定了处理记录的顺序。在数据库表和自由表中，均可为每个表建立多个候选索引。

（3）唯一索引

唯一索引用来保持同早期版本的兼容性，它的“唯一性”是指索引项的唯一，而不是字段值的唯一。它以指定字段的首次出现值为基础，选定一组记录，并对记录进行排序。在一个表中可以建立多个唯一索引。

（4）普通索引

普通索引也可以决定记录的处理顺序，它不仅允许字段中出现重复值，还允许索引项中出现重复值。在一个表中可以建立多个普通索引。

从以上定义可以看出，主索引和候选索引具有相同的功能，除了具有按升序或降序索引的功能，都还具有关键字的特性。建立主索引或候选索引的字段值可以保持唯一性，它们拒绝重复的字段值。

唯一索引和普通索引分别与以前版本的索引含义相同，它们只起到索引排序的作用。这里要注意：唯一索引与字段值的唯一性无关，也就是说，建立了唯一索引的字段，它的字段值是可以重复的，它的“唯一”是指，在使用相应的索引时，重复的索引字段值只有唯一一个值出现在索引项中。

11.5.2 建立索引

可以通过表设计器或者使用命令方式建立索引。

1. 使用表设计器建立索引

（1）单项索引

使用表设计器建立索引的步骤如下。

① 选择菜单命令“文件”→“打开”，选定要打开的表。

② 选择菜单命令“显示”→“表设计器”，表的结构将显示在表设计器中。

③ 在表设计器中有“字段”、“索引”和“表”3 个选项卡。在“字段”选项卡中定义字段时，可以直接指定某些字段是否为索引项。单击“索引”列的下拉按钮，可以看到 3 个选项：无、升序和降序（默认为无）。如果选定了升序或降序，则在对应的字段上建立一个普通索引，索引名与字段名同名，索引表达式就是对应的字段。如图 11-20 所示。

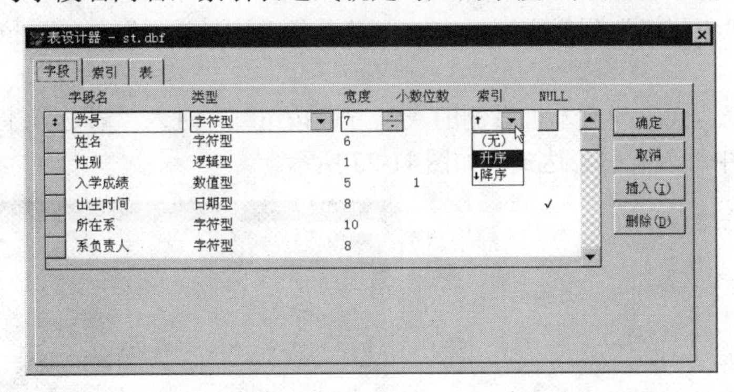

图 11-20 在表设计器的“字段”选项卡中建立普通索引

④ 如果要将索引定义为其他类型的索引，则需选择“索引”选项卡，如图 11-21 所示。在“索引名”列的文本框中输入索引名（每种索引都要有一个名称供识别用）。从“类型”列的下拉列表框中，可以选择索引类型，有 4 种索引类型：主索引、候选索引、普通索引、唯一索引。

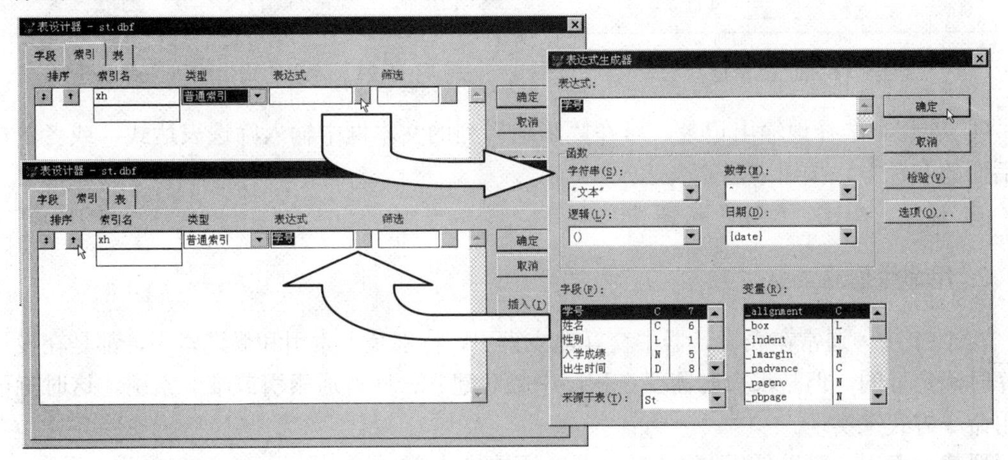

图 11-21 在表设计器的“索引”选项卡中建立索引

单击“表达式”列文本框右侧的灰色方块按钮，进入“表达式生成器”对话框。在“表达式”栏中设定一个作为排序标准的表达式（如学号），单击“确定”按钮，回到“表设计器”对话框。

单击“索引名”列文本框左侧的↑按钮（设定升序）。每单击一下，箭头的方向就上下调换一次。

同样，还可以设定第 2 个索引。

⑤ 当索引设定完毕后，单击“确定”按钮，系统弹出提示框，如图 11-22 所示，询问“结构更改为永久性更改？”，单击“是”按钮，回到主窗口。

（2）复合字段索引

如果索引是基于一个字段的，那么按以上办法建立索引就可以了。另外，还可以按多个字段建立索引。

在多个字段上的索引称为复合字段索引。建立复合字段索引的方法如下。

① 在图 11-21 所示的“索引”选项卡中单击“插入”按钮，这时会在中间的列表框中出现一个新行。

② 新行在“索引名”列的文本框中输入索引名，从“类型”列的下拉列表框中选择索引类型。

③ 单击“表达式”列文本框右侧的灰色方块按钮，进入“表达式生成器”对话框，在表达式生成器中输入索引表达式，如图 11-23 所示。

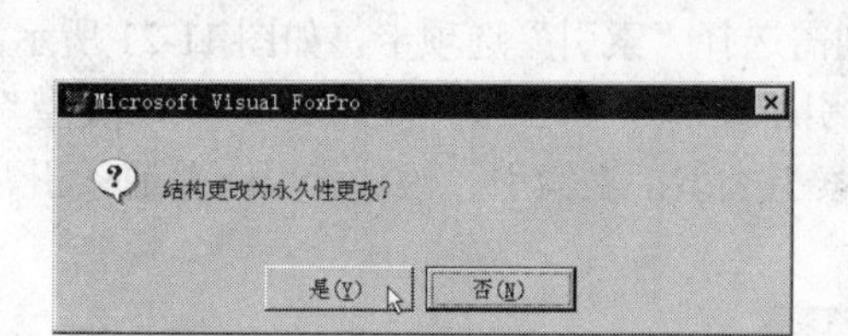

图 11-22　提示框

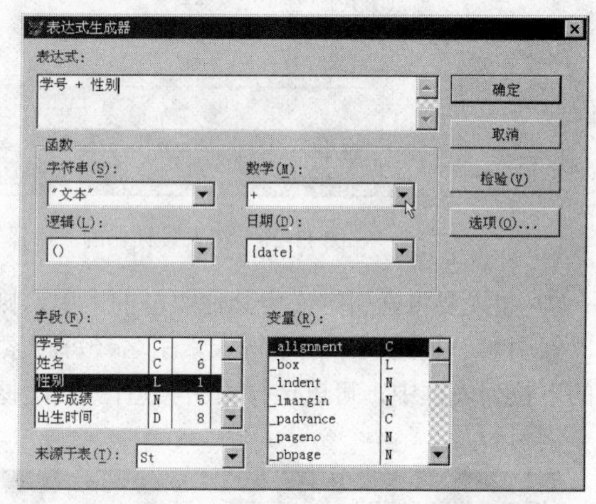

图 11-23　“表达式生成器”对话框

④ 若想有选择地输出记录，可在“筛选”列的文本框中输入筛选表达式，或者单击该框后面的灰色方块按钮来建立表达式。

⑤ 最后，单击“确定”按钮。

2. 用命令建立索引

在 VFP 中，通常在表设计器中交互建立索引，特别是主索引和候选索引，都是在设计数据库时确定好的。但是，有时需要在程序中临时建立一些普通索引或唯一索引，这时就可以使用命令方式来实现。

要建立索引，可以使用 INDEX 命令。语法格式为：

INDEX　ON〈索引表达式〉TAG〈索引名〉

例如，可以使用以下命令为数据表 St 创建普通索引：

```
USE　St
INDEX　ON　学号　TAG　xh
INDEX　ON　姓名　TAG　xm
```

3. 用索引对记录排序

建好表的索引后，便可以用它来对记录排序，操作步骤如下。

① 选择菜单命令“文件”→“打开”，选择已建好索引的表。

② 选择菜单命令“显示”→“浏览”，打开数据表。

③ 选择菜单命令“表”→“属性”，打开“工作区属性”对话框。

④ 在“工作区属性”对话框中，选择要用的索引顺序，如图 11-24 所示。

⑤ 单击“确定”按钮。

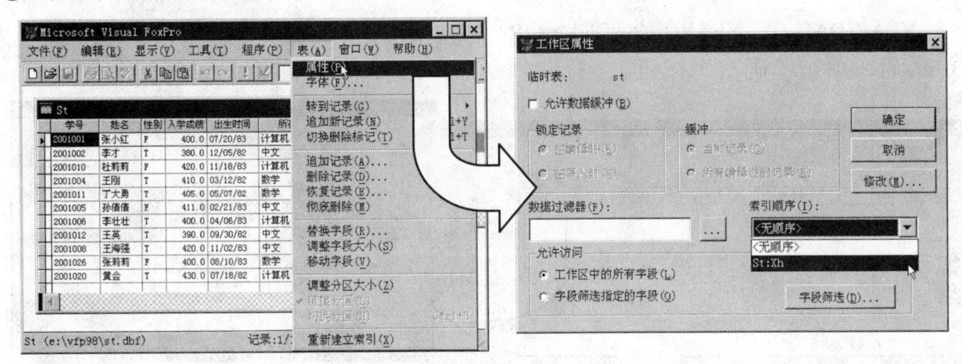

图 11-24　选择要用的索引顺序

这时，显示在浏览窗口中的表将按照索引指定的顺序排列记录(图 11-25 所示为按学号排序后的结果)。选定索引后，通过运行查询或报表，还可对它们的输出结果进行排序。

学号	姓名	性别	入学成绩	出生时间	所在系	系负责人
2001001	张小红	F	400.0	07/20/83	计算机	程家吉
2001002	李才	T	380.0	12/05/82	中文	朱荣
2001004	王刚	T	410.0	03/12/82	数学	戴风韵
2001005	孙倩倩	F	411.0	02/21/83	中文	朱荣
2001006	李壮壮	T	400.0	04/06/83	计算机	程家吉
2001008	王海强	T	420.0	11/02/83	中文	朱荣
2001010	杜莉莉	F	420.0	11/18/83	计算机	程家吉
2001011	丁大勇	T	405.0	05/07/82	数学	戴风韵
2001012	王英	T	390.0	09/30/82	中文	朱荣
2001020	黃会	T	430.0	07/18/82	计算机	程家吉
2001026	张莉莉	F	400.0	08/10/83	数学	戴风韵

图 11-25　按学号排序后的结果

4. 复合索引中索引表达式的使用

为了提高对多个字段进行筛选的查询或视图的速度，可以在索引表达式中指定多个字段对记录排序。计算字段的顺序与它们在表达式中出现的顺序相同。

（1）对多个“数值型”字段建立复合索引

如果用多个“数值型”字段建立一个索引表达式，索引将按照字段的和，而不是字段本身，对记录进行排序。

要用多个字段对记录排序，可打开要添加索引的表，在表设计器的“索引”选项卡中，输入索引名和索引类型，在“表达式”列的文本框中输入表达式，其中列出要作为排序依据的字段。

（2）对不同数据类型的字段建立复合索引

如果想用不同数据类型的字段作为索引，可以对非“字符型”字段使用数据类型转换函数（例如，STR( )将数值型数据转换成字符型数据，DTOC( )将日期型数据转换成字符型数据），将它转换成“字符型”字段。

例如，如果要按照学号、姓名、出生时间、入学成绩的顺序对记录进行排序，可以用“+”号建立“字符型”字段的索引表达式：

学号 + 姓名 + DTOC(出生时间) + STR(入学成绩,6,1)

5. 筛选记录

通过添加筛选表达式，来控制哪些记录可以包含在索引中。

① 打开要添加索引的表，在表设计器的“索引”选项卡中，创建或选择一个索引。

② 在“筛选”框中，输入一个筛选表达式，如图 11-26 所示。例如，建立一个年龄在19岁以上记录的筛选表达式：

YEAR(DATE()) – YEAR(出生日期) >= 19

③ 最后，单击“确定”按钮。

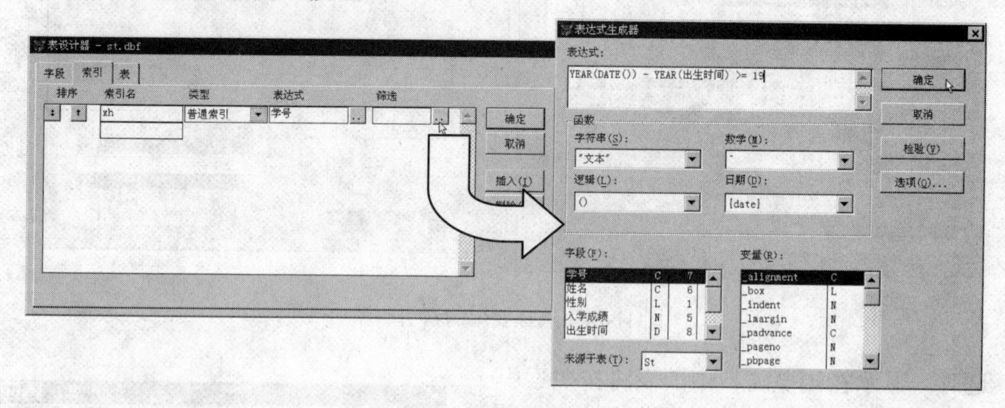

图 11-26 筛选记录

11.5.3 使用索引

通过建立和使用索引，可以提高某些重复性工作的效率，例如对表中的记录排序，以及在表之间建立联系等。

根据所建索引类型的不同，可以完成不同的任务：

- 使用普通索引、候选索引或主索引，可以对记录排序，以便提高显示、查询或打印的速度；
- 对数据库表使用主索引或候选索引，对自由表使用候选索引，可以在字段中控制重复值的输入并对记录排序。

1. 对记录进行排序

可以用字段名或其他索引表达式对记录排序。索引将对表达式进行计算，以此确定记录出现的顺序，然后存储一个按此顺序处理表中记录的指针列表。

（1）使用表设计器

若要建立一个索引来对记录排序，操作步骤如下。

① 打开要添加索引的表。

② 在表设计器的“索引”选项卡中，输入索引名和索引类型。

③ 在“表达式”列的文本框中，输入作为排序依据的字段名，或者输入一个作为排序依据的表达式，或单击文本框后面的灰色方块按钮，用表达式生成器建立一个表达式。

④ 要以降序显示记录，可单击索引名左侧的箭头按钮。按钮上的箭头方向向上表示按升序排序，向下时则表示降序排序。

⑤ 单击“确定”按钮。

（2）使用命令

在运行时，可以使用 SET ORDER 命令来改变表单中记录的顺序。语法格式为：

SET ORDER TO 〈索引名〉

其中，〈索引名〉为按照某个索引表达式建立的索引的标识名。

2. 查找记录

除了使用 GO 和 SKIP 命令移动记录指针外，还可以使用 VFP 的查找记录命令来定位记录指针。查找命令有 3 个：FIND、SEEK 和 LOCATE。前两个命令需要使用索引，而 LOCATE 命令可以在无索引的表中进行查找。

（1）字符查找命令 FIND

此命令查找关键字与所给字符串相匹配的第一个记录。若找到，则指针指向该记录，否则指向文件尾，给出提示信息“没找到”。语法格式为：

FIND 〈字符串〉|〈数值〉

说明事项如下。

① FIND 只能查找字符串或常数，而且表必须按相应字段索引。

② 查找的字符串无须加引号。若按字符型内存变量查找，则必须使用宏代换函数&。

③ 本命令只能找出符合条件的第一个记录。要继续查找其他符合条件的记录，可使用 SKIP 命令。

④ 使用本命令时，若找到了符合条件的首个记录，则函数 FOUND( )的值为.T.，否则为.F.。

（2）表达式查找命令 SEEK

此命令查找关键字与所给字符串相匹配的第一个记录。若找到，则指针指向该记录，否则指向文件尾，给出提示信息“没找到”。语法格式为：

SEEK 〈表达式〉

说明事项如下。

① 只能找出符合条件的第一个记录。

② 本命令可查找字符、数值、日期和逻辑型索引关键字。

③ 若〈表达式〉为字符串，则必须用界限符（''，""，[ ]）括起来；若按字符型内存变量查找，则不必使用宏代换函数&。

④ 使用本命令时，若找到了符合条件的首个记录，则函数 FOUND( )的值为.T.，否则为.F.。

（3）顺序查询命令 LOCATE

此命令查找当前数据表中满足条件的第一个记录。语法格式为：

LOCATE [〈范围〉] [FOR 〈条件〉]

说明事项如下。

① 〈范围〉项省略时，系统默认为 ALL。

② 若找到满足条件的首个记录，则指针指向该记录，否则指向范围尾或文件尾。

③ 若省略所有可选项，则记录指针指向 1 号记录。

④ 要想继续查找，可以利用继续查找命令 CONTINUE。

（4）继续查找命令 CONTINUE

此命令使最后一次 LOCATE 命令继续往下搜索，指针指向满足条件的下一个记录。命令格式为：

CONTINUE

说明事项如下。

① 使用本命令前，必须使用过 LOCTAE 命令。

② 此命令可反复使用，直到超出〈范围〉或文件尾。

3. 控制重复输入

前面已经介绍过，主索引和候选索引中关键字中的字段值必须是唯一的，因此如果某字段设定为这两种索引类型，便可以让 VFP 自动帮用户进行数据重复输入的验证工作。

例如，以学号为索引关键字，其类型为主索引，当输入相同的学号数据时，便会出现错误警告而禁止输入数据，这样可以防止错误数据的输入。方法如下。

① 在浏览窗口中打开数据表 st。

② 打开表设计器，在“索引”选项卡中将学号选取为主索引，并返回浏览窗口。

③ 选择菜单命令“显示”→“追加方式”，光标跳到最后一行。输入与上一行相同的学号数据，按向下方向键，这时将显示错误信息，如图 11-27 所示，表示在学号索引关键字的字段中，有数据违反唯一性规则。

④ 单击“确定”按钮，回到该记录进行修改。如果单击“还原”按钮，则还原记录的内容。

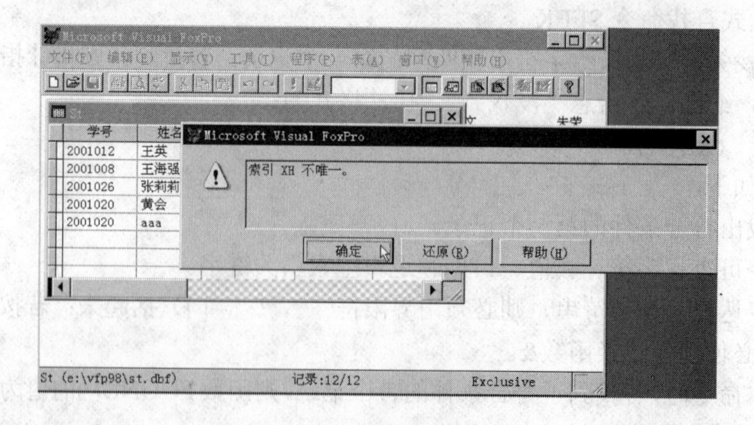

图 11-27　控制重复输入

11.6 实训 11

实训目的

掌握数据表的基本操作，特别是建立表结构、录入数据、编辑记录、建立索引和索引查询等。

实训内容

- 数据表的建立。
- 数据录入。
- 浏览与编辑记录。
- 表单设计。
- 表的索引。
- 编制应用程序，在表单中实现字段排序。

实训步骤

1．数据表的建立

创建数据表 salary，表的结构见表 11-3。

表 11-3 工资表 salary.dbf 的表结构

字段名	字段类型	字段宽度	小数位	NULL	说明
bmh	字符型	2		是	部门号
gyh	字符型	4		否	雇员号
xm	字符型	8		是	姓名
gz	数值型	4		是	工资
bt	数值型	3		是	补贴
jl	数值型	3		是	奖励
yltc	数值型	3		是	医疗统筹
sybx	数值型	2		是	失业保险
yhzh	字符型	10		是	银行账号

该表的结构描述为

salary(bmh(C,2)，gyh(C,4)，xm(C,8)，gz(N,4)，bt(N,3)，jl(N,3)，yltc(N,3)，sybx(N,2)，yhzh(C,10))

① 选择菜单命令“文件”→“新建”，或者单击标准工具栏中的“新建”按钮，打开“新建”对话框，在“新建”对话框中选择“表”单选钮，然后单击“新建文件”按钮，如图 11-28 所示。

② 在打开的“创建”对话框中，输入表的名称 salary 并单击“保存”按钮。

③ 在打开的表设计器中，选择“字段”选项卡，在“字段名”区域中输入第一个字段的名称 bmh；在“类型”列中，选择列表中的默认字段类型“字符型”；在“宽度”列中，设置以字符为单位的列宽 2；如果字段“类型”是“数值型”或“浮点型”的，还要设置“小数位数”框中的小数点位数。

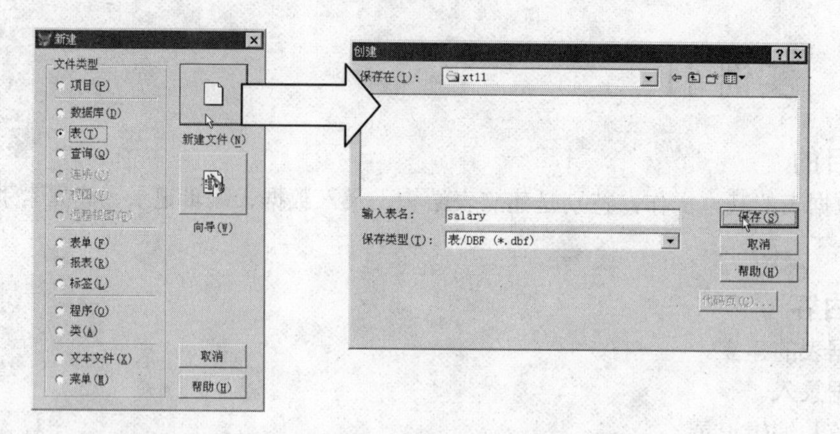

图 11-28　“新建”对话框

如果希望为字段添加索引，则在“索引”列中选择一种排序方式；如果想让字段能接受null值，则选中NULL项。

一个字段定义完后，单击下一个字段名处，输入另一组字段定义，一直把所有字段都定义完，如图11-29所示。

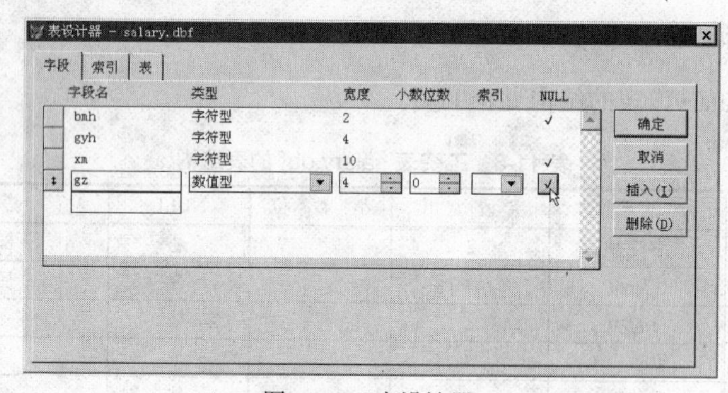

图 11-29　表设计器

④ 单击“确定”按钮，在弹出的提示输入数据记录的对话框中单击“否”按钮，退出表设计器。

【说明】

① 在上述第④步中，也可以单击“是”按钮，直接开始进行实验步骤2。

② 也可以用命令方式创建数据表salary：

```
CREATE TABLE salary(bmh c(2),gyh c(4),xm c(8),gz n(4),bt(3),jl n(3),yltc n(3),sybx n(2),yhzh c(10))
```

2．数据录入

向数据表salary中录入记录，表中数据见表11-4。

表 11-4　工资表 salary.dbf 中的部分数据

部门号	雇员号	姓名	工资	补贴	奖励	医疗统筹	失业保险	银行账号
01	0101	王万程	2580	300	200	50	10	20020101
01	0102	王旭	2500	300	200	50	10	20020102
01	0103	汪涌涛	3000	300	200	50	10	20020103

续表

部门号	雇员号	姓名	工资	补贴	奖励	医疗统筹	失业保险	银行账号
01	0104	李迎新	2700	300	200	50	10	20020104
02	0201	李现峰	2150	300	300	50	10	20020201
02	0202	李北红	2350	300	200	50	10	20020202
02	0203	刘永	2500	300	400	50	10	20020203
02	0204	庄喜盈	2100	300	200	50	10	20020204
02	0205	杨志刚	3000	300	380	50	10	20020205
03	0301	杨昆	2050	300	200	50	10	20020301
03	0302	张启训	2350	300	500	50	10	20020302
03	0303	张翠芳	2600	300	300	50	10	20020303
04	0401	陈亚峰	2600	350	700	50	10	20020401
04	0402	陈涛	2150	400	500	50	10	20020402
04	0403	史国强	3000	500	600	50	10	20020403
04	0404	杜旭辉	2800	450	500	50	10	20020404
05	0501	王春丽	2100	300	250	50	10	20020501
05	0502	李丽	2350	300	200	50	10	20020502
05	0503	刘刚	2200	300	300	50	10	20020503
01	0105	冯见越	2320	300	200	50	10	20020105
02	0206	罗海燕	2200	300	200	50	10	20020206
01	0106	张立平	2150	300	300	50	10	20020106
05	0504	周九龙	2900	300	350	50	10	20020504
01	0107	周振兴	2120	300	200	50	10	20020107
01	0108	胡永萱	2100	300	200	50	10	20020108
01	0109	姜黎萍	2250	300	200	50	10	20020109
01	0110	梁栋	2200	300	200	50	10	20020110
03	0304	崔文涛	3000	300	800	50	10	20020304

① 选择菜单命令“文件”→“打开”，或者单击标准工具栏上的“打开”按钮。

② 在“打开”对话框中，选择“文件类型”为“表（*.dbf）”，选择表所在的文件夹，找到表文件 salary 后，双击要打开的表。

③ 选择菜单命令“显示”→“浏览”，显示打开的表。

④ 再次打开“显示”菜单，选择“追加方式”命令。

⑤ 在浏览窗口（见图 11-30（a））或编辑窗口（见图 11-30（b））中输入新的记录。

Salary

Bmh	Gyh	Xm	Gz	Bt	Jl	Yltc	Sybx	Yhzh
01	0107	周振兴	2120	300	200	50	10	20020107
01	0108	胡永萱	2100	300	200	50	10	20020108
01	0109	姜黎萍	2250	300	200	50	10	20020109
01	0110	梁栋	2200	300	200	50	10	20020110
03	0304	崔文涛	3000	300	800	50	10	20020304

（a）

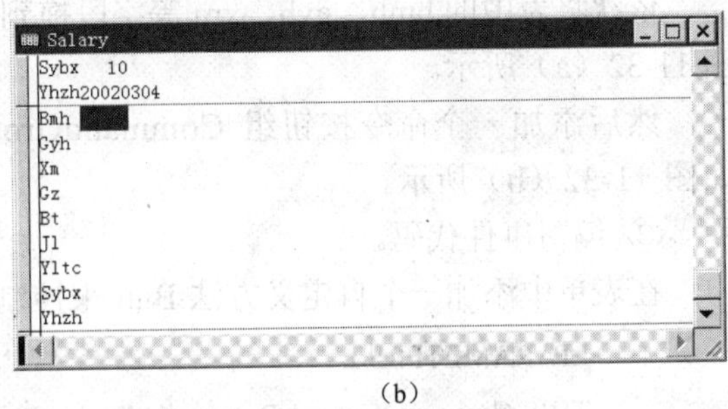

（b）

图 11-30 “显示”菜单和输入新的记录

3．浏览与编辑记录

① 重新打开数据表 salary，在命令窗口中使用命令：

```
USE salary
```

或选择菜单命令“显示”→“浏览”，将显示打开的表。再次打开“显示”菜单，选择“浏览”或“编辑”方式。

关闭数据表，在命令窗口中使用下述命令：

```
USE
```

② 重新打开数据表 salary。

使用下述命令显示 01 部门中的所有雇员的姓名和实发工资：

```
LIST gyh, xm, gz+bt+jl-yltc-sybx FOR bmh="01"
```

使用下述命令打开浏览窗口，显示 02 部门中所有雇员的姓名和工资情况：

```
BROWSE FIELDS gyh, xm, gz,bt,jl,yltc,sybx FOR bmh="02"
```

【说明】 比较下述命令的执行结果：

```
BROWSE FOR bmh="02"
```

③ 重新打开数据表 salary。

使用下述命令定制表，使之只显示 02 部门中所有雇员的姓名和工资情况：

```
SET FILTER TO bmh="02"
SET FIELDS TO gyh, xm, gz, bt, jl, yltc, sybx
LIST
```

然后恢复对表的访问：

```
SET FILTER TO
SET FIELDS TO ALL
LIST
```

4．表单设计

设计一个操作数据表的表单，使之具有按记录浏览的功能，如图 11-31 所示。

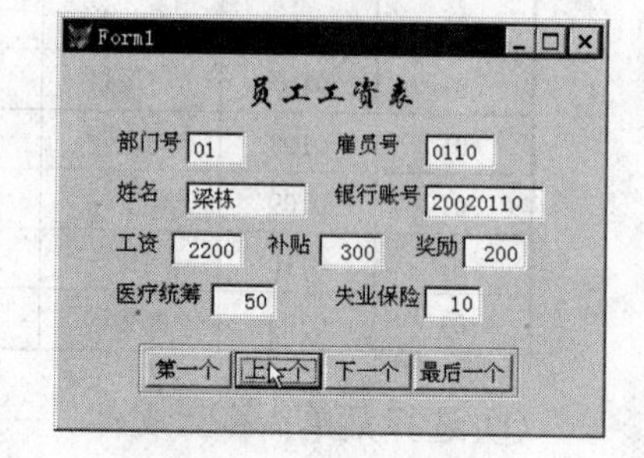

图 11-31　员工工资表

① 创建数据环境。

进入表单设计器，打开数据环境设计器，在其中右击，从快捷菜单中选择“添加”命令，添加表单所要控制的数据表 salary。

② 建立应用程序用户界面并设置对象属性。

依次将表中的 bmh、gyh、xm 等字段拖到表单上。表单上出现相应的标签和文本框，如图 11-32（a）所示。

然后添加一个命令按钮组 CommandGroup1 和一个标签 Label1。修改各对象属性，如图 11-32（b）所示。

③ 编写事件代码。

在表单中添加一个自定义方法 Butt 来控制 4 个按钮是否可用：

```
LPARAMETERS L
THIS.CommandGroup1.Buttons(1).Enabled = L
    THIS.CommandGroup1.Buttons(2).Enabled = L
```

```
THIS.CommandGroup1.Buttons(3).Enabled = not L
THIS.CommandGroup1.Buttons(4).Enabled = not L
```

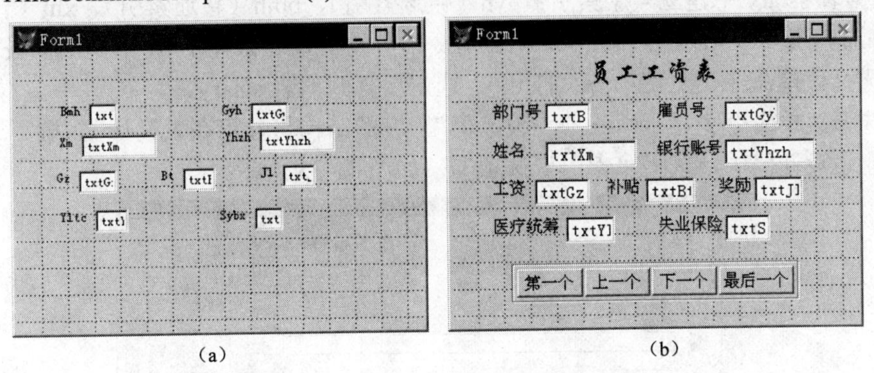

图 11-32　建立程序界面与设置对象属性

编写命令按钮组 CommandGroup1 的 Click 事件代码如下：

```
n = THIS.Value
DO CASE
  CASE n = 1
    GO TOP
    THISFORM.Butt(.F.)
  CASE n = 2
    SKIP –1
    IF BOF()
      GO TOP
      THISFORM.Butt(.F.)
    ENDIF
    THIS.Buttons(3).Enabled = .T.
    THIS.Buttons(4).Enabled = .T.
  CASE n = 3
    SKIP 1
    IF EOF()
      GO BOTTOM
      THISFORM.Butt(.T.)
    ENDIF
    THIS.Buttons(1).Enabled = .T.
    THIS.Buttons(2).Enabled = .T.
  CASE n = 4
    GO BOTTOM
    THISFORM.Butt(.T.)
ENDCASE
THISFORM.Refresh
```

④ 保存表单程序，并运行表单程序。

5. 表的索引

在数据表 salary 中建立 4 个索引：gyh（候选索引）、bmh（普通索引）、xm（普通索引）和 gz（普通索引）。用 Locate 命令和 Seek 命令，分别实现逐条显示 01 部门的雇员姓名。

① 选择菜单命令"文件"→"打开"，选定要打开的表 salary。

② 选择菜单命令"显示"→"表设计器"，表的结构将显示在表设计器中。

③ 在表设计器中，选择"索引"选项卡，如图 11-33 所示。

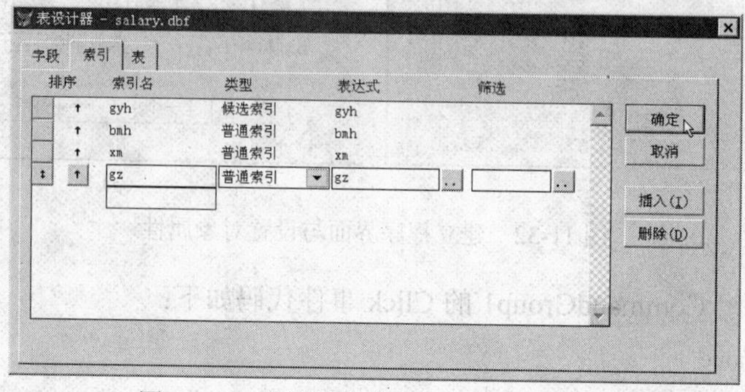

图 11-33 表设计器中的"索引"选项卡

④ 输入索引名和索引类型。

⑤ 单击"确定"按钮，完成设置。

⑥ 在命令窗口中依次执行下述命令：

```
USE salary
LOCATE FOR bmh = "01"
DISP xm
```

显示 01 部门中第 1 个雇员的姓名。

⑦ 接着，再重复执行下述命令：

```
CONTINUE
DISP xm
```

直到状态栏出现提示"已到定位范围末尾"。

⑧ 在命令窗口中依次执行下述命令：

```
GO TOP
SET ORDER TO TAG bmh
SEEK "01"
DISP
```

显示 01 部门中第 1 个雇员的姓名及其工资数据。

⑨ 接着，再重复执行下述命令：

```
SKIP
DISP
```

直到出现 02 部门的雇员。

6. 编写应用程序，在表单中实现字段排序

设计一个浏览数据的表单，使之具有按字段排序的功能。

① 创建数据环境。

进入表单设计器，打开数据环境设计器，在其中右击，从快捷菜单中选择“添加”命令，添加表单所要控制的数据表 salary。

② 用鼠标拖住数据表到表单中，如图 11-34（a）所示。释放鼠标后，表单上出现表格控件 grdSalary，调整表格控件的大小，如图 11-34（b）所示。

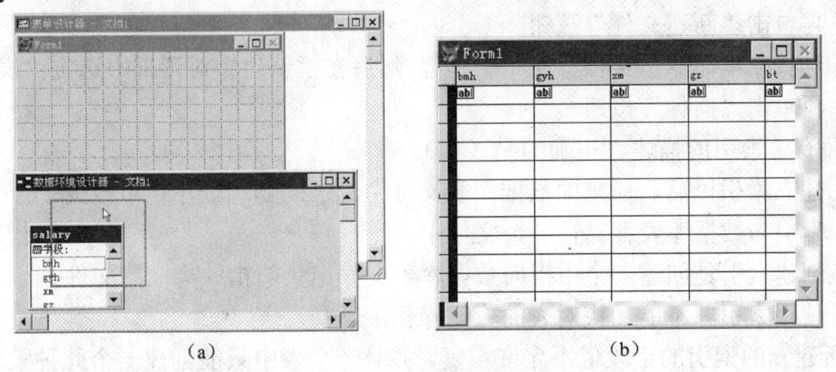

图 11-34　使用表格控件

③ 编写表格第 1 列（bmh）表头 Header1 的 Click 事件代码如下：

```
SET ORDER TO bmh
GO TOP
THISFORM.Refresh
```

编写表格第 2 列（gyh）表头 Header1 的 Click 事件代码如下：

```
SET ORDER TO gyh
GO TOP
THISFORM.Refresh
```

编写表格第 3 列（xm）表头 Header1 的 Click 事件代码如下：

```
SET ORDER TO xm
GO TOP
THISFORM.Refresh
```

编写表格第 4 列（gz）表头 Header1 的 Click 事件代码如下：

```
SET ORDER TO gz
GO TOP
THISFORM.Refresh
```

④ 运行表单，单击表格某列的表头，即可按相应的字段顺序排列，如图 11-35 所示。

Form1

bmh	gyh	xm	gz	bt
04	0402	陈涛	2150	400
04	0401	陈亚峰	2600	350
03	0304	崔文涛	3000	300
04	0404	杜旭辉	2800	450
01	0105	冯见越	2320	300
01	0108	胡永萱	2100	300
01	0109	姜黎萍	2250	300
02	0202	李北红	2350	300
05	0502	李丽	2350	300
02	0201	李现峰	2150	300
01	0104	李迎新	2700	300

图 11-35　按字段排序

习题 11

一、选择题

1. 在 VFP 的命令窗口中输入 CREATE DATA 命令以后，屏幕会出现一个“创建”对话框。要想完成同样的工作，还可以采取如下步骤（　）。

A）选择菜单命令“文件”→“新建”，然后在“新建”对话框中选定“数据库”单选钮，再单击“新建文件”按钮

B）选择菜单命令“文件”→“新建”，然后在“新建”对话框中选定“数据库”单选钮，再单击“向导”按钮

C）选择菜单命令“文件”→“新建”，然后在“新建”对话框中选定“表”单选钮，再单击“新建文件”按钮

D）选择菜单命令“文件”→“新建”，然后在“新建”对话框中选定“表”单选钮，再单击“向导”按钮

2. 下面有关索引的描述，正确的是（ ）。

A）建立索引以后，原来的数据库表文件中记录的物理顺序将被改变

B）索引与数据库表存储在一个文件中

C）创建索引是创建一个由指向数据库表文件记录的指针构成的文件

D）使用索引并不能加快对表的查询操作

3. 若所建立的索引的字段值不允许重复，并且一个表中只能创建一个此种索引，那么该索引是（ ）。

A）主索引　　B）唯一索引　　C）候选索引　　D）普通索引

4. 要为当前表中的所有职工增加 100 元工资，应该使用命令（ ）。

A）CHANGE 工资 WITH 工资+100

B）REPLACE 工资 WITH 工资+100

C）CHANGE ALL 工资 WITH 工资+100

D）REPLACE ALL 工资 WITH 工资+100

二、填空题

1. VFP 的数据表的扩展名是__________。

2. 同一个表的多个索引可以创建在一个索引文件中，索引文件名与相关的表同名，索引文件的扩展名是__________，这种索引称为__________。

3. VFP 的主索引和候选索引可以保证数据的__________完整性。

第 12 章　数据库与多表操作

数据库是由若干个数据表集合而成的，这些数据表之间建立起了相互的关系。例如某个数据表存储每位学生的各科成绩，另一个数据表存储学生的通信地址，还有一个数据表存储学生的家长信息，这些数据表便可以利用学号这一共同信息连接在一起，形成一个数据库。

也就是说，数据库中最小的单位是字段，若干个字段组成一个记录，若干个记录组成一个数据表，若干个数据表组成一个数据库。本章讲述数据库的创建和数据库中数据表之间的操作。

12.1　创建数据库

把表放入数据库中，可以增加许多新的特性，例如，控制字段的显示或输入到字段中的值，使用视图访问远程数据库等。

在建立 VFP 数据库时，数据库文件的扩展名为.dbc，同时还自动建立一个扩展名为.dct的数据库备注文件和一个扩展名为.dcx 的数据库索引文件。也就是说，建立数据库后，用户可以在磁盘上看到 3 个文件名相同但扩展名分别为.dbc、.dct 和.dcx 的文件，这 3 个文件是供 VFP 数据库管理系统管理数据库使用的，用户一般不能直接使用它们。

刚刚建立的数据库只是一个空数据库，它还没有数据，也不能输入数据。接下来还需要建立数据表和其他数据库对象，然后才能输入数据和实施其他数据库操作。

12.1.1　创建空数据库

要想把数据加入数据库中，必须先建立一个新的数据库，然后加入需要处理的表，并定义它们之间的关系。也可以用数据库设计器建立新的本地或远程视图，然后将它们加入数据库中。

建立数据库的常用方法有以下 3 种：

- 在项目管理器中建立数据库；
- 通过“新建”对话框建立数据库；
- 使用命令方式交互建立数据库。

1. 在项目管理器中建立数据库

① 单击工具栏上的“新建”按钮□，在“新建”对话框中选择“项目”单选钮，并单击“新建文件”按钮，打开“创建”对话框，如图 12-1 所示。

② 在“创建”对话框中，输入项目名称，单击“保存”按钮，打开“项目管理器”对话框。

③ 在“数据”选项卡中选择“数据库”，然后单击“新建”按钮，打开“新建数据库”对话框。

④ 在“新建数据库”对话框中，单击“新建数据库”按钮，打开“创建”对话框，如图 12-2 所示。

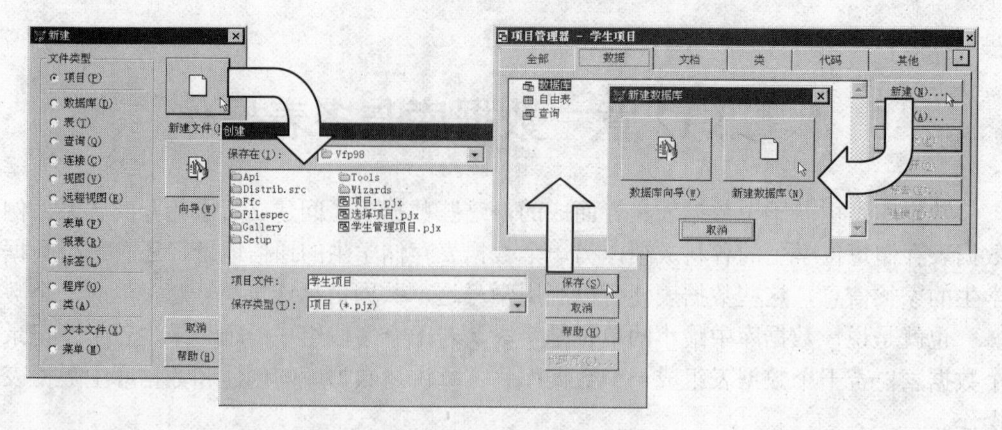

图 12-1 在项目管理器中建立数据库

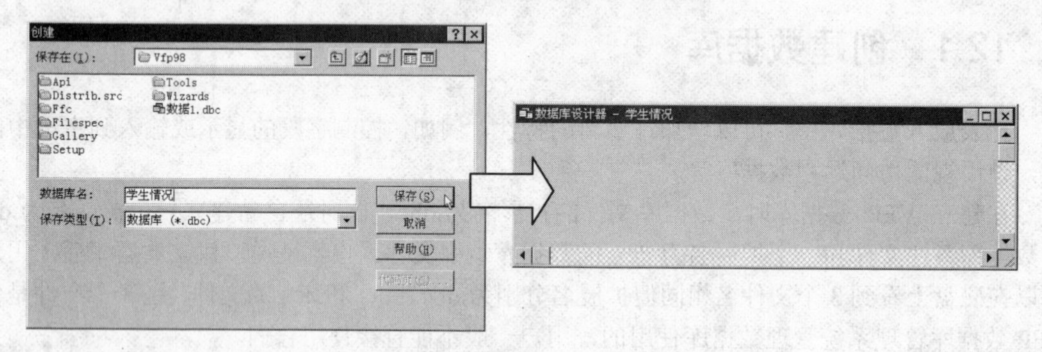

图 12-2 打开数据库设计器

⑤ 输入数据库名，即扩展名为.dbc 的文件名。例如，输入“学生情况”，即建立一个学生管理数据库。

⑥ 输入数据库名后单击“保存”按钮，完成数据库的建立，并打开数据库设计器，如图 12-2 所示。

2. 通过“新建”对话框建立数据库

① 选择菜单命令“文件”→“新建”，打开“新建”对话框。

② 选择“数据库”单选钮，然后单击“新建文件”按钮，打开“创建”对话框，如图 12-3 所示。

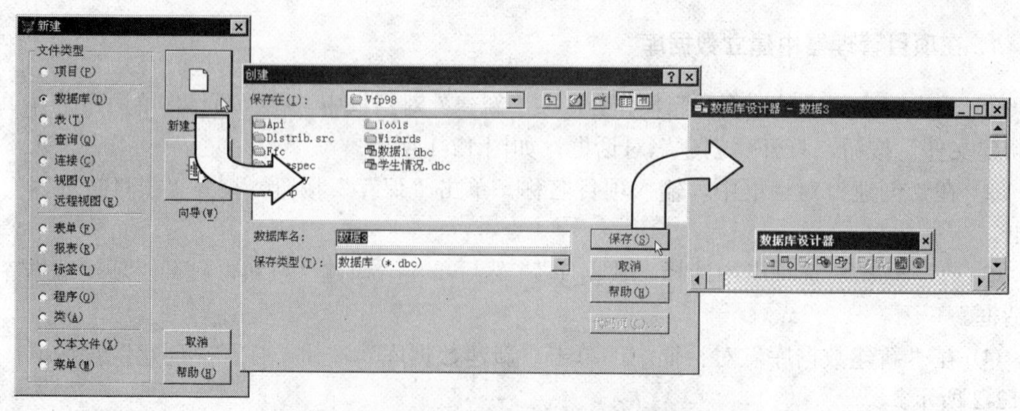

图 12-3 通过“新建”对话框建立数据库

③ 在“创建”对话框中，输入新数据库名。

④ 单击“保存”按钮后，会显示一个空的“数据库设计器”窗口，同时，“数据库设计器”工具栏将变为有效。

3. 使用命令交互建立数据库

建立数据库的命令为：

CREATE　DATABASE　[〈数据库名〉]

其中，参数〈数据库名〉是要建立的数据库名称。如果不指定数据库名称或使用问号，则会弹出“创建”对话框，请用户输入数据库名称。

与前两种建立数据库的方法不同，使用命令建立数据库后不打开数据库设计器，只是数据库处于打开状态，即接下来不必再使用 OPEN DATABASE 命令来打开数据库。

使用以上 3 种方法都可以建立一个新的数据库。如果指定的数据库已经存在，很可能会覆盖已经存在的数据库。如果系统环境参数 SAFETY 被设置为 OFF，就会直接覆盖，否则会出现警告对话框请用户确认。因此，为安全起见，可以先执行命令 SET SAFETY ON。

12.1.2　在数据库中加入表

建立数据库后的第一项工作是向数据库中添加表。可以选定目前不属于任何数据库的表。因为一个表在同一时间内只能属于一个数据库，所以必须将表先从旧的数据库中移去，之后才能将它用于新的数据库中。

1. 向数据库中添加表

假设已建有数据表 cj（成绩表）和 rk（任课表），如图 12-4 所示。

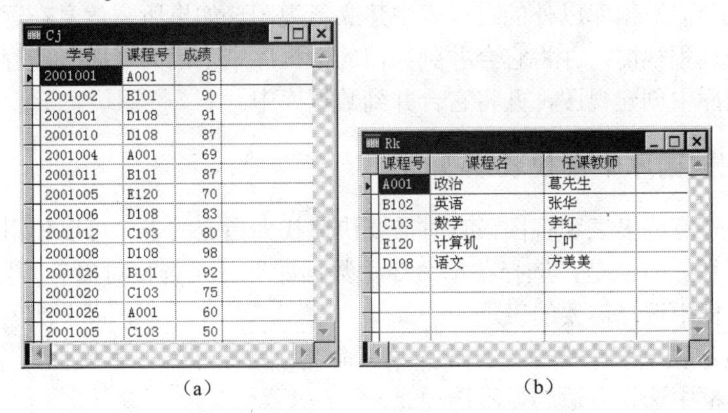

Cj

学号	课程号	成绩
2001001	A001	85
2001002	B101	90
2001001	D108	91
2001010	D108	87
2001004	A001	69
2001011	B101	87
2001005	E120	70
2001006	D108	83
2001012	C103	80
2001008	D108	98
2001026	B101	92
2001020	C103	75
2001026	A001	60
2001005	C103	50

（a）

Rk

课程号	课程名	任课教师
A001	政治	葛先生
B102	英语	张华
C103	数学	李红
E120	计算机	丁叮
D108	语文	方美美

（b）

图 12-4　数据表 cj 和 rk

① 从“数据库”菜单或“数据库设计器”工具栏中选择“添加表”命令，或者右击数据库设计器窗口，从中选择“添加表”命令。

② 在“打开”对话框中选定一个表，然后单击“确定”按钮。添加数据表后的数据库，如图 12-5 所示。

2. 从数据库中移去表

当数据库不再需要某个表或者其他数据库需要使用此表时，应该从该数据库中移去此表。

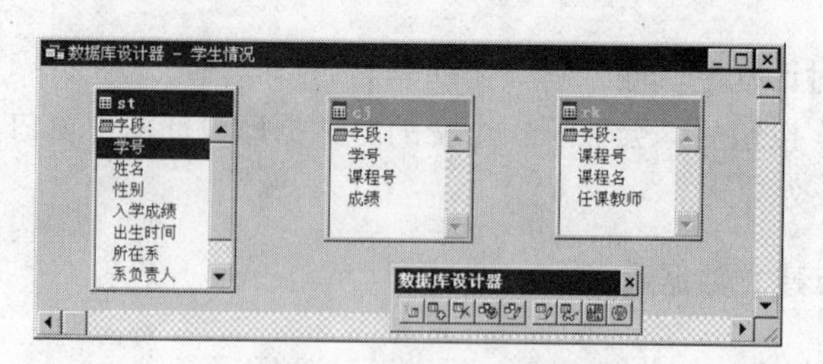

图 12-5　向数据库中添加表

① 选定要移去的表，选择菜单命令“数据库”→“移去”，或者在“数据库设计器”工具栏中单击“移去表”按钮，如图 12-6 所示。

② 在弹出的提示对话框中，单击“移去”按钮。

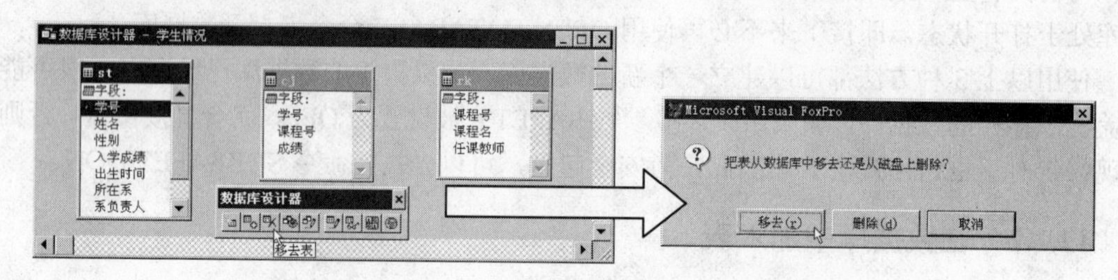

图 12-6　从数据库中移去表

12.1.3　创建并添加视图

视图用来显示一个或多个表中的记录，并可用来更新源表中的数据。

如果想在数据库中加入一个本地视图，可以从当前数据库所包含的表或视图中建立一个新视图，或者从当前数据库以外的自由表中建立新视图。如果所需信息在远程数据源上，可以从中创建一个远程视图，并将它合并到当前的数据库中。因为视图只能存在于数据库中，所以必须在数据库中创建视图，并将它合并到数据库中。

12.1.4　在数据库中查找表或视图

数据库中往往有许多表和视图，有时需要快速找到指定的表。可以使用查找命令加亮显示所需的表或视图。方法是，选择菜单命令“数据库”→“查找对象”，再从弹出的“查找表或视图”对话框中选择需要的表。

如果只想显示表或某些视图，可选择菜单命令“数据库”→“属性”，再从弹出的“数据库属性”对话框中选择合适的显示选项。

12.1.5　建立关联

通过数据库设计器链接不同表的索引，可以很方便地建立各表之间的关系。因为这种在数据库中建立的关系被作为数据库的一部分而保存起来，所以称为永久关系。每当在查询设计器或视图设计器中使用表，或者在创建表单时所用的数据环境设计器中使用表时，这些永久关系将被作为表间的默认链接。

1. 准备关联

创建表之间的关系之前，需要关联的表之间要有一些公共的字段和索引，这样的字段称为主关键字字段和外部关键字字段。主关键字字段标识了表中的特定记录，外部关键字字段标识了数据库里其他表中的相关记录。还需要对主关键字字段做一个主索引，对外部关键字字段做普通索引。

例如，一个学生可能有多门成绩，因此，学生表（st）应包含主记录，成绩表（cj）包含相关记录。

为准备两个关联表中的主表，需要在主表中使用主关键字字段，如："学号"，因为学生表 st 中一个记录与成绩表 cj 中的多个记录相关联。

要在两个表之间提供公共字段，需要在带有关联记录的表中添加外部关键字字段，如：成绩表。外部关键字字段必须以相同的数据类型匹配主关键字字段，而且一般用相同的名称。另外，以主关键字字段和外部关键字字段创建的索引必须带有相同的表达式。如图 12-7 所示。

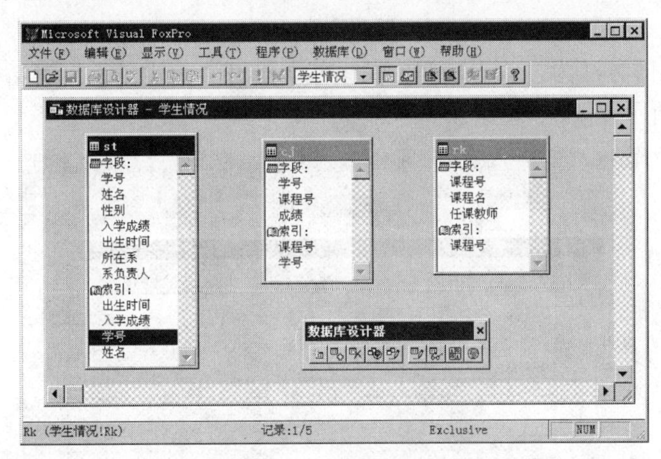

图 12-7　数据库中的表

要准备关系，可以按如下步骤进行。

① 决定哪个表有主记录（如：st 表），哪个表有关联记录（如：cj 表）。

② 对有主记录的表，添加一个整数型字段，再对该字段添加一个主索引。

③ 对带有关联记录的表，添加一个与另一个表匹配的主关键字字段，再对该新字段添加一个一般索引。

两个索引要使用相同的表达式。例如，如果在主关键字字段的表达式中使用一个函数，则在外部关键字字段表达式中也要使用同一个函数。

2. 创建关系

定义完关键字段和索引后，即可创建关系。如果表中还没有索引，需要在表设计器中打开表，并且向表添加索引。

在表间建立关系的方法是将一个表的索引拖到另一个表的相匹配的索引上。

设置完关系之后，在数据库设计器中可以看到一条线连接两表，如图 12-8 所示。

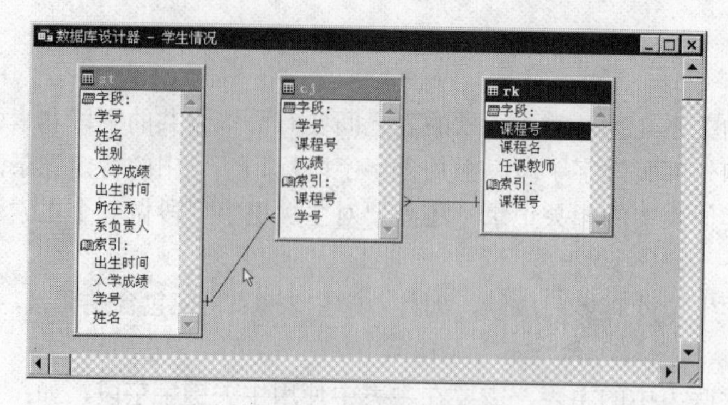

图 12-8　关系线表示两个表之间的连接

只有在“数据库属性”对话框中选中“关联”选项时，才能看到这些表示关系的连线。方法是，从数据库设计器的快捷菜单中选择“属性”。

3. 编辑关系

编辑表间关系的方法为：双击表间的关系线，打开“编辑关系”对话框，从中修改有关设置，如图 12-9 所示。

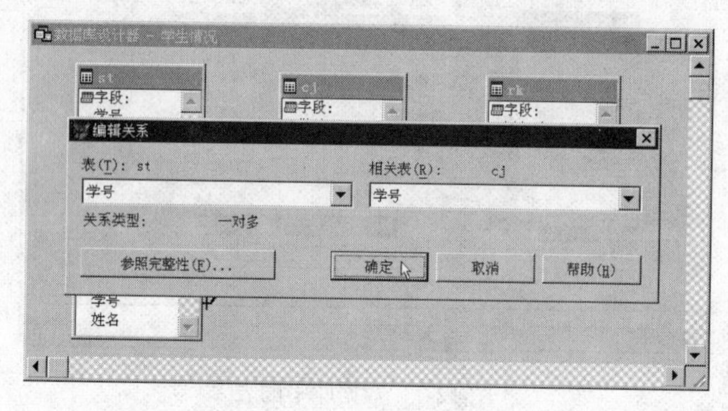

图 12-9　“编辑关系”对话框

所建关系的类型是由子表中所用索引的类型决定的。例如，如果子表的索引是主索引或候选索引，则是一对一的关系；如果子表的索引是唯一索引或普通索引，则是一对多的关系。

12.2　打开数据库

在数据库中，可以存储一系列表，在表间建立关系，设置属性和数据有效性规则，使相关联的表协同工作。数据库可以单独使用，也可以将它们合并成一个项目，用项目管理器进行管理。必须打开数据库后才能访问它内部的表。

1. 打开数据库的方法

选择菜单命令“文件”→“打开”，在“打开”对话框中，选择数据库名。打开数据库后，显示“数据库设计器”，它向用户展示了组成数据库的若干表以及它们之间的关系。

可以用数据库设计器中的工具栏快速访问与数据库相关的选项。“数据库”菜单中包含了各种可用的数据库命令。此外，在数据库设计器中右击，可以显示快捷菜单。

2. 展开或折叠表

在数据库设计器中调整表的大小，可以看到其中更多（或更少）的字段。也可以折叠视图，只显示表的名称。

（1）展开或折叠一个表

将鼠标指针指向数据库设计器中的一个表，右击，在快捷菜单中选择“展开”或“折叠”命令。

（2）展开或折叠所有表

将鼠标指针指向“数据库设计器”窗口，右击，打开快捷菜单，如图 12-10 所示。在快捷菜单中选择“全部展开”或“全部折叠”命令。

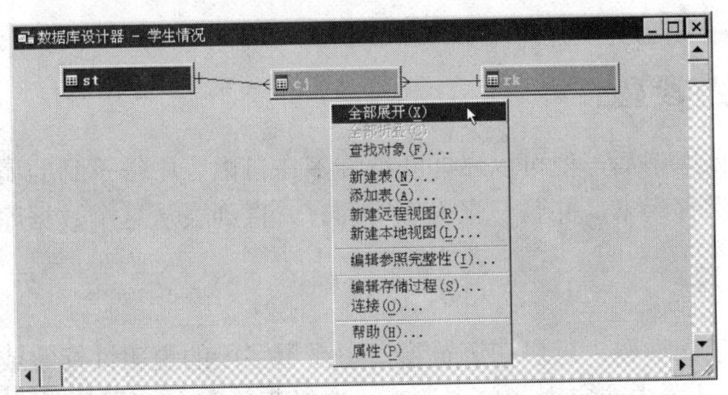

图 12-10　数据库设计器中折叠后的表

3. 重排数据库的表

可以改变显示在数据库设计器中的表的布局。例如，完成数据库操作后，可以让这些表回到默认的高度和宽度，或者对齐表来改变布局。

重排数据库的表的方法是，选择菜单命令“数据库”→“重排”，再从“重排表和视图”对话框中选择适当的选项，如图 12-11 所示。

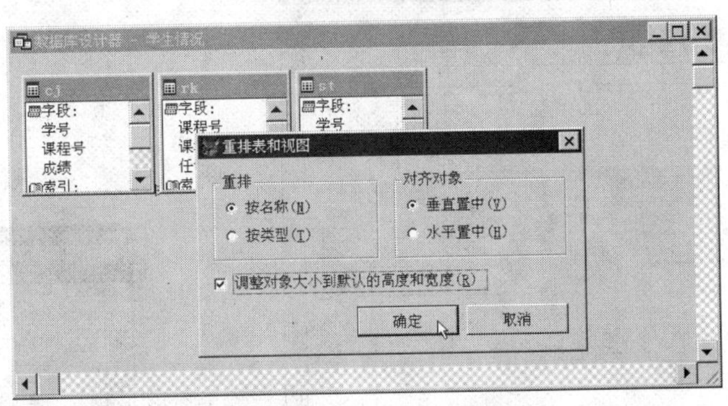

图 12-11　重排数据库的表

该对话框中各选项的主要作用如下。

- “按名称”：按名称字母顺序重排表。
- “按类型”：按类型重排表。
- “垂直置中”：按列对齐表。

- “水平置中”：按行对齐表。
- “调整对象大小到默认的高度和宽度”：将表恢复为原来的大小。

4．为数据库添加备注

要使用数据库的说明，可添加注释。为数据库添加备注的方法是，选择菜单命令“数据库”→“属性”，在“数据库属性”对话框的“注释”框中输入备注内容。

12.3　数据库中的数据管理

对数据库中数据表的数据进行管理，主要包括：定义字段显示，控制字段和记录的数据输入，以及管理数据库记录等。

12.3.1　定义字段显示

将表添加到数据库中后，便可以立即获得许多在自由表中得不到的属性。这些属性被作为数据库的一部分保存起来，并且一直为表所拥有，直到表从这个数据库中移去为止。

1．设置字段标题

在表中给字段建立标题，可以在浏览窗口中显示字段的说明性标签或表单。

① 在数据库设计器中选定表，单击该表，选择菜单命令“数据库”→“修改”。

② 在“表设计器”对话框中，选定需要指定标题的字段，如图 12-12 所示。

③ 在“标题”文本框中，输入为字段选定的标题。例如，某字段名为“学号”，当使用“学生证编号”作为标题显示该字段时，浏览窗口中原来的“学号”字段名被替换为“学生证编号”，如图 12-13 所示。用自己命名的标题来取代原来的字段名，为显示表单中的表提供了很大的灵活性。

④ 单击“确定”按钮完成设置。

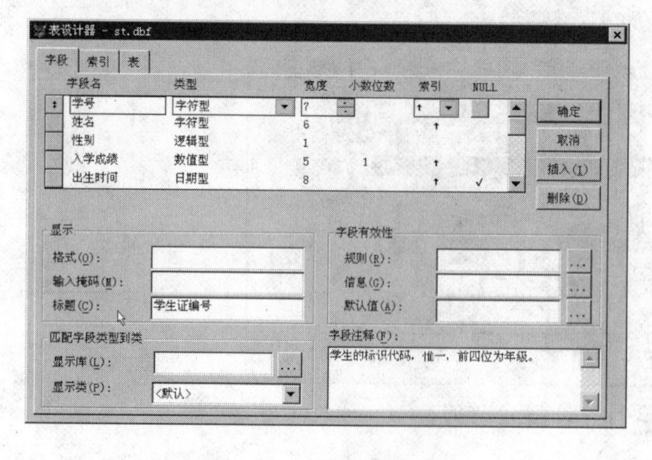

图 12-12　设置字段标题

学生证编号	姓名	性别	入学成绩	出生时间	所在系
2001001	张小红	F	400.0	07/20/83	计算机
2001002	李才	T	380.0	12/05/82	中文
2001010	杜莉莉	F	420.0	11/18/83	计算机
2001004	王刚	T	410.0	03/12/82	数学
2001011	丁大勇	T	405.0	05/07/82	数学
2001005	孙倩倩	F	411.0	02/21/83	中文
2001006	李壮壮	T	400.0	04/06/83	计算机
2001012	王英	T	390.0	09/30/82	中文
2001008	王海强	T	420.0	11/02/83	中文

图 12-13　设置字段标题后浏览表

2．为字段输入注释

建立好表的结构后，还可以输入一些注释，来帮助自己或他人理解表中字段的含义。在表设计器中的“字段注释”框内输入信息，即可对每一个字段进行注释。

① 在表设计器中，选定字段。

② 在“字段注释”框中输入注释内容，如图 12-12 所示。

③ 单击“确定”按钮。

12.3.2 控制字段的数据输入

可以提供字段的默认值，定义输入到字段的有效性规则，使表中数据输入更简便。

1. 设置默认字段值

如果需要在创建新记录时自动输入字段值，可以在表设计器中用字段属性为该字段设置默认值。例如，如果学生大部分为 2001 级学生，可给 st 表中“学号”字段的所有新记录都设一个默认值为 2001。

① 在数据库设计器中选定表，选择菜单命令“数据库”→“修改”。

② 在表设计器中选定要赋予默认值的字段。

③ 在“默认值”框中输入要显示在所有新记录中的字段默认值（如果是字符型字段，必须用引号括起来），如图 12-14 所示。

④ 单击“确定”按钮。

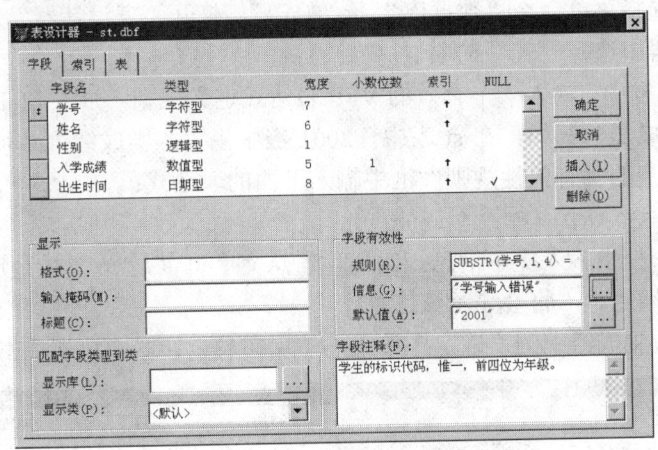

图 12-14 控制字段默认值输入

2. 设置有效性规则和有效性说明

在定义表的结构时输入字段的有效性规则，可以控制输入该字段的数据类型。例如，可以把“入学成绩”字段的输入范围限定在 0～500 之间。

① 在表设计器中打开表，选定要建立规则的字段名。

② 单击“规则”框右边的对话按钮 ...，打开“表达式生成器”对话框。

③ 在表达式生成器中设置有效性表达式，并单击“确定”按钮。例如，限制“学号”字段的前 4 位只能为 2001，并且输入的学号必须满 7 位：

```
SUBSTR(学号,1,4) = "2001" AND LEN(TRIM(学号)) = 7
```

建立有效性规则时，必须创建一个有效的 VFP 表达式，要考虑以下问题：字段的长度、字段可能为空或者包含了已设置好的值等。表达式也可以包含结果为真或假的函数。

④ 在“信息”框中，输入用引号括起来的错误信息，例如，"学号输入错误"，显示结果如图 12-14 所示。

如果输入的信息不能满足有效性规则，在“有效性说明”中设定的信息便会显示出来，如图 12-15 所示。

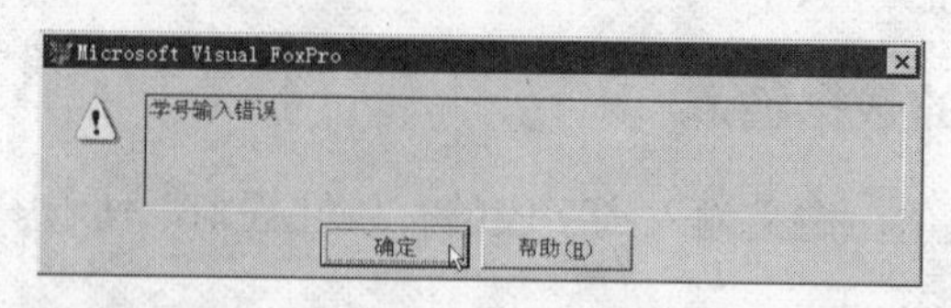

图 12-15　当输入非法数值时，屏幕上会显示有效性说明

12.3.3　控制记录的数据输入

不仅可以给表中的字段赋予数据库的属性，也可以为整个表或表中的记录赋予属性。在表设计器中，通过“表”选项卡可以访问这些属性。

1. 设置表的有效性规则

在向表中输入记录时，要想比较两个以上的字段或查看记录是否满足一定的条件，可以为表设置有效性规则。

① 选定表，选择菜单命令“数据库”→“修改”，打开“表设计器”对话框。

② 在表设计器中选择“表”选项卡。

③ 在“规则”框中，输入一个有效的 VFP 表达式定义规则，如图 12-16 所示。单击…按钮，打开表达式生成器。例如，在 st 表中，2001 级学生“入学成绩”必须为 350～500，则可以在“表”选项卡的“有效性规则”框中输入下面的表达式：

入学成绩>=350 AND 入学成绩<=500

④ 在“信息”框中输入提示信息。例如，信息文字可以是"入学成绩应为 350～500"。当有效性规则未被满足时，将会显示该信息。

⑤ 单击表达式生成器中的“确定”按钮，然后在表设计器中再次单击“确定”按钮。

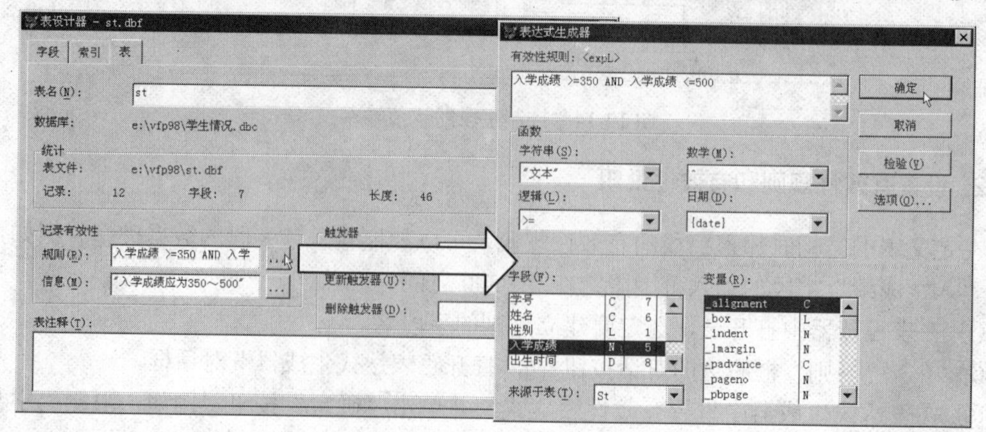

图 12-16　设置表的有效性规则

2. 设置触发器

触发器是一个在输入、删除或更新表中的记录时被激活的表达式。通常，触发器需要输

入一个程序或存储过程，在表被修改时，它们被激活。

12.3.4 管理数据库记录

建立关系后，为了帮助设置规则，控制如何在关系表中插入、更新或删除记录，可使用“参照完整性设计器”。

① 在数据库设计器中建立两表之间的关系，或者双击关系线来编辑关系。

② 在“编辑关系”对话框中单击“参照完整性”按钮，如图 12-17 所示。

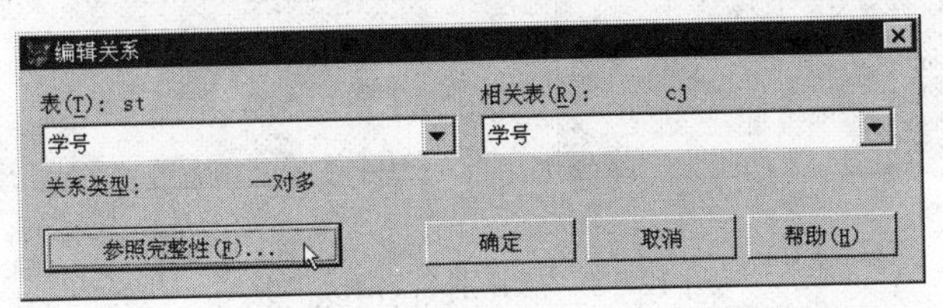

图 12-17 “编辑关系”对话框中的“参照完整性”按钮

③ 在参照完整性生成器中选择更新、删除或插入记录时所遵循的若干规则。

④ 单击“确定”按钮，然后选择“是”，保存所做的修改，生成“参照完整性”代码，并退出参照完整性生成器。

12.4 多表操作

前面介绍的操作都是在当前表中进行的，似乎默认了在同一时刻只能使用一个表、只能对一个表进行操作，事实上并非如此。在 VFP 中，一次可以打开多个数据库，在每个数据库中都可以打开多个表，另外还可以打开多个自由表。

12.4.1 多工作区的概念

用来存放数据库文件的内存空间称为工作区。在每个工作区中只可以打开一个表，即在一个工作区中不能同时打开多个表。如果需要在同一时刻打开多个表，就要用到多个工作区了。系统默认总是在第 1 个工作区中工作。以前没有指定工作区，实际都是在第 1 个工作区中打开表和操作表。

选择当前工作区的命令格式为：

```
SELECT 〈工作区 | 别名 |0 〉
```

说明事项如下。

①〈工作区〉的可用工作区号为 1～32 767。

```
SELECT  1                        && 开辟工作区 1
USE  st                          && 打开工作区 1 中的数据表
SELECT  2                        && 开辟工作区 2
USE  cj  ALIAS  chengji          && 表别名 chengji 将代替表名 cj
SELECT  3                        && 开辟工作区 3
USE  rk
```

② 如果使用〈别名〉，则必须事先已有数据表在该区中打开，并且其〈别名〉已经被命名。

SELECT chengji && 用表别名选择工作区

BROWSE

结果如图 12-18 所示。

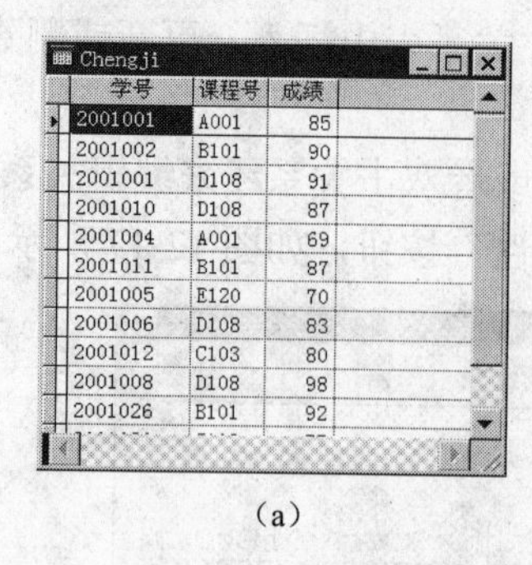

学号	课程号	成绩
2001001	A001	85
2001002	B101	90
2001001	D108	91
2001010	D108	87
2001004	A001	69
2001011	B101	87
2001005	E120	70
2001006	D108	83
2001012	C103	80
2001008	D108	98
2001026	B101	92

（a）

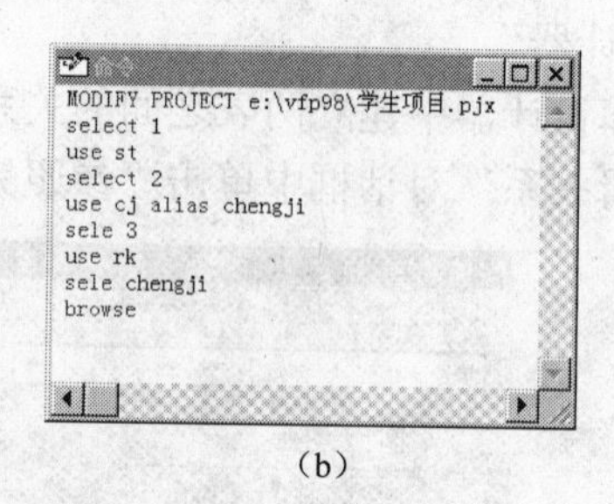

（b）

图 12-18　打开别名 chengji 表

SELECT A && 用区码选择工作区

BROWSE

结果如图 12-19 所示。

图 12-19　用区码选择工作区

SELECT rk && 用表名选择工作区

BROWSE

结果如图 12-20 所示。

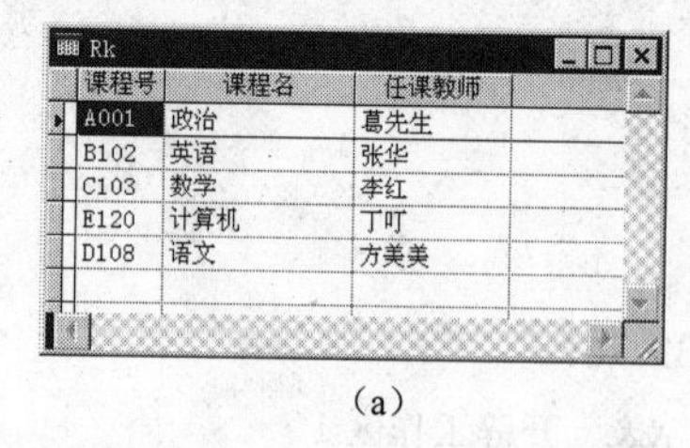

课程号	课程名	任课教师
A001	政治	葛先生
B102	英语	张华
C103	数学	李红
E120	计算机	丁町
D108	语文	方美美

（a）

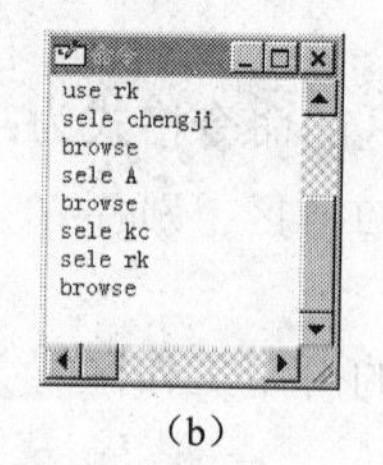

（b）

图 12-20　用表名选择工作区

③ SELECT 0 表示选择当前未使用的最低编号的工作区。

如果接着上面的工作区，则下面的命令将选择未被使用的最低工作区 4：

SELECT 0

USE students

④ 每个表打开后都有两个默认的别名，一个是表名自身，另一个是工作区所对应的别名。

在前 10 个工作区中指定的默认别名是工作区字母 A～J，工作区 11～32 767 中指定的别名是 W11～W32767。

⑤ 使用 USE 命令，只能关闭当前工作区中打开的数据表；要关闭所有数据表，应使用 CLOSE DATABASES 命令。

```
SELECT  B                  &&  选择当前工作区 B
USE                        &&  关闭 cj
CLOSE  DATABASES           &&  关闭所有数据表
```

12.4.2 使用不同工作区的表

除了可以用 SELECT 命令切换工作区使用不同的表外，也可以在一个工作区中使用另外一个工作区中的表。实际上，可以利用某些命令中的选项，即短语：

IN 〈工作区 / 表名 / 表别名〉

例如，当前使用的是第 2 个工作区中的 cj 表，现在要将第 1 个工作区中的 st 表定位在学号为 2001002 的记录上，可以使用命令：

```
SEEK  "2001002"  ORDER  学号  IN  st
```

在一个工作区中还可以直接利用表名或表的别名引用另一个表中的数据，具体方法是，在别名后加上点号分隔符“.”或“->”操作符，然后再接字段名。例如，当前使用的是第 2 个工作区中的 cj 表，现在要显示第 1 个工作区中的 st 表的学号和姓名字段的值，可以使用命令：

```
?  st.学号, st->姓名
```

12.4.3 表之间的关联

前面介绍参照数据完整性时介绍了表之间的关联或联系，这是基于索引建立的一种“永久联系”，这种联系存储在数据库中，在查询设计器或视图设计器中自动作为默认联系条件保持数据库表之间的联系。永久联系在数据库设计器中显示为表索引间的连接线。

虽然永久联系在每次使用表时不需要重新建立，但永久联系不能控制不同工作区中记录指针的联动。所以在开发 VFP 应用程序时，不仅要用永久联系，有时也要使用能够控制表间记录指针关系的临时联系。这种临时联系称为关联，使用 SET RELATION 命令建立：

SET RELATION TO 〈索引关键字〉 INTO 〈工作区号 | 表别名〉

12.5 实训 12

实训目的

- 掌握多数据表中工作区的使用，建立数据表之间的关联等方法。
- 掌握创建数据库，在数据库中创建、添加、移去表及建立数据库中多表的关联等方法。

实训内容

- 建立多表之间的关联。
- 利用表单程序实现多表关联。
- 创建数据库。
- 在表间建立永久关联。

实训步骤

1. 建立多表之间的关联

建立第 11 章实验中的工资表 salary 与部门表 dept 之间的联系，使得打开两个表，当光标在 dept 中移动时，改变 salary 中显示的记录。其中部门表的结构见表 12-1。

表 12-1　部门表 dept.dbf

部　门　号	部　门　名
01	制造部
02	销售部
03	项目部
04	采购部
05	人事部

该表的结构描述为 dept(bmh(C,2),bmm(C,20))。本例还将在以后章节中继续使用。

① 用命令方式创建数据表 dept 的结构：

```
CREATE TABLE dept(bmh c(2),bmm c(20))
```

然后打开表 dept，输入上述记录后，关闭表 dept。

② 在命令窗口中依次执行下列命令，建立 salary 与 dept 之间的联系：

```
USE dept IN 1                       && 在 1 号工作区中打开 dept 表（主表）
USE salary IN 2                     && 在 2 号工作区中打开 salary 表（从表）
SELECT salary                       && 选定从表工作区
SET ORDER TO TAG bmh                && 使用索引标识 bmh 指定从表的顺序
SELECT dept                         && 选定主表工作区
SET RELATION TO bmh INTO salary     && 创建主表与从表的主控索引之间的关联
```

③ 在命令窗口中依次执行下列命令：

```
SELECT salary
BROWSE NOWAIT
SELECT dept
BROWSE NOWAIT
```

④ 移动主表 dept 的记录指针，会改变在从表 salary 中显示的数据集合，如图 12-21 所示。

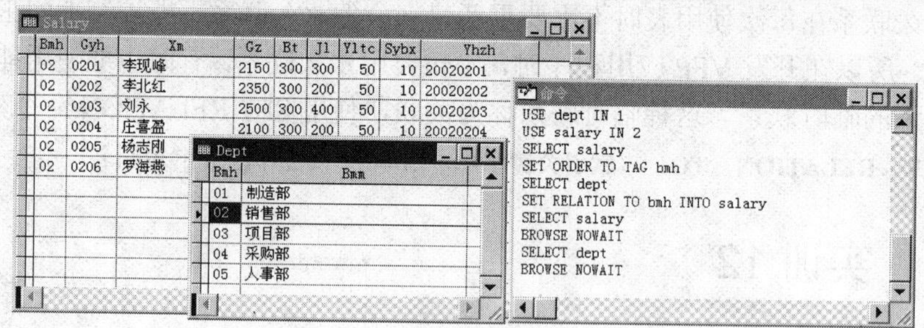

图 12-21　表间的临时关联

2. 利用表单程序实现多表关联

在表单程序中实现上述实验的功能。

① 在表单设计器中打开数据环境设计器，为表单添加表 dept 和表 salary；从表 dept 中拖动字段 bmh 到表 salary 中，建立表 dept 与表 salary 之间的临时关联，如图 12-22 所示。

② 先后拖动两个表到表单上，使表单上出现两个表格控件 grdDept 和 grdSalary，将 grdDept 的 RecordMark 属性改为“.F. – 假”，ScrollBars 属性改为“2 – 垂直”，适当调整控件的大小和位置，如图 12-23（a）所示。

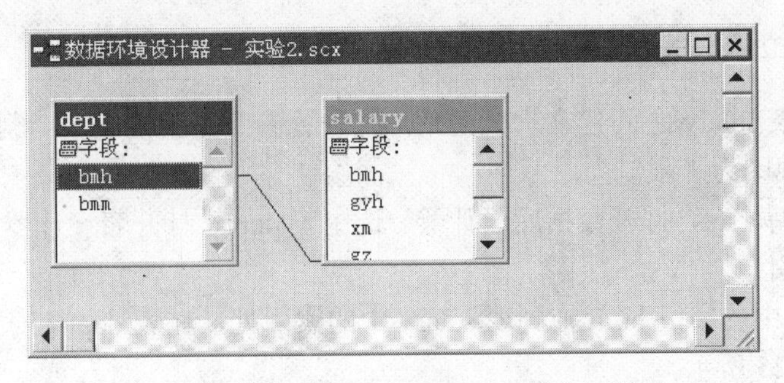

图 12-22　在数据环境中设置表间的临时关系

③ 保存表单程序，运行表单程序。当光标在表格 grdDept 中移动时，可以看到表格 grdSalary 中记录的变化，如图 12-23（b）所示。

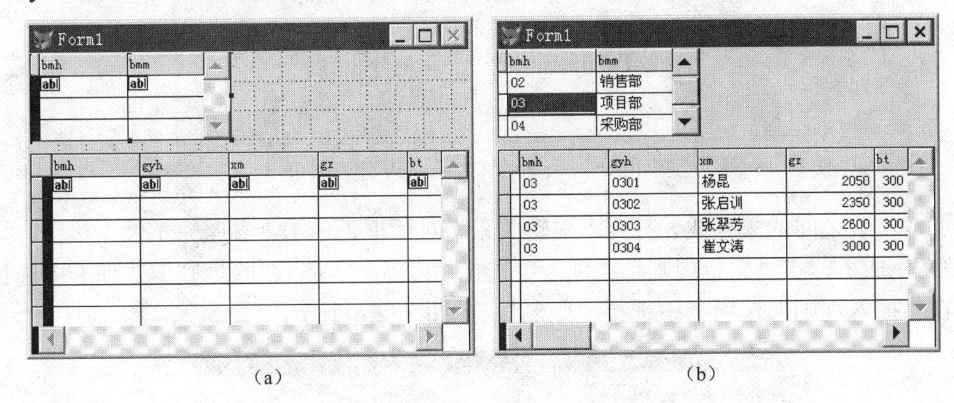

（a）　　　　　　（b）

图 12-23　分部门员工工资表

3. 创建数据库

创建人事管理数据库，在数据库中添加表 dept 和 salary，并为表的各字段设置中文标题，在 salary 中设置有效性规则：雇员号的前两位必须是部门号。

① 新建数据库 rsgl，打开数据库设计器。选择菜单命令“数据库”→“添加表”，依次将表 dept 与表 salary 添加到数据库 rsgl 中，如图 12-24 所示。

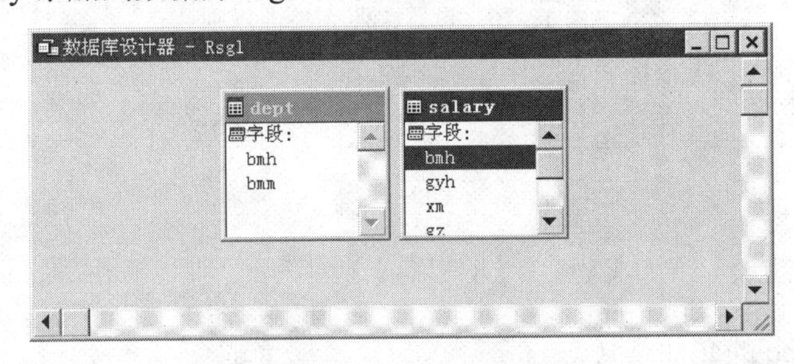

图 12-24　添加数据表到数据库中

② 选中表 dept，选择菜单命令“数据库”→“修改”，打开表设计器，依次为各字段设置中文标题。同法对表 salary 进行设置。

③ 在 salary 中设置 gyh 字段的有效性规则为 bmh = SUBSTR(gyh,1,2)，即雇员号的前两位必须是部门号；违背规则时的提示信息为“雇员号与部门号不符”。

4. 在表间建立永久关联

在表 dept 与表 salary 之间建立永久关联，并设置参照完整性规则：删除规则为“级联”，更新规则和插入规则为“限制”。

① 选择数据库 rsgl，打开数据库设计器。选中表 dept，打开表设计器，在表 dept 中为字段 bmh 建立主索引。

② 将表 dept 中的字段 bmh 拖到表 salary 中的索引处，在表 dept 与表 salary 之间建立永久关联，如图 12-25 所示。

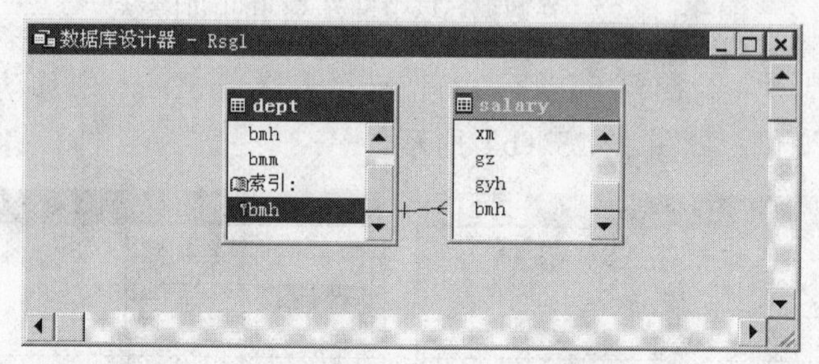

图 12-25　表 dept 与表 salary 建立关联

③ 双击表之间的关系线，打开“编辑关系”对话框，单击“参照完整性”按钮，打开参照完整性生成器，在“更新规则”选项卡中选择“限制”，在“删除规则”选项卡中选择“级联”，在“插入规则”选项卡中选择“限制”，如图 12-26 所示。

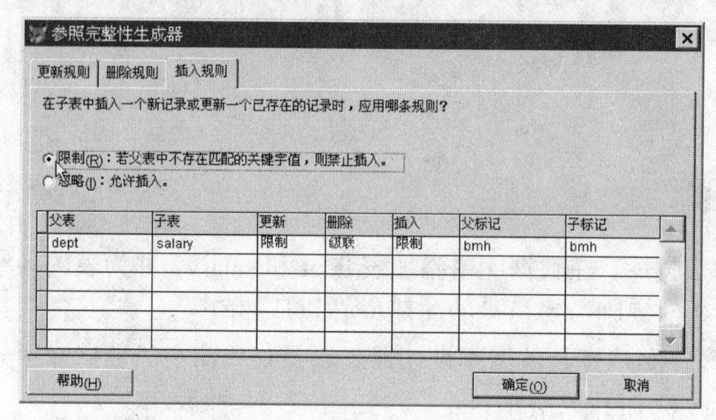

图 12-26　设置参照完整性规则

习题 12

一、选择题

1. 扩展名为.dbc 的文件是（　）。

   A）表单文件　　B）数据库表文件　　C）数据库文件　　D）项目文件

2. 参照完整性的规则不包括（　）。

   A）更新规则　　B）删除规则　　C）插入规则　　D）检索规则

3. 一数据库名为 student，要想打开该数据库，应使用命令（　）。

   A）OPEN student　　B）OPEN DATA student

C）USE DATA student　　　　　　D）USE student

4. 以下关于自由表的叙述，正确的是（　）。

A）全部是用以前版本的 FoxPro（FoxBASE）建立的表

B）可以用 VFP 建立，但是不能把它添加到数据库中

C）自由表可以添加到数据库中，数据库表也可以从数据库中移出成为自由表

D）自由表可以添加到数据库中，但数据库表不可以从数据库中移出成为自由表

5. VFP 数据库文件是（　）。

A）存放用户数据的文件　　　　　　B）管理数据库对象的系统文件

C）存放用户数据和系统数据的文件　　D）前 3 种说法都对

二、填空题

1. 自由表的扩展名是______。
2. 实现表之间临时联系的命令是_____。
3. 在定义字段有效性规则时，在规则框中输入的表达式类型是_____。

三、上机题

1. 完成以下基本操作题。

① 创建一个新的项目“客户管理”。

② 在“客户管理”项目中创建数据库“订货管理”。

③ 在“订货管理”数据库中建立表 order_list，表中数据见表 12-2。

表 12-2　order_list 表

客户号	订单号	订购日期	总金额
C10001	OR-01C	2001-10-10	4000
A00112	OR-22A	2001-10-27	5500
B20001	OR-02B	2002-2-13	10500
C10001	OR-03C	2002-1-13	4890
C10001	OR-04C	2002-2-12	12500
A00112	OR-21A	2002-3-11	30000
B21001	OR-11B	2001-5-13	45000
C10001	OR-12C	2001-10-10	3210
B21001	OR-13B	2001-5-5	3900
B21001	OR-23B	2001-7-8	4390
B20001	OR-31B	2002-2-10	39650
C10001	OR-32C	2001-8-9	7000
A00112	OR-33A	2001-9-10	8900
A00112	OR-41A	2002-4-1	8590
C10001	OR-44C	2001-12-10	4790
B21001	OR-37B	2002-3-25	4450

order_list 表的结构描述为 order_list(khh(C,6), ddh(C,6), dgrq(D), zje(F,15.2))。

④ 为 order_list 表创建一个主索引，索引名和索引表达式都是 ddh。

⑤ 在“订货管理”数据库中建立表 order_detail，表中数据见表 12-3。

表 12-3 order_detail 表

订 单 号	器 件 号	器 件 名	单 价	数 量
OR-01C	P1001	CPU P4 1.4G	1050	2
OR-01C	D1101	3D 显示卡	500	3
OR-02B	P1001	CPU P4 1.4G	1100	3
OR-03C	S4911	声卡	350	3
OR-03C	E0032	E 盘（闪存）	280	10
OR-03C	P1001	CPU P4 1.4G	1090	5
OR-03C	P1005	CPU P4 1.5G	1400	1
OR-04C	E0032	E 盘（闪存）	290	5
OR-04C	M0256	内存	350	4
OR-11B	P1001	CPU P4 1.4G	1040	3
OR-12C	E0032	E 盘（闪存）	275	20
OR-12C	P1005	CPU P4 1.5G	1390	2
OR-12C	M0256	内存	330	4
OR-13B	P1001	CPU P4 1.4G	1095	1
OR-21A	S4911	声卡	390	2
OR-21A	P1005	CPU P4 1.5G	1350	1
OR-22A	M0256	内存	400	4
OR-23B	P1001	CPU P4 1.4G	1020	7
OR-23B	S4911	声卡	400	2
OR-23B	D1101	3D 显示卡	540	2
OR-23B	E0032	E 盘（闪存）	290	5
OR-23B	M0256	内存	395	5
OR-31B	P1005	CPU P4 1.5G	1320	2
OR-32C	P1001	CPU P4 1.4G	1030	5
OR-33A	E0032	E 盘（闪存）	295	2
OR-33A	M0256	内存	405	6
OR-37B	D1101	3D 显示卡	600	1
OR-41A	M0256	内存	380	10
OR-41A	P1001	CPU P4 1.4G	1100	4
OR-44C	S4911	声卡	385	3
OR-44C	E0032	E 盘（闪存）	296	2
OR-44C	P1005	CPU P4 1.5G	1300	2

order_detail 表的结构描述为 order_detail(ddh(C,6)，qjh(C,6)，qjm(C,16)，dj(F,10.2)，sl(I))。

⑥ 为新建立的 order_detail 表建立一个普通索引，索引名和索引表达式都是 ddh。

⑦ 为表 order_detail 的 dj 字段定义默认值 NULL。

⑧ 为表 order_detail 的 dj 字段定义约束规则 dj > 0，违背规则时的提示信息是“单价必须大于零”。

⑨ 建立表 order_list 和表 order_detail 之间的永久联系（通过 ddh 字段）。

⑩ 为以上建立的联系设置参照完整性约束：更新规则为“限制”，删除规则为“级联”，插入规则为“限制”。

⑪ 关闭“订货管理”数据库，然后建立自由表 customer，其内容见表 12-4。

表 12-4　customer 表

客户号	客户名	地址	电话
C10001	三益贸易公司	平安大道 100 号	66661234
C10005	比特电子工程公司	中关村南路 100 号	62221234
B20001	萨特高科技集团	上地信息产业园	87654321
C20111	一得信息技术公司	航天城甲 6 号	89012345
B21001	爱心生物工程公司	生命科技园 1 号	66889900
A00112	四环科技发展公司	北四环路 211 号	62221234

customer 表的结构描述为 customer(khh(C,6), khm(C,16), dz(C,20), dh(C,14))。

⑫ 打开“订货管理”数据库，并将表 customer 添加到该数据库中。

⑬ 为 customer 表创建一个主索引，索引名和索引表达式都是 khh。

2. 在完成基本操作题的基础上，完成以下应用题。

① 列出客户名为“三益贸易公司”的订购单明细（order_detail）记录，将结果先按 ddh（订单号）升序排列，同一订单的再按 dj（单价）降序排列，并将结果存储在 results1 表（与 order_detail 表结构相同）中。

② 列出目前有订购单的客户信息（即有对应的 order_list 记录的 customer 表中的记录），同时要求按 khh（客户号）升序排列，并将结果存储在 results2 表（与 customer 表结构相同）中。

③ 列出所有订购单的订单号、订购日期、器件号、器件名和总金额（按订单号升序排列），并将结果存储在 results3 表（其中订单号、订购日期、总金额取自 order_list 表，器件号、器件名取自 order_detail 表）中。

④ 按总金额降序列出所有客户的客户号、客户名及其订单号和总金额，并将结果存储在 results4 表（其中客户号、客户名取自 customer 表，订单号、总金额取自 order_list 表）中。

⑤ 为 order_detail 表增加一个新字段 xdj（新单价，类型与原来的 dj 字段相同），然后根据 order_list 表中的 dgrq 字段的值确定 order_detail 表的 xdj 字段的值，原则是：订购日期为 2001 年的 xdj 字段的值为原单价的 90%，订购日期为 2002 年的 xdj 字段的值为原单价的 110%（在修改操作过程中不要改变 order_detail 表记录的顺序）。

第 13 章　查询与视图

数据的检索是应用程序处理数据的重要任务之一。第 11 章介绍的索引、查找等命令都是早期 xBase 语言中最常用的。在 VFP 中，查询与视图是为方便检索数据而提供的工具。在需要迅速获得所需要的数据时，可以使用查询或视图来检索存储在表中的信息。查询与视图的目的都是为了从数据中快速获得所需要的结果。

查询与视图的本质都是 SQL 语言中的 SELECT 查询语句，前者通过对话框、设计器创建，后者则使用命令建立。

13.1　数据查询

当需要迅速找到数据时，可以使用 VFP 中的查询，来搜索满足指定条件的记录，也可以根据需要对记录进行排序和分组，并根据搜索结果创建报表、表及图形。

在很多情况下都需要建立查询，例如，为报表组织信息、即时回答问题或者查看数据中的相关子集等。无论目的如何，建立查询的基本过程是相同的。查询是以.qpr 为扩展名保存在磁盘上的一个文本文件，它的主体是 SQL 语句，另外还有与输出定向有关的语句。

建立查询主要使用查询设计器。打开查询设计器的方法主要有以下几种。

① 选择菜单命令“文件”→“新建”，或单击标准工具栏上的“新建”按钮□，打开“新建”对话框，选择“查询”单选钮并单击“新建文件”按钮，打开查询设计器建立查询。

② 在项目管理器的“数据”选项卡中，选择“查询”单选钮，然后单击“新建”按钮，打开查询设计器建立查询。

③ 用 CREATE QUERY 命令打开查询设计器建立查询。

④ 用 SQL 语句，直接编辑.qpr 文件建立查询。

13.1.1　启动查询设计器

1. 启动查询设计器

从项目管理器或“文件”菜单中，都可以启动查询设计器。

① 选择菜单命令“文件”→“新建”，或者单击标准工具栏上的“新建”按钮□。

② 在“新建”对话框中，选中“查询”单选钮，然后单击“新建文件”按钮，如图 13-1 所示。

③ 在创建新查询时，系统打开“添加表或视图”对话框，提示用户从当前数据库或自由表中选择表或视图。

依次选择所需要的表或视图，单击“添加”按钮，最后单击“关闭”按钮，VFP 将显示“查询设计器”窗口。

2. 添加和移去表

需要添加表时，可以从“查询设计器”工具栏上单击“添加表”按钮，再选择需要的表或视图。

需要移去表时，选中当前表，单击“查询设计器”工具栏上的“移去表”按钮即可。

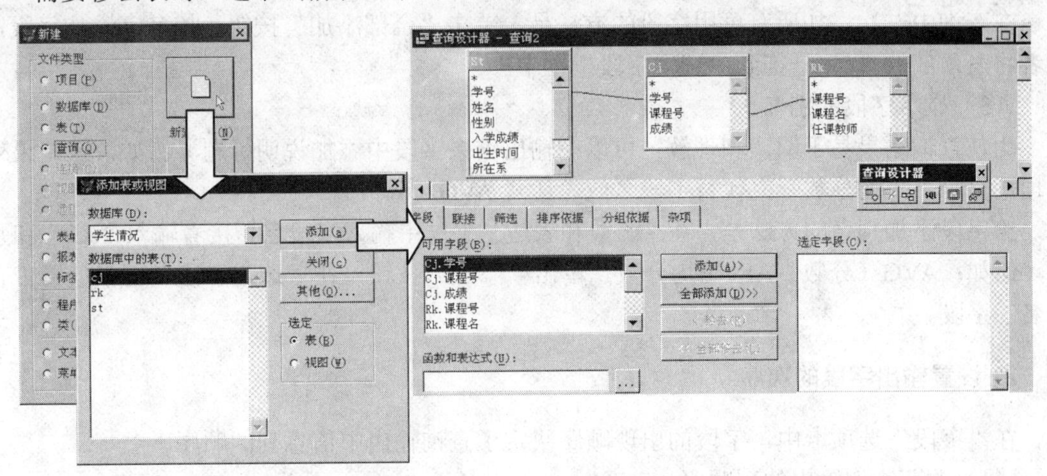

图 13-1 启动“查询设计器”窗口

13.1.2 定义结果

打开查询设计器，选择包含所需信息的表或视图后，就可定义输出结果。首先选择所需的字段，也可设置所选字段的显示顺序以及设置过滤器要显示的记录，用以定义输出结果。

1. 选择所需字段

在运行查询之前，必须先选择表或视图，并选择要包括在查询结果中的字段。

（1）添加字段

在查询设计器底部窗格的“字段”选项卡中，选定需要包含在查询结果中的字段。

在查询输出中添加字段的方法是，在“可用字段”框中选定字段名，然后单击“添加”按钮，如图 13-2 所示。也可以直接将字段名从“可用字段”框拖到“选定字段”框中。

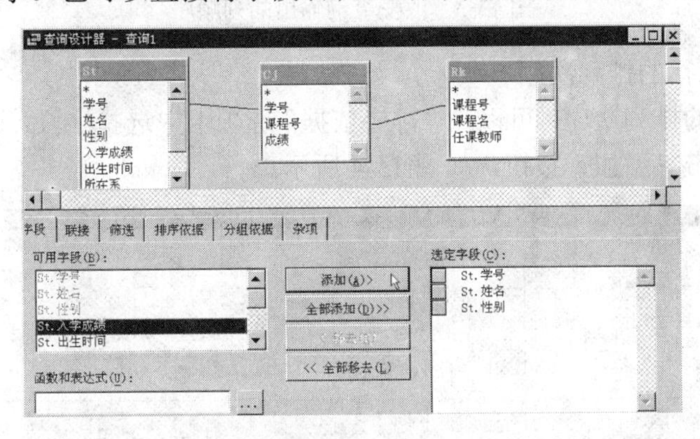

图 13-2 添加字段

（2）选择输出全部字段

可使用名字或通配符选择全部字段。

如果使用名字选择字段，查询中要包含完整的字段名。此时如果向表中添加字段，再运行查询，则输出结果不包含新字段名。

在使用通配符选择字段时，如果创建查询后，表结构改变了，新字段也将出现在查询结果中。

在查询中一次添加所有可用字段的方法是，单击“全部添加”按钮，按名字添加字段，或者将表顶部的“*”号拖到“选定字段”框中。

（3）显示字段的别名

为使查询结果易于阅读和理解，可以在输出结果字段中添加说明标题。例如，在结果列的顶部显示“平均分数”来代替字段名或表达式 AVG（分数）。

给字段添加别名的方法是，在“函数和表达式”框中输入字段名，接着输入“AS”和别名，例如：AVG（分数）AS 平均分数。单击“添加”按钮，在“选定字段”框中放置带有别名的字段。

2. 设置输出字段的次序

在“字段”选项卡中，字段的出现顺序决定了查询输出中信息列的顺序。

（1）改变查询输出的列顺序

要改变查询输出的列顺序，上、下拖动字段名左侧的移动框即可，如图 13-3 所示。

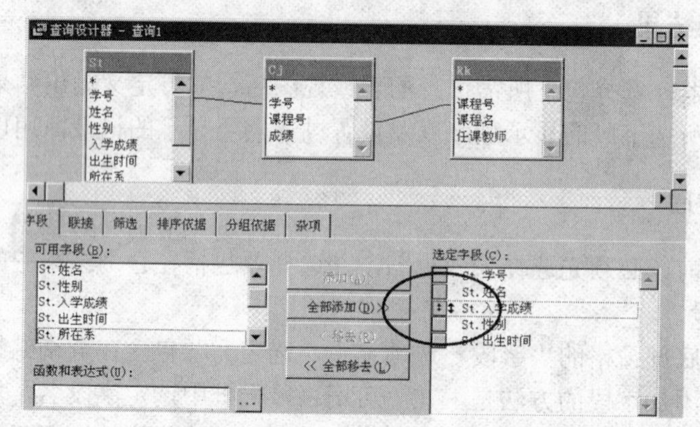

图 13-3　改变查询输出的列顺序

（2）改变信息行的排列次序

要改变信息行的排列次序，可以在“排序依据”选项卡中选择字段，选中“升序”或“降序”单选钮，再单击“添加”按钮，如图 13-4 所示。

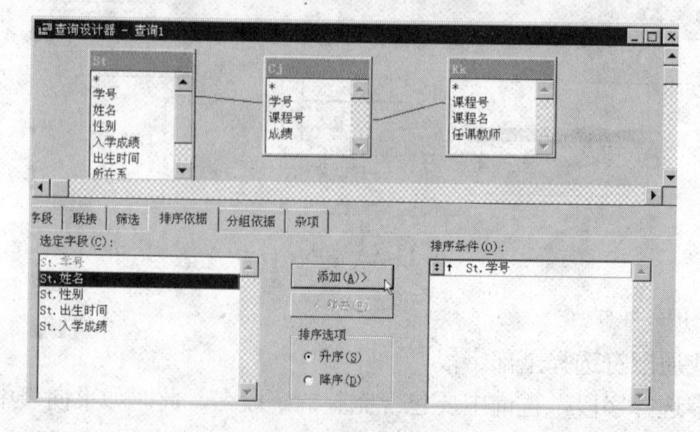

图 13-4　改变信息行的排列次序

3. 选定所需的记录

选定想要查找的记录是决定查询结果的关键。用查询设计器中的“筛选”选项卡，可以构造一个带有 WHERE 子句的选择语句，用来决定想要搜索并检索的记录。例如，要检索所有“入学成绩”在 400 分以上的学生，步骤如下。

① 从“字段名”列的下拉列表中选定用于选择记录的字段。通用字段和备注字段不能用于过滤器。

② 从“条件”列的下拉列表中选择比较的类型。

③ 在“实例”列的文本框中，输入比较条件，如图 13-5 所示。

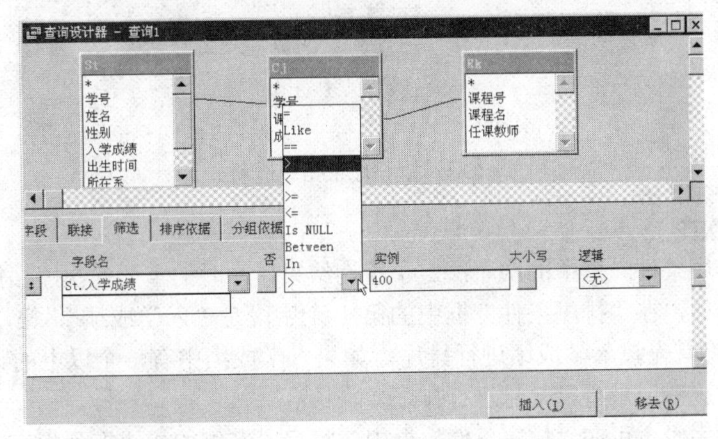

图 13-5　在“筛选”选项卡中定义查询结果的条件

- 仅当字符串与查询的表中字段名相同时，才用引号括起字符串；否则，无须加引号。
- 日期也不必加花括号。
- 逻辑位的前后必须使用句点号，例如.T.。
- 如果输入查询中表的字段名，VFP 就将它识别为一个字段。

④ 在搜索字符型数据时，要想忽略大小写匹配，可以单击“大小写”列的灰色方块按钮。

⑤ 如果需要对逻辑操作符的含义取反，可以单击“否”列的灰色方块按钮。

要进行更进一步的搜索，可在“筛选”选项卡中添加更多的筛选项。如果查询中使用了多个表或视图，则按选取的连接类型扩充所选择的记录。

13.1.3　组织输出结果

定义查询输出后，可以组织出现在结果中的记录，方法是对输出字段排序和分组。也可以筛选出现在结果中的分组。

1. 排序查询结果

排序决定了查询输出结果中记录或行的先后顺序。例如，按“入学成绩”和“学号”对记录排序。利用“排序依据”选项卡设置查询的排序次序，排序次序决定了查询输出中记录或行的排列次序。

（1）设置排序条件

在“选定字段”框中选定字段名，单击“添加”按钮，如图 13-6 所示。

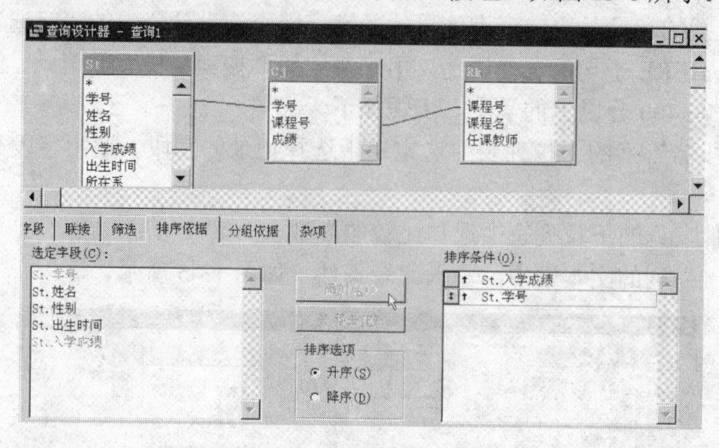

图 13-6　“排序依据”选项卡

（2）排序次序

字段在“排序条件”框中的次序决定了查询结果排序时的重要性次序。第 1 个字段决定主排序次序。例如，在“排序条件”框中的第 1 个字段是“入学成绩”，第 2 个字段为“学号”，查询结果将首先按入学成绩进行排序，如果入学成绩中有一个以上的记录具有同样的字段值，那么，这些记录再以学号进行排序。

要调整排序字段，可在“排序条件”框中，将字段左侧的按钮拖到相应的位置上。通过选择“排序选项”区域中的单选钮，可以确定是按“升序”或“降序”排序。在“筛选”选项卡的“选定字段”框中，每一个排序字段都带有一个上箭头↑或下箭头↓，分别表示按此字段的升序或降序排序。

（3）移去排序条件

移去排序条件的方法是选定一个或多个想要移去的字段，单击“移去”按钮。

2. 分组查询结果

所谓分组就是将一组类似的记录压缩成一个结果记录，这样就可以完成基于一组记录的计算。分组在与某些累计函数联合使用时效果较好，如 SUM、COUNT、AVG 等。例如，要想得到某一学生的所有课程的平均成绩，可以不用单独查看所有的记录，而是把所有记录合成一个记录，来获得所有成绩的平均值。首先在“字段”选项卡中，把表达式 AVG（成绩）添加到查询输出中，然后利用“分组依据”选项卡，根据学号分组，输出结果显示了每个学生的平均成绩。

设置分组选项的步骤如下。

① 在“字段”选项卡的“函数和表达式”框中输入表达式。或者，选择要使用“表达式生成器”的对话框，在“函数和表达式”框中输入表达式。

② 单击“添加”按钮，在“选定字段”框中放置表达式，如图 13-7 所示。

③ 在“分组依据”选项卡中，加入分组结果所依据的表达式。也可以在已分组的结果上设置选定条件，如图 13-8 所示。

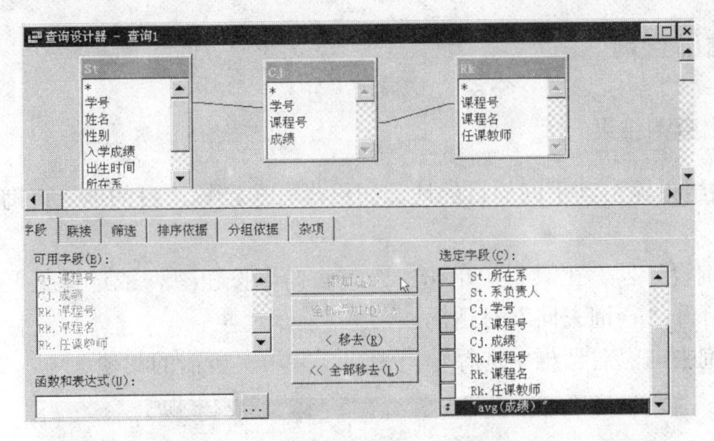

图 13-7　在“选定字段”框中放置表达式

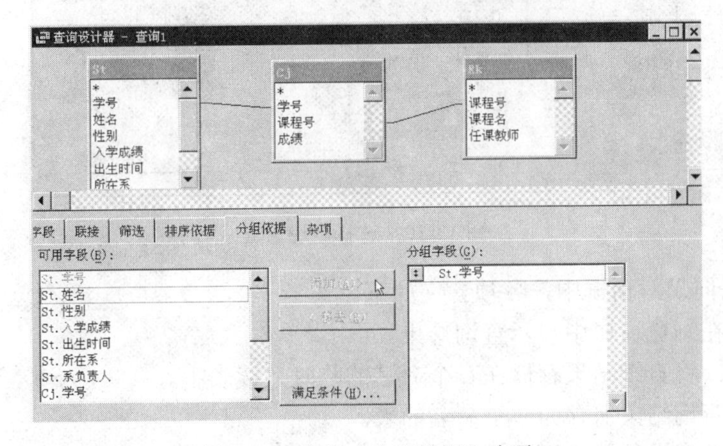

图 13-8　设置“分组依据”选项

3. 选择分组

要对已被分组或压缩的记录而不是对单个记录设置过滤器，可在“分组依据”选项卡中选定“满足条件”按钮。为分组设置条件的步骤如下。

① 在“分组依据”选项卡中，单击“满足条件”按钮。

② 在“满足条件”对话框中选定一个函数，并在“字段名”列的下拉列表中选定字段名，如图 13-9 所示。

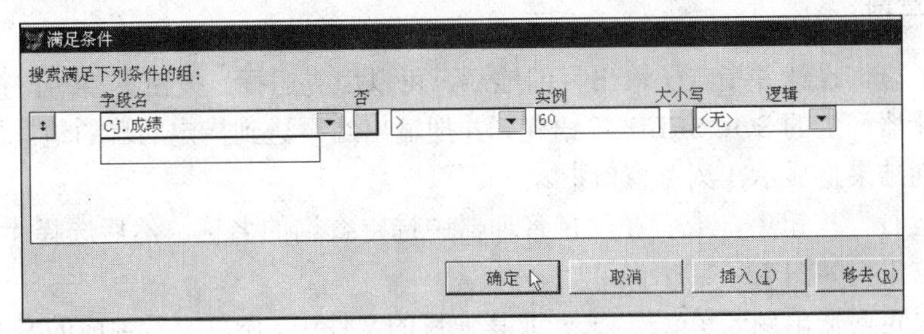

图 13-9　“满足条件”对话框

③ 单击“确定”按钮。

13.1.4 输出查询

1. 定向输出查询结果

可以把查询结果输出到不同的目的地。如果没有选定输出目的地，查询结果将显示在浏览窗口中。

① 从“查询设计器”工具栏中单击“查询去向”按钮，或选择菜单命令“查询”→“查询去向”，打开“查询去向”对话框。

② 在“查询去向”对话框中选择输出去向，并填写所需的其他选项，如图 13-10 所示。

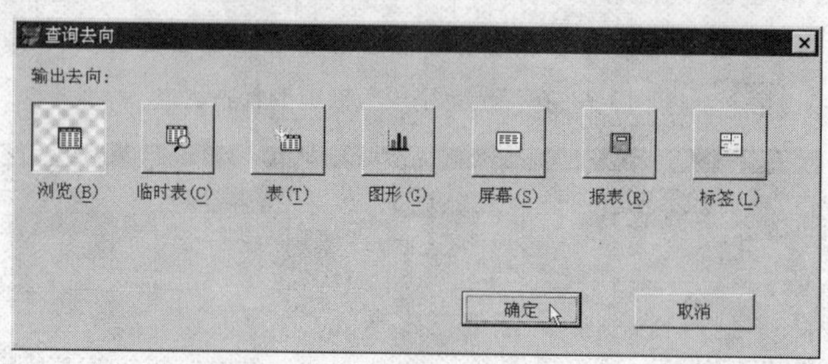

图 13-10 选择查询去向

在“查询去向”对话框中，各项含义如下。

- 浏览：在浏览窗口中显示查询结果。
- 临时表：将查询结果存储在一个命名的临时只读表中。
- 表：使查询结果保存为一个命名的表。
- 图形：使查询结果可用于 Microsoft Graph（Graph 是一个包含在 VFP 中的独立的应用程序）。
- 屏幕：在 VFP 主窗口或当前活动输出窗口中显示查询结果。
- 报表：将输出送到一个报表文件（.frx）中。
- 标签：将输出送到一个标签文件（.lbx）中。

许多选项都有一些可以影响输出结果的附加选项。例如，“报表”选项可以打开报表文件，并在打印之前定制报表，也可以选用“报表向导”帮助来自己创建报表。

2. 运行查询

在完成了查询设计并指定了输出目的地后，可以用“运行”按钮!启动该查询。VFP 执行用查询设计器产生的 SQL SELECT 语句，并把输出结果送到指定的目的地。若尚未选定输出目的地，则结果将显示在浏览窗口中。

单击“运行”按钮!，或者在项目管理器中选定查询的名称，然后选择“运行”，屏幕将显示查询结果，如图 13-11 所示。

可将结果定向输出到表单、表、报表或其他目的文件中。还可查看生成的 SQL 语句情况。

3. 输出去向为图形

执行输出去向为图形的查询将启动“图形向导”，生成显示图形的表单（FORM）。

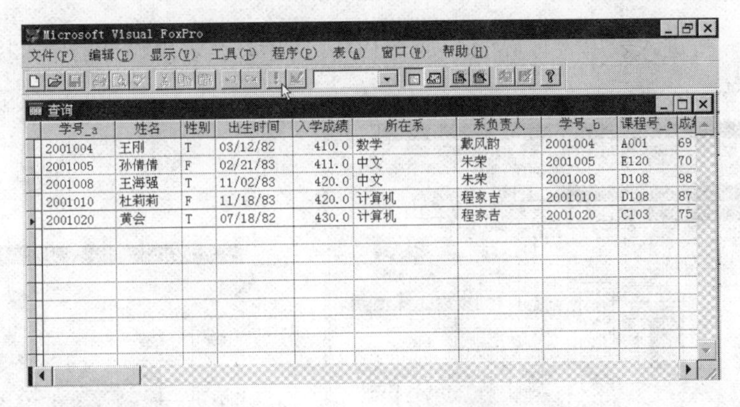

图 13-11　显示查询结果

① 执行输出去向为图形的查询，将立刻打开“图形向导”对话框，如图 13-12 所示。

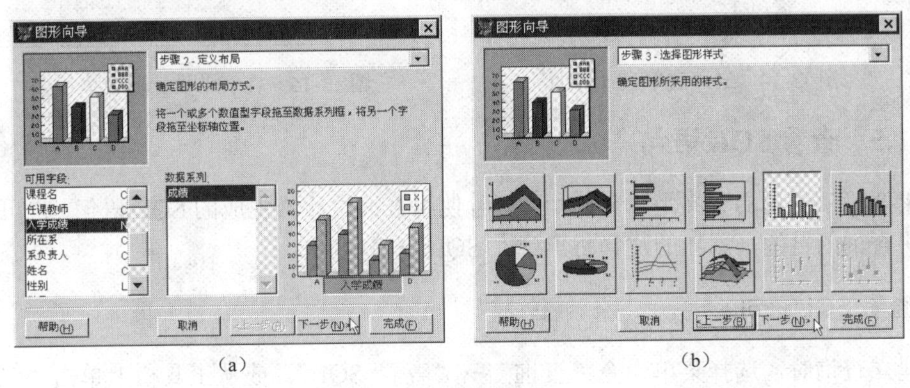

（a）　　　　　　　　　　　　　　　　（b）

图 13-12　启动“图形向导”

② 在“图形向导”对话框中，将“入学成绩”字段从“可用字段”框拖到“数据系列”框中。拖曳到“数据系列”框中的字段必须是数值型字段，可以有多个数据系列。再将“入学成绩”字段从“可用字段”框拖到“坐标轴”框中。

③ 单击“下一步”按钮，选择图形的样式。

④ 再次单击“下一步”按钮，输入图形标题。

⑤ 单击“完成”按钮，打开“另存为”对话框，将图形向导生成的结果保存为表单，如图 13-13 所示。

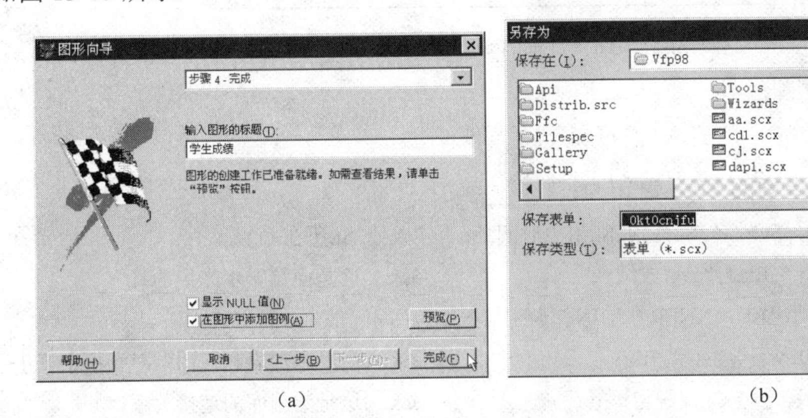

（a）　　　　　　　　　　　　　　　　（b）

图 13-13　将图形向导生成的结果保存为表单

⑥ 保存后，将进入表单设计界面，如图 13-14 所示。在表单设计器中，执行表单，结果如图 13-15 所示。

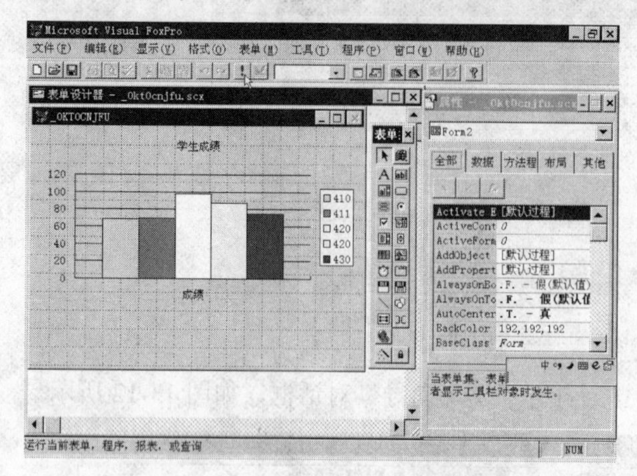

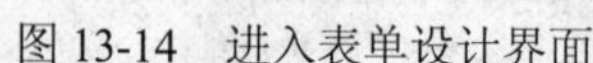
图 13-14　进入表单设计界面

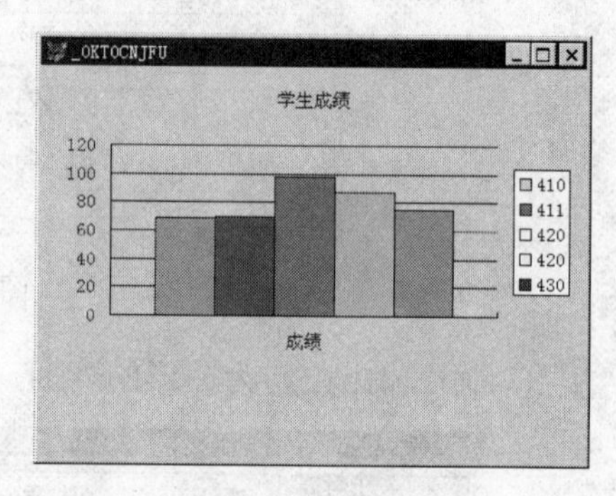

图 13-15　在表单设计器中执行表单后的结果

13.1.5　查看 SQL 语句

如果要确认查询的定义是否正确，可查看使用查询设计器生成的SQL语句；也可添加注释来说明查询的目的，添加的注释将出现在 SQL 窗口里。

1. 查看 SQL 语句

在建立查询时，选择菜单命令“查询”→“查看 SQL”，或从工具栏上单击“SQL”按钮SQL，可以查看查询生成的 SQL 语句。SQL 语句显示在一个只读窗口中，可以复制此窗口中的文本，并将其粘贴到“命令”窗口或加入到程序中。如图 13-16 所示。

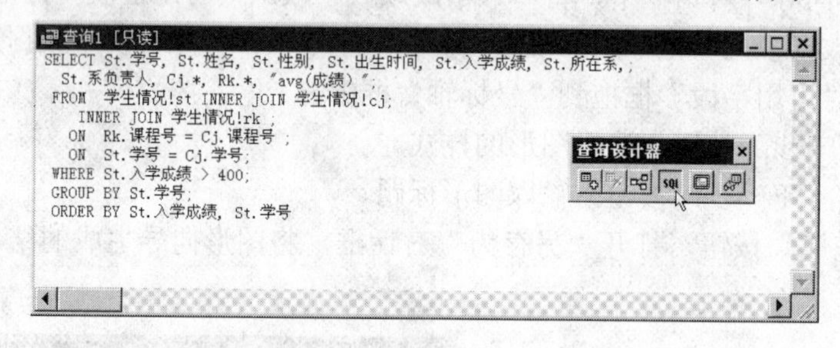

图 13-16　查询的 SQL 语句

2. SQL 语句分析

按照上述步骤生成查询的 SQL 语句为：

```
SELECT   St.学号, St.姓名, St.性别, St.出生时间, St.入学成绩, St.所在系,;
  St.系负责人, Cj.*, Rk.*, "avg(成绩)";                  && 这是由第一步产生的
  FROM   学生情况!st   INNER   JOIN   学生情况!cj;
     INNER   JOIN   学生情况!rk;                         && 由“添加表和视图”对话框中产生
     ON   Rk.课程号 = Cj.课程号;                          && 这是数据库的连接关系
     ON   St.学号 = Cj.学号;
```

```
WHERE   St.入学成绩 > 400;                        && 筛选条件
GROUP BY St.学号;                                 && 分组依据
ORDER   BY   St.入学成绩, St.学号                  && 排序依据
```

3. 在查询中添加注释

如果想以某种方式标识查询，或对它做一些注释说明，可以在查询中添加备注，这样有利于以后确认查询。

① 选择菜单命令“查询”→“备注”。

② 在“备注”框中，输入与查询有关的内容，如图 13-17 所示。

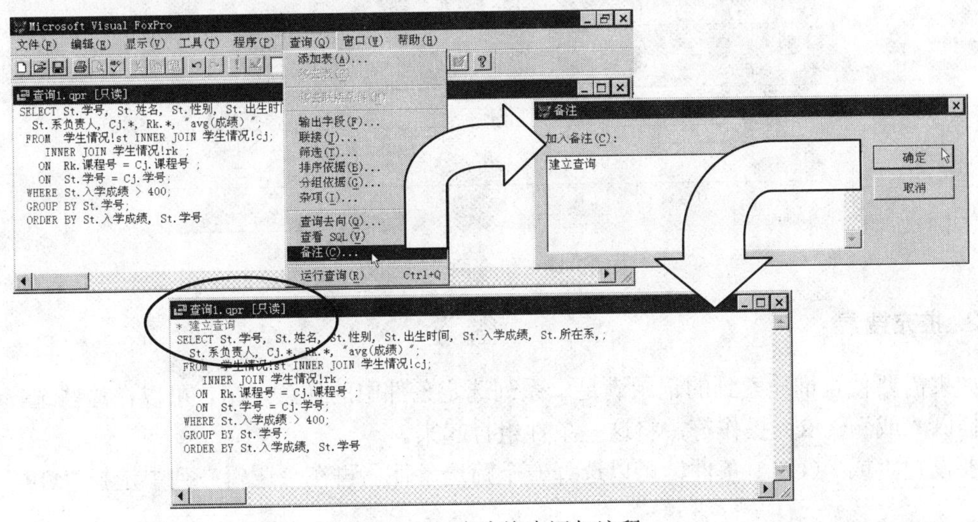

图 13-17 在查询中添加注释

③ 单击“确定”按钮。

这时输入的注释内容将出现在 SQL 窗口的顶部，并且前面有一个“*”号表明其为注释。

13.2 定制查询

利用查询设计器中其他可用的选项，可以进一步定制查询，可使用过滤器扩充或缩小搜索，也可以添加表达式计算字段中的数据。

13.2.1 精确搜索

可能需要对查询所返回的结果做更多的控制，例如，查找满足多个条件的记录，或者搜索满足两个条件之一的记录。这时，就需要在“筛选”选项卡中加进更多的语句。如果在“筛选”选项卡中连续输入选择条件表达式，那么这些表达式自动以逻辑“与”（AND）的方式组合起来；如果想使待查找的记录满足两个以上条件中的任意一个，可以使用“添加‘或’”按钮，在这些表达式中间插入逻辑“或”（OR）操作符。

1. 缩小搜索

如果想使查询检索同时满足一个以上条件的记录，只需在“筛选”选项卡中的不同行上

列出这些条件，这一系列条件将自动以“与”（AND）的方式组合起来，只有满足所有这些条件的记录才会被检索到。例如，假设搜索“入学成绩大于 400 的女同学”，则可以在不同的行上输入两个搜索条件。

要设置“与”（AND）条件，可以在“筛选”选项卡中输入筛选条件，在“逻辑”列中选择“AND”，如图 13-18 所示。

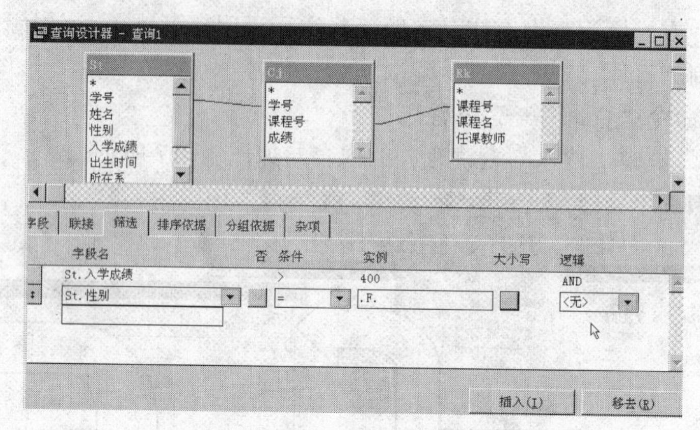

图 13-18　组合两个过滤器

2. 扩充搜索

如果需要使查询检索到的记录满足一系列选定条件中的任意一个，可以在这些选择条件中间插入“或”（OR）操作符，将这些条件组合起来。

要设置“或”（OR）条件，可以选择一个筛选条件，再在“逻辑”列中选择“OR”。

3. 组合条件

可以把“与”（AND）和“或”（OR）条件组合起来以选择特定的记录集。

4. 在查询中删除重复记录

重复记录是指所有字段值均相同的记录。要想把查询结果中的重复记录去掉，只需选中“杂项”选项卡中的“无重复记录”复选框，否则，应确认“无重复记录”复选框已被清除，如图 13-19 所示。如果选中了“无重复记录”复选框，则在 SELECT 命令的 SELECT 部分中，字段前会加上 DISTINCT。

5. 查询一定数目或一定百分比的极值记录

可使查询返回包含指定数目或指定百分比的特定字段的记录。例如，查询可显示含 6 个指定字段最大值或最小值的记录，或者显示含有 10%的指定字段最大值或最小值的记录。

利用“杂项”选项卡的顶端设置，可设置一定数目或一定百分比的记录。要设置是否选取最大值或最小值，可设置查询的排序顺序。降序排序可查看最大值记录，升序排序可查看最小值记录。

① 在“排序依据”选项卡中，选择要检索其极值的字段，接着选取“降序”显示最大值或选取“升序”显示最小值。如果还要按其他字段排序，可按列表顺序将其放在极值字段的后面。

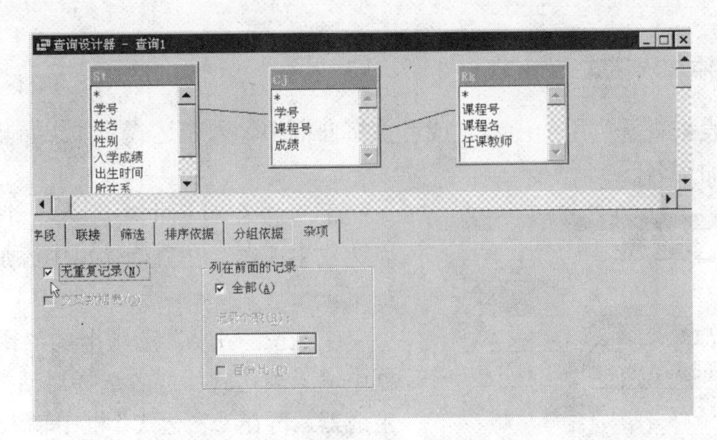

图 13-19　“杂项”选项卡

② 在“杂项”选项卡的“记录个数”框中，输入想要检索的最大值或最小值的数目，如图 13-20 所示。若要显示百分比，请选中“百分比”复选框，如图 13-21 所示。

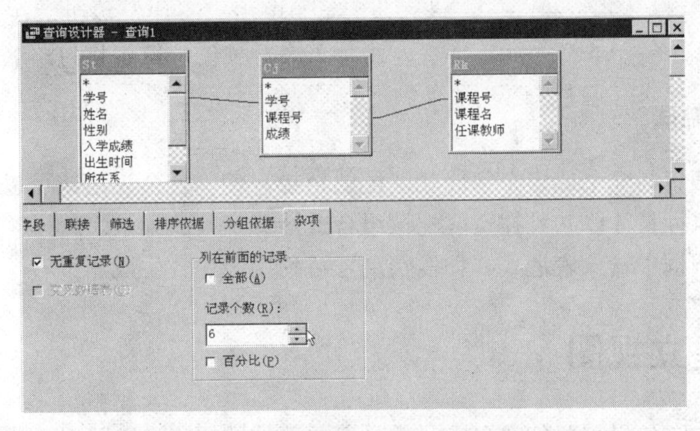

图 13-20　检索最大值或最小值的记录

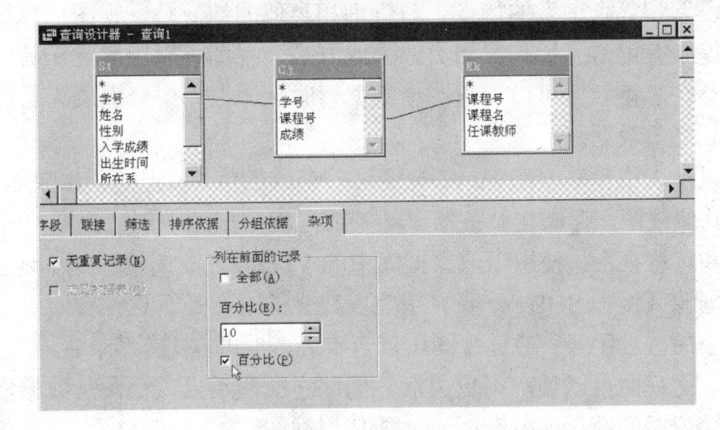

图 13-21　显示百分比

③ 如果不希望数目或百分比中含有重复的记录，请选中“无重复记录”复选框。

13.2.2　在查询输出中添加表达式

使用“字段”选项卡底部的方框，可以在查询输出中加入函数和表达式。

1. 在结果中添加表达式

可以显示列表来查看可用的函数，或者直接向框中输入表达式。如果希望字段名中包含表达式，可以添加别名。

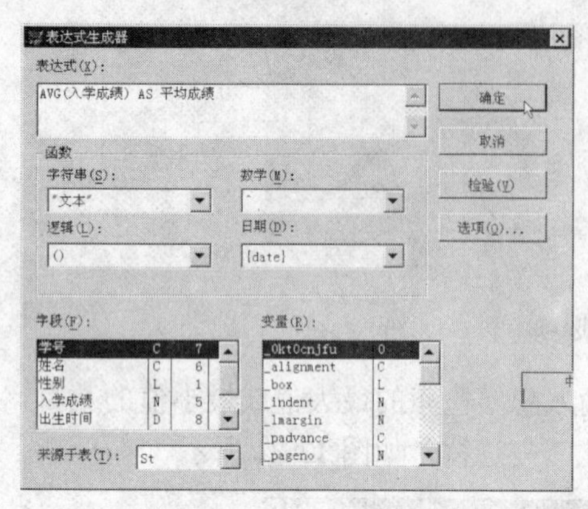

图 13-22　表达式生成器

可直接在对话框中输入一个表达式或使用表达式生成器。在查询输出中添加表达式的步骤如下。

① 在“字段”选项卡的“函数和表达式”框中输入表达式。或者选择对话按钮打开表达式生成器，再在“表达式”框中输入表达式。例如，要使查询结果包括别名为“平均成绩”的“入学成绩”，输入“AVG（入学成绩）AS 平均成绩”即可，如图 13-22 所示。

② 单击“添加”按钮，在“选定字段”框中加入表达式。计算机将忽略 NULL 值。

2. 用表达式筛选

不同于简单搜索与一个或多个字段相匹配的记录，使用一个表达式可以组合两个字段，或基于一个字段执行某计算并且搜索匹配该组合或计算字段的记录。

可直接在示例框中输入表达式。如需帮助，可使用表达式生成器。

13.3　建立视图

在应用程序中，如果需要创建自定义并且可更新的数据集合，可以使用视图。

视图兼有“表”和“查询”的特点。与查询相类似的地方是，视图可以用来从一个或多个相关联的表中提取有用信息；与表相类似的地方是，视图可以用来更新其中的信息，并将更新结果永久保存在磁盘上。可以用视图使数据暂时从数据库中分离成为自由数据，以便在主系统之外收集和修改数据。

使用视图可以从表中提取一组记录，改变这些记录的值，并把更新结果送回到基本表中。可以从本地表、其他视图、存储在服务器上的表或远程数据源中创建视图，所以 VFP 的视图又分为本地视图和远程视图。使用当前数据库中的 VFP 表建立的视图是本地视图，使用当前数据库之外的数据源（例如 SQL Server）中的表建立的视图是远程视图。

视图是操作表的一种手段，通过视图可以查询表，也可以更新表。视图是根据表定义的，因此视图基于表，而视图可以使应用更灵活，因此它又超越表。视图是数据库中的一个特有功能，只有在包含视图的数据库打开时，才能使用视图。

由于视图和查询有很多类似之处，创建视图与创建查询的步骤也相似：选择要包含在视图中的表和字段，指定用来连接表的连接条件，指定过滤器选择指定的记录。

与查询不同的是，视图可选择如何将在视图中所做的数据修改传给原始文件，或建立视图的基表。

创建视图时，VFP 在当前数据库中保存一个视图定义，该定义包括视图中的表名、字段名以及它们的属性设置。在使用视图时，VFP 根据视图定义构造一条 SQL 语句，定义视图的数据。

本书只介绍本地视图的创建与使用。可以使用视图设计器或 CREATE SQL VIEW 命令创建本地视图。

13.3.1 启动视图设计器

本地表包括本地 VFP 表、任何使用.dbf 格式的表和存储在本地服务器上的表。要使用视图设计器来创建本地表的视图，首先应创建或打开一个数据库。

1. 使用菜单启动视图设计器

① 选择菜单命令“文件”→“新建”，或单击工具栏中的“新建”按钮，打开“新建”对话框。

② 在“新建”对话框中，选中“视图”单选钮，并单击“新建文件”按钮，打开“添加表或视图”对话框，如图 13-23 所示。

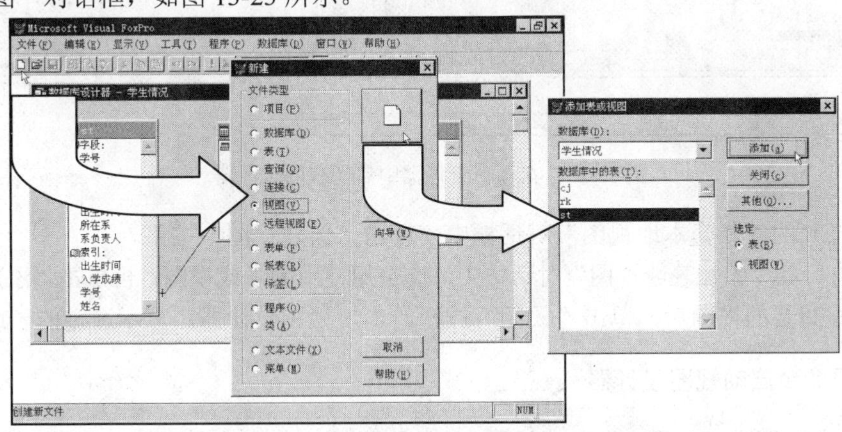

图 13-23　建立视图

③ 在“添加表或视图”对话框中，选定需要使用的表或视图，再单击“添加”按钮，将表或视图添加到视图中。如果对话框中的“视图”单选钮不可用，说明还没有打开数据库。

④ 单击“关闭”按钮，打开视图设计器，如图 13-24 所示。

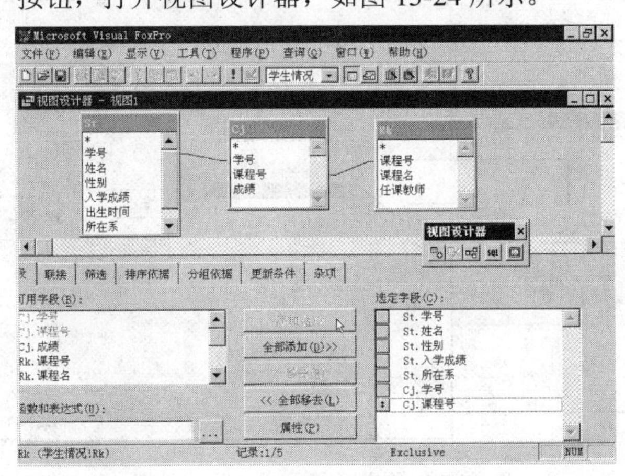

图 13-24　视图设计器

2. 在项目管理器中启动视图设计器

单击展开项目管理器中“数据库”项旁边的加号“+”,“数据”选项卡上将显示数据库中的所有组件。

① 从项目管理器中选定一个数据库，单击“数据库”项旁的加号“+”。

② 在“数据库”下，选定“本地视图”项，然后单击“新建”按钮，如图 13-25 所示。

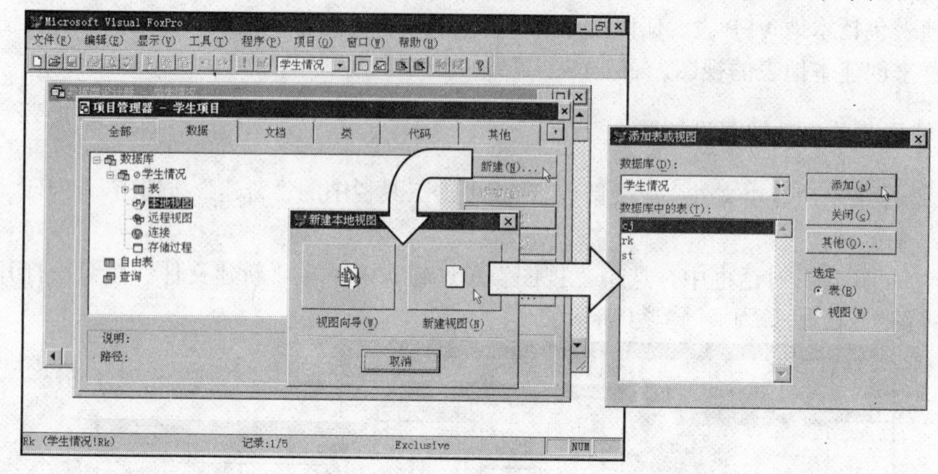

图 13-25 在项目管理器中启动视图设计器

③ 在打开的“新建本地视图”对话框中，单击“新建视图”按钮。

④ 在打开的“添加表或视图”对话框中，选定想使用的表或视图，再单击“添加”按钮。

⑤ 选好想要的视图后，单击“关闭”按钮，出现视图设计器，显示选定的表或视图。

3. 使用命令启动视图设计器

打开一个数据库，如图 13-26 所示，在命令窗口中输入以下命令，也可以启动视图设计器：

```
CREATE  VIEW
```

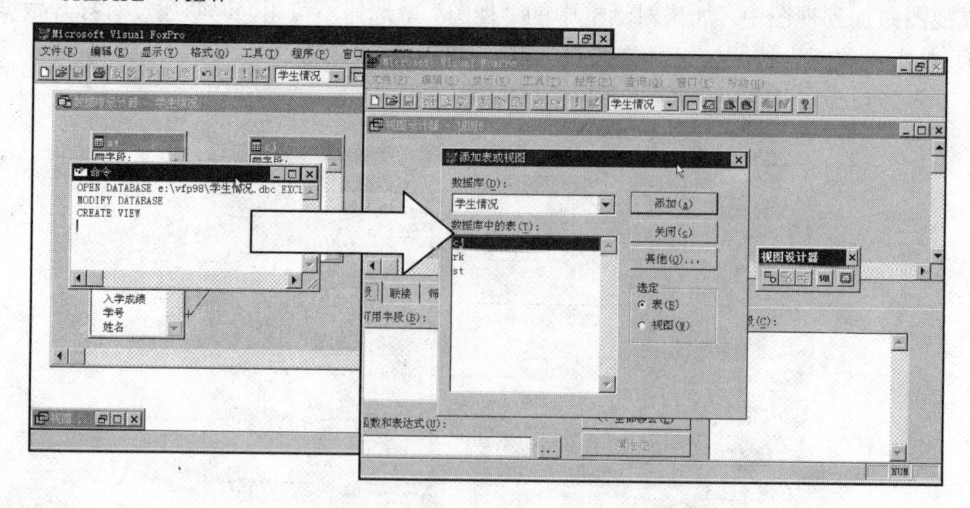

图 13-26 使用命令启动视图设计器

13.3.2 使用视图设计器创建视图

使用视图设计器基本上与使用查询设计器一样，但视图设计器多一个“更新条件”选项卡，它可以控制更新。

① 在“字段”选项卡中，选择要在视图结果中看到的字段。

② 要查看视图中的结果，单击“运行”按钮 ! 即可。

13.3.3 使用命令创建视图

1. 使用带有 AS 子句的 CREATE SQL VIEW 命令

使用带有 AS 子句的 CREATE SQL VIEW 命令，可以直接在数据库中创建一个视图。例如，可以使用以下代码得到视图：

```
CREATE   SQL   VIEW   视图 0 ;
  AS   SELECT   St.学号, St.姓名, St.入学成绩, Cj.课程号, Cj.成绩, Cj.学号, Rk.课程号;
  FROM   学生情况!st INNER JOIN 学生情况!cj;
     INNER   JOIN   学生情况!rk;
     ON   Rk.课程号 = Cj.课程号;
     ON   St.学号 = Cj.学号
```

如果打开数据库设计器，可以看到，视图的显示方式与表在分层结构中的显示方式相同，所不同的是视图名代替了表名。

在上例中，表名的前面带有（或者说被限定）表所在的数据库名和一个“!”符号。在创建视图时，如果表名前限定有数据库名，VFP 将在已打开的数据库（包括当前的和所有非当前的数据库）中以及默认搜索路径中寻找该表。

如果在视图定义中没有给表限定数据库名，那么在使用该视图前，数据库必须打开。

在项目管理器中创建或使用视图时，项目管理器会自动打开数据库。如果要使用项目外的视图，则必须先打开数据库或事先确认数据库在作用范围内。

2. 用已有的 SQL SELECT 语句创建视图

可以使用宏替换将 SQL SELECT 语句存入一个变量，再用 CREATE SQL VIEW 命令的 AS 子句来调用。例如，下面的代码将 SQL SELECT 语句存入 da 变量，然后用它创建一个新视图。

```
da = " SELECT   St.学号, St.姓名, St.入学成绩, Cj.课程号, Cj.成绩, Cj.学号, Rk.课程号;
  FROM   学生情况!st INNER JOIN 学生情况!cj;
     INNER   JOIN   学生情况!rk;
     ON   Rk.课程号 = Cj.课程号;
     ON   St.学号 = Cj.学号"
CREATE   SQL   VIEW   视图 1   AS   &da
```

13.3.4 更新数据

在视图设计器中，“更新条件”选项卡可以控制把对远程数据的修改（更新、删除、插入）回送到远程数据源中的方式，也可以打开和关闭对表中指定字段的更新，并设置适合服务器的 SQL 更新方法。

1. 设置关键字段

当在视图设计器中首次打开一个表时，“更新条件”选项卡会显示表中哪些字段被定义为关键字段。VFP 用这些关键字段来唯一标识已在本地修改过的远程表中的更新记录。

设置关键字段的方法是，在“更新条件”选项卡中，单击字段名旁边的“关键”列，使之变为“√”，如图 13-27 所示。

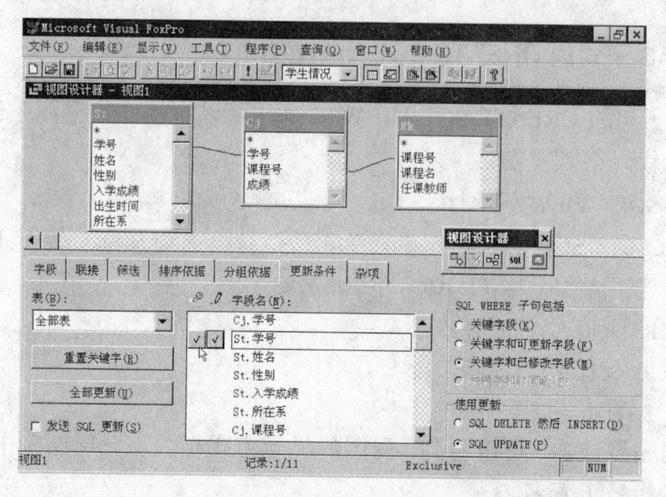

图 13-27　在“更新条件”选项卡中设置关键字段

如果已经改变了关键字段，又想把它们恢复到源表中的初始设置，单击“重置关键字”按钮即可。VFP 会检查远程表并利用这些表中的关键字段。

2. 向表发送更新数据

要想使在表的本地版本上的修改能回送到源表中，需要设置“发送 SQL 更新”选项，如图 13-28 所示，必须至少设置一个关键字段来使用这个选项。如果选择的表中有一个主关键

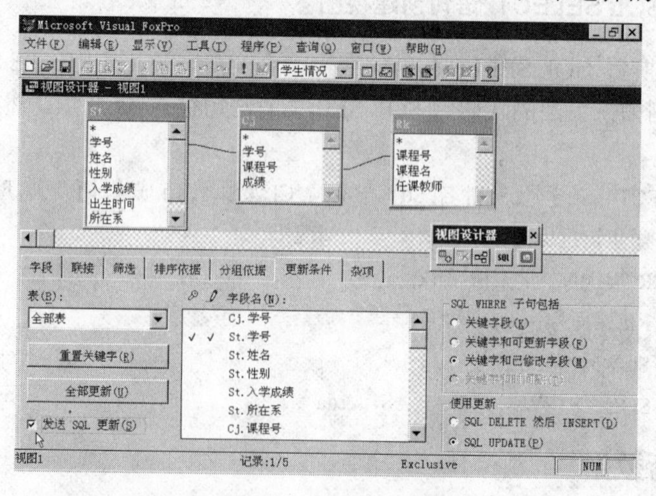

图 13-28　发送更新数据

字段并且已在“字段”选项卡中被选中，则视图设计器自动使用表中的该主关键字段作为视图的关键字段。

若要允许源表的更新，可在“更新条件”选项卡中选中“发送 SQL 更新”复选框。

3. 更新指定字段

可以指定任一给定表中仅有某些字段允许更新。要使表中的任何字段是可更新的，在表中必须有已定义的关键字段。如果字段未标注为可更新的，用户可以在表单中或浏览窗口中修改这些字段，但修改的值不会送到远程表中。

要使字段为可更新的，可以在“更新条件”选项卡中，单击字段名旁边的“可更新”✎列，使之变为“√”，如图 13-27 所示。

4. 更新所有字段

要使所有字段可更新，可以在“更新条件”选项卡中，单击“全部更新”按钮。

要使用“全部更新”按钮，在表中必须有已定义的关键字段。“全部更新”不影响关键字段。

5. 检查更新冲突

在一个多用户环境中，服务器上的数据允许其他用户访问，也允许其他用户更新远程服务器上的记录。为了让 VFP 检查用视图操作的数据在更新之前是否被别的用户修改过，可使用“更新条件”选项卡上的选项。在“更新条件”选项卡中，“SQL WHERE 子句包括”栏中的选项可以帮助管理多用户访问同一数据时如何更新记录。在允许更新之前，VFP 先检查远程数据源表中的指定字段，看看它们在记录被提取到视图中后有没有改变，如果数据源中的这些记录被修改，就不允许更新操作。

在图 13-28 所示的“更新条件”选项卡中设置 SQL WHERE 子句，这些选项决定哪些字段包含在 UPDATE 或 DELETE 语句的 WHERE 子句中。VFP 正是利用这些语句将在视图中修改或删除的记录发送到远程数据源或源表中的。WHERE 子句用来检查自从提取记录用于视图中后，服务器上的数据是否已被改变，见表 13-1。

表 13-1 使更新失败选择的 SQL WHERE 选项

选　项	说　明
关键字段	当源表中的关键字段被改变时，使更新失败
关键字和可更新字段	当远程表中任何标记为可更新的字段被改变时，使更新失败
关键字和已修改字段	当在本地改变的任一字段在源表中已被改变时，使更新失败
关键字和时间戳	当远程表上记录的时间戳在首次检索后被改变时，使更新失败（仅当远程表有时间戳列时有效）

13.4 定制和使用视图

视图建立之后，可以在视图中包含表达式、设置提示输入值，也可以设置高级选项来协调与服务器交换数据的方式，还可以显示和更新数据，通过属性来提高性能。

13.4.1 定制视图

1. 控制字段显示和数据输入

视图是数据库的一部分，可利用数据库提供的表中字段的一些相同属性。例如，可分配标题，输入注释，或设置控制数据输入的有效性规则。

控制字段显示和数据输入的步骤如下。

① 在视图设计器中创建或修改视图。

② 在“字段”选项卡中，单击“属性”按钮，打开“视图字段属性”对话框，如图 13-29 所示。

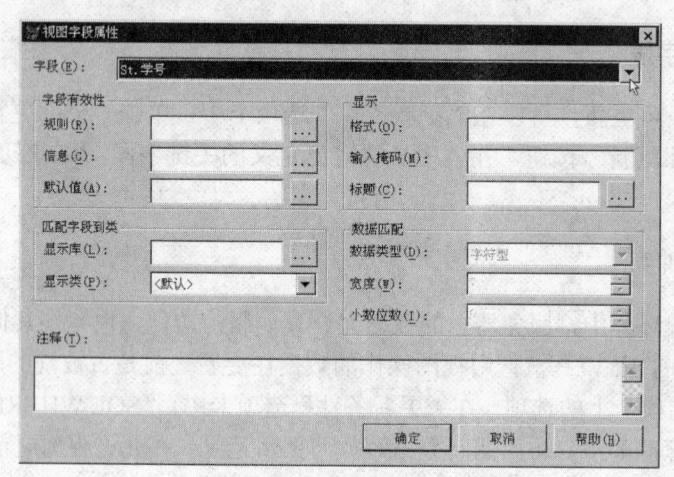

图 13-29 “视图字段属性”对话框

③ 在“视图字段属性”对话框中选定字段，然后可以输入有效性规则，设置显示内容及字段类型。有关字段有效性规则、显示和映射的内容，与表的相似。

2. 控制更新方法

要控制关键字段的信息在服务器上更新的方式，可选择使用更新中的选项。当记录中的关键字更新时，这些选项决定发送到服务器或源表中的更新语句使用什么 SQL 命令。在图 13-28 所示的“更新条件”选项卡中的“使用更新”栏中，可指定先删除记录，然后用在视图中输入的新值取代原值（先使用 SQL DELETE 命令再使用 INSERT 命令），也可指定为用服务器支持的 SQL UPDATE 命令改变服务器记录。

3. 参数提示

可设置视图对完成查询所输入的值进行提示。例如，假设要创建查询，寻找指定系的学生。要完成这项任务，需要在“所在系”字段中定义一个过滤器，并且指定一个参数作为过滤器的实例。参数名可以是任意字母、数字和单引号的组合。

① 在视图设计器中，添加新过滤器或从“筛选”选项卡中选择已存在的过滤器。

② 在“实例”列的文本框中输入一个问号（?）和参数名，如图 13-30 所示。

当使用视图时，将显示一个信息框，提示输入包含在过滤器中的值，如图 13-31 所示。

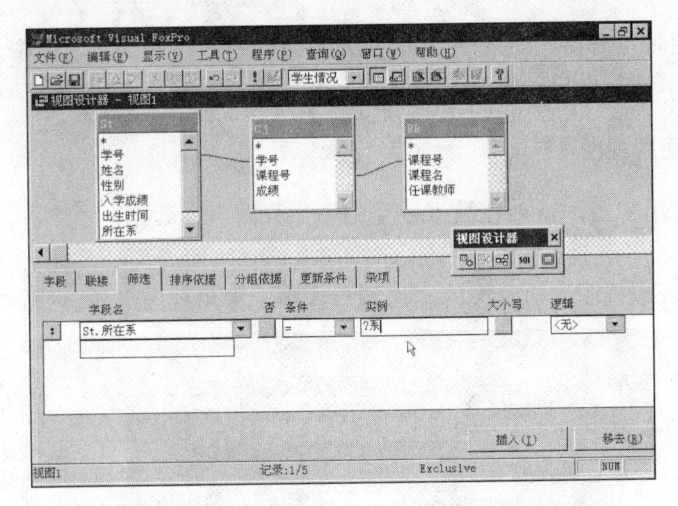

图 13-30　作为视图过滤器的一部分所输入的参数值

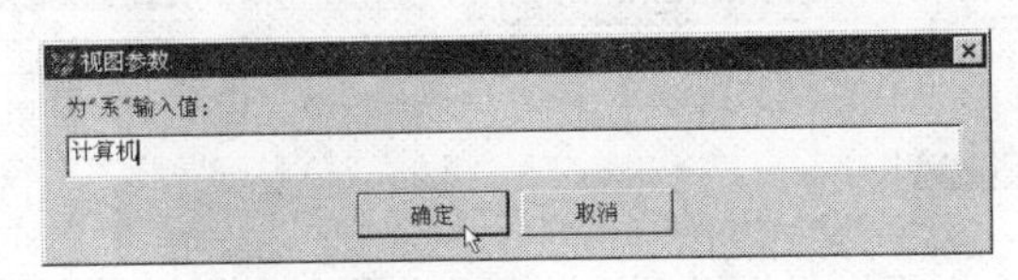

图 13-31　输入视图参数

13.4.2　使用视图

使用视图类似于处理表，例如，可以使用 USE 命令并指定视图名来打开一个视图，使用 USE 命令关闭视图，在浏览窗口中显示视图记录，在“数据工作期”窗口中显示打开的视图，在文本框、表格控件、表单或报表中使用视图作为数据源等。

既可以通过项目管理器，也可以借助 VFP 语言来使用视图。

1. 打开视图

下面的代码在浏览窗口中显示“视图 1”：

```
OPEN　DATABASE　学生情况
USE　视图 1
BROWSE
```

在“视图参数”对话框中输入“计算机”，如图 13-32 所示。

在浏览窗口中将只看到“计算机”系的记录内容，如图 13-33 所示。

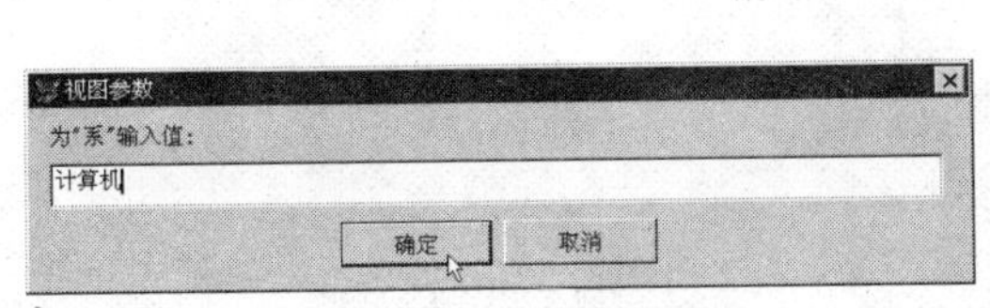

图 13-32　显示一个信息框

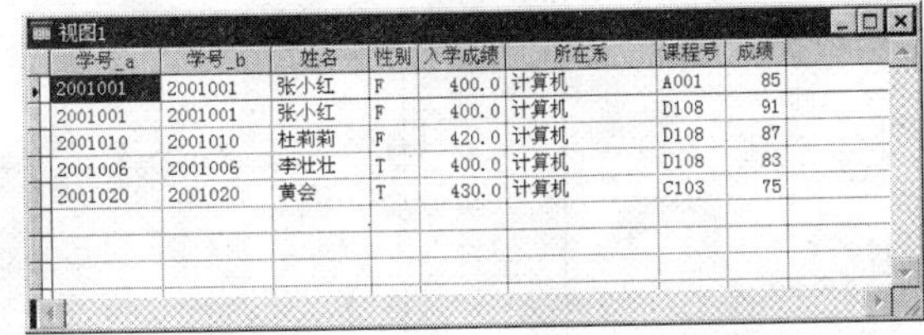

学号_a	学号_b	姓名	性别	入学成绩	所在系	课程号	成绩
2001001	2001001	张小红	F	400.0	计算机	A001	85
2001001	2001001	张小红	F	400.0	计算机	D108	91
2001010	2001010	杜莉莉	F	420.0	计算机	D108	87
2001006	2001006	李壮壮	T	400.0	计算机	D108	83
2001020	2001020	黄会	T	430.0	计算机	C103	75

图 13-33　浏览窗口

一个视图在使用时，将作为临时表在自己的工作区中打开。如果此视图基于本地表，则在 VFP 的另一个工作区中同时打开基表。视图的基表是指由 SQL SELECT 语句访问的表，此语句在创建视图时包含在 CREATE SQL VIEW 命令中。在前面的示例中，使用“视图 1”的同时，表 St、Cj、Rk 也自动打开。

2. 在表单中使用视图

要在表单中使用视图，就要在数据环境中添加视图。在数据环境中添加视图的方法与添加表的方法相似。

① 在“添加表或视图”对话框的“选定”栏中选中“视图”单选钮，如图 13-34 所示。

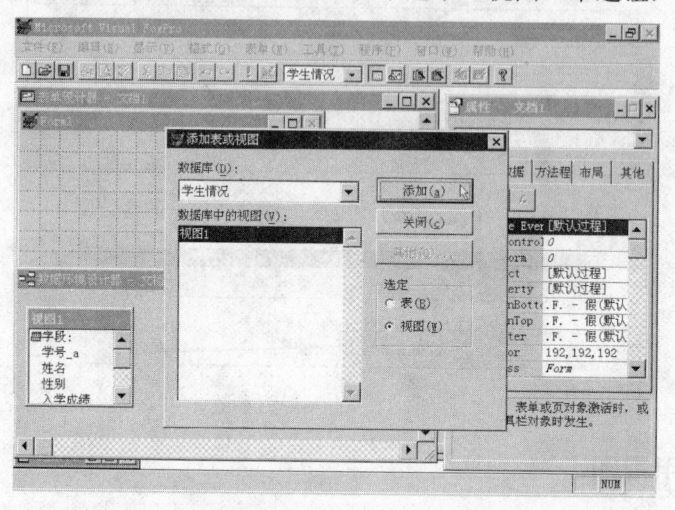

图 13-34　选中“视图”选项

② 在表单的 Activate 事件过程中添加如下代码：

```
BROWSE
```

③ 运行表单，将自动打开视图所在的数据库。在回答了“视图参数”对话框的信息之后，表单中显示视图中的有关数据，如图 13-35 所示。如果设置了可更新条件，还可以进行数据的更新。

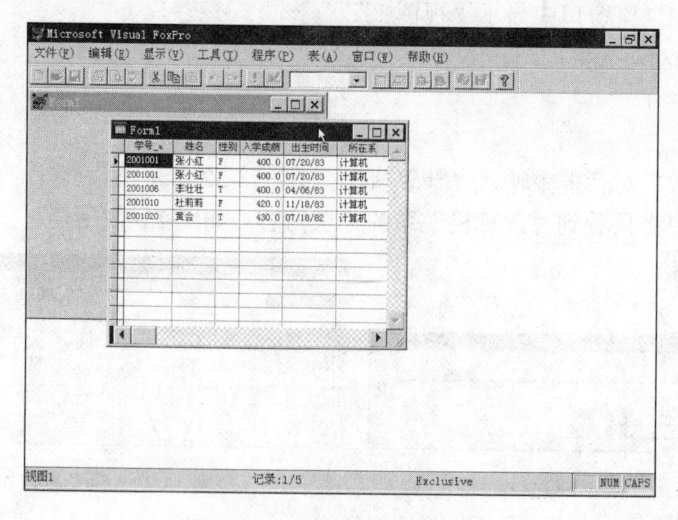

图 13-35　在表单中使用视图

如果设置了视图的“排序依据”，学生的成绩将按顺序排列。

13.5　实训 13

实训目的

- 掌握 VFP 系统中查询设计器的使用。
- 掌握视图的建立与使用。

实训内容

- 查询的使用。
- 视图的使用。

实训步骤

下述实训使用第 12 章实训中的数据。

1. 查询的使用

在数据库 rsgl 中建立一个查询，查询销售部的工资记录（将结果先按姓名升序排列，再按工资降序排列），将结果存储到表 sy1 中，表 sy1 中还包括“实发工资”的字段内容：

实发工资 ＝ 工资 +补贴 + 奖励 － 医疗统筹 － 失业保险

① 选择菜单命令“新建”→“查询”，打开查询设计器，在其中添加数据库 rsgl 中的工资表 salary 与部门表 dept。

② 在“字段”选项卡中选定各字段，在“函数和表达式”栏中输入：

salary.gz+ salary.bt+ salary.jl- salary.yltc- salary.sybx AS "实发工资"

然后单击“添加”按钮，将该表达式加到“选定字段”列表中，如图 13-36 所示。

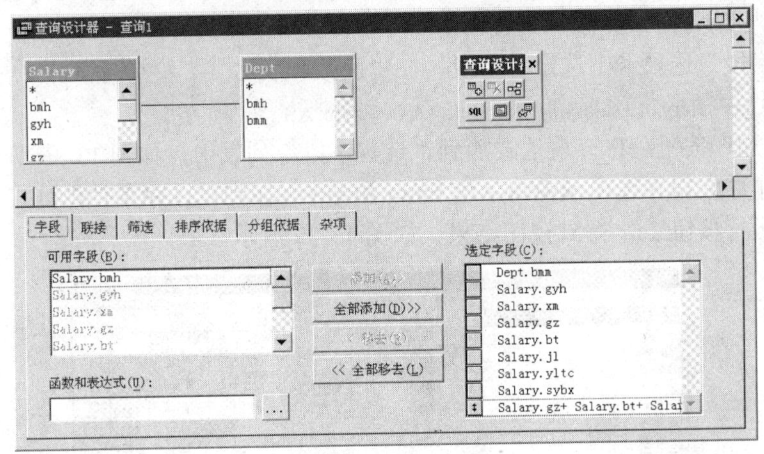

图 13-36　查询设计器

③ 在“排序依据”选项卡中将字段 bmm 和 xm 添加到“排序条件”列表中。

④ 选择菜单命令“查询”→“查询去向”，打开“查询去向”对话框，单击“表”按钮，在“表名”栏中输入 sy1，单击“确定”按钮，如图 13-37 所示。

⑤ 选择菜单命令“查询”→“运行查询”，运行查询。

⑥ 打开数据表 sy1，浏览结果如图 13-38 所示。

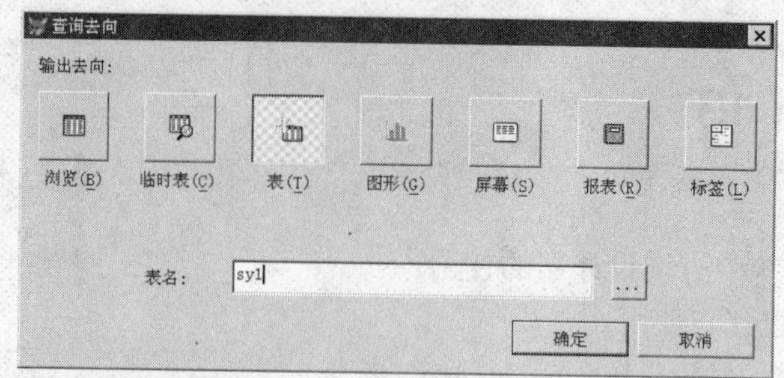

图 13-37 “查询去向”对话框

Sy1

Bmm	Gyh	Xm	Gz	Bt	Jl	Yltc	Sybx	实发工资
采购部	0402	陈涛	2150	400	500	50	10	2990
采购部	0401	陈亚峰	2600	350	700	50	10	3590
采购部	0404	杜旭辉	2800	450	500	50	10	3690
采购部	0403	史国强	3000	500	600	50	10	4040
人事部	0502	李丽	2350	300	200	50	10	2790
人事部	0503	刘刚	2200	300	300	50	10	2740
人事部	0501	王春丽	2100	300	250	50	10	2590
人事部	0504	周九龙	2900	300	350	50	10	3490
项目部	0304	崔文涛	3000	300	800	50	10	4040
项目部	0301	杨昆	2050	300	200	50	10	2490
项目部	0303	张翠芳	2600	300	300	50	10	3140
项目部	0302	张启训	2350	300	500	50	10	3090
销售部	0202	李北红	2350	300	200	50	10	2790
销售部	0201	李现峰	2150	300	300	50	10	2690
销售部	0203	刘永	2500	300	400	50	10	3140
销售部	0206	罗海燕	2200	300	200	50	10	2640

图 13-38 浏览数据表 sy1

2．视图的使用

使用视图得到上述实验中的结果集。

① 打开数据库 rsgl，选择菜单命令“新建”→“视图”，打开视图设计器，将数据库中工资表 salary 与部门表 dept 添加到视图中。

② 在“字段”选项卡中选定各字段，在“函数和表达式”栏中输入：

```
salary.gz+ salary.bt+ salary.jl- salary.yltc- salary.sybx AS "实发工资"
```

然后单击“添加”按钮，将该表达式加到“选定字段”列表中，如图 13-36 所示。

③ 在“排序依据”选项卡中将字段 bmm 和 xm 添加到“排序条件”列表中。

④ 单击运行按钮 !，得到视图结果，如图 13-39 所示。

视图1

Bmm	Gyh	Xm	Gz	Bt	Jl	Yltc	Sybx	实发工资
采购部	0402	陈涛	2150	400	500	50	10	3020
采购部	0401	陈亚峰	2600	350	700	50	10	3020
采购部	0404	杜旭辉	2800	450	500	50	10	3020
采购部	0403	史国强	3000	500	600	50	10	3020
人事部	0502	李丽	2350	300	200	50	10	3020
人事部	0503	刘刚	2200	300	300	50	10	3020
人事部	0501	王春丽	2100	300	250	50	10	3020
人事部	0504	周九龙	2900	300	350	50	10	3020
项目部	0304	崔文涛	3000	300	800	50	10	3020
项目部	0301	杨昆	2050	300	200	50	10	3020
项目部	0303	张翠芳	2600	300	300	50	10	3020
项目部	0302	张启训	2350	300	500	50	10	3020
销售部	0202	李北红	2350	300	200	50	10	3020
销售部	0201	李现峰	2150	300	300	50	10	3020
销售部	0203	刘永	2500	300	400	50	10	3020
销售部	0206	罗海燕	2200	300	200	50	10	3020
销售部	0205	杨志刚	3000	300	380	50	10	3020
销售部	0204	庄喜盈	2100	300	200	50	10	3020
制造部	0105	冯见越	2320	300	200	50	10	3020
制造部	0108	胡永萱	2100	300	200	50	10	3020
制造部	0109	姜黎萍	2250	300	200	50	10	3020

图 13-39 视图数据

习题 13

一、选择题

1. 下面关于查询的描述，正确的是（　）。
   A）不能根据自由表建立查询　　B）只能根据自由表建立查询
   C）只能根据数据库表建立查询　　D）可以根据数据库表和自由表建立查询
2. 下列关于视图的描述，正确的是（　）。
   A）可以根据自由表建立视图　　B）可以根据查询建立视图
   C）可以根据数据库表建立视图　　D）可以根据数据库表和自由表建立视图
3. 视图设计器中有但查询设计器中没有的选项卡是（　）。
   A）筛选　　B）排序依据　　C）分组依据　　D）更新条件
4. 下面关于查询的描述，正确的是（　）。
   A）可以使用 CREATE VIEW 命令打开查询设计器
   B）使用查询设计器可以生成所有的 SQL 查询语句
   C）使用查询设计器生成的 SQL 语句存盘后将放在扩展名为.qpr 的文件中
   D）使用 DO 命令执行查询时，可以不带扩展名
5. 查询设计器包括的选项卡有（　）。
   A）字段、筛选、排序依据　　B）字段、条件、分组依据
   C）条件、排序依据、分组依据　　D）条件、筛选、杂项

二、填空题

1. 查询设计器的“筛选”选项卡用来指定查询的______________。
2. 通过视图，不仅可以查询数据库表，还可以_________数据库表。

三、上机题

1. 建立一个查询，查询客户名为“三益贸易公司”的订购单明细（order_detail）记录（将结果先按“订单号”升序排列，同一订单的再按“单价”降序排列），将结果存储在表 results14_1（与 order_detail 表结构相同）中。

2. 建立一个查询，查询目前有订购单的客户信息（即有对应的 order_list 记录的 customer 表中的记录），同时要求按 khh 升序排序，将结果存储在表 results14_2（与 customer 表结构相同）中。

3. 建立一个查询，查询所有订购单的订单号、订购日期、器件号、器件名和总金额（按订单号升序排序），并将结果存储在表 results14_3（其中订单号、订购日期、总金额取自 order_list 表，器件号、器件名取自 order_detail 表）中。

4. 建立一个查询，按总金额降序列出所有客户的客户号、客户名及其订单号和总金额，并将结果存储在表 results14_4（其中客户号、客户名取自 customer 表，订单号、总金额取自 order_list 表）中。

5. 对表 order_detail 建立查询，把“订单号”尾部字母相同并且订货相同（“器件号”相同）的订单合并为一张订单，新的“订单号”取原来的尾部字母，“单价”取最低价，“数量”取合计；结果先按新的“订单号”升序排序，再按“器件号”升序排序；最终记录的处理结果保存在表 results14_5 中。

6. 打开数据库“学生管理.dbc”，使用视图设计器创建一个名为 sview5_6 的视图，该视图的 SELECT 语句完成如下查询：选课门数是 2 门以上（不包括 2 门）的学生的学号、姓名、平均成绩、最低分和选课门数，并按“平均成绩”降序排序。

7. 完成以下基本操作题。

① 创建一个新的项目 salary_p。

② 在 salary_p 项目中创建数据库 salary_db。

③ 在 salary_db 数据库中建立表 salary，表中数据见表 13-2。

表 13-2　工资表 salary.dbf

部门号	雇员号	姓名	工资	补贴	奖励	医疗统筹	失业保险	银行账号
01	0101	王万程	2580	300	200	50	10	20020101
01	0102	王旭	2500	300	200	50	10	20020102
01	0103	汪涌涛	3000	300	200	50	10	20020103
01	0104	李迎新	2700	300	200	50	10	20020104
02	0201	李现峰	2150	300	300	50	10	20020201
02	0202	李北红	2350	300	200	50	10	20020202
02	0203	刘永	2500	300	400	50	10	20020203
02	0204	庄喜盈	2100	300	200	50	10	20020204
02	0205	杨志刚	3000	300	380	50	10	20020205
03	0301	杨昆	2050	300	200	50	10	20020301
03	0302	张启训	2350	300	500	50	10	20020302
03	0303	张翠芳	2600	300	300	50	10	20020303
04	0401	陈亚峰	2600	350	700	50	10	20020401
04	0402	陈涛	2150	400	500	50	10	20020402
04	0403	史国强	3000	500	600	50	10	20020403
04	0404	杜旭辉	2800	450	500	50	10	20020404
05	0501	王春丽	2100	300	250	50	10	20020501
05	0502	李丽	2350	300	200	50	10	20020502
05	0503	刘刚	2200	300	300	50	10	20020503
01	0105	冯见越	2320	300	200	50	10	20020105
02	0206	罗海燕	2200	300	200	50	10	20020206
01	0106	张立平	2150	300	300	50	10	20020106
05	0504	周九龙	2900	300	350	50	10	20020504
01	0107	周振兴	2120	300	200	50	10	20020107
01	0108	胡永萱	2100	300	200	50	10	20020108
01	0109	姜黎萍	2250	300	200	50	10	20020109
01	0110	梁栋	2200	300	200	50	10	20020110
03	0304	崔文涛	3000	300	800	50	10	20020304

表 salary 的结构描述为 salary(bmh(C,2), gyh(C,4), xm(C,8), gz(N,4), bt(N,3), jl(N,3), yltc(N,3), sybx(N,2), yhzh(C,10))。

④ 在 salary_db 数据库中建立表 dept，表中数据见表 13-3。

表 dept 的结构描述为 dept(bmh(C,2), bmm(C,20))。

⑤ 在 salary_db 数据库中为 dept 表创建一个主索引（升序），索引名和索引表达式均为 bmh；为 salary 表创建一个普通索引（升序），索引名和索引表达式均为 bmh，再创建一个主索引（升序），索引名和索引表达式均为 gyh。

⑥ 通过 bmh 字段建立 salary 表和 dept 表之间的永久联系。

⑦ 为以上建立的联系设置参照完整性约束：更新规则为“限制”，删除规则为“级联”，插入规则为“限制”。

表 13-3 部门表 dept.dbf

部 门 号	部 门 名
01	制造部
02	销售部
03	项目部
04	采购部
05	人事部

8. 在 salary_db 数据库（参见第 7 题）中，使用视图设计器创建一个名称为 sview5_8 的视图，该视图的 SELECT 语句查询 salary 表的部门号、雇员号、姓名、工资、补贴、奖励、失业保险、医疗统筹和实发工资，其中实发工资由工资、补贴和奖励三项相加，然后再减去失业保险和医疗统筹得出，结果按“部门号”降序排序。

第 14 章　关系数据库标准语言 SQL

查询与视图的本质都是一条 SQL 语句，但是查询与视图设计器只能生成简单的 SQL 语句，即只能完成简单的查询操作，对于复杂的查询就力不从心了。

SQL 是 Structured Query Language（结构化查询语言）的缩写。查询是 SQL 语言的重要组成部分，同时 SQL 还包含数据定义、数据操纵和数据控制功能等。SQL 已经成为关系数据库的标准数据语言，掌握 SQL 语法可以更加灵活地建立查询和视图。

14.1　SQL 语言的特点

SQL 是关系数据库的标准语言，来源于 20 世纪 70 年代 IBM 的一个被称为 SEQUEL（Structured English Query Language）的研究项目。20 世纪 80 年代，ANSI 对 SQL 进行了标准化，使它包含了定义和操作数据的指令。由于它具有功能丰富、使用方式灵活、语言简洁易学等突出特点，在计算机界深受广大用户欢迎，许多数据库软件提供商都相继推出各自支持的 SQL 标准。1989 年 4 月，ISO 提出了具有完整性特征的 SQL，并将其定为国际标准，推荐它为标准关系数据库语言。1990 年，中国也颁布了《信息处理系统数据库语言 SQL》，将其定为中国国家标准。

SQL 语言的主要特点如下。

① 一体化语言。SQL 提供了一系列完整的数据定义、数据查询、数据操纵和数据控制等方面的功能。用 SQL 可以实现数据库生命周期中的全部活动，包括简单地定义数据库和表的结构，实现表中数据的录入、修改、删除、查询和维护，完成数据库重构、数据库安全性控制等一系列操作要求。

② 高度非过程化。SQL 和其他数据操作语言不同，SQL 是一种非过程化语言，它不必一步步地告诉计算机如何去做。用户只需说明做什么操作，而不用说明怎样做，不必了解数据存储的格式及 SQL 命令的内部，就可以方便地对关系数据库进行操作。

③ 语言简洁。虽然 SQL 的功能很强大，但语法却很简单，只有为数不多的几条命令。表 14-1 给出了分类的命令动词，从该表中可以看出，SQL 的词汇很少。初学者经过短期的学习就可以使用 SQL 进行数据库的存取等操作，因此，易学易用是它的最大特点。

表 14-1　SQL 命令动词

SQL 功能	命 令 动 词
数据查询	SELECT
数据定义	CREATE、DROP、ALTER
数据操纵	INSERT、UPDATE、DELETE
数据控制	GRANT、REVOKE

④ 统一的语法结构对待不同的工作方式。SQL 语言可以直接在 VFP 的命令窗口中以人机交互的方式使用，也可以嵌入到程序设计中以程序方式使用，例如，SQL 语言写在.prg 文件中也能运行。现在很多数据库应用开发工具都将 SQL 语言直接融入到自身的语言之中，使

用起来更方便，VFP 就是如此。这些使用方式为用户提供了灵活的选择余地。此外，尽管 SQL 的使用方式不同，但 SQL 语言的语法基本是一致的。

SQL 语句可以在命令窗口中执行，也可以作为查询或视图（的内容）使用，还可以在程序文件中被执行。

14.2 SQL 的查询功能

查询是 SQL 的核心。SQL 的查询命令也称做 SELECT 命令，它的基本形式由 SELECT…FROM…WHERE 查询块组成，多个查询可以嵌套执行。

14.2.1 SQL 语法格式

SQL 给出了简单而又丰富的查询语句形式。SELECT-SQL 的语法格式如下：

```
SELECT [ALL | DISTINCT] [TOP 〈表达式〉]
  [〈别名〉]〈Select 表达式〉[AS 〈列名〉][,[〈别名〉]〈Select 表达式〉[AS 〈列名〉] ...]
FROM [〈数据库名〉!]〈表名〉[[AS] Local_Alias]
  [[INNER | LEFT [OUTER] | RIGHT [OUTER] | FULL [OUTER]
    JOIN [〈数据库名〉!]〈表名〉[[AS] Local_Alias][ON 〈连接条件〉]]
  [INTO 〈查询结果〉| TO FILE 〈文件名〉[ADDITIVE]
    | TO PRINTER [PROMPT] | TO SCREEN]
  [PREFERENCE PreferenceName]
  [NOCONSOLE]
  [PLAIN]
  [NOWAIT]
[WHERE 〈连接条件 1〉[AND 〈连接条件 2〉...][AND | OR 〈筛选条件〉...]]
  [GROUP BY 〈组表达式〉[,〈组表达式〉...]]
  [HAVING 〈筛选条件〉]
  [UNION [ALL] 〈SELECT 命令〉]
  [ORDER BY 〈关键字表达式〉[ASC | DESC] [,〈关键字表达式〉[ASC | DESC] ...]]
```

说明：SELECT-SQL 命令的格式包括 3 个基本子句，即 SELECT 子句、FROM 子句、WHERE 子句，还包括操作子句，即 ORDER 子句、GROUP 子句、UNION 子句以及其他一些选项。

1. SELECT 子句

SELECT 子句用来指定查询结果中的数据。

选项 ALL 表示选出的记录中包括重复记录，这是默认值；DISTINCT 表示选出的记录中不包括重复记录。

选项 TOP〈表达式〉表示在符合条件的记录中选取指定数量或百分比（〈表达式〉）的记录。

选项[〈别名〉]〈Select 表达式〉[AS 〈列名〉]中的别名是字段所在的表名；Select 表达式可以是字段名或字段表达式；列名用于指定输出时使用的列标题，可以不同于字段名。

如果〈Select 表达式〉用一个“*”号来表示，则指定所有的字段。

2. FROM 子句

FROM 子句用来指定查询的表与连接类型。

JOIN 关键字用于连接其左右两个〈表名〉所指定的表。

INNER | LEFT[OUTER] | RIGHT[OUTER] | FULL [OUTER]选项指定两表连接时的连接类型。连接类型有 4 种，见表 14-2。其中的 OUTER 选项表示外部连接，既允许满足〈连接条件〉的记录，又允许不满足〈连接条件〉的记录。若省略 OUTER 选项，效果不变。

表 14-2　连接类型

连 接 类 型	含　义
Inner Join（内部连接）	只有满足〈连接条件〉的记录包含在结果中
Left Outer Join（左连接）	左表某记录与右表所有记录比较字段值，若有满足〈连接条件〉的，则产生一个真实值记录；若都不满足，则产生一个含.NULL 值的记录。直至右表所有记录都比较完为止
Right Outer Join（右连接）	右表某记录与左表所有记录比较字段值，若有满足〈连接条件〉的，则产生一个真实值记录，若都不满足，则产生一个含.NULL 值的记录。直至左表所有记录都比较完为止
Full Join（完全连接）	先按右连接比较字段值，再按左连接比较字段值。不列入重复记录

ON 选项用于指定〈连接条件〉。FORCE 选项表示严格按指定的〈连接条件〉来连接表，避免 VFP 因进行连接优化而降低查询速度。

INTO 与 TO 选项用于指定查询结果的输出去向。默认查询结果显示在浏览窗口中。INTO 选项中的〈查询结果〉有 3 种，见表 14-3。

表 14-3　查询结果

目　标	输 出 形 式
ARRAY　<数组>	查询结果输出到数组
CURSOR　<临时表>	查询结果输出到临时表
TABLE | DBF　<表名>	查询结果输出到表

TO FILE 选项表示输出到指定的文本文件，并取代原文件内容。ADDITIVE 表示只添加新数据，不清除原文件的内容。TO PRINTER 选项表示输出到打印机，PROMPT 表示打印前先显示打印确认框。TO SCREEN 表示输出到屏幕。

PLAIN 选项表示输出时省略字段名。NOWAIT 选项显示浏览窗口后程序继续往下执行。

3. WHERE 子句

用来指定查询的条件。其中的〈连接条件〉指定一个字段，该字段连接 FROM 子句中的表。如果查询中包含不止一个表，就应该为第一个表后的每一个表指定〈连接条件〉。

4. 其他子句和选项

GROUP BY 子句：对记录按〈组表达式〉值分组，常用于分组统计。

HAVING 子句：当含有 GROUP BY 子句时，HAVING 子句可用做记录查询的限制条件；无 GROUP BY 子句时，HAVING 子句的作用同 WHERE 子句。

UNION 子句：可以用 UNION 子句嵌入另一个 SELECT-SQL 命令，使这两个命令的查询结果合并输出，但输出字段的类型和宽度必须一致。UNION 子句默认为从组合结果中排除重复行，使用 ALL 则允许包含重复行。

ORDER BY 子句：指定查询结果中记录按〈关键字表达式〉排序，默认为升序。选项 ASC 表示升序，DESE 表示降序。

SELECT 查询命令的使用非常灵活，用它可以构造各种各样的查询。本章将通过大量的实例来介绍 SELECT 命令的使用。

下面以订货管理数据库为例，介绍 SQL 语言的使用方法。

假设已经建立了订货管理数据库及其 4 个数据表，即职工表、仓库表、订购单表和供应商表，具体内容见表 14-4、表 14-5、表 14-6、表 14-7。

表 14-4 职工表

职 工 号	仓 库 号	工 资 额
B1	A02	800
B3	A01	1000
B4	A02	1100
B6	A03	900
B7	A01	1000

表 14-5 仓库表

仓 库 号	面 积	地 点
A01	50	郑州
A02	100	北京
A03	70	长沙
A04	80	广州

其中，Null 表示空值，含义为还没有确定供应商，当然也就没有确定订购日期。

表 14-6 订购单表

职 工 号	供 应 商 号	订 购 单 号	订 购 日 期
B3	C7	D1	2002/02/10
B1	C4	D4	2002/03/18
B7	C4	D3	2001/01/10
B6	Null	D6	Null
B3	C4	D7	2001/12/13
B1	Null	D9	Null
B3	Null	D10	Null
B3	C3	D11	2001/10/30

表 14-7 供应商表

供 应 商 号	供 应 商 名	地 址
C3	黄河机械厂	郑州
C4	长江通用设备公司	南昌
C6	迎宾厂	广州
C7	双飞公司	上海

14.2.2 简单查询

简单查询是指基于单个表，或者有简单的查询条件的查询。这样的查询由 SELECT 和 FROM 短语构成无条件查询，或者由 SELECT、FROM 和 WHERE 短语构成条件查询。

【例 14-1】从职工表中检索所有职工的工资额。

用 SQL 语言描述为：

```
SELECT  工资额  FROM  职工表
```

检索结果为：

```
800
1000
1100
900
1000
```

该查询结果中有重复值。如果需要去掉其中的重复值，可以加上 DISTINCT 短语：

```
SELECT  DISTINCT  工资额  FROM  职工表
```

【例 14-2】检索仓库表中的所有元组。

可以使用通配符*表示所有属性（即字段）：

```
SELECT  *  FROM  仓库表
```

该命令等价于：

```
SELECT  仓库号，面积，地点  FROM  仓库表
```

检索结果为：

A01	50	郑州
A02	100	北京
A03	70	长沙
A04	80	广州

【例 14-3】检索工资额高于 1000 元的职工号。

用 WHERE 短语指定查询条件（查询条件可以是任意复杂的逻辑表达式）：

```
SELECT  职工号  FROM  职工表  WHERE  工资额 > 1000
```

查询结果为：

B4

【例 14-4】检索在仓库 A01 或 A02 工作，且工资额低于 1000 元的职工号。

```
SELECT  职工号  FROM  职工表 ;
  WHERE  工资额 < 1000 AND (仓库号="A01" OR 仓库号="A02")
```

查询结果为：

B1

在以上示例中，在 FROM 后只指定了一个关系，也就是说，这些检索只基于一个关系。

14.2.3 连接查询

连接是关系的基本操作之一，连接查询是一种基于多个关系的查询。

当 FROM 之后的多个关系中含有相同的属性名时，必须用关系前缀直接指明属性的所属关系，例如“职工表.仓库号”，“.”的前面是关系名，后面是属性名。

【例 14-5】检索工资额高于 1000 元的职工号和他们所在的地点。

题中要求检索的信息（职工号、地点）分别来自职工表和仓库表两个关系，这样的检索是基于多个关系的，此类查询一般用连接查询来实现。本题中的连接条件为“职工表.仓库号=仓库表.仓库号”。

```
SELECT  职工号，地点  FROM  职工表，仓库表 ;
  WHERE  ( 工资额 > 1000) AND ( 职工表.仓库号 = 仓库表.仓库号 )
```

查询结果为：

B4   北京

【例 14-6】查询在面积大于 90 的仓库工作的职工号以及这些职工的工作地点。

```
SELECT  职工号，地点  FROM  职工表，仓库表 ;
  WHERE  ( 面积 > 90) AND ( 职工表.仓库号 = 仓库表.仓库号 )
```

查询结果为：

B1　北京

B4　北京

14.2.4 嵌套查询

嵌套查询也是基于多个关系的查询，这类查询所要求的结果来自一个关系，但是相关的条件却涉及多个关系。在前面的例子中，WHERE 之后是一个相对独立的条件，该条件为真或为假。但是有时需要用另外的方式来表达检索要求，例如，当检索关系 X 的元组时，它的条件依赖于相关的关系 Y 中的元组属性值，这时使用 SQL 的嵌套查询功能将比较方便。

【例 14-7】查询至少有一个仓库的职工工资额为 1000 元的地点。

该例要求查询仓库表中的地点信息，而查询条件是职工表的工资额字段值，为此可以使用如下的嵌套查询：

```
SELECT  地点  FROM  仓库表  WHERE  仓库号  IN;
 (SELECT  仓库号  FROM  职工表  WHERE  工资额 = 1000)
```

查询结果为：

郑州

该题的命令中使用了两个 SELECT…FROM…WHERE 查询块，即内层查询块和外层查询块。内层查询块检索到的仓库号值是 A01，这样就可以写出等价的命令：

```
SELECT  地点  FROM  仓库表  WHERE  仓库号  IN  ("A01")
```

这里的 IN 相当于集合运算符∈。

【例 14-8】查询所有职工的工资额都高于 800 元的仓库信息。

该检索条件也可以描述为：没有一个职工的工资额低于或等于 800 元的仓库信息。SQL 命令为：

```
SELECT  *  FROM  仓库表  WHERE  仓库号  NOT IN;
 (SELECT  仓库号  FROM  职工表  WHERE  工资额 <= 800)
```

查询结果为：

A01　50　郑州

A03　70　长沙

A04　80　广州

内层 SELECT…FROM…WHERE 查询块指出所有职工的工资额低于或等于 800 元的仓库号值的集合，在这里，该集合中只有一个值“A02”；然后从仓库关系中检索元组的仓库号属性值不在该集合中的每个元组。

从该例的结果中可以看出，结果中有 A04，但是 A04 仓库中还没有职工。因此，可以再排除还没有职工的仓库，SQL 命令为：

```
SELECT  *  FROM  仓库表  WHERE  仓库号  NOT IN;
 (SELECT  仓库号  FROM  职工表  WHERE  工资额 <= 800);
AND  仓库号  IN  (SELECT  仓库号  FROM  职工表)
```

14.2.5 几个特殊的运算符

在进行涉及多个关系的复杂检索时，常常用到几个特殊的运算符，即 BETWEEN…

AND…和 LIKE 等。BETWEEN…AND…表示值的范围；LIKE 表示字符串匹配运算符。下面通过示例学习其用法。

【例 14-9】查询工资额在 900 元～1050 元范围内的职工信息。

SQL 命令为：

```
SELECT  *  FROM  职工表  WHERE  工资额  BETWEEN  900  AND  1050
```

查询结果为：

```
B3    A01    1000
B6    A03    900
B7    A01    1000
```

在该命令中，“BETWEEN 900 AND 1050”等价于：

```
( 工资额 >= 900 )  AND  ( 工资额 <= 1050 )
```

【例 14-10】从供应商关系中检查全部公司的信息（不要工厂或其他供应商的信息）。

SQL 命令为：

```
SELECT  *  FROM  供应商表  WHERE  供应商名  LIKE  "*公司"
```

查询结果为：

```
C4    长江通用设备公司        南昌
C7    双飞公司                上海
```

【例 14-11】查询不在郑州的全部供应商信息。

在 SQL 中，“不等于”用“!=”表示。SQL 命令为：

```
SELECT  *  FROM  供应商表  WHERE  地址 != "郑州"
```

查询结果为：

```
C4    长江通用设备公司        南昌
C6    迎宾厂                  广州
C7    双飞公司                上海
```

也可以用 NOT 运算符写出等价的 SQL 命令：

```
SELECT  *  FROM  供应商表  WHERE  NOT  ( 地址 = "郑州" )
```

14.2.6 排序

使用 SQL 中的 SELECT 还可以将查询结果进行排序，排序的短语是 ORDER BY。格式为：

ORDER BY 〈关键字表达式〉 [ASC | DESC] [,〈关键字表达式〉 [ASC | DESC] ...]

其中，ASC 表示升序，DESC 表示降序。省略时为升序。

【例 14-12】按职工的工资额升序检索出全部职工信息。

```
SELECT  *  FROM  职工表  ORDER  BY  工资额
```

查询结果为：

```
B1    A02    800
B6    A03    900
B3    A01    1000
B7    A01    1000
B4    A02    1100
```

如果需要按降序排序，只要加上 DESC 选项即可：

SELECT * FROM 职工表 ORDER BY 工资额 DESC

【例 14-13】先按仓库号排序，再按工资额升序排序并输出全部职工信息。

SELECT * FROM 职工表 ORDER BY 仓库号，工资额

查询结果为：

```
B3    A01    1000
B7    A01    1000
B1    A02     800
B4    A02    1100
B6    A03     900
```

14.2.7 简单的计算查询

SQL 不仅具有一般的检索能力，而且还有较强的计算检索能力，例如，检索职工的平均工资，检索某个仓库中职工的最高工资额等。用于计算检索的函数有 COUNT（计数）、SUM（求和）、AVG（求平均值）、MAX（求最大值）和 MIN（求最小值）。

【例 14-14】找出供应商所在地的数目。

SELECT COUNT(DISTINCT 地址) FROM 供应商表

结果为：

4

在该命令中，配合 COUNT 使用了 DISTINCT 选项，表示消除重复内容。如果需要求出供应商表中的记录数，则命令为：

SELECT COUNT (*) FROM 供应商表

【例 14-15】求支付的工资总数。

SELECT SUM (工资额) FROM 职工表

结果为：

4800

【例 14-16】求所有职工的工资都高于 900 元的仓库的平均面积。

该例中，应该排除没有职工的仓库，命令为：

```
SELECT AVG ( 面积 ) FROM 仓库表 WHERE 仓库号 NOT IN ;
  ( SELECT 仓库号 FROM 职工表 WHERE 工资额 <= 900 )
    AND 仓库号 IN ( SELECT 仓库号 FROM 职工表 )
```

结果为：

70

【例 14-17】求职工的最高工资。

SELECT MAX (工资额) FROM 职工表

结果为：

1100

14.2.8 分组与计算查询

在 SQL 中，可以利用 GROUP BY 子句进行分组计算查询。可以按一列或多列分组，还可以用 HAVING 进一步限定分组的条件。GROUP BY 子句的格式为：

GROUP BY 〈组表达式〉[,〈组表达式〉...] [HAVING 〈筛选条件〉]

【例 14-18】求每个仓库的职工的平均工资。

在该查询中，首先要按仓库号属性进行分组，然后再计算每个仓库的平均工资。

```
SELECT 仓库号 ,AVG( 工资额 ) FROM 职工表 GROUP BY 仓库号
```

结果为：

```
A01    1000
A02    950
A03    900
```

【例 14-19】求至少有两个职工的各个仓库的平均工资。

```
SELECT 仓库号 , COUNT ( * ) , avg ( 工资额 ) FROM 职工表 ;
  GROUP BY 仓库号 HAVING COUNT ( * ) >=2
```

结果为：

```
A01    2    1000
A02    2    950
```

14.2.9 集合的并运算

SQL 支持集合的并（UNION）运算，即可以将两个 SELECT 语句的查询结果通过并运算合并成一个查询结果。为了进行并运算，要求这样的两个查询结果具有相同的字段个数，并且对应字段的值要出自同一个值域，即具有相同的数据类型和取值范围。

例如，下面语句的结果是地点为郑州和长沙的仓库信息。

```
SELECT * FROM 仓库表 WHERE 地点 ="郑州" ;
UNION ;
SELECT * FROM 仓库表 WHERE 地点 ="长沙"
```

14.3 SQL 的定义功能

SQL 的数据定义功能非常广泛，定义功能包括数据库的定义、表的定义、视图的定义、存储过程的定义、规则的定义和索引的定义等若干部分。本节主要介绍 SQL 支持的表定义功能和视图定义功能。

14.3.1 表的定义

前面介绍了用表设计器建立表的方法。也可以通过 SQL 的 CREATE TABLE 命令建立表。

1. SQL 表定义的语法格式

SQL 表定义命令 CREATE TABLE 的语法格式为：

CREATE TABLE | DBF 〈表名 1〉[NAME 〈长表名〉][FREE]
(〈字段名 1〉 〈类型〉[(〈字段宽度〉[, 〈小数位数〉])]
[NULL | NOT NULL]
[CHECK 〈逻辑表达式 1〉[ERROR 〈字符型文本信息 1〉]]
[DEFAULT 〈表达式 1〉]
[PRIMARY KEY | UNIQUE]

[REFERENCES 〈表名 2〉[TAG 〈标识名 1〉]]

[NOCPTRANS]

[,〈字段名 2〉…]

[,PRIMARY KEY 〈表达式 2〉 TAG 〈标识名 2〉

|,UNIQUE 〈表达式 3〉 TAG 〈标识 3〉]

[,FOREIGN KEY 〈表达式 4〉 TAG 〈标识名 4〉[NODUP]

REFERENCES 〈表名 3〉 [TAG 〈标识名 5〉]]

[,CHECK 〈逻辑表达式 2〉[ERROR 〈字符型文本信息 2〉]])

| FROM ARRAY 〈数组名〉

用 CREATE TABLE 命令可以完成第 4 章中介绍的表设计器具有的所有操作。该命令除了具有建立表的基本功能外，还包括满足实体完整性的主关键字（主索引）PRIMARY KEY、定义域完整性的 CHECK 约束及出错提示信息 ERROR、定义默认值的 DEFAULT 等。另外还有描述表之间联系的 FOREIGN KEY 和 REFERENCES 等。

① TABLE 和 DBF 选项等价，功能都是建立表文件。

②〈表名〉：为新建表指定表名。

③ NAME〈长表名〉：为新建表指定一个长表名。只有打开数据库，在数据库中创建表时，才能指定一个长表名。〈长表名〉可以包含 128 个字符。

④ FREE：建立的表是自由表，不加入到打开的数据库中。当没有打开数据库时，建立的表是自由表。

⑤〈字段名 1〉〈类型〉[(〈字段宽度〉[,〈小数位数〉])]：指定字段名、字段类型、字段宽度及小数位数。〈字段类型〉可以用一个字符表示，参见表 2-2。

⑥ NULL：允许该字段值为空。NOT NULL：该字段值不能为空。默认值为 NOT NULL。

⑦ CHECK〈逻辑表达式〉：指定该字段的合法值及该字段值的约束条件。

⑧ ERROR〈字符型文本信息〉：指定在浏览窗口或编辑窗口中该字段输入的值不符合 CHECK 子句的合法值时显示的错误信息。

⑨ DEFAULT〈表达式〉：为该字段指定一个默认值，每添加一个记录时，该字段自动取默认值。〈表达式〉的数据类型与该字段的数据类型要一致。

⑩ PRIMARY KEY：为该字段创建一个主索引，索引标识名与字段名相同。主索引字段值必须唯一。UNIQUE：为该字段创建一个候选索引，索引标识名与字段名相同。

⑪ REFERENCES〈表名〉[TAG〈标识名〉]：指定建立持久关系的父表，同时以该字段为索引关键字建立外索引，用该字段名作为索引标识名。〈表名〉为父表表名，标识名为父表中的索引标识名。如果省略索引标识名，则用父表的主索引关键字建立关系，否则不能省略。如果指定了索引标识名，则在父表中存在的索引标识字段上建立关系。父表不能是自由表。

⑫ CHECK〈逻辑表达式〉[ERROR〈字符型文本信息〉]：由逻辑表达式指定表的合法值。不合法时，显示由字符型文本信息指定的错误信息。该信息只有在浏览窗口或编辑窗口中修改数据时显示。

⑬ FROM ARRAY〈数组名〉：由数组创建表结构。〈数组名〉指定的数组包含表的每一个字段的字段名、字段类型、字段宽度及小数位数。

2. SQL 表定义的示例

【例 14-20】用 SQL 命令建立“订货管理 1”数据库。

用 SQL 建立“订货管理 1”数据库的命令为：

```
CREATE   DATABASE   订货管理 1
```

用 SQL 建立“仓库 1”表：

```
CREATE   TABLE   仓库 1(
  仓库号   C(5)   PRIMARY   KEY,
  城市   C(10);
  面积   I   CHECK(面积 >0)   ERROR   "面积应该大于 0！"   )
```

① 这里用 TABLE 和 DBF 是等价的，前者是 SQL 关键词，后者是 VFP 的关键词。

② 上面的命令在当前打开的“订货管理 1”数据库中建立了“仓库 1”表，其中：

- 仓库号是主关键字（主索引，用 PRIMARY KEY 说明）；
- 用 CHECK 为“面积”字段值说明有效性规则（面积 >0）；
- 用 ERROR 为该有效性规则说明出错提示信息“面积应该大于 0！”。

如果“订货管理 1”数据库设计器没有打开，可以用 MODIFY DATABASE 命令打开，那么执行完以上命令后，在数据库设计器中立刻就可以看到该表。

【例 14-21】用 SQL 命令建立“职工 1”表。

用 SQL 建立“职工 1”表的命令为：

```
CREATE   TABLE   职工 1(
  仓库号   C(3),
  职工号   C(2)   PRIMARY   KEY,
  工资额   I   CHECK( 工资额>=500   AND   工资额<=2000 )
    ERROR   "工资应为 500~2000！"   DEFAULT   1000,
  FOREIGN   KEY   仓库号   TAG   仓库号   REFERENCES   仓库 1)
```

说明：

① 用 PRIMARY KEY 说明主关键字；

② 用 CHECK 为“工资额”字段值说明有效性规则；

③ 用 ERROR 为该有效性规则说明出错提示信息；

④ 用 DEFAULT 为“工资额”字段值说明默认值（1000）；

⑤ 用“FOREIGN KEY 仓库号 TAG 仓库号 REFERENCES 仓库 1”说明“职工 1”表与“仓库 1”表的联系。用“FOREIGN KEY 仓库号”在该表的“仓库号”字段上建立一个普通索引，同时说明该字段是连接字段，通过引用“仓库 1”的主索引“仓库号”与“仓库 1”建立联系。

【例 14-22】用 SQL 建立“供应商 1”表。

用 SQL 建立“供应商 1”表的命令为：

```
CREATE   TABLE   供应商 1(
  供应商号   C(2)   PRIMARY   KEY,
  供应商名   C(20),
  地址   C(10))
```

【例 14-23】用 SQL 建立“订购单 1”表。

用 SQL 建立“订购单 1”表的命令为：

```
CREATE  TABLE  订购单 1(
  职工号  C(2),
  供应商号  C(2),
  订购单号  C(5)  PRIMARY  KEY,
  订购日期  D,
  FOREIGN  KEY  职工号  TAG  职工号  REFERENCES  职工 1,
  FOREIGN  KEY  供应商号  TAG  供应商号  REFERENCES  供应商 1)
```

14.3.2 表的删除

随着数据库应用的变化，往往有些表连同它的数据一起不再需要了，这时可以删除这些表，以节省存储空间。

SQL 语言中删除表的命令为：

DROP TABLE 〈表名〉

DROP TABLE 命令直接从磁盘上删除表名所对应的.dbf 文件。如果表名是数据库中的表并且相应的数据库是当前数据库，则从数据库中删除表；否则虽然从磁盘上删除了.dbf 文件，但是记录在数据库.dbc 文件中的信息却没有删除，此后会出现错误提示。所以要删除数据库中的表时，最好应使数据库是当前打开的数据库，在数据库中进行操作。

14.3.3 表结构的修改

用户使用数据时，随着应用要求的改变，往往需要对原来的表结构进行修改。修改表结构的 SQL 命令是 ALTER TABLE，该命令有 3 种格式。

1. 第 1 种格式

第 1 种格式的 ALTER TABLE 命令可以为指定的表添加字段或修改已有的字段。格式为：

ALTER TABLE 〈表名 1〉ADD | ALTER [COLUMN]
〈字段名 1〉 〈字段类型〉[(〈长度〉[, 〈小数位数〉])][NULL | NOT NULL]
[CHECK 〈逻辑表达式 1〉[ERROR 〈字符型文本信息〉]][DEFAULT 〈表达式 1〉]
[PRIMARY KEY | UNIQUE][REFERENCES 〈表名 2〉[TAG 〈标识名 1〉]]
[NOCPTRANS]

①〈表名 1〉：指明被修改表的表名。

② ADD [COLUMN]：该子句指出新增加列的字段名及它们的数据类型等信息。在 ADD 子句中使用 CHECK、PRIMARY KEY、UNIQUE 任选项时需要删除所有数据，否则违反有效性规则，命令不被执行。

③ ALTER [COLUMN]：该子句指出要修改列的字段名以及它们的数据类型等信息。在 ALTER 子句中使用 CHECK 任选项时，需要被修改字段的已有数据满足 CHECK 规则；使用 PRIMARY KEY、UNIQUE 任选项时，需要被修改字段的已有数据满足唯一性，不能存在重复值。

从命令格式可以看出，该格式可以修改字段的类型、宽度、有效性规则、错误信息、默认值，定义主关键字和联系等，但是不能修改字段名，不能删除字段，也不能删除已经定义的规则等。

【例 14-24】为“订购单 1”表增加一个货币类型的总金额字段。

```
ALTER TABLE 订购单 1 ;
ADD 总金额 Y CHECK 总金额>0 ERROR "总金额应该大于 0！"
```

【例 14-25】将“订购单 1”的“订购单号”字段的宽度由原来的 5 改为 6。

```
ALTER TABLE 订购单 1 ALTER 订购单号 C(6)
```

2. 第 2 种格式

ALTER TABLE 命令的第 2 种格式主要用来修改指定表中指定字段的 DEFAULT 和 CHECK 约束规则，不影响原有表的数据。格式为：

ALTER TABLE 〈表名〉ALTER [COLUMN] 〈字段名〉 [NULL | NOT NULL]
[SET DEFAULT 〈表达式〉]
[SET CHECK 〈逻辑表达式〉[ERROR 〈字符型文本信息〉]]
[DROP DEFAULT][DROP CHECK]

① 〈表名〉：指明要被修改表的表名。

② ALTER [COLUMN]〈字段名〉：指出要修改列的字段名。

③ NULL| NOT NULL：指定该字段可以为空或不能为空。

④ SET DEFAULT〈表达式〉：重新设置该字段的默认值。

⑤ SET CHECK 〈逻辑表达式〉 [ERROR 〈字符型文本信息〉]：重新设置该字段的合法值，要求该字段的原有数据满足合法值。

⑥ DROP DEFAULT：删除默认值。

⑦ DROP CHECK：删除该字段的合法值限定。

【例 14-26】修改或定义“总金额”字段的有效性规则。

```
ALTER TABLE 订购单 1
ALTER 总金额 SET CHECK 总金额 >100 ERROR "总金额应该大于 100！"
```

【例 14-27】删除“总金额”字段的有效性规则。

```
ALTER TABLE 订购单 1 ALTER 总金额 DROP CHECK
```

3. 第 3 种格式

第 3 种格式的 ALTER TABLE 命令可以用来删除指定表中的指定字段，修改字段名，修改指定表的完整性规则，包括添加或删除主索引、外索引、候选索引及表的合法值限定。格式为：

ALTER TABLE 〈表名〉 [DROP[COLUMN] 〈字段名 1〉]
[SET CHECK 〈逻辑表达式 1〉[ERROR 〈字符型文本信息〉]]
[DROP CHECK]
[ADD PRIMARY KEY 〈表达式 1〉 TAG 〈标识名 1〉[FOR 〈逻辑表达式 2〉]]
[DROP PRIMARY KEY]
[ADD UNIQUE 〈表达式 2〉[TAG 〈标识名 2〉 [FOR 〈逻辑表达式 3〉]]]
[DROP UNIQUE TAG〈标识名 3〉]
[ADD FOREIGN KEY [〈表达式 3〉] TAG 〈标识名 4〉 [FOR 〈逻辑表达式 4〉]
REFERENCES 表名 2 [TAG 〈标识名 4〉]]

[DROP FOREIGN KEY TAG 〈标识名 5〉[SAVE]]

[RENAME COLUMN 〈字段名 2〉 TO 〈字段名 3〉]

[NOVALIDATE]

① DROP[COLUMN]〈字段名〉：从指定表中删除指定的字段。

② SET CHECK〈逻辑表达式〉[ERROR〈字符型文本信息〉]：为该表指定合法值及错误提示信息。DROP CHECK：删除该表的合法值限定。

③ ADD PRIMARY KEY〈表达式〉TAG〈标识名〉：为该表建立主索引。一个表只能有一个主索引。DROP PRIMARY KEY：删除该表的主索引。

④ ADD UNIQUE〈表达式〉[TAG〈标识名〉]：为该表建立候选索引。一个表可以有多个候选索引。DROP UIQUE TAG〈标识名〉：删除该表的候选索引。

⑤ ADD FOREIGN KEY：为该表建立外（非主）索引，与指定的父表建立关系。一个表可以有多个外索引。

⑥ DROP FOREIGN KEY TAG：删除外索引，取消与父表的关系，SAVE 子句将保存该索引。

⑦ RENAME COLUMN〈字段名 2〉TO〈字段名 3〉：修改字段名，字段名 2 指定要修改的字段名，字段名 3 指定新的字段名。

⑧ NOVALIDATE：修改表结构时，允许违反该表的数据完整性规则。默认值为禁止违反数据完整性规则。

注意：修改自由表时，不能使用 DEFAULT、FOREIGN KEY、PRIMARY KEY、REFERENCES 或 SET 子句。

【例 14-28】将“订购单 1”表的“总金额”字段名改为“金额”。

```
ALTER TABLE 订购单1 RENAME COLUMN 总金额 TO 金额
```

【例 14-29】删除“订购单 1”表的“金额”字段。

```
ALTER TABLE 订购单1 DROP COLUMN 金额
```

【例 14-30】将“订购单 1”表的“职工号”和“供应商号”定义为候选索引（候选关键字），索引名是 dap1。

```
ALTER TABLE 订购单1 ADD UNIQUE 职工号 + 供应商号 TAG dap1
```

【例 14-31】删除“订购单 1”表的候选索引 dap1。

```
ALTER TABLE 订购单1 DROP UNIQUE TAG dap1
```

14.3.4 视图的定义

在 VFP 中，视图是一个定制的虚拟表，可以是本地的、远程的或带参数的。视图可引用一个或多个表，或者引用其他视图。视图是可更新的，它可引用远程表。

在关系数据库中，视图也称为窗口，即视图是操作表的窗口，可以把它看做从表中派生出来的虚表。它依赖于表，而不独立存在。

视图是根据对表的查询定义的，语法格式为：

CREATE SQL VIEW 〈视图名〉[(〈字段名 1〉[,〈字段名 2〉]...)] AS 〈查询语句〉

其中，〈查询语句〉可以是任意的 SELECT 查询语句，它说明并限制了视图中的数据。如果没有为视图指定字段名，视图中的字段名将与〈查询语句〉中指定的字段名相同。

视图是根据表定义或派生出来的，所以在涉及视图的时候，常把表称做基本表。

1. 从单个表派生出的视图

例如，某个用户对职工关系只需要或者只能知道职工号和所工作的仓库号，那么可以定义视图：

```
CREATE  VIEW  e_w  AS ;
  SELECT  职工号 , 仓库号  FROM  职工表
```

其中 e_w 是视图的名称。视图一经定义，就可以和基本表一样进行各种查询，也可以进行一些修改操作。对于最终用户来说，有时并不需要知道操作的是基本表还是视图。为了查询职工号和仓库号信息，可以使用命令：

```
SELECT  *  FROM  e_w
```

或

```
SELECT  职工号 , 仓库号  FROM  e_w
```

或

```
SELECT  职工号 , 仓库号  FROM  职工表
```

它们可以收到同样的效果。

上面是限定列构成的视图，下面再限定行定义一个视图。例如，某个用户对仓库关系只需要或者只能查询郑州仓库的信息，可以定义如下视图：

```
CREATE  VIEW  v_bj  AS ;
  SELECT  仓库号 , 面积  FROM  仓库表  WHERE  地点="郑州"
```

这里，v_bj 中只有郑州仓库的信息，所以地点属性就不需要了。

2. 从多个表派生出的视图

从上面的例子可以看出，视图一方面可以限定对数据的访问，另一方面又可以简化对数据的访问。下面的例子，向用户提供职工号、职工的工资和职工工作所在地的信息：

```
CREATE  VIEW  v_emp  AS ;
  SELECT  职工号 , 工资额 , 地点  FROM  职工表 , 仓库表 ;
  WHERE  职工表.仓库号 = 仓库表.仓库号
```

结果对用户而言就像一个包含字段“职工号”、“工资额”和“地点”的表。

3. 视图的虚字段

用一个查询来建立一个视图的 SELECT 子句可以包含算术表达式或函数，这些表达式或函数与视图的其他字段一样对待。由于它们是计算得来的，并不存储在表内，所以称为虚字段。

【例 14-32】 定义一个视图，使其包含“职工号”、“月工资”和“年工资”等 3 个字段。

```
CREATE  VIEW  v_sal  AS ;
  SELECT  职工号 , 工资额  AS  月工资 , 工资额*12  AS  年工资  FROM  职工表
```

这里在 SELECT 短语中利用 AS 重新定义了视图的字段名。由于其中一字段是计算得来的，所以必须给出字段名。这里，年工资是虚字段，它是由职工表的“工资额”字段乘以 12 得到的；而月工资就是职工表中的“工资额”字段。由此可见，在视图中还可以重新命名字段名。

查询 v_sal：

```
SELECT * FROM v_sal
```

4. 视图的删除

视图是从表中派生出来的，所以不存在修改结构的问题，但是视图可以删除。删除视图的命令格式是：

DROP VIEW 〈视图名〉

例如，要删除视图 v_emp，输入以下命令即可：

```
DROP VIEW v_emp
```

14.4 SQL 的数据修改功能

SQL 的修改功能是指对数据库中数据的插入、更新和删除 3 个方面的内容。

14.4.1 插入

在一个表的尾部追加数据时，要用到插入功能。SQL 的插入命令有以下 3 种格式。

格式 1：

INSERT INTO 〈表名〉[(〈字段名 1〉[, 〈字段名 2〉, ...])]
VALUES (〈表达式 1〉[, 〈表达式 2〉...])

格式 2：

INSERT INTO 〈表名〉 FROM ARRAY 〈数组名〉

格式 3：

INSERT INTO 〈表名〉 FROM MEMVAR

第 1 种格式在指定表的表尾添加一个新记录，其值为 VALUES 后面的表达式的值。当需要插入表中所有字段的数据时，表名后面的字段名可以默认，但插入数据的格式必须与表的结构完全吻合；若只需要插入表中某些字段的数据，就要列出插入数据的字段，当然，相应表达式的数据位置会与之相对应。

第 2 种格式也是在指定的表的表尾添加一个新记录，新记录的值是指定的数组中各元素的数据。数组中各元素与表中各字段顺序对应。如果数组中元素的数据类型与其对应的字段类型不一致，则新记录对应的字段为空值；如果表中字段个数大于数组元素的个数，则多出的字段为空值。

第 3 种格式也是在指定的表的表尾添加一个新记录，新记录的值是指定的内存变量的值。添加的新记录的值是与指定表各字段名同名的内存变量的值，如果同名的内存变量不存在，则相应的字段为空。

【例 14-33】向订购单关系中插入记录（"B8", "C2" , "D20" , 2002/01/15）。

可用如下命令：

```
INSERT INTO 订购单表 VALUES ("B8", "C2" , "D20" , {2002-01-15})
```

假设这时供应商尚未确定，那么只能先插入“职工号”和“订购单号”两个属性的值，使用如下命令：

```
INSERT INTO 订购单表( 职工号 , 订购单号 ) VALUES ("B8", "D20" )
```

这时另外两个属性的值为空。

14.4.2 更新

SQL 的数据更新命令格式如下：

UPDATE [〈数据库!〉] 〈表名〉

SET 〈列名 1〉=〈表达式 1〉[,〈列名 2〉=〈表达式 2〉…]

[WHERE 〈条件表达式 1〉[AND | OR 〈条件表达式 2〉…]]

说明：一般使用 WHERE 子句指定条件，以更新满足条件的一些记录的字段值，并且一次可以更新多个字段；如果不使用 WHERE 子句，则更新全部记录。

【例 14-34】把 A02 仓库的职工的工资提高 12%。

```
UPDATE  职工表  SET  工资额=工资额*1.12 ;
WHERE  仓库号="A02"
```

【例 14-35】把所有学生的年龄增加 1 岁。

```
UPDATE  学生表  SET  年龄=年龄+1
```

14.4.3 删除

从表中删除数据的 SQL 命令为：

DELETE FROM [〈数据库!〉] 〈表名〉

[WHERE 〈条件表达式 1〉 [AND | OR 〈条件表达式 2〉…]]

FROM 指定从哪个表中删除数据。WHERE 指定被删除的记录所满足的条件。如果不使用 WHERE 子句，则删除该表中的全部记录。

【例 14-36】删除仓库关系中“仓库号”值是 A04 的元组。

```
DELETE  FROM  仓库表  WHERE  仓库号="A04"
```

在 VFP 中，SQL 的 DELETE 命令同样是逻辑删除记录，如果要物理删除记录，需要继续使用 PACK 命令。

14.5 实训 14

实训目的

- 掌握 VFP 系统中结构化查询语言 SQL 的使用。
- 掌握常用 SQL 语言命令及其使用技巧，特别是 SELECT 命令的使用。

实训内容

- 查询功能。
- 操作和定义功能。

实训步骤

下述实训使用第 12 章实训中的数据。

1. 查询功能

（1）查询所有制造部门雇员的姓名、雇员号、实发工资和银行账号。

① 选择菜单命令“新建”→“程序”→“新建文件”，打开编辑器窗口。

② 输入如下代码：

```
SELECT xm AS "姓名", gyh AS "雇员号",;
    gz+ bt+ jl- yltc- sybx AS "实发工资", yhzh AS "银行账号";
  FROM    dept, salary ;
  WHERE (dept.bmm = "制造部") AND (dept.bmh = salary.bmh)
```

③ 保存文件为“实验 14-1.pro”，运行程序，结果如图 14-1 所示。

姓名	雇员号	实发工资	银行账号
王万程	0101	3020	20020101
王旭	0102	2940	20020102
汪涌涛	0103	3440	20020103
李迎新	0104	3140	20020104
冯见越	0105	2760	20020105
张立平	0106	2690	20020106
周振兴	0107	2560	20020107
胡永萱	0108	2540	20020108
姜黎萍	0109	2690	20020109
梁栋	0110	2640	20020110

图 14-1　制造部门的雇员工资

（2）查询所有实发工资在 3000～4000 元之间的雇员的姓名、雇员号、实发工资。

① 选择菜单命令“新建”→“程序”→“新建文件”，打开编辑器窗口。

② 输入如下代码：

```
SELECT bmm AS "部门", xm AS "姓名", gyh AS "雇员号", gz+ bt+ jl- yltc- sybx AS "实发工资";
  FROM    dept ,salary ;
  WHERE (gz+ bt+ jl- yltc- sybx BETWEEN 3000 AND 4000) AND (dept.bmh = salary.bmh)
```

③ 保存文件为“实验 14-2.pro”，运行程序，结果如图 14-2 所示。

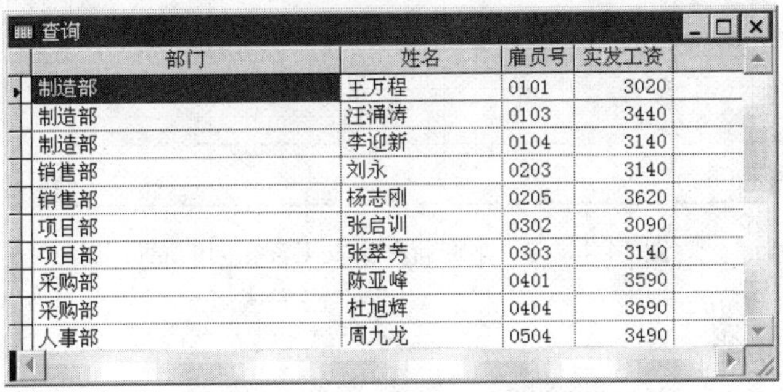

部门	姓名	雇员号	实发工资
制造部	王万程	0101	3020
制造部	汪涌涛	0103	3440
制造部	李迎新	0104	3140
销售部	刘永	0203	3140
销售部	杨志刚	0205	3620
项目部	张启训	0302	3090
项目部	张翠芳	0303	3140
采购部	陈亚峰	0401	3590
采购部	杜旭辉	0404	3690
人事部	周九龙	0504	3490

图 14-2　实发工资在 3000～4000 元的雇员

（3）查询各部门的平均实发工资和实发工资总计。

① 选择菜单命令“新建”→“程序”→“新建文件”，打开编辑器窗口。

② 输入如下代码：

```
SELECT bmm AS "部门", AVG(gz+ bt+ jl- yltc- sybx) AS "平均实发工资", ;
    SUM(gz+ bt+ jl- yltc- sybx) AS "实发工资总计" ;
  FROM    dept ,salary ;
  WHERE dept.bmh = salary.bmh ;
  GROUP BY salary.bmh
```

③ 保存文件为“实验 14-3.pro”，运行程序，结果如图 14-3 所示。

部门	平均实发工资	实发工资总计
制造部	2842.00	28420
销售部	2903.33	17420
项目部	3190.00	12760
采购部	3577.50	14310
人事部	2902.50	11610

图 14-3　按部门统计实发工资

（4）查询与“李迎新”的实发工资相同的雇员的姓名、雇员号、所属部门和实发工资。

① 选择菜单命令“新建”→“程序”→“新建文件”，打开编辑器窗口。

② 输入如下代码：

```
SELECT bmm AS "部门", xm AS "姓名", gyh AS "雇员号", gz+ bt+ jl- yltc- sybx AS "实发工资" ;
  FROM   dept ,salary ;
  WHERE ( gz+ bt+ jl- yltc- sybx = ;
    (SELECT gz+ bt+ jl- yltc- sybx FROM salary WHERE xm in ("李迎新"))) ;
  AND (dept.bmh = salary.bmh)
```

③ 保存文件为“实验 14-4.pro”，运行程序，结果如图 14-4 所示。

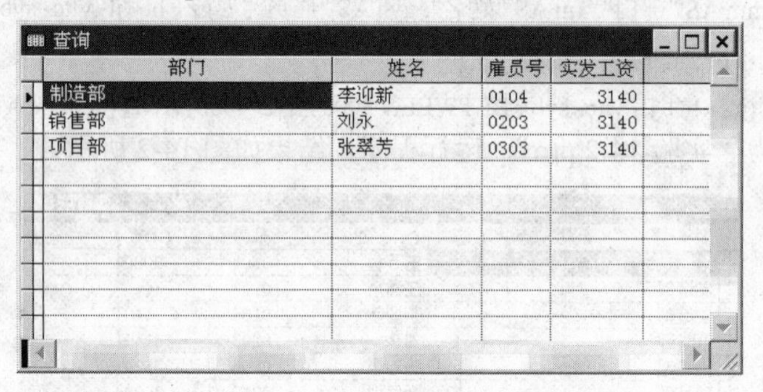

部门	姓名	雇员号	实发工资
制造部	李迎新	0104	3140
销售部	刘永	0203	3140
项目部	张翠芳	0303	3140

图 14-4　与“李迎新”实发工资相同的雇员

2．操作和定义功能

（1）在工资表 salary 中插入一个记录，各字段值见表 14-8。

表 14-8　插入记录的值

部门号	雇员号	姓名	工资	补贴	奖励	医疗统筹	失业保险	银行账号
05	0505	李万	2580	300	200	50	10	20020505

① 选择菜单命令“新建”→“程序”→“新建文件”，打开编辑器窗口。

② 输入如下代码：

```
INSERT INTO salary (bmh, gyh, xm, gz, bt, jl, yltc, sybx, yhzh);
VALUES('05', '0505', '李万', 2580, 300, 200, 50, 10, '20020505')
```

③ 保存文件为“实验 14-5.pro”，运行程序；重新打开表 salary，浏览结果如图 14-5 所示。

(2）定义一个视图，包含所有实发工资大于平均实发工资的雇员工资表。

① 选择菜单命令“新建”→“程序”→“新建文件”，打开编辑器窗口。

② 输入如下代码：

```
OPEN DATABASE rsgl
CREATE SQL VIEW v_gz AS ;
  SELECT * FROM salary WHERE gz+ bt+ jl- yltc- sybx > ;
   (SELECT AVG(gz+ bt+ jl- yltc- sybx) FROM salary)
```

③ 保存文件为“实验 14-6.pro”，运行程序。

④ 查询 v_gz：

```
SELECT * FROM v_gz
```

查询结果如图 14-6 所示。

Salary

部门	工资	补贴	奖励	医疗纟	失业伢	雇员号	姓名	银行账号
05	2900	300	350	50	10	0504	周九龙	20020504
01	2120	300	200	50	10	0107	周振兴	20020107
01	2100	300	200	50	10	0108	胡永萱	20020108
01	2250	300	200	50	10	0109	姜黎萍	20020109
01	2200	300	200	50	10	0110	梁栋	20020110
03	3000	300	800	50	10	0304	崔文涛	20020304
05	2580	300	200	50	10	0505	李万	20020505

图 14-5　插入一个记录

查询

Bmh	Gyh	Xm	Gz	Bt	Jl	Yltc	Sybx	Yhzh
01	0101	王万程	2580	300	200	50	10	20020101
01	0103	汪涌涛	3000	300	200	50	10	20020103
01	0104	李迎新	2700	300	200	50	10	20020104
02	0203	刘永	2500	300	400	50	10	20020203
02	0205	杨志刚	3000	300	380	50	10	20020205
03	0302	张启训	2350	300	500	50	10	20020302
03	0303	张翠芳	2600	300	300	50	10	20020303
04	0401	陈亚峰	2600	350	700	50	10	20020401
04	0403	史国强	3000	500	600	50	10	20020403
04	0404	杜旭辉	2800	450	500	50	10	20020404
05	0504	周九龙	2900	300	350	50	10	20020504
03	0304	崔文涛	3000	300	800	50	10	20020304
05	0505	李万	2580	300	200	50	10	20020505

图 14-6　所有实发工资大于平均实发工资的雇员工资表

习题 14

一、选择题

1. 下列对于 SQL 语言所具有的功能的说法，错误的是（　）。

   A）数据查询　　B）数据定义　　C）数据操纵　　D）以上都不对

2. 下面有关 HAVING 子句的描述，错误的是（　）。

   A）HAVING 子句必须与 GROUP BY 子句同时使用，不能单独使用

B）使用 HAVING 子句的同时不能使用 WHERE 子句

C）使用 HAVING 子句的同时可以使用 WHERE 子句

D）使用 HAVING 子句的作用是限定分组的条件

3. 下列不属于数据定义功能的 SQL 语句是（　）。

A）CREATE TABLE　　B）CREATE CURSOR

C）UPDATE　　D）ALTER TABLE

下面各题使用数据库 db_stock，假设 db_stock 在当前磁盘当前目录下，其中有数据表 stock.dbf，该数据表的内容见表 14-9。

表 14-9　股票表 stock.dbf

股票代码	股票名称	单　价	交易所
600600	青岛啤酒	7.48	上海
600600	方正科技	15.20	上海
600600	广电电子	10.40	上海
600600	兴业房产	6.76	上海
600600	二纺机	9.96	上海
600600	轻工机械	14.59	上海
000001	深发展	7.48	深圳
000002	深万科	6.50	深圳

4. 以 stock 表为依据，执行如下 SQL 查询语句后的结果是（　）。

SELECT * FROM stock INTO DBF stock ORDER BY 单价

A）系统会提示出错信息

B）会生成一个按“单价”升序排列的表文件，将原来的 stock.dbf 文件覆盖

C）会生成一个按“单价”降序排列的表文件，将原来的 stock.dbf 文件覆盖

D）不会生成排序文件，只在屏幕上显示一个按“单价”升序排列的结果

5. 有如下 SQL 语句：

SELECT * FROM stock WHERE 单价 BETWEEN 6.76 AND 15.20

与该语句等价的是（　）。

A）SELECT * FROM stock WHERE 单价 <= 15.20 .AND. 单价 >= 6.76

B）SELECT * FROM stock WHERE 单价 < 15.20 .AND. 单价 > 6.76

C）SELECT * FROM stock WHERE 单价 >= 15.20 .AND. 单价 <= 6.76

D）SELECT * FROM stock WHERE 单价 > 15.20 .AND. 单价 < 6.76

6. 有如下 SQL 语句：

SELECT MAX（单价）INTO ARRAY a FROM stock

执行该语句后（　）。

A）a[1]的内容为 15.20　　B）a[1]的内容为 6

C）a[0]的内容为 15.20　　D）a[0]的内容为 6

7. 有如下 SQL 语句：

SELECT 股票代码, AVG（单价） AS 均价 FROM stock;
　GROUP BY 交易所 INTO DBF temp

执行该语句后 temp 表中第 2 个记录的“均价”字段的内容是（　）。

A）7.48　　B）9.99　　C）6.73　　D）15.20

8. 执行如下 SQL 语句后：

SELECT DISTINCT 单价 FROM stock;

WHERE 单价 = （SELECT MIN（单价） FROM stock） INTO DBF stock_x

表 stock_x 中的记录个数是（ ）。

A）1　B）2　C）3　D）4

9. 求每个交易所的平均单价的 SQL 语句是（ ）。

A）SELECT 交易所, AVG（单价）FROM stock GROUP BY 单价

B）SELECT 交易所, AVG（单价）FROM stock ORDER BY 单价

C）SELECT 交易所, AVG（单价）FROM stock ORDER BY 交易所

D）SELECT 交易所, AVG（单价）FROM stock GROUP BY 交易所

10. 要将 stock 表的股票名称字段的宽度由 8 改为 10，应使用的 SQL 语句是（ ）。

A）ALTER TABLE stock 股票名称 WITH c（10）

B）ALTER TABLE stock 股票名称 c（10）

C）ALTER TABLE stock ALTER 股票名称 c（10）

D）ALTER stock 股票名称 c（10）

11. 在当前盘当前目录下删除表 stock 的命令是（ ）。

A）DROP stock　B）DELETE TABLE stock

C）DROP TABLE stock　D）DELETE stock

12. 有如下 SQL 语句：

CREATE VIEW stock_view AS SELECT * FROM stock WHERE 交易所 = "深圳"

执行该语句后产生的视图包含的记录个数是（ ）。

A）1　B）2　C）3　D）4

13. 有如下 SQL 语句：

CREATE VIEW view_stock AS SELECT 股票名称 AS 名称, 单价 FROM stock

执行该语句后产生的视图包含的字段名是（ ）。

A）股票名称、单价　B）名称、单价

C）名称、单价、交易所　D）股票名称、单价、交易所

14. 下面有关视图的描述，正确的是（ ）。

A）可以使用 MODIFY STRUCTURE 命令修改视图的结构

B）视图不能删除，否则会影响原来的数据文件

C）视图是对表的复制产生的

D）使用 SQL 对视图进行查询时，必须事先打开该视图所在的数据库

二、填空题

1. 使用 SQL 语句将一个新的记录插入“课程”表 kc.dbf 中：

INSERT _______ kc(kch, kcm, xf) ______ ("431231", "自动控制原理", 3)

2. 使用 SQL 语句求“李富强”的总分：

SELECT _______ (cj) FROM cj;

WHERE 学号 IN (SELECT xh FROM ______ WHERE xm = "李富强")

3. 使用 SQL 语句完成操作：将所有高等数学的成绩提高 3%。

_______ cj SETcj = cj * 1.03 _______ kch IN;

(SELECT kch _______ kc WHERE kcm = "高等数学（上）")

4. 如果将第 2 题的查询结果存入永久表中，应使用____短语。

5. 在 SQL 命令中，用于求和与计算平均值的函数分别为_____和_____。

三、上机题

1～5 题在数据表 stock.dbf（见表 14-9）中进行操作。

1. 从表中检索出单价在 6.50～7.48 之间的股票信息。

2. 从表中检索出单价为 14.59 和 15.20 的股票信息。

3. 找出所有交易所不是上海的股票信息。

4. 在 stock 表的基础上定义一个视图，它包含“股票名称”和“交易所”两个字段。

5. 删除视图 v_sal。

6～10 题在订货管理库中进行操作。

6. 列出“总金额”大于所有订购单“总金额”平均值的订购单（order_list）清单（按“客户号”升序排列），并将结果存储在表 results6_2（与 order_list 表结构相同）中。

7. 列出“客户名”为“三益贸易公司”的订购单明细（order_detail）记录（将结果先按“订单号”升序排列，同一订单的再按“单价”降序排列），并将结果存储在表 results6_3（与 order_detail 表结构相同）中。

8. 将 customer1 表中的全部记录追加到 customer 表中，然后用 SQL SELECT 语句完成查询。列出目前有订购单的客户信息（即有对应的 order_list 记录的 customer 表中的记录），同时要求按“客户号”升序排序，并将结果存储在表 results6_4（与 customer 表结构相同）中。

9. 将 order_detail1 表中的全部记录追加到 order_detail 表中，然后用 SQL SELECT 语句完成查询。列出所有订购单的“订单号”、“订购日期”、“器件号”、“器件名”和“总金额”（按“订单号”升序排序），并将结果存储在表 results6_5（其中“订单号”、“订购日期”、“总金额”取自 order_list 表，“器件号”、“器件名”取自 order_detail 表）中。

10. 将 order_list1 表中的全部记录追加到 order_list 表中，然后用 SQL SELECT 语句完成查询。按“总金额”降序列出所有客户的“客户号”、“客户名”及其“订单号”和“总金额”，并将结果存储在表 results6_6（其中“客户号”、“客户名”取自 customer 表，“订单号”、“总金额”取自 order_list 表）中。

第15章　报　　表

前面的章节介绍了数据表的各种操作方式，例如结构建立、记录输入、数据索引、查询等。掌握这些操作就能轻松地建立和维护数据表来处理复杂的数据了。然而在实际应用中，通常把数据打印成报表，以方便别人阅读。打印的美观与否直接影响着数据的品质，如何打印出一份好的报表也是数据库操作的一个重点。

在 VFP 中打印报表，并不像其他软件一样将文件内容直接打印出来，而是必须先建立一个报表文件 Report（此文件的数据来源为数据表、查询文件或视图文件），将版面内容设计成打印报表的格式，然后再打印此报表文件。另外一种打印格式为标签文件 Label，可将记录数据做成邮件标签、磁盘标签等，制作方式与报表文件类似。

15.1　计划报表布局

报表有两个基本组成部分：数据源和布局。数据源通常是数据库中的表，也可以是视图、查询或临时表。报表布局定义了报表的打印格式。

通过设计报表，可以用各种方式在打印页面上显示数据。使用报表设计器可以设计复杂的列表、总结摘要或数据的特定子集，比如发票。设计报表主要有以下 4 个步骤：

① 决定要创建的报表类型；

② 创建报表布局文件；

③ 修改和定制布局文件；

④ 预览和打印报表。

15.1.1　决定报表的常规布局

创建报表之前，应先确定所需报表的常规格式。报表可以很简单，如单表的电话号码列表，也可以很复杂，如多表的发票，还可以创建特殊种类的报表。图 15-1 所示为常规报表布局。

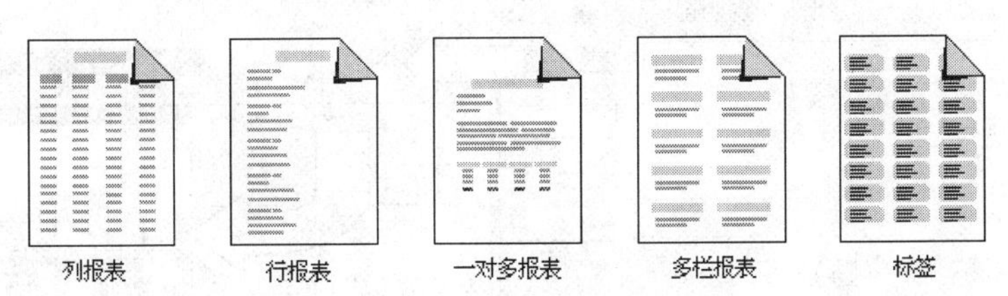

图 15-1　常规报表布局

- 列报表：每行一个记录，每个记录的字段在页面上按水平方向放置，常用于分组/总计报表、财政报表、存货清单等。
- 行报表：每个记录的字段在一侧竖直放置，如列表。
- 一对多报表：常用于一个记录或一对多关系，如发票、会计报表等。
- 多栏报表：常用于多列的记录，每个记录的字段沿左边缘竖直放置，如名片等。

- 标签：多列记录，每个记录的字段沿左边缘竖直放置，打印在特殊纸上，如邮件标签、名字标签等。

选定了满足需求的常规报表布局后，便可以用报表设计器创建报表布局文件。

15.1.2 报表布局文件

报表文件指定了想要的域控件、要打印的文本以及信息在页面上的位置。要在页面上打印数据库中的一些信息，可通过打印报表文件来实现。报表文件不存储每个数据字段的值，只存储一个特定报表的位置和格式信息。每次运行报表，值都可能不同，这取决于报表文件所用数据源的字段内容的更改。报表布局文件中存储报表的详细说明，以.frx 为扩展名。每个报表文件还有扩展名为.frt 的相关文件。

15.2 创建报表布局

在 VFP 中，有 3 种创建报表布局的方法。

- 报表向导：以单一数据表或多重数据表来建立报表。使用此方法，最容易建立美观的报表。
- 快速报表：从单一数据表中建立打印报表。使用此方法可以最快速地建立报表。
- 报表设计器：从空白报表中自行建立打印报表，也可以修改已有的报表。

15.2.1 报表向导

报表向导通过一连串的步骤，引导用户设计出各式各样美观实用的报表。

1. 启动报表向导

启动报表向导的方法有多种，常用以下两种。

方法 1：在项目管理器的“文档”选项卡中，选定“报表”项，单击“新建”按钮，在弹出的“新建报表”对话框中单击“报表向导”按钮，打开“向导选取”对话框，如图 15-2 所示。

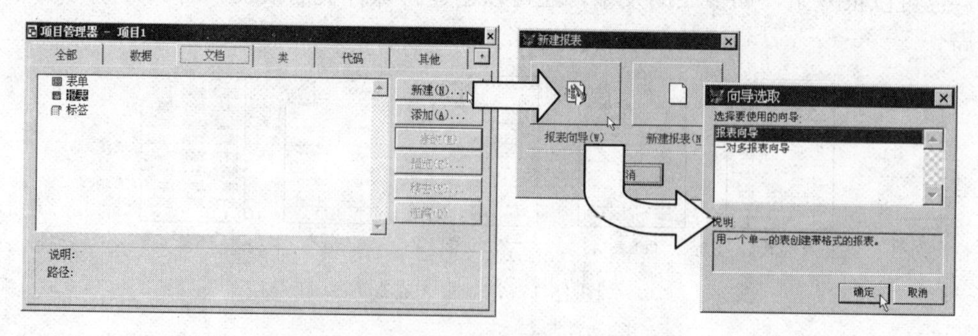

图 15-2 通过项目管理器启动报表向导

方法 2：选择菜单命令“文件”→“新建”，或直接单击“新建”按钮，在弹出的“新建”对话框中选中“报表”单选钮，然后单击“向导”按钮，打开“向导选取”对话框，如图 15-3 所示。

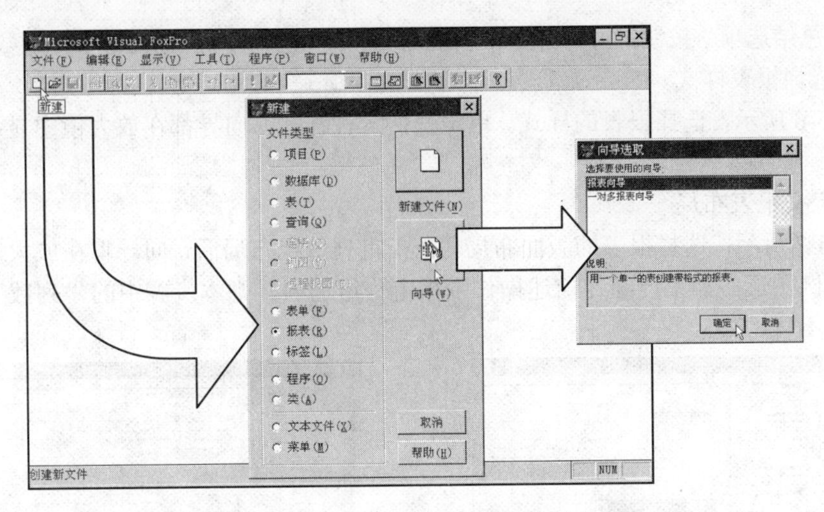

图 15-3 通过“新建”对话框启动报表向导

根据需要，选取“报表向导”或“一对多报表向导”，即可启动相应的报表向导。

2. 使用报表向导

使用报表向导，可以建立以下两种类型的报表：

- 每列一个字段，每行一个记录，字段名作为列标题放在每列的顶部；
- 记录一个接一个列出，每个字段的左边是相应的字段名。

在图 15-3 所示的“向导选取”对话框中，选择“报表向导”项，进行下面的操作。

（1）字段选取

只能从单个表或视图中选择输出到报表中的字段，如图 15-4 所示。单击“数据库和表”列表框右边的 ... 按钮，打开“打开”对话框，选择需要的表。通过字段选择器，选择报表中需要的字段及其在报表中排列的顺序。

（2）对记录分组

如图 15-5 所示，可以使用数据分组来对字段进行分类并排序，以方便读取。在某个“分组类型”框中选择了一个字段之后，可以单击“分组选项”和“总结选项”按钮来进一步完善分组设置。

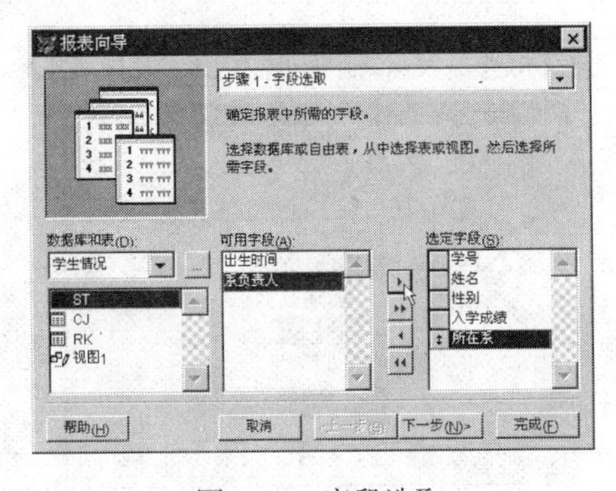

图 15-4 字段选取

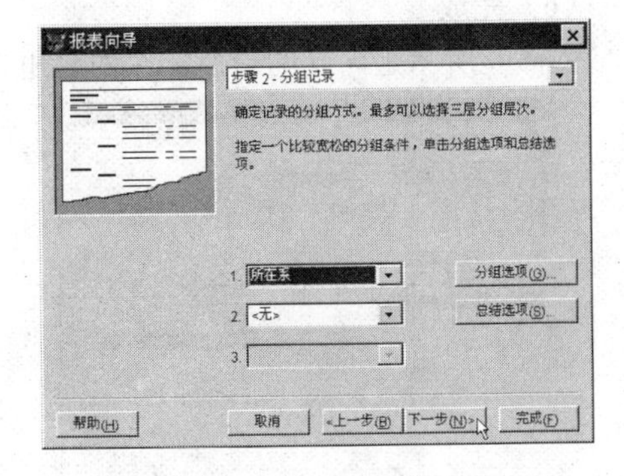

图 15-5 对记录分组

单击“分组选项”按钮，打开“分组间隔”对话框，从中可以选择与用来分组的字段中所含的数据类型相关的筛选级别。

单击“总结选项”按钮，将打开一个新的对话框，可以利用计算类型来处理数值型字段。

（3）选择报表样式

如图 15-6 所示，选择报表的样式。单击任何一种样式，向导都在放大镜中显示该样式的示例图片。

（4）定义报表布局

如图 15-7 所示，选择报表的版面布局。在指定列数或布局后，向导将在放大镜中显示选定布局的实例图形。如果已经在前述操作中指定分组选项，则本步骤中的“列数”和“字段布局”选项不可用。

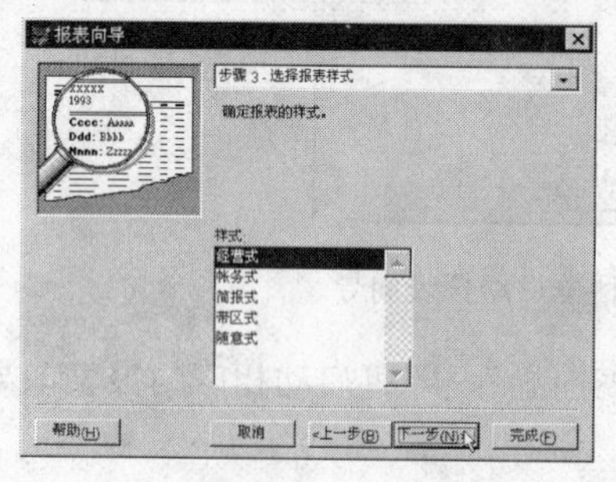

图 15-6　选择报表样式

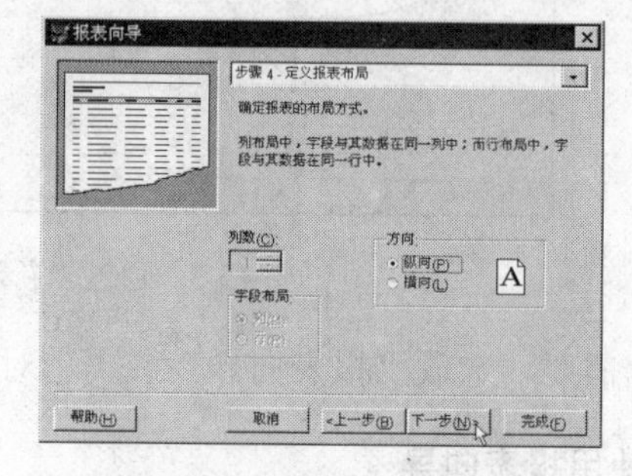

图 15-7　定义报表布局

列数：设置每行放置的记录个数，即分栏数。如果栏数不合适，可能会造成重叠。

字段布局有两种排列方式：

- 按列排列，每页的字段名称在每列的顶部，每个记录占一行；
- 按行排列，字段一个接一个，字段名在字段的左边。

方向：用来设置纸张竖放（纵向）还是横放（横向）。

由于版面样式、字段的多少、字段的宽度等原因，会出现字段内容重叠现象。要想查看设计的最后效果，在最后一步中单击“预览”按钮即可。若对设计的报表不满意，可返回上一步进行修改。

（5）对记录排序

如图 15-8 所示，按照视图查询结果排列的顺序选择字段。要按原始顺序排列，可不选择字段，直接单击“下一步”按钮即可。

（6）完成

图 15-9 所示是向导的最后一个对话框。在“报表标题”文本框中输入报表的标题。

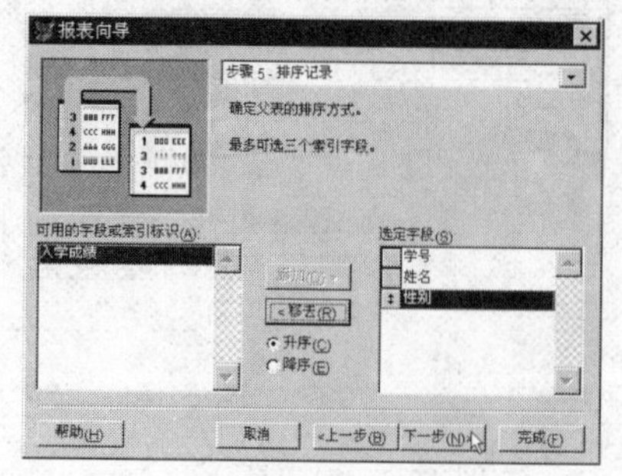

图 15-8　对记录排序

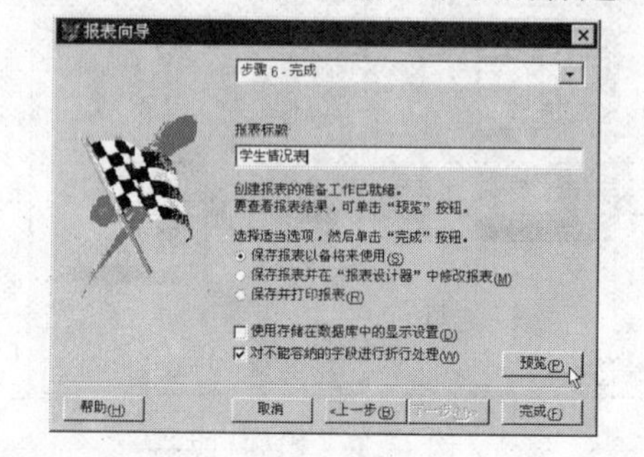

图 15-9　完成

报表的制作和纸张尺寸、报表式样、字段等有关，如果选择不当，会出现报表超宽的情况。如果选定数目的字段不能放置在报表中单行指定宽度之内，字段将换到下一行。如果不希望字段换行，可以清除“对不能容纳的字段进行折行处理”复选框。但是，为了不丢失数据，一般应选中此复选框。因此，应该合理设计报表格式。

在图 15-9 所示的对话框中单击“预览”按钮，刚才制作的报表将显示出来，如图 15-10 所示。如果不满意，可返回前面的步骤，或者调整纸张的尺寸及放置方向，或者删去不必要的字段。单击预览窗口，可改变显示比例。

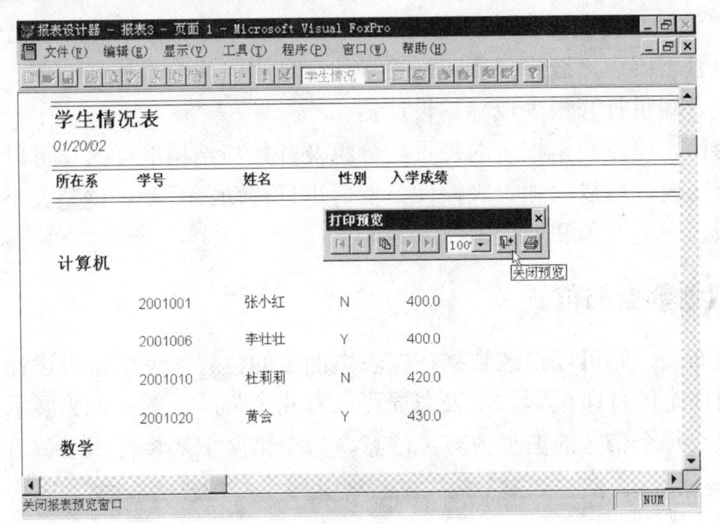

图 15-10　预览报表

使用了向导之后，就可以使用报表设计器来添加控件和定制报表。

15.2.2　启动报表设计器

如果不想使用报表向导或“快速报表”，也可以使用报表设计器从空白报表布局开始，然后自己添加控件。

① 在项目管理器的“文档”选项卡中，选定“报表”项，如图 15-11 所示。

② 单击“新建”按钮，打开“新建报表”对话框。

③ 在“新建报表”对话框中，单击“新建报表”，将弹出报表设计器。

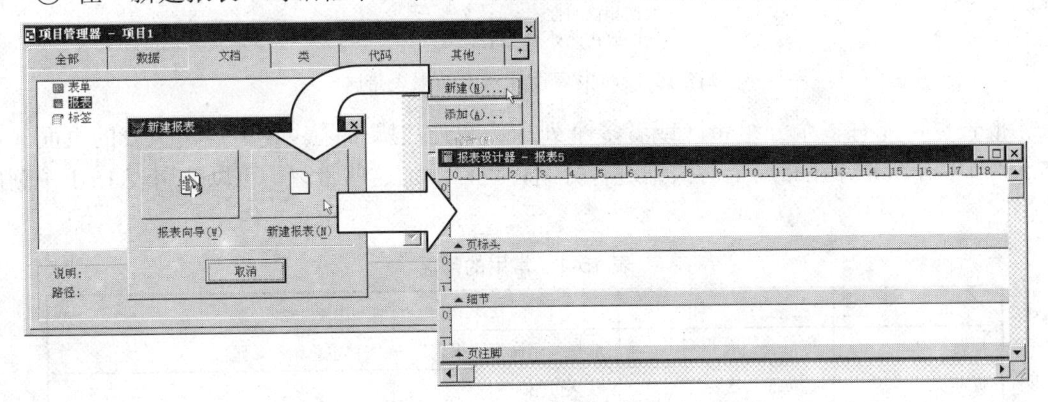

图 15-11　启动报表设计器

此时，可以使用报表设计器的各种功能来添加控件和定制报表。

15.2.3 修改布局

在报表设计器的带区中，可以插入各种控件，它们包含打印的报表中想要的标签、字段、变量和表达式。例如，在电话号码列表布局中，应把字段控件设置为人名和电话号码，同时应设置标签控件和列表顶端的列标题。要增强报表的视觉效果和可读性，还可以添加直线、矩形以及圆角矩形等控件。也可以包含图片或 OLE 绑定型控件。

可以在报表设计器中打开报表或标签来修改和定制其布局。要修改已生成的报表或标签，可以在项目管理器中，选择报表或标签，然后单击“修改”按钮。或者选择“打开”已有的报表或标签，即可打开报表或标签设计器。

使用报表带区，可以决定报表的每页、分组及开始与结尾的样式；可以调整报表带区的大小；在报表带区内，可以添加报表控件，然后进行移动、复制、调整大小、对齐以及调整等，从而安排报表中的文本和域控件。

15.2.4 规划数据的位置

如果有报表布局，则可以修改数据在报表页面上的位置。使用报表设计器内的带区，可以控制数据在页面上的打印位置。报表布局可以有几个带区。图 15-12 展示了报表中可能包含的一些带区以及每个带区的典型内容。注意，每个带区下的栏标识了该带区。

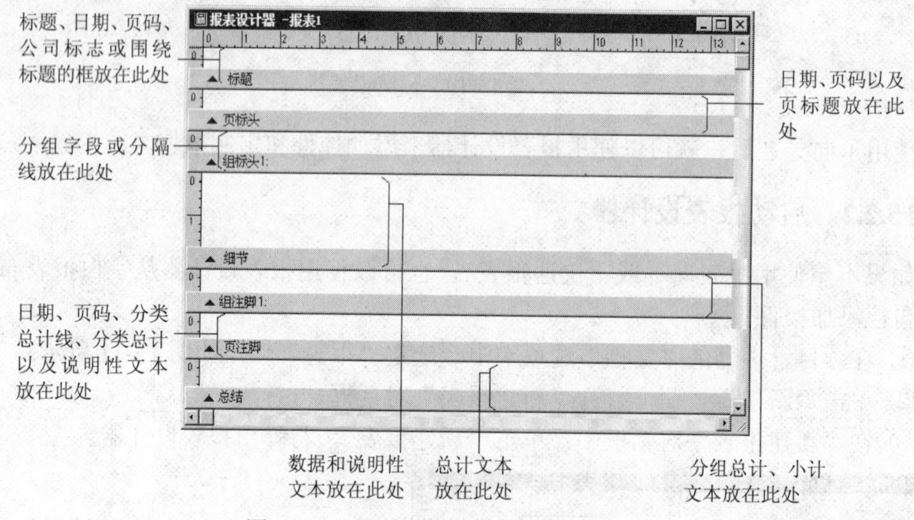

图 15-12 报表设计器中的报表带区

报表也可能有多个分组带区或者多个列标头和列注脚带区。使用定义报表的页面（在 15.5.1 节中介绍）并在布局上对数据进行分组，可以添加这些带区。可以使用表 15-1 中列出的带区。

表 15-1 常用的带区

带　区	打　印	使 用 命 令
标题	每报表一次	选择菜单命令“报表”→“标题/总结”带区
页标头	每页面一次	默认可用
列标头	每列一次	选择菜单命令“文件”→“页面设置”，设置“列数”大于 1
组标头	每组一次	选择菜单命令“报表”→“数据分组”

续表

带　区	打　印	使用命令
细节	每记录一次	默认可用
组注脚	每组一次	选择菜单命令“报表”→“数据分组”
列注脚	每列一次	选择菜单命令“文件”→“页面设置”，设置“列数”大于1
页注脚	每页面一次	默认可用
总结	每报表一次	选择菜单命令“报表”→“标题/总结”带区

可以在任何带区中设置任何“报表”控件，也可以添加运行报表时执行的用户自定义函数。

15.2.5 调整报表带区的大小

在报表设计器中，可以修改每个带区的尺寸和特征。

若要调整带区大小，将带区栏拖动到适当高度即可。

使用左侧标尺作为指导。标尺量度仅指带区高度，不包含页边距。不能使带区高度小于布局中控件的高度。可以把控件移进带区内，然后缩小其高度。

15.3 创建邮件标签布局

VFP可以打印的文件格式，除了报表文件外，还有标签文件。标签文件与报表文件很相似，设计方法也几乎相同，只是用途不同。

标签文件主要用来设计邮寄标签、磁盘标签、物品标签等各类标签。直接从数据表中找出需要的字段，进行适当的排列，便可建立各式各样的标签。

标签采用多列报表布局，为匹配特定标签纸而具有对列的特殊设置。可以使用标签向导或标签设计器迅速创建标签。

15.3.1 使用标签向导

利用标签向导创建标签是很简单的方法。用向导创建标签文件之后，可用标签设计器定制标签文件。

1. 启动标签向导

① 在项目管理器的“文档”选项卡中，选定“标签”项，单击“新建”按钮。

② 在弹出的“新建标签”对话框中，单击“标签向导”按钮，如图15-13所示。

还可以单击“新建”按钮，在“新建”对话框中选择“标签”项，并单击“向导”按钮，打开标签向导。

2. 使用标签向导

在标签向导中，可以按原样使用标签布局，也可以按定制报表的方法定制标签布局。

（1）选择表

用标签向导生成标签的第1步是选取一个表或视图，如图15-14所示。

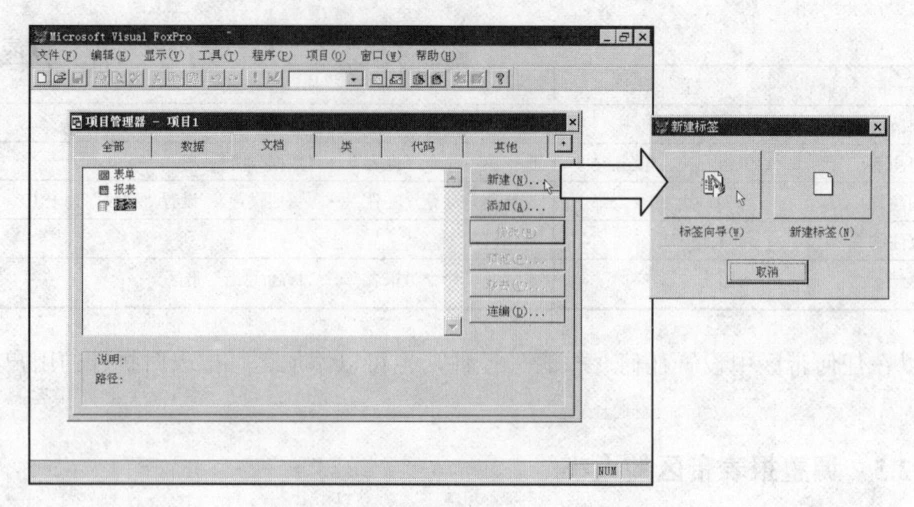

图 15-13　通过项目管理器启动标签向导

（2）选择标签类型

标签向导列出了 VFP 安装的标准标签类型，如图 15-15 所示。标签向导同时列出了使用\VFP\TOOLS 目录下的 AddLabel 应用程序创建的任意标签。也可以单击“新建标签”按钮，打开“自定义标签”对话框。

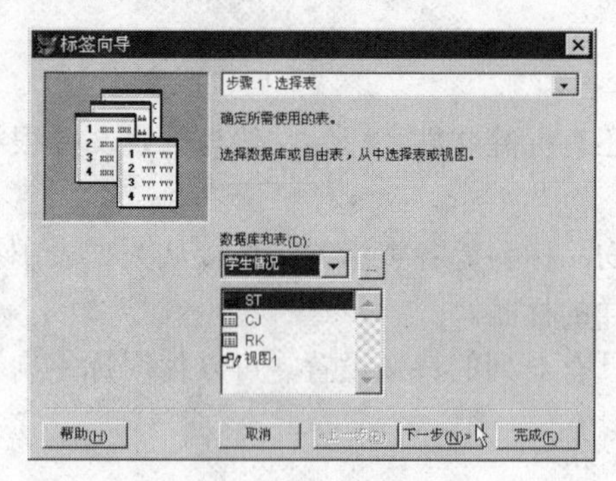

图 15-14　选择表

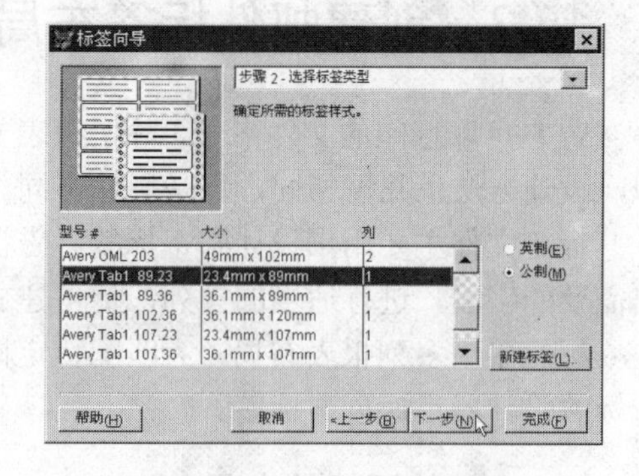

图 15-15　选择标签类型

如果需要的标签并没有在列表框中，可选择近似的一种，以后用标签设计器修改。

（3）定义布局

如图 15-16 所示，选择标签的版面布局。按照在标签中出现的顺序添加字段。选定字段名，并单击右箭头按钮▸。要在同一行上放置多个字段，可以先添加第一个字段，然后单击“空格”按钮 空格 或者标点符号按钮，然后添加下一个字段。要在一行上添加文本，可在文本框中输入文本，然后单击右箭头按钮▸。要开始新行，单击回车按钮↵即可。

选择要删除的字段或特殊符号，单击左箭头按钮◂，或者双击要删除的字段或特殊符号。

当向标签中添加各项时，“标签向导”窗口中的图片会更新，以近似地显示标签的外观。查看这个图片，看选择的字段在标签上是否合适。如果文本行过多，则会超出标签的底边。

（4）对记录排序

确定标签中记录的排列顺序。按照排序后的记录的顺序选择字段，省略时按这些记录在表中的原来顺序排列，如图 15-17 所示。

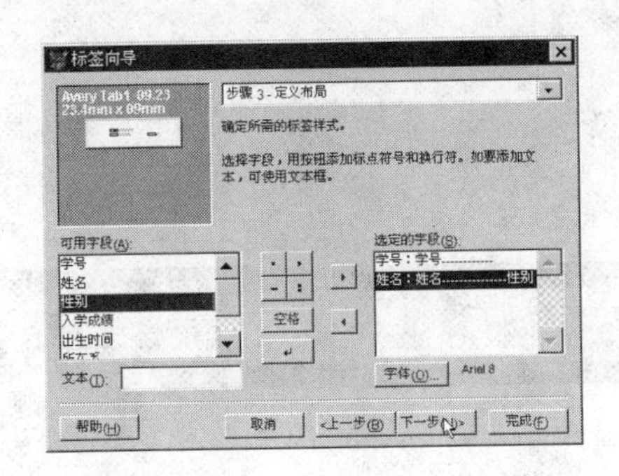
图 15-16　定义布局

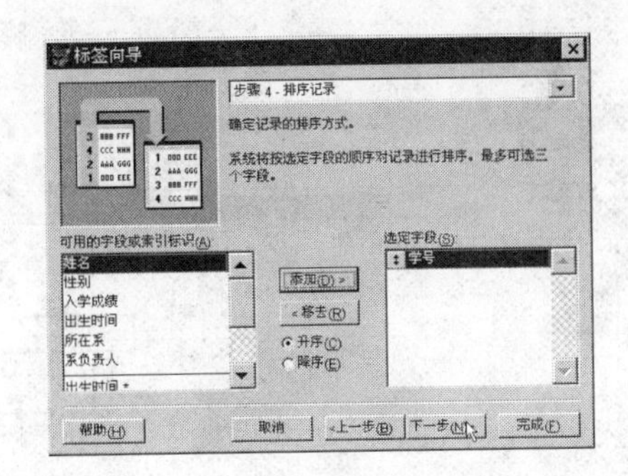
图 15-17　对记录排序

（5）完成

图 15-18 所示是标签向导的最后一步。保存标签之后，可以按原样使用标签布局，也可以按定制报表的方法定制标签布局。在保存标签之前，一般要单击“预览”按钮，查看所设计的标签，效果如图 15-19 所示。

图 15-18　完成

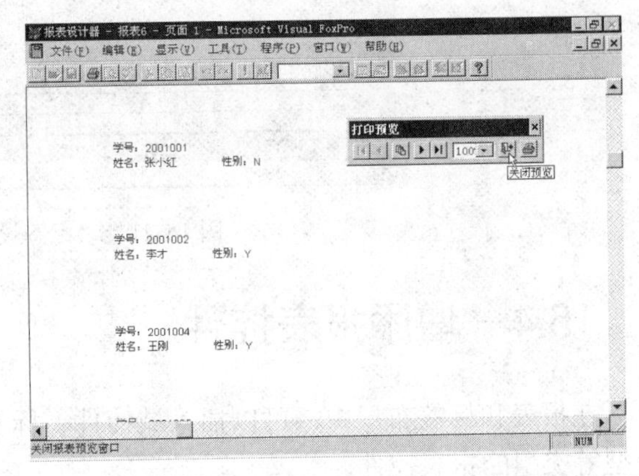
图 15-19　预览效果

生成的标签文件的扩展名默认为.lbx，系统也可以使用以前的 xBASE 命令程序的具有扩展名.lbl 的标签。用标签向导能生成简单的标签，如果要制作具有特色的比较复杂的标签，可以用标签设计器修改用标签向导生成的标签，或者直接用标签向导来设计。

15.3.2　启动标签设计器

如果不想使用标签向导来创建标签，可以使用标签设计器来创建布局。标签设计器是报表设计器的一部分，它们使用相同的菜单和工具栏。两种设计器使用不同的默认页面和纸张。报表设计器使用整页标准纸张。标签设计器的默认页面和纸张与标准标签的纸张一致。使用标签设计器创建标签的步骤如下。

① 在项目管理器中，选定“标签”项，单击“新建”按钮。

② 在打开的“新建标签”对话框中，单击“新建标签”按钮，继续打开下一个“新建标签”对话框。其中列出了标准标签纸张选项，如图 15-20 所示。

③ 从“新建标签”对话框中，选择标签布局，然后单击“确定”按钮。标签设计器中将出现选择的标签布局所定义的页面，如图 15-21 所示。

按给定报表指定数据源插入控件的方法，可以给标签指定数据源及插入控件。

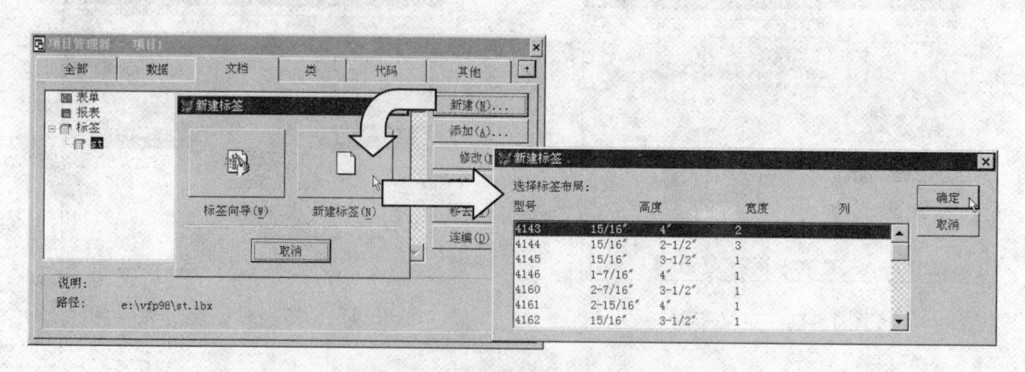

图 15-20　“新建标签”对话框

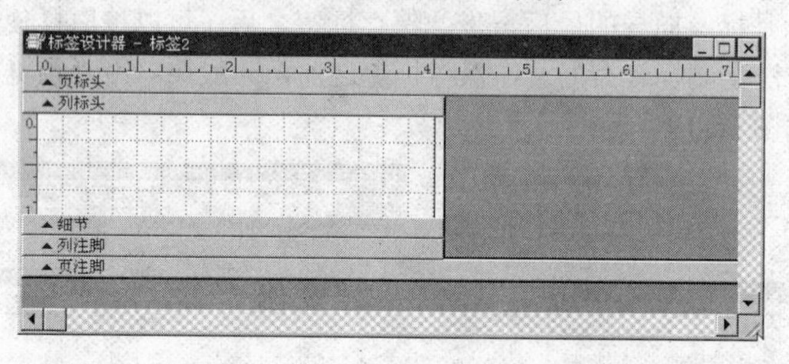

图 15-21　“标签设计器”窗口

15.4　增添报表控件

在报表和标签布局中，可以插入域控件、标签、线条、矩形、圆角矩形、图片/OLE 绑定型等类型的报表控件。

设置控件后，可以更改它们的格式、大小、颜色、位置和打印选项。

15.4.1　使用“快速报表”添加控件

利用“快速报表”可以快速地建立报表文件。它自动创建简单报表布局，可以选择基本的报表组件。

如果已有的报表中，“细节”带区是空的，就可以在其中使用“快速报表”。如果“页标头”带区已包含控件，“快速报表”将保留它们。

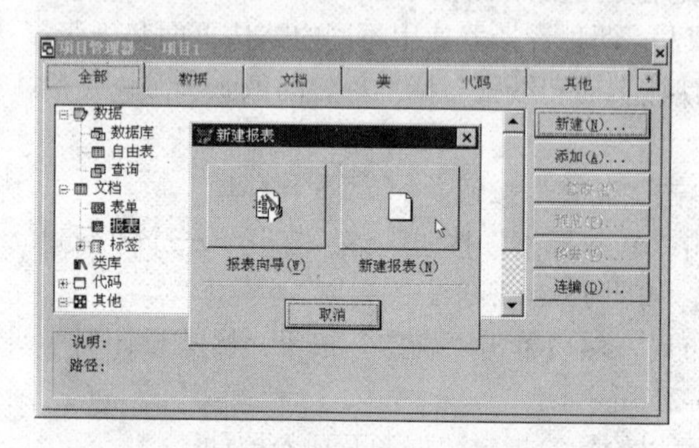

图 15-22　“新建报表”对话框

创建一个“快速报表”的步骤如下。

① 在项目管理器中，选定“报表”项，单击“新建”按钮，在“新建报表”对话框中，单击“新建报表”按钮，如图 15-22 所示。

② 选择菜单命令“报表”→“快速报表”，在“打开”对话框中选定要使用的表，然后单击“确定”按钮。

③ 在“快速报表”对话框中选择想要的字段布局、标题和别名选项。若要为报表选择字段，在“字段选择器”对话框中选择“字

段”即可。

④ 单击“确定”按钮。选中的选项反映在报表布局中，如图 15-23 所示。

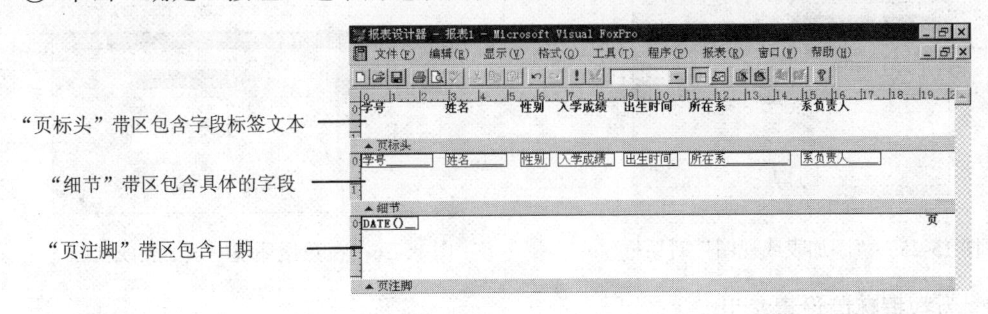

图 15-23 报表设计器中的“快速报表”结果

这时便可以原样保存、预览和运行报表。但是，“快速报表”不能向报表布局中添加通用字段。

15.4.2 设置报表数据源

可以在数据环境中简单地定义报表的数据源，用它们来填充报表中的控件。可以添加表或视图并使用一个表或视图的索引排序数据。数据环境通过下列方式管理报表的数据源：打开或运行报表时，打开表或视图；基于相关表或视图收集报表所需数据集合；关闭或释放报表时，关闭表。

1. 向数据环境中添加表或视图

① 选择菜单命令“数据环境”→“添加”，如图 15-24 所示。

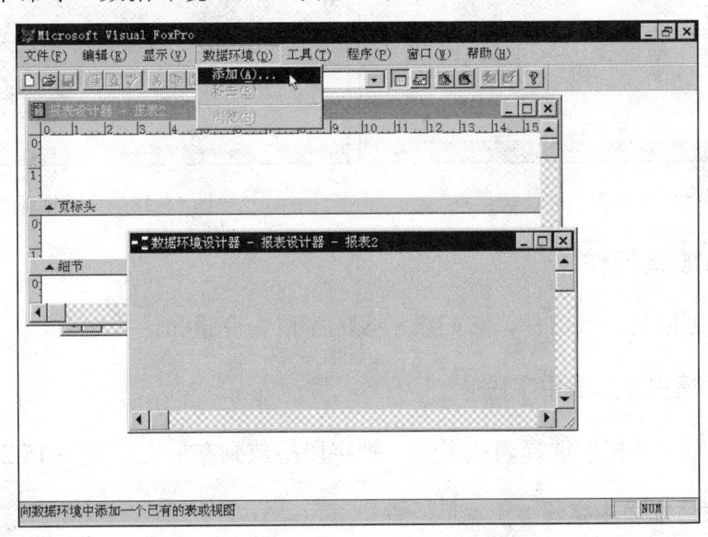

图 15-24 从“数据环境”菜单中选择“添加”命令

② 在打开的“添加表或视图”对话框中，从“数据库”框中选择一个数据库，此选择将决定出现在“数据库中的表”框中字段列表的内容。如图 15-25 所示，在“数据库中的表”列表中依次选定一个表或视图，然后单击“添加”按钮。

③ 单击“关闭”按钮，返回数据环境设计器，如图 15-26 所示。

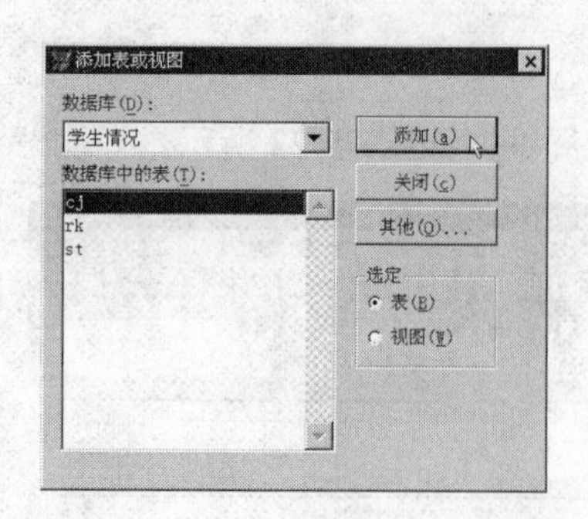

图 15-25 “添加表或视图”对话框

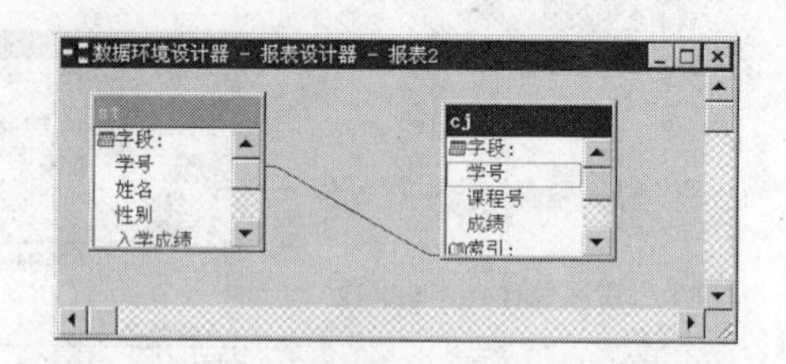

图 15-26 在数据环境中添加表或视图

2. 为数据环境设置索引

为数据环境设置索引，可设置出现在报表中的记录顺序。

① 选择菜单命令“显示”→“数据环境”，打开“数据环境设计器-报表设计器-报表 2”。

② 右击数据环境设计器中的空白区，从快捷菜单中选择“属性”命令，如图 15-27 所示。

③ 在“属性”窗口中，选择“对象”框中的 Cursor2。单击“数据”选项卡，然后，选定 Order 属性。

④ 输入索引名，或者从可用索引列表中选定一个索引，如图 15-28 所示。

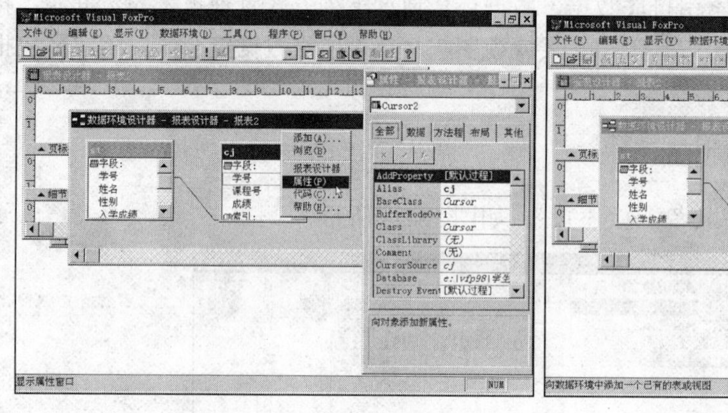

图 15-27 “数据环境”的快捷菜单

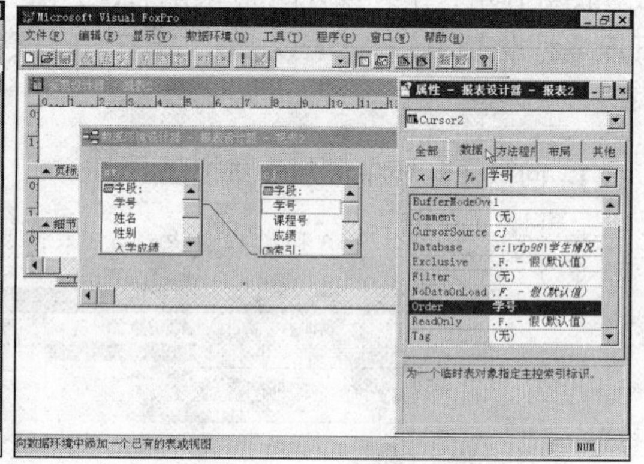

图 15-28 为数据环境设置索引

15.4.3 添加域控件

报表或标签可以包含域控件，它们表示表的字段、变量和计算结果。

1. 从数据环境中添加表中字段

打开报表的数据环境，选择表或视图，把字段拖放到布局上，如图 15-29 所示。

2. 从工具栏添加表中字段

① 从“报表控件”工具栏中，插入一个“域控件”。

② 在“报表表达式”对话框中，单击“表达式”框后的对话按钮 。

③ 在“字段”框中，双击所需的字段名。表名和字段名将出现在“报表字段的表达式”内。如果“字段”框为空，则应该向数据环境中添加表或视图。不必保持表达式中表的别名，可以删除它或者清除“表达式生成器”对话框选项。

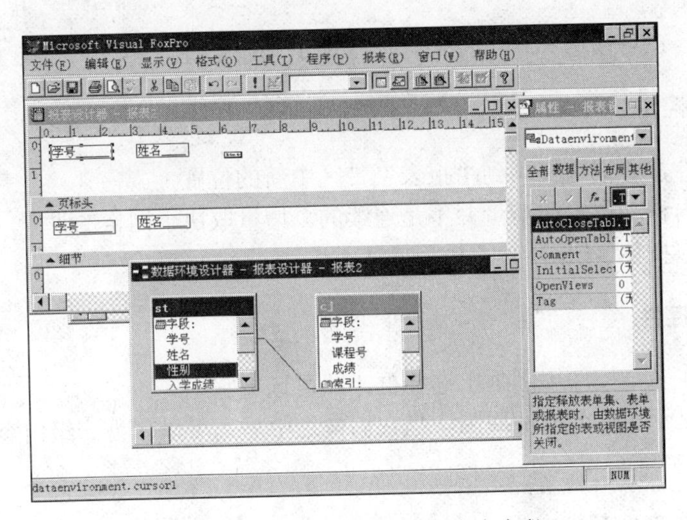

图 15-29　在数据环境中添加表中字段

④ 单击“确定”按钮。在“报表表达式”对话框中，单击“确定”按钮。

15.4.4　添加标签控件

标签控件是希望出现在报表中的原义文本字符。例如，“总计数”标签指明了某一字段控件中的内容含有总计表达式。

1. 添加标签控件

① 从“报表控件”工具栏中，单击“标签”按钮。

② 在报表设计器中单击，可将一个标签控件放置在报表中。

③ 输入该标签的字符。

2. 编辑标签控件

可以在文本编辑器中编辑标签控件。

① 在报表设计器中，单击“标签”按钮，然后单击需编辑的标签。

② 输入修改内容。

设置文本后，可以更改字体、文本颜色、背景色及打印选项。

15.4.5　添加通用字段

可以在报表中插入包含 OLE 对象的通用型字段。

① 在报表设计器中，添加“图片/ActiveX 绑定控件”。

② 在“图片来源”区域中，选择“字段”。

③ 在“字段”框中输入字段名，或者单击...按钮来选定字段或变量。

④ 单击“确定”按钮。

通用字段的占位符将出现在定义的图文框内。在默认情况下，图片保持其原始大小。

15.4.6　对报表控件进行选择、移动及调整大小操作

如果创建的报表布局上已经存在控件，则可以更改它们在报表上的位置和尺寸。可以单

独更改每个控件，也可以选择一组控件作为一个单元来处理。

1. 移动一个控件

可以选择控件，并把它拖动到“报表”带区中新的位置上。

控件在布局内移动位置的增量并不是连续的。增量取决于网格的设置。要忽略网格的作用，拖动控件时应按住〈Ctrl〉键不放。

2. 选择多个控件

拖动鼠标，在多个控件周围画出选择框，即可选中它们。

选择控点将显示在每个控件周围。当它们被选中后，可以作为一组内容来移动、复制或删除。

3. 将控件组合在一起

通过将控件标识在一个组中，可以为多个任务将一组控件关联在一起。例如，将标签控件和域控件彼此关联在一起，这样不必分别选择便可移动它们。已经设置格式并且对齐控件之后，这项功能也有用，因为它保存了控件彼此间的位置。

将控件组合在一起的方法是，选择需作为一组处理的控件，选择菜单命令“格式”→“分组”。

选择控点将移到整个组之外。可以把该组控件作为一个单元处理。

4. 对一组控件取消组定义

选中一组控件，选择菜单命令“格式”→“取消组”，即可对一组控件取消组定义。选定的控点将显示在组内每一控件周围。

5. 调整控件的大小

如果在布局上已有控件，则可以单独地更改它的尺寸，或者调整一组控件的大小，使它们彼此相匹配。可以调整除标签之外的任何报表控件的大小。标签的大小由文本、字体及磅值决定。

可以选择要调整的控件，然后拖动选定的控点直到所需的大小。

6. 匹配多个控件的大小

选择一些控件，选择菜单命令“格式”→“大小”。选择适当选项来匹配宽度、高度或大小，控件将按照需要进行调整。

15.4.7 复制和删除报表控件

可以单独或成组地复制或删除布局上的任意控件。

1. 复制控件

选中要复制的控件，选择菜单命令“编辑”→“复制”，然后选择“粘贴”命令，控件的副本将出现在原始控件下面。将副本拖动到布局上的正确位置即可。

2. 删除控件

选中要删除的控件，选择菜单命令“编辑”→“剪切”或按〈Delete〉键，控件即被删除。

15.4.8 对齐控件

可以根据彼此间关系对齐控件，或者根据报表设计器提供的网格放置它们。可以沿某一侧或居中对齐控件。

选中控件，选择菜单命令“格式”→“对齐”，从子菜单中选择适当的对齐选项。VFP使用距所选对齐方向最近的控件作为固定参照控件。

也可以使用“布局”工具栏。使用工具栏，可以与距所选一侧最远的控件对齐，只要在单击对齐按钮时按下〈Ctrl〉键即可。如图15-30所示。

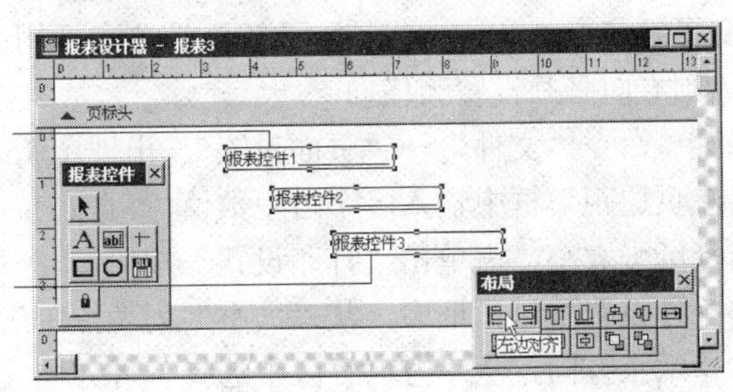

图15-30 左对齐工具

选择对齐所有控件的边缘线时，应考虑到所有控件要彼此分开，而不是相互重叠。同一行上的控件，如果沿它们的右侧或左侧对齐，它们将彼此堆在一起。同样，同一竖线上的控件上、下对齐也会发生重叠。

要居中对齐带区内的控件，可选中需对齐的控件，选择菜单命令“格式”→“对齐”，再从子菜单中选择“垂直居中对齐”或“水平居中对齐”命令，控件将移动到各自带区的垂直中心或水平中心。

15.4.9 调整控件的位置

使用状态条或表格控件，可以将控件放置在报表页面上的特定位置。在默认情况下，控件根据网格对齐其位置。可以选择关掉对齐功能和显示或隐藏网格线。网格线可以帮助用户按所需布局放置控件。

① 将控件放置在特定的位置：选择菜单命令“显示”→“显示位置”，选中一个控件，然后使用状态栏上的位置信息将该控件移动到特定位置。

② 人工对齐控件：从“格式”菜单中，清除“对齐格线”。

③ 显示网格线：选择菜单命令“显示”→“网格线”，网格将在报表带区中显示。

④ 更改网格的度量单位：选择菜单命令“格式”→“设置网格刻度”，在“水平”、“垂直”框内，分别输入代表网格每一方块水平宽度和垂直高度的像素数目。

15.5 定制布局

用报表向导和“快速报表”创建的布局已被定制，这种定制基于创建布局时所做的选择。

可以使用报表设计器进一步定制布局和更改其当前设置。

15.5.1　定义报表的页面

规划报表时，通常要考虑页面看上去是什么样子。下面介绍如何设置页边距、页面方向和报表页面带区的高度。

1. 设置页边距、纸张大小和方向

可以设置报表的左边距并为多列报表设置列宽和列间距。在这种情况下，“列”指的是页面横向打印的记录的数目，不是单个记录的字段数目。报表设计器没有显示这种设置。它仅显示了一列一个记录的页面上页边缘以内的区域。因此，如果报表中有多列，当更改左边距时，列宽将自动更改以调节出新边距。

如果改变了纸张大小和方向设置，要确认该方向适用于所选的纸张大小。例如，如果纸张定为信封，则方向必须设置为横向。

① 选择菜单命令“文件”→“页面设置”，出现图 15-31 所示的“页面设置”对话框。

② 在“左页边距”框中输入一个边距数值，“页面布局”预览区将按新的页边距显示。

③ 要选择纸张大小，需单击“打印设置”按钮。

④ 在“打印设置”对话框中，从“大小”列表框中选定纸张大小。

⑤ 要选择纸张方向，从“方向”区中选择一种方向，再单击“确定”按钮即可。

⑥ 在“页面设置”对话框中，单击“确定”按钮。

2. 定义页面标头和注脚

在“页面设置”对话框中设置列数，将改变报表分栏。例如，设置列数为 2，则将整个页面平均分为两部分；设置列数为 3，则将整个页面平均分为三部分。单击“确定”按钮，在报表设计器中将添加一个“列标头”带区和一个“列注脚”带区，同时“细节”带区也将相应缩短，如图 15-32 所示。

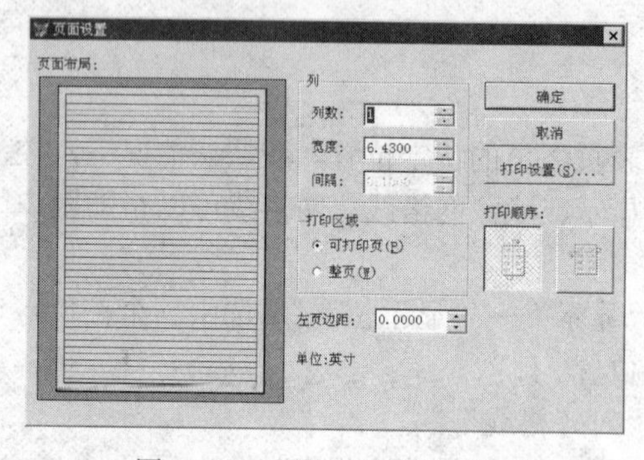

图 15-31　“页面设置”对话框

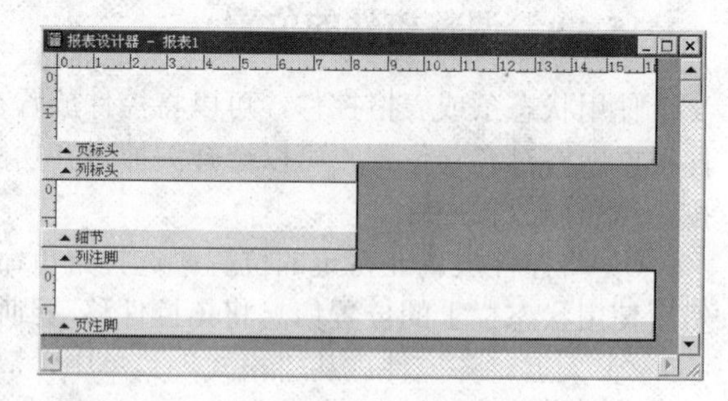

图 15-32　“列标头”和“列注脚”带区

3. 定义“细节”带区

设置在“细节”带区内的控件，把“细节”带区内包含来自表中的一行或多行记录，其中的每个记录都要打印一遍。

4. 添加“标题”和“总结”带区

“标题”带区含有报表开始时要打印的信息，“总结”带区含有报表结束时要打印的信息。它们都可以单独占用一页。带有总计表达式的域控件，若放置在“总结”带区内，将对表达式涉及的所有数据求总。添加“标题”或“总结”带区的步骤如下。

① 选择菜单命令“报表”→“标题/总结”。

② 选择想要的带区。

③ 如果希望这样的带区单独作为一页，请选定“新页”项。

④ 单击“确定”按钮。报表设计器将显示一个新带区。

15.5.2 格式化域控件

插入“域”控件后，可以更改该控件的数据类型和打印格式。数据类型可以是字符型、数值型或日期型。每一种数据类型都有自己的格式选项，包括创建格式模板的选项。格式决定了打印报表或标签时域控件如何显示。例如，可以把所有的字母输出转换成大写，在数值型输出中插入逗号或小数点，用货币格式显示数值型输出，或者将一种日期型转换成另一种类型。

1. 定义域控件格式

可以为每一数据类型设置各种格式选项。格式化域控件的步骤如下。

① 双击“域”控件。

② 在“报表表达式”对话框中，单击“格式”框后面的对话按钮。

③ 在“格式”对话框中，选择域控件的数据类型：“字符型”、“数值型”或“日期型”。“编辑选项”区域中将显示相应数据类型可用的格式选项。这些数据类型仅适用于报表控件。它反映了表达式的数据类型，但并不更改表中字段的数据类型。

④ 选定想要的调整和格式选项。“格式”对话框将根据所选数据类型显示不同的选项。也可以创建一个格式模板，只要在“格式”框中输入字符就可以了。

2. 调整域控件中的文本

可以通过两种途径调整控件内的内容。这种设置不更改控件在报表上的位置，只修改这个控件所在位置的内容。

要调整域控件内的文本，可选定想更改的控件，选择菜单命令“格式”→“文本对齐方式”，从子菜单中选择适当命令。

要调整域中的文本，可双击“域控件”，在“报表表达式”对话框中，单击“格式”框后面的...按钮。在“格式”对话框中，选择该域控件的数据类型，例如“字符型”、“数值型”或“日期型”。选择想要的调整和格式选项。

15.5.3 更改字体

可以更改每个域控件或标签控件中文本的字体和大小，也可以更改报表的默认字体。

要更改报表中的字体和大小，可选定要更改的控件，选择菜单命令“格式”→“字体”。在“字体”对话框中，选定适当的字体和磅值，然后单击“确定”按钮。

要更改默认字体，可选择菜单命令“报表”→“默认字体”。在“字体”对话框中，选择想要的适当字体和磅值作为默认值，然后单击“确定”按钮。只有改变默认字体后，插入的控件才会反映出新设置的字体。

15.5.4 添加线条、矩形和圆形

直线、矩形和圆可以增强报表布局的视觉效果，可用它们分割或强调报表中的部分内容。

1. 绘制线条

使用“线条”控件，可以在报表布局中添加垂直直线和水平直线。通常，需要在报表主体内的详细内容和在报表的页眉及页脚之间画线。

① 从“报表控件”工具栏中，单击“线条”按钮。

② 在报表设计器中，拖动调整线条。

绘制线条后，可以移动或调整其大小，或者更改它的粗细和颜色。

2. 绘制矩形

可以在布局上绘制矩形，从而醒目地组织打印在页面上的信息，也可以把它们作为报表控件、报表带区或者整个页面周围的边框使用。

① 从“报表控件”工具栏中，单击“矩形”按钮。

② 在报表设计器中，拖动调整矩形。

3. 更改线条粗细或样式

可以更改垂直线条或水平线条、矩形或圆角矩形所使用的线的粗细，从细线到 6 磅粗的线，也可以更改线条的样式，从点线到点线和虚线的组合。

① 选定希望更改的直线、矩形或圆角矩形。

② 选择菜单命令“格式”→“绘图笔”。

③ 从子菜单中选择适当的大小或样式。

15.5.5 添加图片

可以插入图片作为报表的一部分。例如，一个公司徽标可以出现在发票的页标头内。一个文件内的图片是静态的，它们不随每个记录或每组记录的变化而更改。如果想根据记录更改显示，则应插入通用字段。

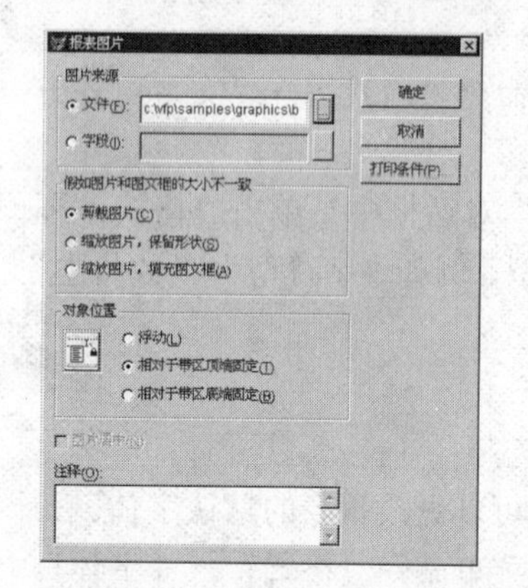

图 15-33 “报表图片”对话框

① 从“控件”工具栏中，单击“图片/OLE 绑定型控件”按钮。

② 在报表设计器中，拖动调整图片。

③ 在“报表图层”对话框中，在“图片来源”栏中选中“文件”项，如图 15-33 所示。

④ 在“文件”后面的文本框中输入文件位置，或者单击…按钮通过浏览来选定.bmp 或.ico 格式的文件。

⑤ 如果需要，还可以设置大小、位置或打印选项。

⑥ 单击“确定”按钮。

15.5.6 更改控件颜色

可以更改域控件、标签、线条或矩形的颜色。方法是，选中要更改的控件，在调色板工具栏中单击“前景色”或“背景色”按钮，选定希望的颜色。

15.5.7 为报表控件添加注释

创建或更改控件时，可能希望包含描述。对话框为每个控件提供了注释框。这些注释保存在布局文件中，但不出现在打印的报表或标签中。

为控件添加注释的方法是，双击该控件，在该控件的设置对话框的“注释”框中输入注释，单击“确定”按钮。

15.6 预览和打印报表或标签

开始报表或标签布局后，可以预览工作结果或打印一份报表或标签。可以在定制期间随时预览它。

15.6.1 预览结果

通过预览报表，不用打印就能看到它的页面外观。例如，可以检查数据列的对齐和间隔，或者看报表是否返回希望的数据。有两个选择：显示整个页面或者缩小到一部分页面。

“预览”窗口有它自己的工具栏，使用其中的按钮可以一页一页地进行预览。

如果在选定关闭“预览”窗口时还选定了关闭布局文件，那么，系统将提示“要将所做更改保存到文件？”此时可以单击“取消”按钮，回到“预览”窗口，或者单击“保存”按钮，保存所做更改并关闭文件。如果回答“否”，将不保存对布局所做的任何更改。

① 选择菜单命令“显示”→“预览”。

② 从“打印预览”工具栏中，单击“前一页”或“下一页”按钮来切换页面。

③ 要更改报表图像的大小，选择“缩放”。

④ 要打印报表，选择“打印报表”。

⑤ 要返回设计状态，选择“关闭预览”。

15.6.2 打印报表

使用报表设计器创建的报表或标签布局文件只是一个外壳，它把要打印的数据组织成令人满意的格式。它按数据源中记录出现的顺序处理记录。如果直接使用表内的数据，数据就不会在布局内按组排序。在打印一个报表文件之前，应该检验数据源能否正确地对数据进行排序。如果表是数据库的一部分，创建视图并且把它添加到报表的数据环境中，该视图将对数据进行排序。如果数据源是一个自由表，可以创建并运行查询，并将查询结果输出到报表。如果不需要对数据进行排序，可以从报表设计器中打印报表。

① 选择菜单命令“文件”→“打印”。

② 在弹出的对话框中，使用默认设置单击“确定”按钮。

如果未设置数据环境，则显示“打开”对话框，并在其中列出一些表，从中可以选定要进行操作的一个表。VFP 将把报表发送到打印机上。

15.7 实训 15

实训目的

- 掌握 VFP 系统中报表的设计方法。
- 掌握使用快速报表从单表中创建简单报表的方法。
- 掌握使用报表向导创建简单的单表或多表报表的方法。
- 掌握使用报表设计器修改报表或创建报表的方法。

实训内容

- 使用快速报表创建简单报表。
- 使用报表向导创建报表。
- 使用报表设计器修改报表或创建报表。

实训步骤

下述实训使用第 12 章实训中的数据。

1. 使用快速报表

使用快速报表建立雇员工资一览表。

① 单击工具栏上的“新建”按钮，在弹出的“新建”对话框中选择“报表”单选钮，并单击“新建文件”按钮，打开报表设计器。

② 选择菜单命令“报表”→“快速报表”，在“打开”对话框中选择数据源 salary.dbf，并单击“确定”按钮，打开“快速报表”对话框。

③ 单击“字段”按钮，打开字段选项器，为报表选择可用的字段。这里单击“全部”按钮，选择表文件中的所有字段。单击“确定”按钮，关闭字段选择器，返回“快速报表”对话框。

④ 在“快速报表”对话框中，单击“确定”按钮，快速报表便出现在报表设计器中，如图 15-34 所示。

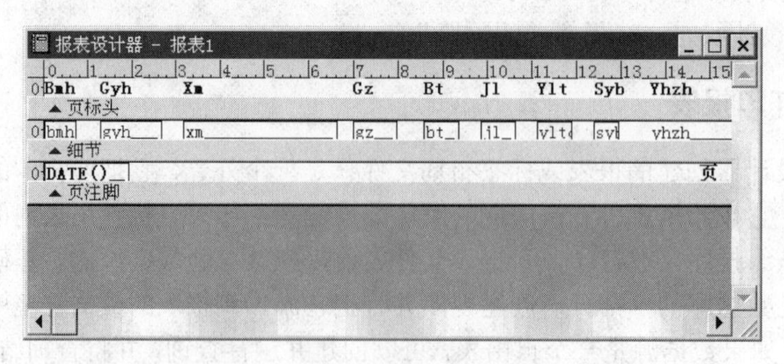

图 15-34 生成报表

⑤ 单击工具栏上的“打印预览”按钮，或者选择菜单命令“显示”→“预览”，打开快速报表的预览窗口，如图 15-35 所示。

⑥ 单击工具栏上的“保存”按钮，将该报表保存为默认的报表文件“报表 1.frx”。

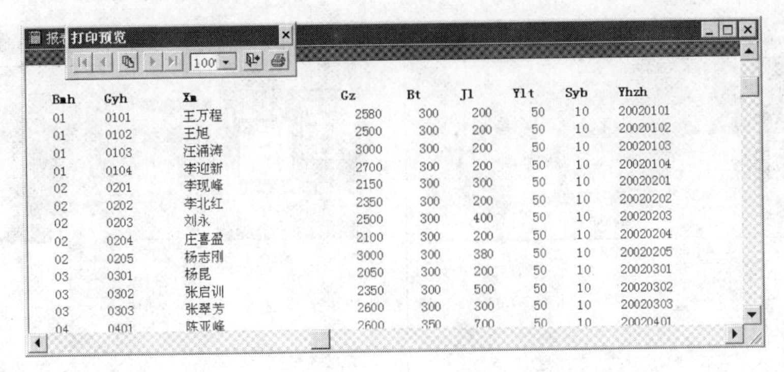

Bmh	Gyh	Xm	Gz	Bt	Jl	Ylt	Syb	Yhzh
01	0101	王万程	2580	300	200	50	10	20020101
01	0102	王旭	2500	300	200	50	10	20020102
01	0103	汪涌涛	3000	300	200	50	10	20020103
01	0104	李迎新	2700	300	200	50	10	20020104
02	0201	李现峰	2150	300	300	50	10	20020201
02	0202	李北红	2350	300	200	50	10	20020202
02	0203	刘永	2500	300	400	50	10	20020203
02	0204	庄喜盈	2100	300	200	50	10	20020204
02	0205	杨志刚	3000	300	380	50	10	20020205
03	0301	杨昆	2050	300	200	50	10	20020301
03	0302	张启训	2350	300	500	50	10	20020302
03	0303	张翠芳	2600	300	300	50	10	20020303
04	0401	陈亚峰	2600	350	700	50	10	20020401

图 15-35　预览报表

2．使用报表向导

使用报表向导建立雇员工资一览表。

① 选择菜单命令“文件”→“新建”，在弹出的“新建”对话框中选择“报表”单选钮，然后单击“向导”按钮，打开“向导选取”对话框，选择“一对多报表向导”项，启动报表向导。

② 从父表选择字段，选择 dept 表中的字段 bmm，单击“下一步”按钮，如图 15-36（a）所示。

③ 从子表选择字段，选择 salary 表中除 bmh 之外的所有字段，单击“下一步”按钮，如图 15-36（b）所示。

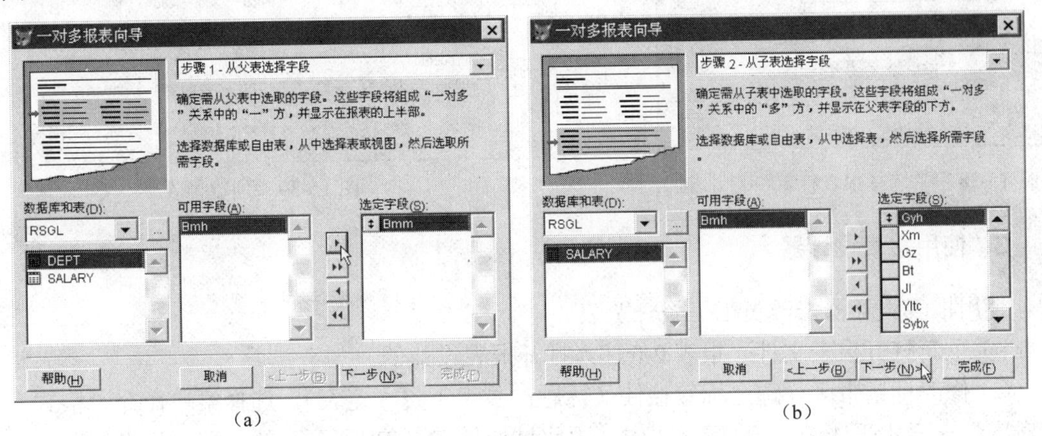

（a）　　　　　　　　　　（b）

图 15-36　“字段选取”对话框

④ 为表建立关系。因为在第 12 章实训中已经在数据库中建立永久关系，所以本步骤可直接单击“下一步”按钮，如图 15-37（a）所示。

⑤ 排序记录。选择字段 bmh，单击“下一步”按钮，如图 15-37（b）所示。

⑥ 选择报表样式。选择“随意式”，单击“下一步”按钮，如图 15-38 所示。

⑦ 完成。输入报表标题“员工工资一览表”，单击“完成”按钮。

⑧ 将报表文件保存为“报表 2.frx”，完成报表的设计。

打开报表文件，单击“预览”按钮，结果如图 15-39 所示。

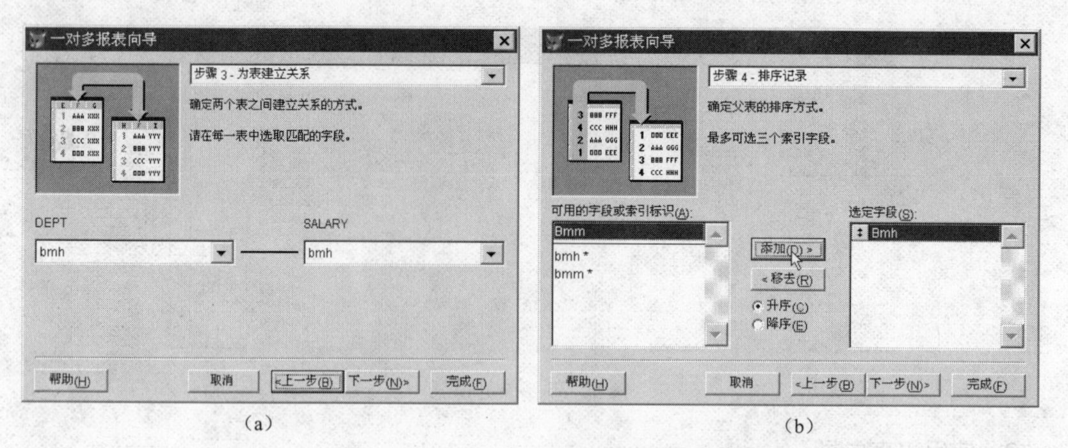

（a）　　　　　　　　　　　　　　　　　　（b）

图 15-37　“为表建立关系”对话框和“排序记录”对话框

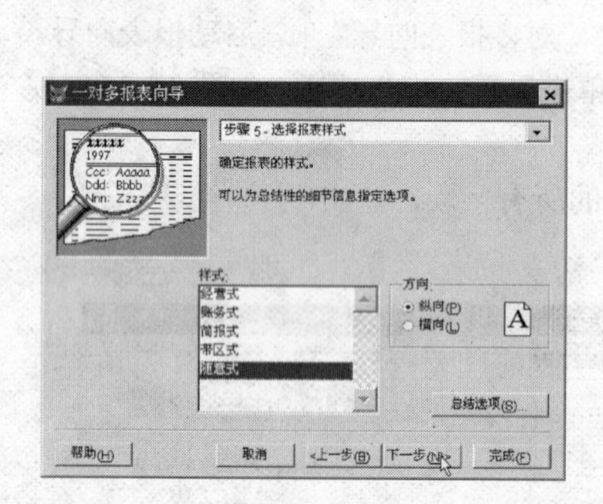

图 15-38　“选择报表样式”对话框

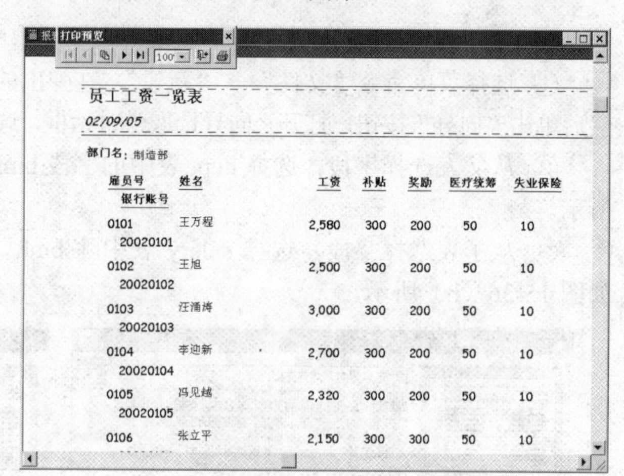

图 15-39　预览报表

3．使用报表设计器

使用报表设计器修改员工工资一览表。

① 重新打开报表文件“报表 2.frx”，打开报表设计器。

② 修改标题带区。选定标签控件（标题：员工工资一览表），选择菜单命令“格式”→“对齐”→“水平居中”，将标题居中，再将域控件 DATE()移到表的右端，调整标题带区中的其他控件，如图 15-40 所示。

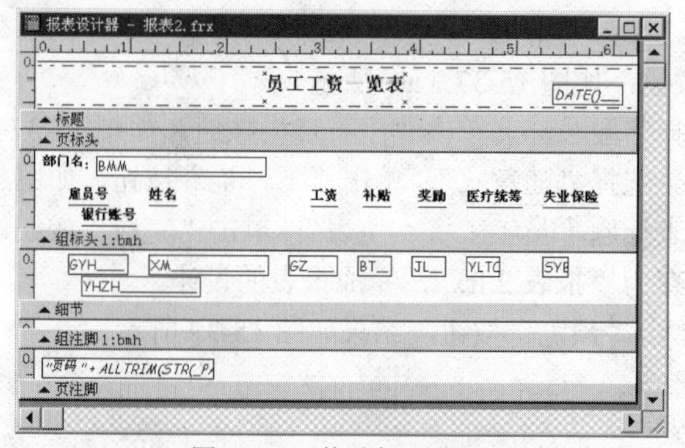

图 15-40　修改标题带区

③ 修改组标头带区。向左移动标签控件“工资”、“补贴”、“奖励”、“医疗统筹”、“失业保险”；单击报表工具栏中的标签按钮，然后将标签“银行账号”改为“实发工资”；调整带区高度，如图 15-41 所示。

④ 修改细节带区。调整域控件 xm 的长度，调整域控件 gz、bt、jl、yltc、sybx、gz 的位置，使之与标题对齐；右击域控件 yhzh，在弹出的快捷菜单中选择“属性”命令，打开“报表表达式”对话框，在“表达式”栏中输入表达式：

salary.gz + salary.bt + salary.jl – salary.yltc – salary.sybx

单击“确定”按钮，调整其大小和位置，如图 15-42 所示。

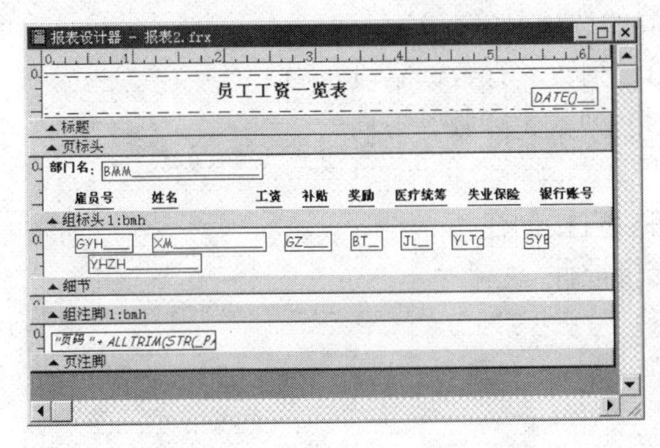

图 15-41　修改组标头带区

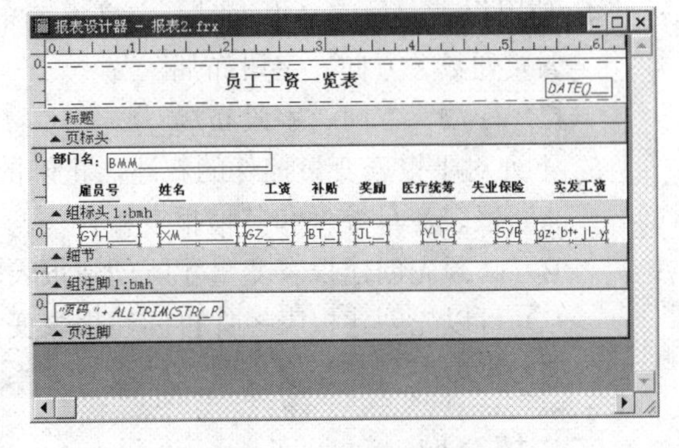

图 15-42　修改细节带区

⑤ 将报表另存为“报表 2.frx”，完成报表的设计。单击“预览”按钮，结果如图 15-43 所示。

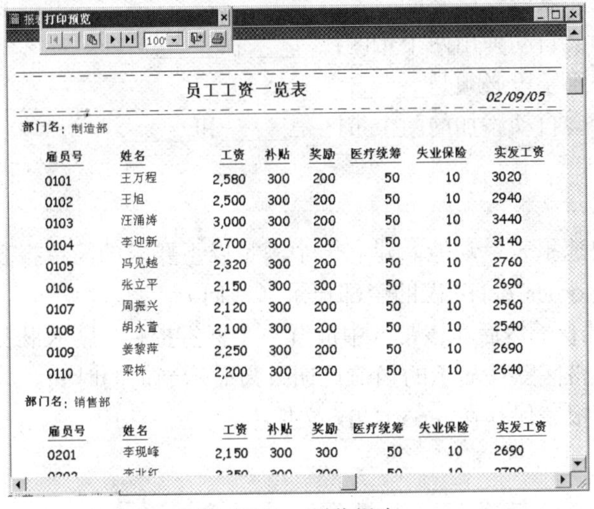

员工工资一览表

02/09/05

部门名：制造部

雇员号	姓名	工资	补贴	奖励	医疗统筹	失业保险	实发工资
0101	王万程	2,580	300	200	50	10	3020
0102	王旭	2,500	300	200	50	10	2940
0103	汪涌涛	3,000	300	200	50	10	3440
0104	李迎新	2,700	300	200	50	10	3140
0105	冯见越	2,320	300	200	50	10	2760
0106	张立平	2,150	300	300	50	10	2690
0107	周振兴	2,120	300	200	50	10	2560
0108	胡永萱	2,100	300	200	50	10	2540
0109	姜黎萍	2,250	300	200	50	10	2690
0110	梁栋	2,200	300	200	50	10	2640

部门名：销售部

雇员号	姓名	工资	补贴	奖励	医疗统筹	失业保险	实发工资
0201	李砚峰	2,150	300	300	50	10	2690

图 15-43　预览报表

习题 15

一、选择题

1. 在以下途径中，不能启动报表向导的是（　）。

　A）打开项目管理器，在“文档”选项卡中选择“报表”项

B）选择菜单命令“文件”→“新建”→“报表”

C）选择菜单命令“格式”→“报表”

D）选择菜单命令“工具”→“向导”→“报表”

2. 下列哪个控件又称为“表达式控件”（　）。

A）标签控件　　　　B）线条控件

C）图片/ActiveX 图片控件　　　　D）域控件

3. 下列哪个带区不是“快速报表”默认的基本带区（　）。

A）页标头　　B）标题　　C）细节　　D）页注脚

4. 使用报表向导定义报表时，定义报表布局的选项是（　）。

A）列数、方向、字段布局　　　　B）列数、行数、字段布局

C）行数、方向、字段布局　　　　D）列数、行数、方向

5. 下列对于报表变量控件的叙述，正确的是（　）。

A）报表变量控件和其他报表控件一样可以直接创建

B）必须先创建报表变量才能创建报表变量控件

C）可以先创建报表控件再创建报表变量

D）报表变量和报表变量控件没有关系

二、填空题

1. 设计报表时包括两个部分：______和______。
2. VFP 提供的 3 种创建报表的方法是_____、_____和_____。
3. 域控件可以打印表或视图中的_____、_____和_____。
4. 数据分组之后会自动弹出两个带区：_____和_____。
5. 数据分组的分组字段必须是_____。
6. 数据分栏之后会自动添加的两个带区是_____和_____。

三、上机题

利用 VFP 的“快速报表”功能，建立一个满足以下要求的简单报表：

- 报表的内容是 order_detail 表的全部记录（横向）；
- 增加“标题”带区，然后在该带区中放置一个标签控件，显示报表的标题“器件清单”；
- 将“页注脚”带区默认显示的当前日期改为显示当前的时间；
- 最后将建立的报表保存在 report1.frx 文件中。